ÉLÉMENS

DE PHYSIQUE

EXPÉRIMENTALE

ET

DE MÉTÉOROLOGIE.

TOME II.

DEUXIÈME PARTIE.

PARIS. — IMPRIMERIE DE COSSON
Rue Saint-Germain-des-Prés, nº 9.

ÉLÉMENS

DE

PHYSIQUE

EXPÉRIMENTALE

ET DE

MÉTÉOROLOGIE,

PAR M. POUILLET,

Professeur de physique à la Faculté des Sciences et à l'École Polytechnique ; Membre de la Société philomatique, du Conseil de la Société d'Encouragement, etc.

Ouvrage adopté par le Conseil royal de l'instruction publique pour l'enseignement dans les établissemens de l'Université.

SECONDE ÉDITION, REVUE, CORRIGÉE ET AUGMENTÉE.

Verus experientiæ ordo primo lumen accendit, deinde per lumen iter demonstrat.

BACON, *Nov. Org.*

TOME DEUXIÈME.

DEUXIÈME PARTIE.

A PARIS,

CHEZ BÉCHET JEUNE,

LIBRAIRE DE LA FACULTÉ DE MÉDECINE,

PLACE DE L'ÉCOLE DE MÉDECINE, N° 4.

1832.

ÉLÉMENS DE PHYSIQUE EXPÉRIMENTALE ET DE MÉTÉOROLOGIE.

DEUXIÈME PARTIE DU DEUXIÈME VOLUME.

SUITE DU

LIVRE HUITIÈME.

CHAPITRE VI.

DE LA DIFFRACTION ET DES INTERFÉRENCES DE LA LUMIÈRE.

572. Dans les divers traités de physique qui ont paru jusqu'à présent, on ne dit presque rien des phénomènes de diffraction. La plupart des auteurs se contentent d'annoncer que la lumière est déviée en passant près des extrémités des corps, et ceux qui donnent quelques détails sur ces déviations semblent moins s'attacher aux données fondamentales qu'aux expériences singulières qui frappent

les yeux et dont les apparences peuvent être indéfiniment variées. Cependant, depuis les découvertes de Fresnel, la diffraction doit être regardée comme l'une des branches les plus intéressantes de l'optique, soit qu'on la considère en elle-même et dans la fécondité des lois auxquelles elle donne naissance, soit qu'on la considère dans ses conséquences qui sont, sans contredit, les plus vastes auxquelles la science puisse s'élever. Les difficultés qui se rencontrent pour traiter un tel sujet d'une manière élémentaire sont sans doute proportionnées à son importance ; mais s'il faut prendre soin dans l'enseignement de la physique d'éviter les difficultés stériles, c'est-à-dire celles qui ne conduisent à rien quand elles sont résolues, il faut aussi se faire un devoir d'aborder franchement les discussions qui peuvent conduire à des données fondamentales sur le jeu des forces naturelles et sur leur mode d'existence. Autrefois la science ne s'élevait pas jusqu'à ces conceptions primitives : l'expérimentateur observait des phénomènes et faisait de grandes découvertes sans se soucier de la transmission des particules de la lumière ou des vibrations de l'éther. Mais aujourd'hui les généralités sont épuisées : les faits en se multipliant sont devenus plus tranchés et plus caractéristiques ; ils ne peuvent plus s'accommoder à toutes les hypothèses et s'expliquer également bien dans tous les systèmes. A cette période de la science, les faits les plus curieux sont incontestablement ceux qui tendent à faire prévaloir un système à l'exclusion des autres, et c'est là précisément ce qui donne tant d'importance aux phénomènes de la diffraction. Ils tracent une voie nouvelle pour les découvertes et l'on peut affirmer que les progrès ultérieurs de la science dépendent de leurs développemens. La tâche que je me suis imposée aurait donc été bien incomplétement remplie, si je n'avais redoublé de zèle et d'efforts pour introduire ces phénomènes dans la physique élémentaire. J'ose espérer que les personnes qui voudront lire avec un peu d'attention les pages suivantes, prendront une juste idée de ce qui a été fait autrefois et dans ces derniers temps sur cette partie de l'optique. Il m'a semblé nécessaire de retracer rapidement l'histoire des principales découvertes qui ont conduit au système des ondulations, en distinguant avec toute la sévérité que réclame l'intérêt de la science, ce qui est encore hypotétique de ce qui est irrévocablement démontré.

Phénomènes généraux de diffraction.

573. *Franges produites par les bords des écrans.*

Un faisceau de lumière solaire réfléchi horizontalement, pénètre dans la chambre noire par une ouverture quelconque; il tombe sur une lentille ll' d'un court foyer, (*Fig.* 264), et continue sa route en formant un cône très-divergent. Pour que la lumière de ce cône ne soit point mêlée de lumière étrangère, on place autour de la lentille un grand diaphragme dd'; et pour qu'elle soit homogène et simple autant que possible, on la fait passer au travers d'un verre coloré vv', qui ne transmet que des rayons d'une seule couleur. Alors, si l'on dispose à quelque distance du foyer f un écran ec, dont le bord e soit mince et bien dressé, et que l'on reçoive son ombre sur un tableau tt', ou sur une glace légèrement dépolie par derrière, on observe les phénomènes suivans :

1° La ligne feg, qui est la trace de *l'ombre géométrique*, n'est pas réellement la séparation de l'ombre et de la lumière.

2° A droite de cette ligne, c'est-à-dire, du côté de l'écran, le tableau n'est pas noir, mais il est éclairé d'une nuance très-sensible qui va s'éteindre à une assez grande distance, en suivant une dégradation *à peu près* uniforme.

3° A gauche, au contraire, c'est-à-dire du côté opposé à l'écran, on observe des *franges* ou des alternatives d'om-

bre et de lumière extrêmement remarquables : d'abord
c'est une bande ou une frange brillante B, très-vivement
éclairée, et parallèle au bord E de l'écran ou à la trace de
l'ombre géométrique : ensuite vient une *frange* sombre s,
presque entièrement noire et parallèle à la première ; c'est
la frange noire du *premier ordre :* puis on voit paraitre
une seconde frange brillante B', et après elle la frange
sombre s' du *deuxième ordre ;* et ces alternatives se continuent jusqu'à une grande distance du point G, tellement
qu'il est facile quelquefois d'observer des franges noires
du *sixième* ou même du *septième ordre.* Cependant à
mesure que l'on s'éloigne de la ligne de l'ombre géométrique, les franges brillantes deviennent moins vives ; et
les franges sombres semblent prendre et prennent en effet
une teinte lumineuse plus prononcée. Enfin elles s'effacent complètement, ou plutôt elles viennent se fondre
dans la lumière qui a rasé d'assez loin le bord de l'écran.

Ces phénomènes se produisent, en changeant d'apparence, pour toutes les distances du tableau TT' à l'écran
EC, et pour toutes les distances de l'écran au foyer F qui
représente ici un point lumineux ; ils se produisent pareillement avec toutes les couleurs simples du spectre ; mais
l'on observe qu'en passant de la lumière rouge à la violette, les franges sombres et les franges brillantes *diminuent* graduellement de largeur, et deviennent par conséquent de plus en plus serrées et de plus en plus rapprochées de l'ombre géométrique. C'est pour cela, comme
nous le verrons plus loin, que la lumière blanche ne
donne pas des franges alternativement noires et blanches,
mais des franges alternativement colorées de diverses nuances ; car chacune des couleurs simples éprouvant dans la
lumière blanche, ce qu'elle éprouverait si elle était seule,
on voit qu'en partant de l'ombre géométrique, c'est le
violet qui doit manquer d'abord, et par conséquent la
nuance rouge qui doit paraitre la première, après la frange

blanche qui borde l'ombre; puis, à la distance où le rouge manquerait s'il était seul, les autres couleurs ne manqueront pas, et leur mélange donnera une teinte composée. Ainsi, quand la loi des franges sera connue pour chacune des couleurs simples, il sera facile d'assigner d'avance l'ordre et la nature des teintes plus ou moins complexes que doit donner la lumière blanche.

Grimaldi est le premier observateur qui ait constaté l'existence de ces franges; il n'avait fait ses expériences qu'avec la lumière blanche (*Physico-mathesis de lumine, coloribus et iride*... Bologne, 1665; propos. 1, n° 7 et suivans.)

Les franges brillantes et les franges obscures des divers ordres semblent prendre naissance au bord même de l'écran; et si, à partir de là, on suit leur trace jusqu'à la distance de plusieurs mètres, on peut constater qu'elles se propagent en suivant des *lignes très-sensiblement courbes*. On a reconnu par des mesures exactes que ces courbes sont des *hyperboles* soumises aux conditions suivantes :

1° Elles ont leur centre commun au point M, précisément au milieu de la ligne qui joint le bord E de l'écran et le point lumineux F.

2° Elles ont leur sommet vers le point E, c'est-à-dire, sensiblement au bord même de l'écran.

3° La position de leurs foyers est tout-à-fait-indépendante de la nature de la substance qui compose l'écran; elle dépend seulement de la distance de l'écran au point lumineux, de la nuance de lumière simple qui produit les franges, et de l'ordre des franges que l'on considère.

Pour rendre sensible aux yeux ce phénomène de propagation en ligne hyperbolique, nous avons dû en exagérer l'effet dans la figure 264. Mais en même temps, pour donner une juste idée de l'étendue dans laquelle les phénomènes s'accomplissent, nous rapportons dans le tableau suivant les véritables valeurs de l'écart que présentent les franges par rapport à l'ombre géométrique. Aux hyperboles nous avons substitué leurs asymptotes, en indiquant l'angle qu'elles font avec la trace de l'ombre géométrique, pour les sept premières franges sombres de la lumière rouge et de la violette, et pour des distances du point lumineux à l'écran qui sont successivement de 10, 100 et 1000 millimètres.

Tableau des angles que les traces des sept premières franges sombres forment avec la trace de l'ombre géométrique.

	Inclinaison pour une distance de 1000 millimèt. entre le point lumineux et l'écran.	Inclinaison pour une distance de 100 millimèt. entre le point lumineux et l'écran.	Inclinaison pour une distance de 10 millimèt, entre le point lumineux et l'écran.
Pour la lumière rouge.			
Premier ordre	3′ 35′	11′ 20′	35′ 51″
Deuxième ordre	5′ 15″	16′ 35′	52′ 25″
Troisième ordre	6′ 30″	20′ 32″	1° 4′ 54″
Quatrième ordre	7′ 32″	23′ 50″	1° 15′ 21″
Cinquième ordre	8′ 27″	26′ 44″	1° 24′ 31′
Sixième ordre	9′ 17″	29′ 20″	1° 32′ 44″
Septième ordre	10′ 3″	31′ 45″	1° 41′ 21″
Pour la lumière violette.			
Premier ordre	2′ 58″	9′ 22″	29′ 36″
Deuxième ordre	4′ 20″	13′ 42″	43′ 18″
Troisième ordre	5′ 21″	16′ 55″	53′ 36″
Quatrième ordre	6′ 13″	19′ 40″	1° 2′ 15″
Cinquième ordre	6′ 59″	22′ 5″	1° 9′ 48″
Sixième ordre	7′ 40″	24′ 15″	1° 16′ 38″
Septième ordre	8′ 18″	26′ 14″	1° 22′ 53″

Ainsi, pour une distance de 1000 millim. entre le point lumineux et l'écran, les franges sombres sont très-rapprochées l'une de l'autre ; car les asymptotes des hyperboles suivant lesquelles elles se propagent ne font entre elles, dans la lumière rouge, que des angles de 1′ 40″ pour le premier et le deuxième ordre, et seulement de 46″ pour le sixième et le septième ordre. Ces angles sont encore moindres dans la lumière violette.

Pour une distance de 100 millimètres entre le point lumineux et l'écran, les franges sombres commencent à être distinctes et très-étalées ; car celles du premier et du deuxième ordre font un angle de 5′ 15″ dans la lumière rouge, et de 4′ 20″ dans la lumière violette.

Enfin, pour une distance de 10 millimètres seulement entre le point lumineux et l'écran, les franges prennent une grande dilatation ; celles du premier et du deuxième ordre font un angle de 16′ 34″ dans la lumière rouge, et de 13′ 42″ dans la lumière violette.

On peut remarquer aussi que les franges du quatrième ordre, dans la lumière rouge, coïncident sensiblement avec les franges du sixième ordre dans la lumière violette ; par conséquent, si la lumière incidente était blanche, l'on n'aurait aux distances correspondantes ni rouge ni violet, et la teinte dominante serait la teinte verdâtre qui résulte des couleurs moyennes du spectre.

Fresnel a le premier apporté une grande précision dans l'observation des franges et dans la mesure de leurs distances mutuelles. Voici les dispositions qu'il avait imaginées et au moyen desquelles il a obtenu des résultats d'une exactitude surprenante.

1° On emploie une *lentille cylindrique* au lieu d'une lentille sphérique, on l'ajuste de manière que son axe soit parallèle au bord de l'écran, et l'image que l'on obtient alors au foyer est une *ligne lumineuse* d'un grand éclat qui produit des franges parfaitement parallèles au bord rectiligne de l'écran. C'est la coupe d'une lentille de cette espèce qui est représentée dans la figure 264.

2° Au lieu de recevoir les franges sur un carton blanc ou sur un transparent de toile fine, de papier ou de glace dépolie, on les reçoit sur une loupe d'un foyer plus ou moins court. L'œil placé derrière la loupe voit les franges qui sont au foyer, comme il voit avec l'oculaire d'une lunette l'image réelle d'une étoile ou d'un objet quelconque au foyer de l'objectif.

3° .Pour mesurer l'intervalle compris entre les points les plus brillans des franges brillantes ou entre les points les plus sombres des franges sombres, on emploie une bonne vis micrométrique d'un pas très-petit. Cette vis (*Fig.* 265) est fixée sur une forte plaque de cuivre cc', qui est percée vers son milieu d'un trou d'un ou deux centimètres environ, et qui peut être établie sur un pied solide ; vis-à-vis l'ouverture de la plaque est une pièce mobile mm' que la vis entraine dans son mouvement. Si le pas de la vis est, par exemple, d'un demi-millimètre, et que sa tête, ou le cadran TT', soit divisée en 100 parties ; pour chaque division qui passe devant l'index D, on peut être assuré que la pièce mobile mm' s'est avancée ou reculée de 5 millièmes de millimètres. Or, cette pièce représentée en coupe transversale par mm' (*Fig.* 265 *bis*), porte du côté de la lumière un simple fil de soie ff' tendu verticalement, ou un petit verre à faces parallèles sur lequel on a fait au diamant un trait fort délié ; et du côté de l'observateur elle porte une loupe plus ou moins forte ll', qui peut être poussée ou retirée de manière que le fil ou le trait micrométrique soit exactement à son foyer. Si l'on suppose maintenant que ce micromètre soit placé derrière l'écran de la figure 264 à une distance convenable, et dans une telle position que les franges rouges ou violettes soient projetées perpendiculairement dans le champ de la loupe, il est évident qu'on pourra les distinguer avec une grande netteté, et, au moyen du mouvement de la vis, on pourra faire passer le fil ff' du point le plus sombre d'une frange au point le plus sombre de la frange suivante ; alors il suffira de lire le nombre des divisions du cadran TT' qui sont passées devant l'index D pour en déduire le mouvement transversal de la vis, qui sera par conséquent la distance absolue des franges, quel que soit le grossissement de la loupe.

Nous avons essayé de présenter les phénomènes précédens dans leur plus grand degré de simplicité : mais on peut pressentir d'avance qu'ils se produisent encore avec de la lumière naturelle qui n'a pas été concentrée au foyer d'une lentille, qu'ils se produisent même avec de la lumière parallèle, comme celle qui nous vient des étoiles. Enfin l'on peut conclure aussi qu'un écran à bord rectiligne produisant une inflexion ou une diffraction dans la lumière, les écrans qui présenteraient, sur leurs bords, des courbures variées produiraient des phénomènes analogues. C'est là ce qui arrive en effet toutes les fois qu'une lumière quelconque, naturelle ou artificielle, passe près des extrémités des corps, quelle que soit leur nature ou leur forme, on peut s'en assurer aisément par une foule d'exemples qui se présentent sans cesse aux yeux les moins attentifs ; mais quand les bords des écrans offrent diverses courbures, et quand la source qui envoie les rayons ne peut pas être assimilée à un point lumineux, les effets sont toujours beaucoup plus compliqués, comme nous le verrons plus tard.

574. *Des franges produites par des corps étroits et rectilignes.*

Le faisceau de lumière solaire pénètre encore dans la chambre noire, et se trouve décomposé et concentré comme dans l'expérience précédente. A une petite distance du foyer F (*Fig.* 266), on dispose un cheveu ou un fil métallique d'un petit diamètre, dont la coupe est représentée en MM' ; son ombre géométrique occuperait l'espace GG' sur le tableau

TT'; mais l'inflexion que la lumière éprouve près des bords
M et M' du corps étroit produit les phénomènes suivans :

1° Au dehors de l'ombre géométrique, on observe de
chaque côté en GT et en G'T' des franges diffractées *analogues* à celle que produisent les bords rectilignes des
écrans; elles sont identiques avec celles-ci quand le corps
MM' a une largeur de plusieurs millimètres; mais elles cessent d'être identiques quand le corps est très-étroit. Dans
tous les cas ces franges se nomment *franges extérieures*

2° Au dedans de l'ombre géométrique, entre G et G' on voit
aussi des franges alternativement brillantes et sombres, on
les nomme *franges intérieures*, parce qu'elles occupent
toute l'étendue de l'ombre. Il est vrai qu'elles en sortent
dans quelques circonstances pour se propager dans les franges extérieures; mais on les distingue parmi celles-ci, parce
qu'en général elles sont plus serrées et plus déliées.

Les franges intérieures sont, comme les franges extérieures, plus larges dans la lumière rouge que dans la lumière violette; par conséquent la lumiere blanche donne,
dans l'intérieur de l'ombre, des franges colorées de diverses nuances.

Ce second fait est encore une découverte de Grimaldi
(prop. 1, n° 14 et suiv.).

Le micromètre de Fresnel qui sert à mesurer les franges
extérieures peut être employé avec le même succès pour
mesurer les distances des franges intérieures; en suivant
ainsi leur marche, on reconnait qu'elles se propagent
sensiblement en ligne droite. Cependant les indications de
la théorie nous apprendront qu'elles suivent aussi des hyperboles; mais, dans l'étendue que l'on peut embrasser, ces
courbes se confondent sensiblement avec leurs asymptotes.

Ces phénomènes produits par un point lumineux se reproduisent encore avec un peu plus de complication dans
la lumière naturelle ou dans la lumière parallèle; et les

corps déliés qui ne sont pas rectilignes, mais courbés de diverses manières, présentent aussi des franges analogues plus ou moins sinueuses et plus ou moins larges suivant les contours ou les épaisseurs des objets.

575. *Franges produites par des ouvertures étroites.*

A quelque distance de la lentille qui concentre la lumière dans les expériences précédentes, on dispose une mince feuille de métal dans laquelle est pratiquée une fente rectangulaire très-étroite et parallèle à la ligne lumineuse du foyer F. Alors la portion de lumière simple qui passe au travers de la fente produit les phénomènes suivans :

1° Le faisceau est très-dilaté, c'est-à-dire qu'il occupe un espace beaucoup plus large que l'espace géométrique compris entre les deux lignes qui joignent le point lumineux aux deux bords de la fente.

2° L'espace occupé par le faisceau présente dans toute sa largeur des franges alternativement sombres et brillantes ; ces franges sont symétriquement distribuées de part et d'autre de la ligne qui passe par le point lumineux et par le milieu de la largeur de l'ouverture ; ainsi en les comptant à partir de cette ligne qui est comme l'*axe* de l'ouverture, on aura deux franges du premier ordre, deux du deuxième ordre, deux du troisième ordre, etc. ; on observe souvent les franges sombres du huitième ou même du neuvième ordre.

3° La lumière rouge produit les franges les plus larges et les plus espacées ; les autres couleurs simples donnent des franges qui se rapprochent et se resserrent progressivement ; de telle sorte que les franges violettes sont beaucoup plus serrées que les rouges.

La figure 267 représente en r les franges du rouge, en v celles du vert, et en u celles du violet ; ces trois espèces de franges étant observées à la même distance, et produites avec la même ouverture, placée à la même distance du point lumineux et du foyer F de la lentille.

Ce troisième fait est encore une découverte de Grimaldi (prop. 1, n₀ 25 et suiv.).

Les franges de cette espèce se propagent aussi suivant des hyperboles, comme on peut s'en assurer au moyen du micromètre de Fresnel, en mesurant l'écartement de deux franges du même ordre à diverses distances derrière l'ouverture.

La largeur de l'ouverture et sa distance au point lumineux déterminent la grandeur des franges, leur nombre et la courbure de la ligne suivant laquelle elle se propagent.

Pour étudier avec précision les lois de ces phénomènes, on peut employer avec avantage l'appareil à *biseaux* qui est représenté dans la fig. 268. Il se compose d'une espèce de châssis en cuivre cc', et de deux lames A et A' taillées en biseau et parfaitement dressées. La lame A est fixe, et la lame A' est entrainée par la vis mitrométrique v. Le pas de la vis étant connu, et sa tête étant divisée en 100 parties, on peut facilement produire entre les biseaux un écartement donné, depuis quelques centièmes de millimètre jusqu'à plusieurs centimètres. Pour donner une juste idée de l'étendue dans laquelle se développent les franges produites par la diffraction que la lumière éprouve dans les ouvertures étroites, nous avons rapporté dans le tableau suivant la distance des franges sombres des cinq premiers ordres à l'égard de l'axe de l'ouverture ; ces franges étant produites par la lumière rouge, dans une ouverture de 1 millimètre, et reçues à des distances croissantes par décimètre depuis 1 jusqu'à 20 décimètres. La plupart des nombres indiqués dans ce tableau sont des résultats d'expériences.

Tableau des distances entre les franges sombres de divers ordres et l'axe de l'ouverture pour diverses distances du micromètre, depuis 100 à 2000 millimètres. La largeur de l'ouverture = 1 mill. ; la distance au point lumineux = 2010 mill.

Lumiere rouge.

Distance du micromètre à l'ouverture.	Premier ordre.	Deuxième ordre.	Troisième ordre.	Quatrième ordre.	Cinquième ordre.
100	0,041	0,241	0,359	0,479	0,597
200	0,093	0,349	0,516	0,693	0,864
300	0,116	0,437	0,651	0,868	1,083
400	0,137	0,515	0,767	1,001	1,276
500	0,156	0,588	0,875	1,168	1,456
600	0,175	0,659	0,982	1,309	1,632
700	0,192	0,723	1,077	1,435	1,791
800	0,209	0,787	1,171	1,563	1,949
900	0,226	0,849	1,265	1,686	2,104
1000	0,242	0,911	1,356	1,808	2,256
1100	0,258	0,972	1,445	1,927	2,405
1200	0,274	1,030	1,534	2,045	2,551
1300	0,289	1,088	1,601	2,161	2,696
1400	0,305	1,145	1,708	2,277	2,841
1500	0,320	1,203	1,789	2,391	2,983
1600	0,335	1,261	1,879	2,505	3,125
1700	0,349	1,318	1,963	2,618	3,265
1800	0,365	1,375	2,046	2,730	3,404
1900	0,380	1,430	2,130	2,840	3,543
2000	0,395	1,416	2,214	2,951	3,681

Au moyen des données contenues dans ce tableau, on pourrait reconstruire par points les lignes que suivent les franges, et prendre ainsi une notion parfaitement exacte du phénomène.

La lumière naturelle, en tombant directement sur des ouvertures quelconques, produit des effets analogues, mais qui se compliquent de plus en plus avec les divers

accidens de courbure et les irrégularités que présentent les
ouvertures.

576. *Des franges produites par les bords des surfaces
réfléchissantes.*

A une distance quelconque du foyer F, où la lumière
simple est concentrée, on dispose un miroir plan de
métal, qui renvoie les rayons obliquement dans l'ombre,
on observe alors le faisceau réfléchi et l'on y découvre les
apparences suivantes.

1° Les rayons qui sont tombés sur les bords du miroir,
aux limites de sa surface polie, et qui se sont réfléchis en
faisant l'angle de réflexion égal à celui d'incidence, ne séparent pas l'ombre de la lumière, comme ils sembleraient
le devoir faire.

2° Si le miroir est large, on distingue dans l'intérieur
du faisceau réfléchi des franges alternativement sombres
et brillantes, semblables à celles que présente le bord de
l'écran dans la figure 264.

3° Si le miroir est très-étroit, les franges ne se montrent
pas seulement dans l'intérieur du faisceau réfléchi, mais
elles paraissent aussi au dehors, et deviennent semblables
à celles que l'on observe dans le faisceau qui a passé par
une ouverture étroite.

Ces phénomènes se produisent comme les précédens,
avec la lumière blanche, et alors les franges sombres et
brillantes se transforment aussi en franges colorées de diverses nuances; ils se produisent encore avec la lumière naturelle non concentrée au foyer d'une lentille; dans ce cas,
les franges colorées dépendent particulièrement du degré
de divergence des rayons incidens. La forme du miroir, sa
grandeur, les courbures de son contour, et l'obliquité sous
laquelle il reçoit la lumière, sont autant de circonstances qui influent sur le nombre, la forme et la disposition
des franges. En choisissant un miroir de métal, nous
avons réduit le phénomène à sa plus grande simplicité,

car la première surface d'une glace étamée modifierait les résultats produits par la seconde.

Les franges produites par les bords des surfaces réfléchissantes ont été, je crois, observées et étudiées pour la première fois dans la série des expériences de diffraction que nous avons faites avec M. Biot. (Traité de physiq. de M. Biot, t. IV, supplément).

Après avoir exposé d'une manière générale les quatre phénomènes fondamentaux de la diffraction, savoir, la production des franges par les bords des écrans, par les corps étroits, par les ouvertures étroites et par les bords des surfaces réfléchissantes, nous pouvons essayer de discuter les principes sur lesquels repose la théorie de la diffraction et sur lesquels repose en même temps le système des ondulations; cette importante discussion peut être réduite aux trois propositions suivantes :

1° *Sous certaines conditions* les rayons lumineux exercent les uns sur les autres une action mutuelle.

2° De cette action résulte rigoureusement le *principe des interférences*, principe fécond, auquel semblent soumis tous les phénomènes de l'optique.

3° Le principe des interférences semble inévitablement conduire au système des ondulations.

De l'action mutuelle des rayons homogènes et du principe des interférences.

577. *Expérience de Grimaldi*. Dans l'ouvrage de Grimaldi déjà cité, on trouve le passage suivant (*proposit.* 22, pag. 187):

« PROPOSITION : Un corps actuellement éclairé peut de
» venir plus obscur, lorsqu'on ajoute une nouvelle lu-
» mière à celle qu'il reçoit déjà. Cette proposition est
» un paradoxe qui semblera d'abord tout-à-fait improba-
» ble, car la propriété caractéristique de la lumière est

» d'éclairer les corps qu'elle frappe, et non de les obscur-
» cir. Ce paradoxe est cependant une vérité certaine, à
» laquelle on peut donner le plus haut degré d'évidence
» par une expérience facile, bien qu'à ma connaissance elle
» n'ait été faite par personne. »

Voici une courte description de l'expérience de Grimaldi ; elle prouve en effet sa proposition d'une manière
décisive, et elle est, comme il le dit, tellement facile que
tout le monde peut la faire.

La lumière solaire réfléchie horizontalement entre dans
la chambre noire par deux petits trous ronds qui sont
égaux, et assez éloignés l'un de l'autre pour que les deux
faisceaux coniques ne commencent à se pénétrer qu'à une
certaine distance. Un peu au delà du point où ils se péné-
trent, on les reçoit perpendiculairement sur un tableau ou
sur un carton blanc. Soit ABCD (*Fig.* 269), le cercle produit
par le premier, AECF le cercle égal produit par le second,
et AFCD le segment commun. Dans cet état, on observe :
1° que le segment commun AFCD est bien plus éclairé dans
son intérieur que ne le sont les portions correspondantes, vers EG ou vers HB, ou dans toute autre partie du contour où il n'y a pas superposition.

2° Que les arcs ADC et AFC sont d'une obscurité remarquable, quoiqu'ils reçoivent beaucoup plus de lumière
que le reste de la circonférence dont ils font partie.

Maintenant, si l'on ferme la première ouverture pour
qu'elle n'envoie plus de lumière sur le segment ADFC du
second cercle, les points situés en ADC et en AFC privés de
cette lumière, reprennent un nouvel éclat. Il en est de
même lorsqu'on ferme la seconde ouverture, en laissant
ouverte la première, les points situés en ADC et en AFC privés de la lumière que leur envoyait la deuxième ouverture, deviennent beaucoup plus éclatans.

Donc, dans ces circonstances, de la lumière ajoutée à
de la lumière, produit de l'obscurité ; et réciproquement

une surface obscure devient lumineuse, quand on lui ôte une partie de la lumière qui l'éclairait.

Les arcs ADC et AFC, présentent des traces de coloration quand ils sont obscurs, c'est-à-dire quand ils sont éclairés par les deux ouvertures à la fois ; ce phénomène de production de couleur n'avait pas échappé à la sagacité de Grimaldi.

578. *Expérience du Dr Young sur les franges produites par deux petites ouvertures.*

Quand la lumière solaire, après avoir traversé un verre coloré, entre dans la chambre noire par deux fentes étroites ou par deux ouvertures circulaires, plus petites et plus rapprochées que celles de l'expérience précédente, on reconnaît que les faisceaux en se pénétrant, produisent des franges alternativement sombres et brillantes (*Fig.* 270), tout-à-fait analogues aux franges produites par la diffraction. Mais si l'on ferme successivement l'une ou l'autre des ouvertures, les franges disparaissent, et, dans l'espace qu'elles occupaient, les alternatives de lumière et d'obscurité sont remplacées par une teinte lumineuse à peu près uniforme. Ainsi, en supprimant la lumière envoyée par l'une des ouvertures, on supprime l'obscurité qui se produisait entre les espaces brillans ; donc cette obscurité résulte du concours de deux lumières qui viennent se rencontrer obliquement, l'une venant de la première ouverture, et l'autre de la deuxième.

Le Dr Young avait annoncé que dans cette expérience, les franges se propagent suivant des hyperboles (*A course of lectures on natural philosophy*, etc., London, 1807 ; t. 1, pag. 465 ; et explication des planches, pag. 787, fig. 442). Mais il paraît que dans aucune de ses recherches si remarquables sur l'optique, il n'avait constaté ce fait par des mesures directes.

579. *Expérience du Dr Young sur les franges intérieures produites dans l'ombre des corps déliés.*

Un petit faisceau de lumière blanche, réfléchi horizontalement par un miroir, pénètre dans la chambre noire par un trou percé avec la pointe d'une fine aiguille, dans une carte ou dans une feuille d'étain ; à quelque distance de l'ouverture on place verticalement un fil ou une petite bande opaque pp' (*Fig.* 271), qui ait moins d'un millimètre de largeur (1/3o de pouce anglais). Les franges intérieures paraissent alors sur le tableau TT'; celle du milieu est blanche, et de chaque côté on en compte trois rouges qui sont séparées par diverses nuances. Alors, si l'on place au devant de pp' un petit écran c pour arrêter seulement la lumière qui allait raser l'un des bords, *toutes* les franges intérieures disparaissent tant à droite qu'à gauche de la frange centrale blanche. (*A course of lectures,* etc., t. 2, pag. 639.)

Le même phénomène se produit en mettant l'écran à une petite distance derrière pp', seulement il faut alors le plonger un peu dans l'ombre géométrique.

Avec la lumière simple, les franges sont alternativement sombres et brillantes, et l'interposition de l'écran près d'un seul des bords de pp', fait pareillement disparaître toutes les franges intérieures.

Donc ces franges sont produites par le concours des rayons qui rasent les deux bords du corps opaque, et par conséquent ces rayons de lumière exercent une action l'un sur l'autre.

580. *Expérience de M. Arago sur les modifications remarquables que les écrans transparens peuvent imprimer aux franges.*

Dans l'expérience précédente, *Fig.* 271, on substitue à l'écran c une lame de verre très-mince et à faces parallèles ; alors, suivant que cette lame est plus ou moins épaisse, on voit les franges éprouver des modifications différentes. Pour une certaine épaisseur, elles se *déplacent d'un rang,* c'est-à-dire que la frange centrale avance de M vers T', et la première frange sombre de ce côté vient occuper la place qui était occupée par la seconde, celle-ci prend la place de la troisième, etc. : de l'autre côté de *m* c'est l'inverse ; la troisième frange prend la place de la seconde, la seconde prend la place de la première, et celle-ci s'avance vers le lieu qui était occupé par la bande centrale. Pour une autre épaisseur de la lame transparente un peu plus grande que la première, le déplacement est de *deux rangs*, puis de *trois*, puis de *quatre*, etc. ; enfin, pour des épaisseurs plus grandes, toutes les bandes intérieures sont déplacées et *transportées* hors de l'ombre géométrique ; et là, sous certaines conditions, il est facile de les observer encore parmi les franges extérieures qui n'éprouvent que de légères modifications.

Il est bien entendu que, pour des épaisseurs comprises entre les précédentes, les déplacemens sont compris entre ceux que nous avons indiqués, et dont nous avons parlé de préférence pour mieux fixer les idées. On obtient des effets analogues en mettant des lames transparentes de différentes épaisseurs devant chacun des bords du corps opaque ; alors les déplacemens ne sont plus produits par les épaisseurs absolues de ces lames, mais seulement par leurs différences. (*Annales de physique et de chimie*, t. 1, pag. 199.)

Cette expérience de M. Arago est fondamentale ; elle nous conduira plus tard à déterminer la vitesse de la lumière dans les différens milieux, et à reconnaître les effets des rayons diversement polarisés ; mais, pour le moment, nous nous bornerons à en conclure, 1° que les franges sont bien réellement produites par le concours des rayons venant des deux bords opposés ; et 2° que l'action mutuelle des rayons ne dépend pas seulement d'une modification particulière qu'ils éprouveraient aux limites des corps qu'ils rasent dans leur course, mais que cette action dépend aussi des divers milieux qu'ils ont traversés, depuis la source d'où ils émanent jusqu'au point où ils se rencontrent.

581. *Expérience de Fresnel sur les franges produites par la rencontre des rayons réfléchis.*

Deux miroirs métalliques plans sont disposés verticalement à côté l'un de l'autre (à peu près comme les feuillets d'un livre ouvert), de manière qu'ils fassent entre eux un angle très-obtus. (La *Fig.* 272 représente une coupe horizontale des miroirs et du faisceau de lumière qui sert à l'expérience.) Au devant de ces miroirs, une lentille d'un court foyer A concentre en F un faisceau de lumière homogène et dirigé horizontalement. Le cône divergent qui en résulte tombe en partie sur le miroir M et en partie sur le miroir M'; les rayons, après s'être réfléchis, *loin de l'intersection* des miroirs, et *loin de leurs bords*, viennent se rencontrer dans l'espace, et là ils forment des franges alternativement sombres et brillantes, que l'on peut observer avec une loupe ou avec le micromètre précédemment décrit, *Fig.* 265 et 265 *bis.* Ces franges présentent les caractères suivans :

1° Elles sont parallèles à la commune intersection des miroirs;

2° Elles sont symétriques de part et d'autre du plan LGL', qui passe par cette intersection commune et par le milieu de la ligne P P' qui joint les images du point F sur chacun des miroirs; la frange centrale qui est sur ce plan est toujours une frange brillante.

3° Elles se propagent suivant des hyperboles, dont les foyers sont en P et P', et dont le centre commun est en L.

4° Si l'on couvre *l'un* des miroirs, ou si l'on arrête avec un écran la lumière qui tombe sur sa surface, *toutes* les franges disparaissent.

5° Si le faisceau réfléchi par l'un des miroirs traverse une lame transparente à faces parallèles, soit avant, soit après la réflexion, toutes les franges sont déplacées, conformément aux lois découvertes par M. Arago (expérience précédente); lorsque chacun des faisceaux traverse une lame de même substance, ce n'est plus en raison des épaisseurs absolues, mais de la différence des épaisseurs de ces lames que le déplacement a lieu.

On peut dire que cette expérience porte au plus haut degré d'évidence la vérité fondamentale qu'il s'agit de démontrer ici, savoir : que deux rayons de lumière, émanés d'une même source, et qui se rencontrent sous une petite obliquité, exercent l'un sur l'autre une action mutuelle, de telle sorte qu'ils peuvent alternativement se détruire en totalité ou s'ajouter pour doubler leur éclat. Car le phénomène en se produisant par réflexion sur les miroirs se montre dans toute sa pureté et se trouve dégagé de toutes causes accidentelles. L'esprit le plus sévère et le plus difficile à convaincre ne peut plus recourir à des actions inconnues qui pouvaient être invoquées avec plus ou moins de raison dans les expériences précédentes : on pouvait supposer qu'en rasant les extrémités des corps la lumière éprouve des modifications particulières ; et, de ce que ces modifications ne sont pas déterminées, on ne serait pas en droit de conclure absolument qu'elles ne peuvent pas produire les franges intérieures et les autres effets observés. Mais dans l'expérience de Fresnel la lumière n'éprouve aucunement l'influence des bords ; elle est réfléchie suivant les lois ordinaires, et c'est le concours de deux rayons simplement réfléchis qui produit alternativement une lumière double en éclat ou l'obscurité complète.

Cette vérité, soupçonnée par Grimaldi, admise et posée en principe par le Dr Young, se trouve désormais établie sur des bases solides par l'expérience de Fresnel et par celle de M. Arago. Nous allons maintenant montrer comment le principe des interférences s'en déduit d'une manière rigoureuse.

582. *Principe des interférences.* Ce principe général peut être énoncé de la manière suivante :

Deux rayons homogènes, émanés d'une même source,

ajoutent leur éclat quand ils se rencontrent sous une petite obliquité, après avoir parcouru des chemins dont la

différence est $0, \dfrac{2d}{2}, \dfrac{4d}{2}, \dfrac{6d}{2}$, c'est-à-dire un nombre

pair de demi-valeurs de d; au contraire, ils se détruisent
et produisent l'obscurité quand ils se rencontrent après

avoir parcouru des chemins dont la différence est $\dfrac{d}{2}, \dfrac{3d}{2}$,

$\dfrac{5d}{2}$, etc., c'est-à-dire un nombre *impair* de demi-valeurs

de d.

La valeur de d est un nombre différent pour les diverses
couleurs, et même pour les diverses nuances du spectre.
Voici le tableau des valeurs de d, déterminées par Fresnel
avec le dernier degré d'exactitude, comme nous le verrons
dans un instant.

Tableau des valeurs de d *qui déterminent les périodes de duplication ou de destruction de lumière.*

Limites des couleurs principales.	Valeurs extrêmes de d en millionié- mes de millimèt.	Couleurs principales.	Valeurs moyennes de d eu millionièmes de millimèt.
Violet extrême. . . .	406		
		Violet.	423
Violet indigo.	439		
		Indigo.	449
Indigo bleu.	459		
		Bleu.	475
Bleu vert.	492		
		Vert.	521
Vert jaune..	532		
		Jaune.	551
Jaune orangé.	571		
		Orangé.	583
Orangé rouge.	596		
		Rouge.	620
Rouge extrême. . . .	645		

Ainsi deux rayons appartenant au *rouge moyen* du spectre se détruisent, et font du noir, quand ils se rencontrent, après avoir parcouru des chemins dont la différence est un nombre *impair* de fois $\dfrac{620}{2}$ ou 310 millionièmes de millimètre ; pour deux rayons violets la différence des chemins parcourus doit être seulement un nombre impair de fois $\dfrac{423}{2}$ ou 212 millionièmes de millimètre.

On remarquera peut-être que 212 ou même 310 millionièmes de millimètre sont des valeurs si petites qu'elles semblent échapper à toute mesure et qu'il doit sans doute rester beaucoup d'incertitude sur leur détermination absolue ; mais nous verrons bientôt que Newton était parvenu à mesurer ces longueurs, que Fresnel les a mesurées à son tour dans des phénomènes et par des moyens complètement différens, et qu'il existe un accord admirable entre les résultats de ces grands observateurs.

Ces valeurs de *d*, obtenues par des expériences et par des mesures directes, sont indépendantes de toute hypothèse sur le mode d'existence de la lumière ; elles conviennent au système de l'émission et au système des ondulations, ou plutôt elles sont comme autant de conditions numériques auxquelles un système, quel qu'il soit, devra se soumettre. Elles sont le quadruple de ce qu'on nomme la *longueur des accès* dans le *système de l'émission*, et elles sont ce que l'on appelle la *longueur des ondes* dans le *système des ondulations*. Pour s'exprimer rigoureusement, sans admettre aucun système, et sans sortir des voies expérimentales, il ne faudrait désigner ces valeurs de *d*, ni en les appelant des longueurs d'accès ni en les appelant des longueurs d'ondes ; il faudrait leur donner un nom, qui ne contînt ou ne supposât autre chose que le fait physique lui-même ; on pourrait les appeler les longueurs des *pha-*

ses ou des *périodes* de la lumière, car ces périodes sont un fait, et un fait indépendant de toute hypothèse. Cependant, pour ne pas compliquer le langage de la science par une innovation qui nous semble peu nécessaire, nous dirons que les valeurs de d représentent les longueurs des ondes ou des ondulations de la lumière, à peu près comme les nombres compris entre 32 pieds et 18 lignes représentant les longueurs des ondes sonores que notre oreille peut apprécier.

Reprenons maintenant l'expérience des miroirs de Fresnel, et essayons d'en déduire les preuves du principe que nous venons d'énoncer, et la détermination des longueurs des ondes.

Le point P (*Fig.* 272) étant l'image du point F sur le premier miroir, on a Fp = pP et CP = CF.

Par la même raison, à l'égard du second miroir, on a Fp' = p'P' et CP' = CF.

Donc CP = CP'.

D'où il suit que la ligne LCL' a tous ses points à égale distance des deux images P et P'.

Mais la lumière qui se réfléchit sur le premier miroir se trouve, pour sa direction et pour le chemin qu'elle fait, exactement comme si elle partait du point P ; celle qui se réfléchit sur le second miroir est exactement aussi comme si elle partait du point P'.

Donc tous les rayons tels que FGD et FHB, qui viennent se rencontrer sur la ligne LL', sont des rayons qui ont parcouru des chemins égaux ; et réciproquement la ligne LCL' étant à égale distance des points P et P', se trouve être le lieu des rencontres de tous les rayons qui ont parcouru des chemins égaux. Or, comme il y a partout sur cette ligne une frange centrale brillante, ayant une fois autant d'éclat que la lumière réfléchie par un seul miroir, il en résulte que les rayons ajoutent leur éclat lorsqu'ils se rencontrent après avoir parcouru des chemins égaux.

Considérons actuellement la première frange sombre s, soit à droite, soit à gauche de la frange centrale, et joignons son milieu aux deux points ᴘ et ᴘ′ qui sont censés être les deux points rayonnans. Il est évident que les rayons ᴘs et ᴘ′s qui arrivent en ce point se rencontrent après avoir parcouru des chemins inégaux dont la différence est sᴘ — sᴘ′, pour la frange sombre de gauche, et sᴘ′—sᴘ pour celle de droite. Donc on ne fait autre chose qu'exprimer un fait en disant : Les rayons se détruisent, quand ils se rencontrent après avoir parcouru des chemins dont la différence est sᴘ —sᴘ′. Or, Fresnel ayant déterminé les positions des points ᴘ et ᴘ et mesuré exactement au moyen de son micromètre (*Fig.* 265 et 265 *bis*), la distance sʙ ou la demi-distance ss, il en a pu conclure aisément la différence des chemins parcourus ; et c'est ainsi qu'il a constaté que les rayons des différentes couleurs se détruisent lorsqu'ils ont parcouru des chemins dont la différence est 310 millionièmes de millimètre pour les rayons rouges et 212 millionièmes pour les violets, etc., conformément au tableau précédent.

Fresnel a mesuré de même la distance s′ s′ des franges sombres du deuxième ordre, puis celle des franges du troisième ordre, etc. ; puis celle des franges brillantes du premier, du deuxième, du troisième ordre..... Comparaison faite de ces mesures, il en est résulté le principe fondamental que nous avons énoncé plus haut, savoir que les rayons s'ajoutent quand la différences de chemins parcourus est o, $\dfrac{2\,d}{2}$, $\dfrac{4\,d}{2}$, etc., et qu'ils se détruisent quand cette différence est $\dfrac{d}{2}$, $\dfrac{3\,d}{2}$, $\dfrac{5\,d}{2}$, etc.

La marche hyperbolique des franges est une conséquence immédiate de ce principe ; car il est facile de voir que la série des points pour lesquels la différence sᴘ—sᴘ′ des distances aux points ᴘ et ᴘ′ reste constante forme une branche d'hyperbole ayant ses foyers en ᴘ et ᴘ′ ; que la série des points pour lesquels la différence $s'p - s'p'$ reste constante, forme une autre hyperbole ayant les mêmes foyers, de même pour la série des points dont la différence $s''p - s''p'$ reste constante, etc.

Fresnel n'a pas négligé de vérifier cette conséquence par un grand nombre de mesures prises à diverses distances des miroirs, ainsi, par son admirable sagacité, et par la précision scrupuleuse qu'il portait dans toutes ses recherches, il est parvenu à donner des preuves directes et irrévocables du principe de l'action mutuelle des rayons lumineux et des lois suivant lesquelles cette action s'exerce.

Le principe des interférences établi sur ces données n'est donc autre chose que l'expression d'un fait. On l'appelle principe des interférences parce que le Dr Young, qui en a le premier donné l'énoncé, disait qu'il y a *interférence* quand il y a action mutuelle de deux rayons, ou, ce qui revient au même, que deux rayons *interfèrent* quand ils agissent l'un sur l'autre. L'action mutuelle des rayons lumineux est, en effet, trop remarquable pour n'être pas désignée par un nom particulier, et tous les physiciens ont adopté l'expression du Dr Young. Il résulte de cette définition que, pour comprendre le principe des interférences dans toute son étendue et avec toute sa fécondité, il faudrait connaître tous les accidens et tous les modes qui peuvent se présenter dans l'action mutuelle des rayons. Nous aurons occasion de voir dans la suite que l'énoncé précédent n'est, à vrai dire, qu'un cas particulier du principe général de l'action mutuelle des rayons.

On conçoit maintenant pourquoi les franges disparaissent, lorsqu'on supprime la lumière réfléchie par l'un des miroirs; car il ne peut plus alors y avoir d'interférences : les rayons du miroir découvert suivent leur route sans être partiellement détruits, et il en résulte une lumière de teinte uniforme dans toute l'étendue du faisceau réfléchi.

On conçoit pareillement pourquoi les franges sont déplacées par l'interposition d'une lame transparente dans le faisceau de l'un des miroirs ; car, la vitesse de la lumière étant différente dans les différens milieux, les rayons ne mettent pas le même temps pour traverser l'épaisseur de la lame interposée et pour traverser une égale épaisseur d'air.

S'ils mettent plus de temps dans la lame, ils sont comme s'ils avaient plus de chemin à faire dans l'air. Il en résulte par conséquent une véritable inégalité dans les chemins parcourus, bien que les longueurs de ces chemins soient géométriquement égales. De là le déplacement des franges ; et comme le sens de ce déplacement, dans les expériences de M. Arago, annonce toujours un retard dans la lumière qui traverse la lame de verre, il en résulte d'une manière incontestable que la lumière se meut plus lentement dans le verre que dans l'air ; ce qui semble en contradiction nécessaire, non-seulement avec la théorie actuelle de la réfraction dans le système de l'émission, mais avec toutes les théories de réfraction auxquelles ce système pourrait conduire.

L'expérience des deux miroirs est sans contredit l'une des expériences les plus délicates de toute l'optique ; l'angle qu'ils doivent faire entre eux est un angle très-obtus, et il faut beaucoup de temps et d'adresse pour les ajuster convenablement et pour les ajuster d'une manière fixe. Lorsqu'il s'agit de prendre des mesures comme Fresnel est parvenu à le faire, il est presque indispensable d'employer un verre coloré plutôt que la lumière du spectre, car il serait à peu près impossible avec celle-ci d'avoir toujours la même nuance, et par conséquent la même longueur d'ondulation. Il importe aussi que la lentille qui concentre la lumière en F soit d'un très-court foyer ; car, si l'image solaire qu'elle donne avait une étendue sensible, chacun des points de cette image donnant un système de franges au lieu qui convient à sa position par rapport au miroir, il en résulterait une infinité de systèmes différens, placés à côté les uns des autres, et les franges noires des uns tombant sur les franges brillantes des autres, la lumière deviendrait sensiblement uniforme, ou du moins les franges noires deviendraient trop vagues et trop peu prononcées pour être mesurées avec exactitude.

Hypothèse des ondulations.

583. *Le fait des interférences ne suffit pas pour expliquer les phénomènes de diffraction.*

Quand un principe général est une fois établi , on peut s'en servir de bien des manières pour reculer les bornes de la science. On peut essayer de le développer, c'est-à-dire d'en tirer des phénomènes nouveaux ou de l'étendre à des phémènes connus, dont la cause et les lois restaient indéterminées ou inconnues; on peut essayer aussi de le justifier, c'est-à-dire de remonter à une cause plus générale, dont il n'est qu'un mode ou un effet particulier. Or, si l'on essaie d'expliquer les phénomènes de diffraction, par le principe des interférences, on est imédiatement arrêté : on prouve bien, comme nous l'avons vu, que les franges intérieures, par exemple, résultent du concours de l'action mutuelle ou de l'interférence des rayons qui ont rasé chaque bord; mais d'où viennent ces rayons? et pourquoi se trouvent-ils dans l'ombre géométrique, où ils ne devraient jamais entrer si leur propagation se faisait en ligne droite? c'est ce que le principe des interférences n'explique pas. Sans doute, s'il y a des rayons dans l'ombre, et s'ils s'y trouvent dans un certain état et sous certaines conditions, ils doivent interférer et produire des franges; mais pourquoi y a-t-il des rayons? et pourquoi sont-ils soumis aux conditions d'interférence?

On peut supposer, comme l'avait fait le Dr Young, qu'aux bords du corps délié il se fait une réflexion régulière ou irrégulière, et que les rayons qui en résultent viennent se propager dans l'ombre et interférer; mais cette hypothèse ne peut se soutenir, car il en résulterait certainement que la nature des corps et l'état de leur surface aurait une influence ou sur la grandeur des franges, ou du moins sur leur intensité, et l'expérience prouve que cette influence est complètement nulle. D'ailleurs, et ceci est sans réplique, cette hypothèse est inconciliable avec les expériences de M. Arago, sur le déplacement des franges.

On pourrait supposer aussi que les bords des écrans, frappés par les rayons directs, deviennent lumineux, et que les rayons propres qu'ils émettent se propagent dans l'ombre, et produisent les franges par leur concours. Mais cette seconde hypothèse est détruite par les faits qui détruisent la première.

Ce que nous venons de dire des franges intérieures s'applique aux franges extérieures du bord des écrans et à celles qui sont produites par les biseaux des ouvertures étroites. Ces franges dépendent sans aucun doute d'une interférence des rayons; mais on ne peut soutenir ni que ces rayons sont *réfléchis* par les bords des écrans ou des biseaux, ni qu'ils sont *produits* par une excitation particulière des rayons directs sur la matière pondérable de ces corps.

Ainsi, jusqu'à présent, quelles que soient les hypothèses auxiliaires auxquelles on recourre, si l'on veut appliquer rigoureusement le principe des interférences, on reconnaît qu'il est insuffisant pour expliquer les phénomènes de diffraction.

Arrêtés de ce côté, nous pouvons tenter l'autre voie, et essayer de justifier ce principe, c'est-à-dire d'en chercher la cause dans la nature même de la lumière.

584. *Le fait des interférences est jusqu'à présent inconciliable avec le système de l'émission.*

Les physiciens sont unanimes sur ce point, que là où il y a lumière il y a mouvement; et le temps qu'il faut à la lumière pour venir du premier satellite de Jupiter jusqu'à la terre est une preuve assez frappante de cette vérité,

Entre toutes les variations que le mouvement peut présenter on distingue deux modes généraux essentiellement différens : le mouvement de *translation* et le mouvement de *vibration*. C'est ici que les opinions se partagent à l'égard de la lumière : les uns admettent qu'elle se propage par translation, et les autres qu'elle se propage par vibration. La première hypothèse constitue le *système de l'émission*, car la substance lumineuse serait alors émise sans retour et projetée par le soleil dans toutes les directions. La seconde hypothèse constitue le système des ondulations ; car la substance lumineuse éprouverait alors des déplacemens très-petits, des mouvemens alternatifs par lesquels elle serait successivement éloignée du corps lumineux dans un instant et rapprochée de la même quantité dans l'instant suivant, et les périodes d'allées et de retours se répéteraient un grand nombre de fois dans un temps très-court. Alors la substance lumineuse aurait une existence indépendante du corps lumineux, comme l'air a une existence indépendante des corps sonores ; cette substance en repos ne serait pas de la lumière, pas plus que l'air en repos n'est du son. A cause de cette existence indépendante, et parce que de fait la lumière se propage dans toutes les directions, il en résulte que la substance lumineuse serait répandue d'une manière uniforme autour des corps lumineux. Par conséquent, ce qui serait vibration dans le corps deviendrait ondulation dans la substance lumineuse, c'est-à-dire que tous les points qui sont à la même distance d'un point donné dans le corps lumineux, éprouveraient à un instant donné, de la part de ce point, le même mouvement d'allée et de retour et avec la même intensité; c'est-à-dire, en d'autres termes, que, si l'on conçoit une infinité de lignes droites mathématiques qui divergent dans toutes les directions, à partir d'un point donné dans le corps lumineux, les vibrations qui s'exécuteront sur l'une de ces droites seront liées à celles qui s'exécutent au même instant sur une autre droite quelconque. C'est cette liaison qui constitue à proprement parler l'ondulation ; car si les phénomènes de mouvement qui se produisent sur l'une de ces droites pouvaient être indépendans de ceux qui se produisent sur la droite voisine, les mouvemens discordans et désordonnés qui en résulteraient ne seraient plus appelés des ondulations.

Voilà deux systèmes. C'est jusqu'à ce jour tout ce que l'on a pu imaginer de plus plausible. Or, si l'on ne peut affirmer sans réserve qu'entre les deux il y en a essentiellement un de vrai, on peut affirmer au moins qu'il y en a un qui ne l'est pas ; c'est celui de l'émission.

Sans entrer ici dans une discussion complète, nous ferons remarquer seulement que personne jusqu'à ce jour n'a pu concilier ce système avec le principe des interférences, et rien en effet ne semble plus inconciliable. Deux molécules sont animées d'une même vitesse ; elles vont dans le même sens, se rencontrent sous un petit angle et leurs vitesses se détruisent. N'y a-t-il pas contradiction, c'est-à-dire impossibilité mécanique?

Au contraire, dans le système des ondulations, le mouvement de la substance lumineuse étant alternativement dans un sens et dans l'autre, on voit que deux rayons doivent se détruire en se rencontrant, si, par une cause quelconque, ils arrivent au point de rencontre avec des vitesses opposées ; c'est ce que nous allons examiner avec quelque détail.

585. *Le fait des interférences deviendrait une conséquence immédiate du système des ondulations.*

Concevons une ligne droite indéfinie Ax (*Fig.* 273), suivant laquelle se propage de la lumière simple d'une nuance quelconque. Admettre que cette lumière se propage par ondulation dans une substance ou dans un fluide particulier que l'on appelle l'*éther*, c'est admettre que sur la ligne Ax une molécule donnée d'éther reçoit successivement deux vitesses contraires : par exemple, des vitesses *impulsives*, qui la poussent dans le sens AX de la propagation, et ensuite des vitesses *apulsives* qui la rappellent dans le sens XA vers l'origine du mouvement que nous supposerons quelque part à gauche du point A. Les vitesses impulsives passent nécessairement par divers degrés d'intensité, elles sont nulles d'abord, elles deviennent croissantes, atteignent un *maximum*, et décroissent ensuite jusqu'à redevenir zero; il en est de même des vitesses apulsives, et l'on admet de plus que celles-ci passent exactement par les mêmes périodes que les premières. Par conséquent, si l'on considère au même instant toutes les molécules de la ligne AX, on en trouvera dans tous les états et avec tous les degrés possibles de vitesse. Au point E, par exemple, la vitesse sera nulle; puis les points précédens jusqu'au point D auront des vitesses impulsives, qui seront croissantes jusqu'en *p*, puis ensuite décroissantes; de D en c, les vitesses seront apulsives, ayant aussi leurs maximum au point *p*; de c en A se renouvelleront exactement les mêmes périodes, et ainsi de suite sur toute l'étendue de la ligne lumineuse. La longueur de la ligne EC sur laquelle se trouve une période complète des vitesses, dans leur ordre, est ce que l'on appelle *la longueur de l'ondulation*. C'est cette longueur qui est de 620 millionièmes de millimètre pour les rayons rouges moyens, et de 423 millionièmes seulement pour les violets. Ainsi, en suspendant par la pensée la course rapide d'un rayon lumineux, et en l'observant tel qu'il est à cet instant, l'on trouverait pour la lumière rouge un million d'ondulations dans la longueur de 620 millimètres ou un million d'espaces tels que AC, CE, etc.

Maintenant, pour mieux peindre aux yeux les divers états des molécules dans la longueur d'une ondulation, l'on peut, de chaque molécule, élever sur la ligne AX une perpendiculaire qui représente la grandeur de la vitesse correspondante, et comme la direction de cette vitesse est de a vers x, pour les points compris entre e et d, et au contraire de x vers a pour les points compris entre d et c, si l'on élève ces perpendiculaires *au-dessus* de ax pour le premier cas, et *au-dessous* pour le second : la ligne sinueuse cmdme, formée par les extrémités de ces perpendiculaires, pourra donner une juste idée de la direction et de la grandeur des vitesses. Les lignes courbes des vitesses, formées d'après ces principes et ces conventions, peuvent servir ainsi à caractériser les ondulations, et comme on peut concevoir une infinité de courbes différentes, passant par les points e, d et c, et remplissant les conditions voulues de grandeur et de symétrie, il est évident qu'il peut y avoir une infinité d'ondulations différentes, ayant toutes la même longeur.

Après avoir reconnu l'état dans lequel se trouvent les *divers points* de la ligne lumineuse ax *à un instant donné*, nous devons examiner encore l'état *d'un même point*, considéré *dans plusieurs instans consécutifs*. Le point e, par exemple, est en repos, sa vitesse est nulle; mais, dans les instans suivans, toutes les vitesses qui affectent *présentement* les points précédens jusqu'à c viendront affecter *successivement* le point e. Ainsi, dire qu'une ondulation passe par un point donné, c'est dire que ce point reçoit successivement, et dans leur ordre, toutes les vitesses qui constituent l'ondulation.

Cela posé, considérons une autre ligne ax, *Fig.* 274, et une autre ondulation identique à la précédente, qui se propage suivant cette ligne; supposons de plus que cette seconde ondulation se trouve d'accord avec la première, c'est-à-dire qu'à un instant donné, les points de repos et de mouvement se correspondent exactement. Il est clair que s'il y a ainsi accord parfait à un instant, cet accord se soutiendra toujours. Quand le point e sera en repos sur la première ligne, il sera en repos sur la seconde; quand il aura le maximum de vitesse impulsive

sur la première , il aura le maximum de vitesse impulsive
sur la seconde, etc. Or, si l'on pouvait, par un moyen
quelconque, amener le rayon lumineux ᴀx de la fig. 274,
en coïncidence avec le rayon ᴀx de la figure 273, sans rien
changer à l'accord où ils se trouvent; il est évident que
toutes les vitesses seraient doublées par la superposition
des petits mouvemens, et que l'intensité de la lumière serait
par conséquent doublée.

Le résultat serait le même encore si l'un des rayons
était en retard ou en avance sur l'autre, d'une ou de plusieurs ondulations entières, ou , ce qui est la même chose ,
d'un *nombre pair* de demi-ondulations.

Et enfin il serait encore le même si les deux rayons, au
lieu de se superposer, venaient seulement concourir au
même point et se rencontrer sous une petite obliquité.

Donc, premièrement, deux rayons homogènes ajoutent
leur éclat quand ils se rencontrent sous une petite obliquité et que l'un d'eux est, à l'égard de l'autre, en
avance ou en retard, d'un *nombre pair* de demi-ondulations.

Mais si l'un des rayons est en retard sur l'autre d'une
demi-ondulation, comme le rayon ᴀ'x', *Fig.* 275, à l'égard
du rayon ᴀx, *Fig.* 274, les phénomènes changent complètement d'apparence. Alors le point ᴇ, par exemple, *Fig.* 274,
correspond au point ꜰ', *Fig.* 275. Le premier de ces points
va être traversé par l'onde ᴇᴅᴄ, et le deuxième par l'onde
ꜰ'ᴇ'ᴅ'; ainsi l'un prendra des vitesses positives , tandis que
l'autre recevra des vitesses négatives égales, *et vice versâ*.

Par conséquent , si l'on suppose que les deux rayons
ᴀx et ᴀ'x' soient amenés en coïncidence, les vitesses se dé-
truiront à chaque instant par leur superposition, et tous
les points seront au repos; il n'y aura plus de mouvement
et plus de lumière. Ainsi la coïncidence de deux rayons
homogènes peut produire les ténèbres complètes.

Le résultat serait le même , si l'un des rayons était en

retard ou en avance sur l'autre, d'un nombre impair quelconque de demi-ondulations.

Il serait le même encore si les rayons se rencontraient sous une petite obliquité.

Donc, secondement, deux rayons homogènes se détruisent et produisent les ténèbres quand ils se rencontrent sous une petite obliquité, et que l'un est à l'égard de l'autre en retard ou en avance d'un *nombre impair* de demi-ondulations.

C'est ainsi que le principe des interférences devient une conséquence nécessaire du système des ondulations. En se reportant maintenant à l'expérience des miroirs (581), on pourra facilement en faire l'analyse, et reconnaître que l'inégalité des chemins parcourus par les rayons qui viennent former les franges sombres et brillantes produit un retard d'un nombre impair de demi-ondulations dans le premier cas, et d'un nombre pair dans le second.

586. *Origine du système des ondulations, et conséquences générales auxquelles il conduit.*

Les philosophes de l'antiquité ne connaissaient sur la lumière qu'un petit nombre de phénomènes qui avaient été observés avec peu de soin et vaguement définis ; cependant leurs ouvrages contiennent les premiers germes du système de l'émission et du système des ondulations. Tant il est vrai que l'esprit humain semble condamné à admettre l'un ou l'autre de ces systèmes, faute de pouvoir imaginer autre chose. Ces opinions contraires se sont transmises d'âge en âge, jusqu'à la naissance des sciences, c'est-à-dire jusqu'au temps de Kepler, de Galilée, de Descartes et de Grimaldi, sans rien perdre de l'obscurité qui les enveloppait. Alors, de rapides découvertes sur la lumière et la chaleur, sur le magnétisme et l'électricité, semblaient promettre une prompte solution de toutes les questions fondamentales sur le mode d'existence des forces naturelles. Mais ces questions destinées à tourmenter sans cesse les esprits vulgaires doivent occuper long-temps encore les esprits les plus élevés; et dans l'impossibilité d'en donner des solutions , même après les grandes découvertes qui ont illustré notre époque, nous sommes réduits à retracer les efforts plus ou moins heureux qui ont été faits pour les résoudre.

Le père Grimaldi paraît être le premier qui ait essayé d'expliquer logiquement les phénomènes de l'optique par le système des ondulations. Ses raisonnemens supposent une prodigieuse sagacité, et une connaissance approfondie des lois de la mécanique. On peut juger par son ouvrage qu'il s'était ouvert des routes nouvelles dans l'étude de la physique; mais il fut enlevé aux sciences à l'âge de quarante-quatre ans.

A peu près à la même époque , Robert Hooke, cet esprit si fécond, si original et si hardi, avait expliqué plusieurs phénomènes par les ondulations, et particulièrement celui des anneaux colorés ou des lames minces, dont nous devons nous occuper un peu plus loin.

Huyghens avait adopté aussi le système des ondulations ; il en avait posé les principes mathématiques avec cette supériorité de génie qui caractérise tous ses ouvrages , et la loi fondamentale de la double réfraction, à laquelle il fut conduit par cette voie, est, comme nous le verrons plus tard , une découverte du premier ordre.

Plusieurs autres grands mathématiciens, comme Descartes et Euler, admettaient le système des ondulations; mais on ne trouve dans leurs ouvrages aucune découverte théorique ou expérimentale qui puisse devenir un argument direct en faveur de ce système: il est même remarquable que les idées *à priori* qui conduisirent Descartes à la découverte de la loi de réfraction ne paraissent pas rentrer dans l'hypothèse des ondes.

Le D⟨r⟩ Young a découvert le principe des interférences ; il y fut conduit, à ce qu'il paraît, par ses recherches sur le son ; après en avoir donné l'énoncé en 1801 (*Course of lectures*, etc. , t. 2, pag. 624), il parvint à le fortifier par quelques expériences en 1802 (*id.*, pag. 633) ; et c'est seulement en 1803 (*id.*, pag. 639), qu'il fit l'expérience décisive que nous avons rapportée (579).

Fresnel a fondé le système des ondulations sur des ba ' ses solides, et par ses découvertes expérimentale et par ses recherches théoriques. Nous verrons dans ce qui nous reste à dire sur l'optique, que parmi les grands observateurs qui l'ont précédé dans l'étude des phénomènes de la lumière, on n'en peut citer aucun qui ait su porter plus d'invention dans ses expériences, plus de précision dans ses mesures et plus de profondeur dans ses déductions. L'histoire des sciences placera le nom de Fresnel parmi les noms les plus illustres.

Après avoir rappelé en peu de mots les efforts longtemps incertains par lesquels on est parvenu au système des ondulations, il est nécessaire d'indiquer ici quelques-unes des conséquences générales auxquelles il conduit.

Dans les phénomènes de la lumière comme dans les phénomènes du son, il faut distinguer l'impression reçue par nos organes et la cause physique de ces impressions. Ces deux choses distinctes sont en général confondues : quand on dit, par exemple, que le son existe pour les sourds , et la lumière pour les aveugles, on n'exprime en réalité qu'un fait physique incontestable, et cependant on a l'air de rechercher une expression paradoxale, parce que dans le langage ordinaire, ces mots, *son* et *lumière*, désignent seulement la perception du son et de la lumière. Dans le langage de la science, le son est une vibration de la matière pondérable, et la lumière une vibration dans l'éther, qui est une substance impondérable. Ainsi, la lumière existe hors de nous ; nous pouvons la concevoir dans l'espace, nous pouvons la peindre à l'esprit ; c'est un mouvement soumis à certaines conditions.

Cela posé, il est évident que partout où il y a de la lumière, il y a de l'éther; donc l'éther remplit l'espace. Il se trouve entre le soleil et la terre, entre tous les corps de notre système planétaire, et dans l'espace indéfini qui nous sépare des étoiles les plus éloignées ; car il n'y a pas un point de cette immense étendue qui ne soit à chaque instant traversé par d'innombrables rayons de lumière. Et, ce n'est pas seulement dans le vide des cieux, que l'éther est répandu, mais il pénètre dans tous les corps, il remplit tous les intervalles que laissent entre eux les atomes pondérables. Si l'éther n'existait pas dans toute l'étendue de l'atmosphère, la lumière des astres n'arriverait pas jusqu'à nous ; s'il n'existait pas dans l'eau, le verre, le diamant, et tous les corps diaphanes, ces corps ne se laisseraient pas traverser par les ondes lumineuses ; enfin s'il n'existait pas dans les intervalles qui séparent les atomes de notre enveloppe matérielle, la lumière ne pourrait pas nous affecter, les ondulations ne passeraient pas dans les humeurs de l'œil et jusqu'aux fibres nerveuses de la rétine, dernier terme visible où notre raison puisse les suivre. Les corps opaques eux-mêmes sont remplis d'éther, car ils deviennent transparens lorsqu'ils ont une ténuité suffisante.

Ainsi, le système des ondulations nous conduit à admettre l'existence d'une matière, ou plutôt d'une substance, au sein de laquelle se trouvent dispersés, suivant des lois éternelles, les divers fragmens de matière pondérable, qui constituent les planètes et les astres.

Cependant si l'éther est partout, il n'est pas partout identique à lui-même. Il est probable que dans le vide des espaces célestes, comme dans le vide artificiel produit par nos machines, il n'y a nulle différence dans la distribution de cette substance, et par conséquent nulle différence dans la marche de la lumière. Mais dans l'intérieur des corps, la lumière se meut diversement, les ondulations changent de vitesse et de longueur, par conséquent l'éther prend des élasticités différentes. Nous verrons même, par les expériences de polarisation, que dans la plupart des corps cristallisés, son élasticité n'est pas la même dans tous les sens.

Après avoir développé les notions fondamentales du système des ondulations, plus longuement peut-être que les bornes de cet ouvrage ne devaient le permettre, il est temps d'arriver aux applications que l'on en peut faire pour expliquer les phénomènes de la diffraction et beaucoup d'autres phénomènes qui dépendent des interférences.

Explication des phénomènes de diffraction.

587. *Franges extérieures produites par le bord d'un écran.* Pour expliquer la cause des franges diffractées, et de toutes les lois qu'elles présentent, Fresnel admet le principe suivant : « Les vibrations d'une onde lumineuse dans » chacun de ses points peuvent être regardées comme la » somme des mouvemens élémentaires qu'y enverraient au » même instant, en agissant isolément, toutes les parties » de cette onde considérée dans une quelconque de ses » positions antérieures. »

Ainsi, le point F, *Fig.* 276, étant un point lumineux, ou le foyer d'un faisceau de lumière simple, et le cercle AMC représentant une portion de l'une des ondes envoyées par ce point lumineux, la vitesse qui se produira en un point quelconque P, lorsque cette portion de l'onde y passera, sera la même que la vitesse qui serait produite en ce point par la résultante de toutes les actions que les divers élémens de l'onde AMC pourraient exercer sur lui, en les considérant comme autant de centres d'ébranlement ou de points lumineux particuliers. Il arrive même que dans la composition des mouvemens élémentaires envoyés en P par les diverses parties de l'onde AMC, l'on ne doit tenir compte que des parties qui avoisinent le point M situé sur la ligne

FP, et négliger complètement celles qui en sont assez éloignées pour que les lignes correspondantes, telles que aP, mP, cP, aient une inclinaison sensible, parce que leurs actions deviennent contraires et se détruisent mutuellement. En effet, prenons par exemple, ces trois points, a, m, c, de manière que $aP - mP$ soit égal à $mP - cP$ et égal à une demi-ondulation ; à cause de l'obliquité de ces lignes, et de leur longueur qui est comme infinie par rapport à la longueur si petite d'une demi-ondulation, il est clair que les arcs très-petits ma et mc seront égaux entre eux ; or, les ondulations qui arriveraient en P suivant aP et suivant mP, étant en discordance, c'est-à-dire en différence d'une demi-ondulation, se détruiraient ; pareillement, les ondes qui partiraient de tous les points compris entre a et m, étant en discordance avec celles qui partiraient des points correspondans compris entre m et c, il y aurait destruction complète puisque $am = mc$. Donc la résultante des actions de l'onde AMC sur le point P ne dépend que des actions produites par les divers points de cette onde qui sont à une petite distance du point M. Ce que nous disons du point P s'applique au point P' et à tout autre point quelconque ; c'est-à-dire que la résultante des actions que les divers points d'une onde exercent sur un point donné dépend seulement des actions produites par les points de cette onde qui se trouvent à une petite distance de la ligne menée du point lumineux au point donné. Quand l'onde se propage librement, toutes ces résultantes sont égales pour des points qui sont à la même distance du point lumineux, et la lumière est uniforme.

Mais quand l'onde AMC rencontre un obstacle, par exemple, un écran MR, *Fig.* 277, la portion MC étant arrêtée, la résultante des actions qui s'exercent au point P est seulement produite par les divers points de la portion MA de l'onde qui reste libre. Par conséquent, pour connaître l'influence d'un écran, il faut savoir calculer la résultante des actions que les divers points de la partie libre de l'onde peuvent exercer sur un point donné.

Or, si ce point est en F' par exemple, de telle sorte que la ligne FP' vienne percer la surface de l'onde AMC en un point M' un peu éloigné du bord M de l'écran, il suit de ce que nous venons de voir que la résultante étant seulement dépendante des points qui avoisinent le point M' et tout-à-fait indépendante des points éloignés comme M et C, l'éclat de la lumière reçue en P' ne sera modifiée en rien par la présence de l'écran. Voilà pourquoi les franges diffractées ne s'étendent jamais qu'à une petite distance angulaire du bord de l'écran.

Mais si le point donné est en P" de manière que FP" perce l'onde en un point M" assez voisin de M pour que l'action exercée suivant MP" ne puisse être négligée, alors la lumière qui arrive en ce point P" est modifiée par la présence de l'écran.

Nous allons essayer de faire comprendre le principe de ces modifications et la cause des alternatives d'ombre et de lumière qu'elles produisent. Pour simplifier les idées, nous raisonnerons seulement sur ce qui arrive dans le plan de la figure; il est facile de voir que tout sera pareil dans les plans voisins de celui-ci, soit que le foyer F provienne d'une lentille cylindrique parallèle au bord de l'écran, soit qu'il provienne d'une lentille sphérique.

Soit F le point lumineux, *Fig.* 278, et AMC la portion d'une onde qui se propage vers le point P. Menons la ligne FP, et séparons par la pensée les effets produits sur le point P par les deux portions AM et MC de l'onde AMC, ces portions étant assez étendues pour comprendre tous les points de l'onde qui peuvent transmettre en P des actions sensibles; car, d'après ce qui précède, nous pouvons négliger tout ce qui est à une distance un peu grande du point M. Tout étant symétrique de chaque côté de FM, il est évident que la somme des actions produites en P par AM sera iden-

tique à la somme des actions produites au même point par
мc, et que si l'on représente par 1 l'éclat ou l'intensité de
lumière qui résulte des premières, 1 sera aussi l'éclat qui
résulte des secondes, et par conséquent 2 sera l'éclat ou
l'intensité de lumière que doit posséder le point p quand
il reçoit pleinement et sans obstacle la somme des actions
que tous les points *efficaces* de l'onde aмc peuvent exercer
sur lui.

Du point p comme centre, et d'un rayon pм, décrivons
un arc de cercle et traçons les lignes pb, ps, pb', ps', etc. ;
de telle sorte que leurs parties bt, sr, $b't'$, $s'r'$, etc., comprises entre les arcs мc et мк soient respectivement égales,
la première à une demi-ondulation, la deuxième à deux
demi-ondulations, la troisième à trois demi-ondulations,
etc. : alors de cette construction simple on pourra tirer
les conséquences suivantes.

1° Les arcs correspondans мb, bs, sb', $b's'$, etc. dé-
pendront, pour leurs grandeurs, et de la distance de l'onde
aмc au point lumineux f, et de la distance du point p à
l'onde aмc ; mais dans tous les cas ils iront en décroissant
avec plus ou moins de rapidité : le premier мb étant plus
grand que le deuxième, celui-ci plus grand que le troisième, etc.

2° Tous les points compris de м en b ou sur le premier
arc exerceront sur le point p des actions *conspirantes* entre
elles, quel que soit d'ailleurs l'ordre suivant lequel décroisse
l'intensité de ces actions à mesure que l'on s'éloigne de м;
il en sera de même des actions exercées par les points compris de b en s, ou sur le deuxième arc, et de s en b', et de
b' en s', etc.

3e Les actions exercées par les points compris de м en
b, ou par le premier arc, seront *discordantes* avec les actions exercées par les points compris de b en s ou par le
deuxième arc, celles-ci seront discordantes avec celles du
troisième, qui seront discordantes à leur tour avec celles

du quatrième, etc. ; car l'action qui s'exerce suivant MP sera en discordance complète avec celle qui s'exerce suivant SP, puisque par hypothèse les longueurs de ces lignes diffèrent d'une demi-ondulation. Par la même raison, chacun des points compris entre M et b sera en discordance avec l'un des points compris entre b et s, puisqu'on peut choisir ces deux points de manière que la différence de leurs distances au point P soit d'une demi-ondulation, etc.

4° Malgré ces discordances complètes, l'action du premier arc Mb ne sera que partiellement détruite par celle du deuxième arc bs, parce que Mb est plus grand que bs, et parce que les points de Mb agissent sur le point P moins obliquement et par conséquent avec plus d'énergie que les points de bs; de même l'action du troisième arc ne sera que partiellement détruite par celle du quatrième, etc. ; la résultante totale des actions de l'arc MC sur le point P n'est donc autre chose que les différences des actions discordantes et contraires produites sur ce point par le premier et le deuxième arc, le troisième et le quatrième, le cinquième et le sixième, etc. ; ou si l'on veut cette résultante est l'excès des actions produites par les arcs de rang impair sur les actions produites par les arcs de rang pair; les arcs étant déterminés comme nous l'avons vu par la condition que les lignes PM, Pb, PS diffèrent d'une demi-ondulation. C'est cette différence ou cet excès qui donne au point P une intensité de lumière que nous avons supposée être égale à 1.

5° C'est le premier arc, ou le plus voisin de la ligne FP, qui détermine le sens dans lequel agit la résultante totale ; et si l'on pouvait, par exemple, arrêter ou supprimer l'action de tous les points compris entre M et b, la résultante de tous les arcs restans donnerait en P une intensité de lumière moindre que 1, et le point P vibrerait dans le sens de la résultante de bs, c'est-à-dire qu'il serait en discordance avec la résultante des actions de Mb. Il suit encore de là que l'action produite par le premier arc seul l'emporte en intensité sur l'action produite par tous les autres ensemble; car le résultat change de signe suivant que le premier y entre ou n'y entre pas. Ce que nous disons ici du premier, par rapport à tous les autres, s'applique à l'un quelconque des arcs par rapport à tous les suivans ; l'action isolée de chacun l'emporte toujours en intensité sur la somme des actions de tous ceux qui le suivent.

Ces conséquences nous conduisent à la véritable cause de la production des franges.

En effet supposons 1° qu'un écran arrête toute la partie MC de l'onde AMC, *Fig.* 278 ; le point P reçoit alors l'action de la partie AM et prend une intensité de lumière égale à 1.

Supposons 2° que le bord de l'écran soit en b, alors la partie bc est seule arrêtée, le point P reçoit l'action de AM, plus l'action de Mb; ces actions sont conspirantes, et il en résulte en P une intensité de lumière égale à 1 de la part de AM et plus grande que 1 de la part de Mb. Donc quand le point P est placé à l'égard de l'écran de telle sorte que la somme des distances Fb + Pb au bord de l'écran l'emporte *d'une demi-ondulation* sur la ligne droite FP, il reçoit *plus de lumière* qu'il n'en recevrait *si l'écran n'existait pas.*

Supposons 3° que le bord de l'écran soit en s, la partie sc est seule arrêtée; le point P reçoit l'action de AM plus l'action de Ms : la première donne en P une intensité égale à 1 ; la seconde étant seulement l'excès de la résultante de Mb sur celle de Ms donne une intensité bien moindre que 1 : donc, quand le point P est placé à l'égard de l'écran de telle sorte que la somme des distance Fs+Ps, au bord de l'écran, l'emporte de *deux demi-ondulations* sur la ligne droite FP, il reçoit beaucoup *moins de lumière* qu'il n'en recevrait si l'écran n'existait pas.

En suivant le même raisonnement, nous pouvons conclure d'une manière générale que la présence d'un écran augmente l'intensité de la lumière sur tous les points pour lesquels la ligne brisée, qui arrive au point lumineux en passant par le bord de l'écran, surpasse d'un nombre *impair* de demi-ondulations, la ligne droite qui arrive directement au point lumineux; la trace de tous ces points forme donc la trace de toutes les franges brillantes;

Celles du premier ordre correspondant à 1/2 ondulation.
Celle du second ordre . . . . à 3/2
Celle du troisième ordre. . . . . . à 5/2;

. . . .

. . . .

et qu'au contraire la présence de l'écran diminue l'intensité de la lumière sur tous les points pour lesquels la ligne brisée qui arrive au point lumineux en rasant le bord de l'écran surpasse d'un nombre *pair* de demi-ondulations, la ligne droite qui arrive directement au point lumineux; la trace de tous ces points forme donc la trace de toutes les franges sombres ;

Celle du premier ordre correspondant à 2/2 ondulations.
Celle du second ordre . . . . à 4/2
Celle du troisième ordre. . . . . . . à 6/2

. . . .

. . . .

Nous pouvons conclure de là que les traces de ces franges forment des hyperboles et non des lignes droites; qu'elles sont plus serrées dans la lumière violette que dans la lumière rouge; enfin que leurs distances à l'ombre géométrique change avec la distance du point lumineux à l'écran, et avec celle du tableau sur lequel on les reçoit.

Voilà donc le vrai principe des franges rendu sensible par le raisonnement et sans le secours du calcul.

Cependant, pour porter dans ses conclusions le dernier

degré d'exactitude, Fresnel a déterminé, par l'analyse, les positions des *maxima* et des *minima* d'intensité de lumière, dont nous venons d'indiquer approximativement l'existence. Les résultats auxquels ils est parvenu sont rassemblés dans le tableau suivant.

Tableau du maximum et du minimum pour les franges extérieures et des intensités de lumière correspondantes.

	Valeurs de v.	Intensité de lumière.
Premier maximum.	1,217.	2,741
Premier. minimum..	1,873.	1,557
Deuxième max.	2,345.	2,399
Deuxième. min.	2,739.	1,687
Troisième max.	3,082.	2,302
Troisième.. min.	3,391.	1,744
Quatrième max.	3,674.	2,252
Quatrième. min.	3,937.	1,778
Cinquième max..	4,183.	2,221
Cinquième. min.	4,416.	1,801
Sixième max.	4,637.	2,199
Sixième.. min.	4,848.	1,819
Septième max.	5,050.	2,182
Septième.. min.	5,244.	1.832

Ainsi en représentant par **2** l'intensité de lumière que recevrait un point sans la présence de l'écran, on voit, dans ce tableau, la série des intensités alternatives qu'il prendra lorsqu'il sera placé sous l'influence de l'écran, à diverses distances de l'ombre géométrique.

Au premier maximum, c'est-à-dire au point le plus éclatant de la première frange brillante, l'intensité est presque **2** plus 3/4, ou à peu près une fois et demie ce qu'elle serait sans l'écran.

Au premier minimum, c'est-à-dire au point le plus sombre de la première frange sombre, l'intensité n'est qu'environ 1 et 1/2 ou à peu près les 3/4 de ce qu'elle serait sans l'écran ; puis les **maxima suivans** diminuent gra-

duellement tandis que les minima augmentent de telle
sorte qu'au septième ordre le maximum ne surpasse pas
de 2 dixièmes la lumière directe 2 , et le minimum lui
est à peine inférieur de la même quantité; c'est ainsi que
les alternatives s'effacent et viennent se confondre dans la
lumière uniforme.

La première frange sombre est bien loin d'être ici complètement noire, comme elle est dans l'expérience des
miroirs; on peut même remarquer que l'intensité de la
lumière qu'elle reçoit est plus grande que 1, ce qui prouve
bien que la portion de l'onde comprise entre PF, et le
bord de l'écran (*Fig.*278) contribue, comme nous l'avons
remarqué, à augmenter l'effet de la portion de l'onde qui
est à gauche de PF.

Les valeurs de v, contenues dans la seconde colonne
du tableau précédent et correspondantes aux divers maxima
et minima ou aux diverses franges brillantes et sombres,
sont telles qu'en les substituant dans l'équation

$$x = v \sqrt{\dfrac{(a+b)\, b\, d}{2\, a}}$$

on obtient pour x une valeur qui exprime la distance qui
existe entre le milieu de la frange correspondante et la
ligne de l'ombre géométrique;

a est la distance du bord de l'écran au point lumineux,
b la distance du même bord au tableau sur lequel on reçoit la frange;

d est la longueur de l'ondulation pour l'espèce de lumière qui est soumise à l'expérience.

Il serait facile, d'après cette formule, de tracer la courbe
hyperbolique que suit une frange donnée lorsqu'on connaît a et d.

Nous avons considéré l'effet d'un seul point lumineux;
mais il serait facile d'analyser les phénomènes plus complexes qui se produiront lorsqu'un nombre quelconque de

points voisins viendront concourir au résultat ; car chacun d'eux, agissant comme s'il était seul, donnera naissance à un système particulier de franges, et il suffira de voir comment ces systèmes se croisent ou se superposent pour prendre une juste idée de l'effet résultant.

Si la lumière incidente était de la lumière solaire directe, on aurait $a = \infty$, et la formule précédente deviendrait

$$x = v \sqrt{\frac{b\,d}{2}}$$

Ces valeurs de x se rapportent alors à autant d'ombres géométriques différentes qu'il y a de directions différentes dans les rayons incidens ; et si l'on veut s'arrêter seulement aux rayons extrêmes qui font entre eux un angle d'environ 30 à 32', il sera facile de tracer les systèmes de franges correspondans et de voir comment les systèmes intermédiaires viennent empiéter sur ceux-ci.

Pour la lumière blanche toutes les franges deviendront colorées, et d'après ce qui précède il ne sera pas difficile de tracer les limites des diverses couleurs, ni de déterminer quelles sont les intensités des nuances diverses qui viennent se superposer en un point donné.

588. *Franges intérieures, produites dans l'ombre des corps déliés, ou des écrans étroits.* Soit ll' (*Fig.* 279), la largeur d'un écran ou d'un corps très-délié, comme un fil ou un cheveu, F le foyer d'une lentille sphérique, ou d'une lentille cylindrique dont l'axe est parallèle à la longueur de l'écran ; A ll' A' l'onde incidente, que nous supposerons appartenir à la lumière rouge homogène, dont la longueur d'ondulation est 630 millionièmes de millimètre ; TT' le tableau ou le verre dépoli sur lequel on reçoit l'ombre de l'écran ; GG' la largeur de l'ombre géométrique ; et P un point quelconque situé dans cette ombre, dont l'axe est suivant la ligne F' M X.

Pour rendre l'explication sensible, il a été nécessaire d'exagérer singulièrement la largeur de l'écran, qui n'est en réalité que de 1 ou 2 millimètres, et de réduire au contraire dans une grande proportion les distances de l'écran au point lumineux et au tableau, qui peuvent être en général de plusieurs mètres.

Sur le cercle $ALL'A'$, qui représente l'onde incidente, on prend à gauche de P L des points, a, b, c, d, etc., tels qu'en les joignant au point P, la différence de deux de ces lignes consécutives soit égale à la demi-longueur d'une ondulation, ou à 310 millionièmes de millimètre, en supposant, comme nous l'avons fait, que l'on opère sur de la lumière rouge. Ainsi

Pa — P L $= 310$ millionièmes de millimètre.

P b — P $a = 310$ $id.$

P c — P $b = 310$ $id.$

A droite de P L$'$, on prend pareillement des points a', b', c', etc., qui remplissent la même condition, et qui donnent aussi

Pa' — P L$' = 310$ millionièmes de millimètre.

P b' — P $a' = 310$ $id.$

P c' — P $b' = 310$ $id.$

Cela posé, pour connaître la quantité de lumière qui arrive au point P, il suffit de remarquer qu'elle résulte des quantités partielles envoyées par la portion LA de l'onde incidente, et par la portion L$'$ A$'$, car chacune de ces portions de l'onde éclaire le point P dans un certain degré, qui dépend des distances PL et PL$'$, et de l'obliquité de ces lignes sur la ligne PF, qui va au point lumineux. Or, la lumière que LA peut envoyer au point P dépend elle-même des rapports de grandeur des arcs La, ab, bc, etc. En effet, nous avons vu précédemment que les divers points de ces arcs peuvent être considérés comme des centres d'ébranlement qui propagent des ondes vers le

point P. Ainsi, la distance P a surpassant la distance PL
d'une demi-ondulation, les ondes envoyées par les deux
points a et L arrivent en P dans un état de discordance
complète, et elles se détruiraient exactement si elles
avaient la même intensité. Ce qui arrive pour ces deux
points arriverait pour tous les points de l'arc La, si l'on
avait L$a = ab$, car chacun des points de La aurait alors
sur ab un point correspondant avec lequel il serait en
discordance complète; les deux arcs pris ensemble ne
produiraient aucun effet, et par conséquent aucune lumière au point P; il en serait de même de l'arc bc considéré avec l'arc suivant, etc.

Mais les arcs La et ab sont essentiellement inégaux, et
de plus l'intensité des ébranlemens que leurs divers points
peuvent exciter en P est différente à raison de leur inclinaison croissante sur la ligne PF. Il en résulte donc que
ces deux arcs pris ensemble envoient de la lumière au
point P, qu'il en est de même des deux suivans, et de
même encore des deux suivans, jusqu'à ce que l'on arrive
à un groupe de deux arcs pour lesquels les lignes menées
au point P, soient tellement inclinées sur PF que l'on
puisse considérer comme tout-à-fait nulles les différences
des ébranlemens qui arrivent dans ces directions.

On peut essayer de déterminer par le calcul l'intensité
et la direction de celle résultante de tous les ébranlemens
partiels que les divers points de l'onde LA envoient au
point P; mais jusqu'à présent la théorie n'a pas appris à
résoudre cette question d'une manière générale, et d'ailleurs nous devons nous borner ici à faire remarquer que
l'arc La est celui de tous qui produit le plus grand effet sur
le point P, parce qu'il agit de plus près et sous la moindre
obliquité. Ainsi la résultante aura, dans tous les cas, une
direction, telle que Pr, plus ou moins rapprochée de PL (1).

____

(1) Nous devons rappeler que notre but est seulement de don-

Mais cette direction changera par deux causes : 1° la distance du point lumineux à l'écran restant la même, la résultante s'éloignera d'autant plus de PL que le point P s'approchera davantage du bord de l'ombre géométrique du côté de G, parce que les lignes P a, P b devenant moins obliques, les ébranlemens qui arrivent au point P suivant ces lignes prennent plus d'intensité ; 2° le point P restant le même, si le point lumineux se rapproche ou s'éloigne de l'écran LL', le cercle qui représentera l'onde incidente, et qui passe toujours par les points L et L', sera en dedans ou en dehors du cercle AL, et cette circonstance changeant la disposition des points a, b, c, etc., et l'obliquité des lignes menées de ces points au point P, il est évident que la direction de la résultante Pr des ébranlemens qu'ils excitent en ce point sera elle-même changée, et d'autant plus rapprochée de PL que le point lumineux sera plus près de l'écran.

Ainsi, en dernier résultat, la lumière que la portion LA de l'onde envoie au point P dépend de la largeur de l'écran, de sa distance au point lumineux, et de la position de ce point P dans l'ombre géométrique.

Ce que nous venons de dire de la portion LA de l'onde s'applique à la portion L'A', qui donne donc aussi au point P une résultante Pr' dont la direction est plus ou moins rapprochée de PL'. Mais, pour une même distance du point lumineux à l'écran, on voit que cette résultante

---

ver ici une idée de la cause qui produit les phénomènes de diffraction. Nous ne tenons aucun compte de la portion de l'onde ML qui est arrêtée par l'écran, et cependant il faudrait en tenir compte, car elle pourrait être telle que la somme des actions qu'elle exerce en P fût égale à l'action de la moitié entière de l'onde, et dans ce cas la résultante des arcs La, Lb, Lc, etc., serait nulle, et cesserait de l'être si l'écran était un peu plus large ou un peu plus étroit. Beaucoup d'autres considérations encore devront entrer un jour dans la théorie de la diffraction ; c'est un sujet qui dans son état présent doit être considéré comme l'un des plus féconds pour les recherches expérimentales et surtout pour les applications de l'analyse mathématique.

se rapproche de PL′ à mesure que le point P se rapproche
du bord *b* de l'ombre géométrique, et par conséquent
à mesure que la résultante de LA s'éloigne de PL; et réciproquement la résultante P*r* s'éloigne de PL′ à mesure que le point P s'approche du bord *b*′ de l'ombre géométrique, et par conséquent à mesure que la résultante P*r*
se rapproche de PL.

Ces deux résultantes P*r* et P*r*′ déterminent l'éclat de la
lumière ou l'obscurité qui doit paraître au point P ; toutes
les fois qu'elles seront concordantes, il y aura lumière, et
il y aura ténèbres toutes les fois qu'elles seront discordantes.
Le premier cas arrivera quand la différence des chemins
parcourus P*r* et P*r*′ sera nulle ou égale à un nombre pair
de demi-ondulations, et le second cas arrivera quand cette
même différence sera égale à un nombre impair de demi-
ondulations.

Pour tous les points qui sont situés sur l'axe de l'ombre
géométrique FMX, la différence des chemins parcourus
sera toujours nulle quand la ligne LL′ sera perpendiculaire à la ligne FX, parce qu'alors tout sera symétrique
de part et d'autre. Ainsi, dans ce cas, le centre même de
l'ombre sera toujours une frange brillante.

En s'écartant de l'axe, sur le tableau TT′, le point P
arrivera bientôt dans une position pour laquelle la différence des lignes P*r* et P*r*′ sera égale à une demi-ondulation
ou à 310 millionièmes de millimètre, si l'on opère sur la
lumière rouge; alors il y aura discordance complète, et
par conséquent obscurité ; ce phénomène se produira à la
même distance à droite et à gauche de la frange brillante
du centre, et les deux franges sombres qui en résulteront
forment le système des franges sombres du premier ordre.

En continuant de s'écarter de part et d'autre de l'axe,
sur le tableau TT′, le point P passera successivement par
des positions pour lesquelles la différence des chemins
parcourus P*r* et P*r*′ sera deux demi-ondulations, ce qui

donnera les franges brillantes du deuxième ordre, puis trois demi-ondulations, franges sombres du deuxième ordre, puis quatre demi-ondulations, franges brillantes du troisième ordre, puis cinq demi-ondulations, franges sombres du troisième ordre, etc.

On ne doit pas perdre de vue que, pour une même position du point lumineux de l'écran et du tableau, les résultantes Pr et Pr' changent un peu de direction, comme nous l'avons vu, à mesure que le point P s'écarte de l'axe dans un sens ou dans l'autre, et c'est là ce qui nous empêche d'indiquer le lieu précis des franges sombres ou brillantes des divers ordres, et leurs distances mutuelles. Mais Fresnel est parvenu à déterminer ces positions par le calcul, et les expériences qu'il a faites ensuite ont pleinement confirmé sa méthode de calcul.

Fresnel a pareillement donné une formule pour résoudre la question suivante : quelles relations doivent exister entre les largeurs de deux écrans, entre leurs distances au point lumineux et leurs distances au tableau pour qu'ils produisent des franges égales.

Soit L la largeur du premier écran,
    F sa distance au point lumineux,
    T sa distance au tableau.

Soient L', F', T' les quantités analogues pour le second écran ; les franges seront égales quand ces quantités rempliront les deux conditions suivantes :

$$T'L = TL'$$

$$FF'L^2 + F'TL^2 = FF'LL' + FTL'^2$$

Il est facile de voir, d'après ces conditions, que si l'on a $L = L'$, c'est-à-dire un même écran pour les deux expériences, il faut nécessairement que l'on ait aussi $T = T'$ et $F = F'$, et réciproquement. Ainsi, avec un même écran on ne peut pas produire deux systèmes de franges identiques en faisant varier la distance du point lumineux et celle du tableau.

Si la largeur de l'un des écrans était double de celle de l'autre; si l'on avait, par exemple, $L = 2 L'$, on en déduirait d'abord $T = 2 T'$, c'est-à-dire que, pour avoir des franges égales, il faudrait porter le tableau à une distance double derrière l'écran, qui est double; on trouve en même temps que, devant l'écran le plus étroit, la distance du point lumineux doit être au plus un quart de la distance du point lumineux devant l'écran le plus large.

Il est facile de voir, par la discussion précédente, 1° que les franges augmentent de largeur et de distance à mesure que l'on éloigne le tableau derrière l'écran ; mais cette augmentation n'est pas tout-à-fait proportionnelle à la distance ; 2° qu'elles augmentent de largeur à mesure que l'on augmente la distance du point lumineux à l'écran ; 3° qu'elles augmentent pareillement de largeur quand l'écran devient plus étroit.

Ces conséquences peuvent être facilement vérifiées par l'expérience, et pour rendre plus frappante la vérification de la dernière, il suffit, par exemple, de présenter parallèlement à l'image d'une lentille cylindrique, et à une distance convenable, un corps effilé en pointe comme une aiguille ou comme un triangle très-allongé, et de recevoir son ombre sur le tableau ; on pourra reconnaître alors que l'ombre de la pointe donne des franges larges et très-distantes, tandis que celle de la base présente des franges si nombreuses et si serrées qu'il devient souvent difficile de les apercevoir, même avec une loupe.

Lorsque l'écran est incliné, comme on le voit (*Fig.* 280), où LL' représente l'écran, et F le point lumineux, il arrive toujours que les franges cessent d'être symétriques de part et d'autre du milieu de l'ombre, et que la frange centrale brillante suit une ligne courbe. Pour se rendre compte de ce phénomène, il suffit de remarquer que la lumière qui vient dans l'ombre est alors la résultante des ébranlemens excités par les deux portions LA et L'A' de l'onde incidente. La résultante de L A sur le point P, par exemple, sera, comme nous l'avons vu, très-voisine de PL, et celle de L'A très-voisine de PL'. Or, les ébranlemens excités par les diverses portions d'une onde se propageant avec la même vitesse que l'onde elle-même, il est évident que la frange centrale brillante sera placée dans les points de l'ombre géométrique pour lesquels la somme des chemins parcourus par l'onde L A et par sa résultante sera égale à la somme des chemins parcourus par L'A' et par sa résultante; par conséquent, si ces résultantes étaient exactement dirigées, la première suivant PL et la deuxième suivant P'L', le lieu de la frange centrale brillante serait déterminé par la condition $F L + P L = F L' + P L'$.

Et il est facile de voir que cette condition est remplie par le sommet P du parallélogramme construit sur F L L'; mais, en partant du point P pour se rapprocher de l'écran, la série des points qui remplissent cette condition forme une ligne courbe qui vient aboutir très-près du point L, si l'écran est très-incliné; quant aux franges sombres et brillantes des différens ordres, qu'elles seront plus larges du côté de L A et plus serrées du côté de L'A'.

Ces considérations peuvent faire comprendre combien il est difficile de produire avec les écrans des franges intérieures bien nettes; car, si l'image qui sert de point lumineux a une largeur sensible, l'écran se trouve incliné par rapport aux points lumineux qui forment les bords de l'image, et les systèmes de franges qui résultent de ces points viennent se projeter sur les systèmes de franges qui résultent des points du centre de l'image, et les effacer en grande partie par leur discordance.

Quand les corps qui donnent des franges intérieures ne sont pas terminés par des bords rectilignes, les phénomènes se compliquent dans leurs apparences de toutes les irrégularités de forme que présentent les corps ; mais on peut toujours parvenir à se rendre compte des accidens souvent bizarres que l'on observe alors dans les franges. Il résulte, par exemple, des calculs de Fresnel que l'ombre d'un petit cercle doit être éclairée dans son centre exactement comme si le petit cercle n'existait pas, et M. Arago a reconnu par l'expérience la justesse de cette conclusion ; le point brillant du centre est parfaitement visible dans l'ombre d'un cercle de 2 millimètres de diamètre, et en s'éloignant à une distance convenable on peut même l'observer dans l'ombre d'un cercle de 1 centimètre. On conçoit que dans ces expériences il est nécessaire de coller les cercles opaques sur une lame transparente à faces bien parallèles, car un support, quelque délié qu'il fût, produirait, par lui-même et par sa jonction avec le cercle, divers systèmes de franges qui troubleraient le résultat cherché.

Les franges extérieures qui se produisent aux deux bords des écrans étroits ne sont pas toujours identiques avec celles qui se produisent au bord d'un écran d'une largeur indéfinie ; elles présentent souvent des anomalies si extraordinaires qu'elles sont à peine reconnaissables ; mais en les observant attentivement l'on reconnait bientôt qu'elles ne sont altérées que dans les cas où les écrans sont assez étroits pour que la portion de l'onde qui rase l'un des bords exerce une action sensible sur celle qui rase l'autre bord ; à ces exceptions près, les franges extérieures des écrans étroits sont toujours pareilles aux franges extérieures des écrans indéfinis.

Après avoir analysé les phénomènes des franges intérieures pour une lumière homogène telle que la lumière rouge, il est facile de voir en général ce qui arrivera pour les autres lumières simples, et aussi pour les lumières diversement composées. Toutes choses égales d'ailleurs, les franges seront d'autant plus étroites et plus serrées que la

lumière qui les produit aura des ondulations plus courtes ;
car plus l'ondulation est courte, et moins il faut s'écarter du centre de l'ombre géométrique pour arriver au
point où la différence des chemins parcourus est une demi-ondulation. Lorsqu'on est une fois parvenu à connaître les largeurs des franges et leurs distances pour toutes
les couleurs simples qui entrent dans une lumière composée, il ne reste plus qu'à déterminer pour un point
donné de l'ombre quelles sont les intensités des couleurs
qui l'éclairent, et à composer ces couleurs élémentaires
d'après leurs proportions pour avoir la teinte résultante.

L'explication de l'expérience du Dr Young se présente maintenant comme une conséquence nécessaire des
principes que nous venons de développer. Lorsqu'on in-
tercepte la lumière qui rase l'un des bords de l'écran,
toutes les franges intérieures doivent disparaître, puisqu'alors il n'y a plus d'interférences possibles ; mais l'ombre qui reste n'est pas noire et absolument sans lumière ;
elle contient au contraire toute la lumière que la portion
de l'onde non arrêtée peut y envoyer, et c'est en effet ce
que l'expérience confirme. Cette lumière devient diffuse
dans toute l'étendue de l'ombre, en offrant toutefois des
intensités variables dans les différens points, et dès qu'on
cesse d'intercepter la lumière de l'autre bord, les interférences s'établissent pour doubler l'éclat en quelques points
et pour l'éteindre complétement dans d'autres points ; de
là les franges brillantes et sombres.

Le phénomène observé par M. Arago, et dont nous
avons parlé (580), rentre pareillement dans la théorie
précédente ; mais de plus il conduit à une donnée fondamentale sur la propagation de la lumière. En effet, quand
on dit que la frange brillante du milieu de l'ombre résulte
du concours de deux lumières qui ont parcouru des chemins égaux, il est bien entendu que ces chemins sont parcourus dans le même milieu ; car la véritable condition

est que les nombres d'ondulations exécutées depuis le point de départ jusqu'au point d'arrivée soient les mêmes. Puisqu'une lame transparente très-mince, interposée d'un côté de l'écran, déplace la frange centrale, on doit en conclure que la lumière qui traverse cette lame n'accomplit pas autant d'ondulations que la lumière de l'autre bord, qui traverse l'air seulement. On peut même pousser plus loin la conséquence, on peut déterminer la différence absolue des nombres d'ondulations de ces deux lumières. Si la frange centrale était transportée, par exemple, du côté de la lame transparente, et au lieu qui était occupé par la frange brillante du deuxième ordre, la lumière aurait perdu précisément une ondulation en traversant la lame transparente ; car du point lumineux en ce point les longueurs absolues des chemins parcourus en passant par les bords de l'écran sont d'une ondulation. Or, puisqu'on y trouve la frange centrale, qui correspond à des nombres égaux d'ondulations, il faut bien que la traversée de la lame produise sur la lumière le même effet que la perte d'une ondulation. Si la frange centrale tombait sur la troisième frange brillante, la lumière aurait éprouvé un retard de deux ondulations en traversant la lame transparente, etc.

Donc, dans les substances transparentes et solides, les ondulations sont plus courtes que dans l'air, et il est facile par ce qui précède de déterminer leurs longueurs. On trouve ainsi cette loi remarquable, que les longueurs d'ondulations sont proportionnelles au rapport des sinus d'incidence et de réfraction, ou en d'autres termes, que l'indice de réfraction est précisément le rapport des longueurs d'ondulations.

C'est d'ailleurs un principe fondamental de la propagation de tous les mouvemens vibratoires que les ondulations s'accomplissent toujours dans le même temps, quels que soient les milieux qu'elles traversent. Il en résulte donc que la lumière se meut plus lentement dans les milieux plus réfringens, et que le rapport des vitesses de la lumière dans deux milieux différens est représenté par l'indice de réfraction, parce qu'il est représenté par le rapport des longueurs d'ondulations.

589. *Franges produites par les petites ouvertures.* — Soit F (*Fig.* 281) le point lumineux ou l'image produite au foyer d'une lentille sphérique ou cylindrique, et B B' la largeur de l'ouverture que la lumière traverse ; on peut supposer que cette ouverture est donnée au moyen de l'appareil à biseaux que nous avons décrit précédemment. Les limites de l'ombre géométrique sont représentées par les lignes F G et F' G', et c'est la lumière du faisceau G F G' qui éprouve la diffraction entre les deux biseaux.

Pour mieux faire sentir la cause qui produit ici les franges, nous distinguerons trois cas. Il peut arriver :

1° Que l'on observe seulement des *franges extérieures*, c'est-à-dire des franges produites dans l'ombre géométrique de part et d'autre du faisceau lumineux intérieur ;

2° Que l'on observe seulement des *franges intérieures*, c'est-à-dire des franges produites dans le faisceau lumineux intérieur ;

3° Que l'on observe à la fois des franges intérieures et extérieures.

Franges extérieures. — Les franges de cette espèce ne peuvent jamais être obtenues que par des ouvertures très-étroites, et même il arrive souvent que près de l'ouverture elles se trouvent mêlées de franges intérieures plus ou moins nombreuses, de telle sorte qu'il est nécessaire, pour les avoir pures, d'aller les observer à une grande distance derrière les biseaux. Voici les conditions sous lesquelles elles se produisent, et les lois de leur formation :

Du point F comme centre, décrivons un arc A B M B' A', qui représente l'onde incidente, figure 281, et sur la ligne F X, qui passe par le milieu de l'ouverture, concevons un

point P à une distance de quelques décimètres des bords
B et B'. Si l'ouverture est assez étroite pour que la différence des distances P B et P M ou P B' et P M soit égale seulement à une demi-ondulation, il n'y aura jamais de franges
intérieures à une distance des biseaux plus grande que P M.
En effet, pour tous les points, tels que P', situés sur l'axe
F X, et plus éloignés que le point P, la différence des chemins parcourus P'B' et P'M ou P'B et P'M sera moindre
qu'une demi-ondulation; par conséquent, de tous les
ébranlemens envoyés en P' par l'arc M B, aucun ne sera détruit; il en sera de même des ébranlemens envoyés au
même point par l'arc M B'. De plus, la résultante des premiers sera conspirante avec celle des seconds; il y aura donc
une vive intensité de lumière. Ainsi, au delà du point P,
jamais on n'observera de frange sombre sur l'axe F X.

Maintenant, si par le point P l'on mène la ligne indéfinie
P H parallèlement aux biseaux, et que l'on détermine sur
cette ligne les points S, S', S'', etc., pour lesquels les
différences des chemins parcourus S B'—S B, S'B'—S'B, S''B'—
S''B, etc., soient respectivement 2 demi-ondulations, 4 demi-ondulations, 6 demi-ondulations, et en général un
nombre pair de demi-ondulations, ces points S, S', S'', etc.,
seront les milieux des franges sombres du premier ordre,
du deuxième ordre, du troisième ordre, etc. Au contraire, les milieux des franges brillantes du premier, du
deuxième, du troisième ordre, etc., seront donnés par les
points R, R', R'', etc., compris entre les premiers, et pour
lesquels les différences des chemins parcourus R B'—R B,
R'B'—R'B, R''B'—R''B, etc., sont respectivement 3 demi-
ondulations, 5 demi-ondulations, 7 demi-ondulations,
et en général un *nombre impair* de demi-ondulations.

En effet, dans le premier cas, s'il s'agit du point S', par
exemple, on conçoit que la portion B M B' de l'onde incidente puisse être divisée, à partir du point B, en quatre
parties telles que les distances de S' à la fin de la première,

de la deuxième, de la troisième et de la quatrième, qui se termine en ʙ′, surpassent s′ʙ d'une demi-ondulation, deux demi-ondulations, trois demi-ondulations et quatre demi-ondulations. Alors la résultante des ébranlemens que la première partie envoie en s′ sera discordante avec celle de la deuxième partie, et sera détruite par elle, tandis que celle de la troisième partie sera, par la même raison, détruite aussi par celle de la quatrième. Ainsi, le point s′ est le milieu d'une frange sombre. Pour le point s, on partagerait l'arc ʙᴍ ʙ′ en deux parties, en six pour le point s″, etc., et l'on ferait le même raisonnement.

Dans le second cas, s'il s'agit du point ʀ′, par exemple, on conçoit que la portion ʙᴍ ʙ′ de l'onde incidente puisse être divisée, à partir du point ʙ, en cinq parties telles que les distances de ʀ′ à la fin de la première, de la deuxième, de la troisième, de la quatrième et de la cinquième, qui se termine en ʙ′, surpassent respectivement s′ʙ d'un, deux, trois, quatre et cinq demi-ondulations. Alors, la résultante des ébranlemens que la première partie envoie au point ʀ′ sera détruite par celle de la deuxième, tandis que celle de la troisième sera réduite par celle de la quatrième; mais il restera celle de la cinquième partie, qui viendra éclairer le point ʀ′ de toute son intensité. Ainsi le point ʀ′ sera le milieu d'une frange brillante. Pour le point ʀ, on diviserait l'arc ʙᴍʙ′ en trois parties, en sept pour le point ʀ″, etc., et l'on ferait le même raisonnement.

Telle est la cause de la formation des *franges extérieures* par des ouvertures étroites.

Pour donner une idée plus juste et plus complète de ces phénomènes, nous ajouterons encore ici les grandeurs absolues des ouvertures et les distances correspondantes où l'on commence à observer les franges extérieures dans toute leur pureté. Nous avons fait voir plus haut que ces franges commencent à se produire régulièrement à une

distance telle que la différence PB—PM (figure 281) ou PB′
—P M soit égale à une demi-ondulation. Or, il est facile
de voir que si l'on représente cette distance par T, et par F
la distance du point lumineux aux biseaux, la condition
dont il s'agit sera remplie quand la largeur v de l'ouverture sera donnée par l'équation

$$v^2 = \frac{4 \, \text{F} \, \text{T} \, d}{\text{F} + \text{T}}$$

d étant la longueur de l'ondulation pour la lumière sur
laquelle on opère.

Le tableau suivant contient les largeurs qu'il faut successivement donner à l'ouverture pour que les franges
extérieures commencent à paraître aux distances respectives de 1, 2, 3, 4, 5, 6, 7, 8, 9 et 10 décimètres, en
supposant, 1° que F = 1 mètre, et 2° que F = ∞, c'est-à-
dire que le point lumineux soit d'abord à 1 mètre au-devant des biseaux, et qu'il soit ensuite assez éloigné pour
envoyer de la lumière parallèle.

Distances auxquelles les franges extérieures commencent à paraître seules.	Largeurs de l'ouverture des biseaux pour F=1000 millim.	Largeurs de l'ouverture des biseaux pour F=∞.
millimètres.	millim.	millim.
100	0,474	0,498
200	0,642	0,704
300	0,756	0,862
400	0,842	0,996
500	0,908	1,112
600	0,964	1,220
700	1,010	1,320
800	1,050	1,410
900	1,084	1,490
1000	1,112	1,570

Ainsi le point lumineux étant à 1 mètre, et la lumière
incidente étant le rouge moyen, si l'ouverture des biseaux

est seulement 0,474 ou un peu moins de 1 demi-millimètre, il faudra s'éloigner à 1 décimètre derrière les biseaux pour voir les franges extérieures, et il faudra s'é-
loigner à 1 mètre si l'ouverture des biseaux est seulement
1,112, c'est-à-dire un peu plus de 1 millimètre. A de
moindres distances, le faisceau central serait sillonné des
franges intérieures plus ou moins nombreuses.

On peut juger par la troisième colonne que pour des
ouvertures égales il faut s'éloigner d'autant moins derrière
les biseaux que la lumière incidente est moins divergente,
puisqu'avec une ouverture de 1 millimètre 112, il suffit
dans la lumière parallèle de s'éloigner à 1 demi-mètre, au
lieu de 1 mètre, qui est nécessaire dans le premier cas.

Il n'était pas inutile de faire voir, par des valeurs numériques, que ces phénomènes s'accomplissent dans d'assez
grandes dimensions pour que l'on puisse les produire et
les observer avec une suffisante exactitude.

Il nous reste à présent à indiquer les lois générales que
suivent les franges extérieures dans leur développement.

Puisque les milieux des franges sombres du premier
ordre forment la série des points dont les distances aux
points B et B' sont de deux demi-ondulations, il est évident
qu'elles se trouvent sur deux branches d'hyperboles ayant
pour foyer les points B et B', et pour grand axe une longueur égale à deux demi-ondulations. Par la même raison
les franges des divers ordres se meuvent suivant des hyperboles dont les foyers sont encore en B et B', et dont les
grands axes ont respectivement pour longueurs quatre,
six, huit, etc., demi-ondulations. Or, ces hyperboles se
confondent sensiblement avec leurs asymptotes, et il est
facile de voir, en représentant par v la largeur de l'ouverture, et par d la longueur d'une ondulation, que les
tangentes des angles des asympsotes avec l'axe des franges
sont

$$\frac{d}{v}\ \text{pour le premier ordre},$$

$$\frac{2d}{v}\ \text{pour le deuxième ordre;}$$

$$\frac{3d}{v}\ \text{pour le troisième.}$$

En prenant, par exemple, une largeur d'ouverture de
1 millimètre, on a

$$\frac{d}{v}=\frac{0,000620}{1}=0,00062$$

et l'angle correspondant est 2′8″.

Ces angles sont toujours assez petits pour être proportionnels à leurs tangentes; ainsi, celui du deuxième ordre
est double de celui du premier, celui du troisième ordre
triple, celui du quatrième ordre quadruple, etc. D'ailleurs la grandeur absolue du premier est en raison inverse
de la largeur de l'ouverture. Ainsi, nous sommes conduits
aux lois suivantes :

1° La largeur des franges ou la distance des milieux de
deux franges sombres consécutives est en raison inverse
de la largeur de l'ouverture.

2° De chaque côté de l'axe les franges sombres consécutives sont équidistantes, et leur distance est égale à la
distance de l'axe à la frange sombre du premier ordre, ou,
ce qui revient au même, les distances des franges sombres
à l'axe forment une progression arithmétique dont la raison est égale au premier terme.

3° Les largeurs absolues des franges intérieures croissent proportionnellement à la distance à laquelle on les
reçoit derrière les biseaux.

4° Les largeurs absolues des franges sont en raison inverse des rapports de réfraction des milieux dans lesquels
elles sont produites, car elles sont en raison inverse des

ondes, et nous avons vu plus haut que les longueurs des ondes sont en raison inverse des rapports de réfractions.

Ces lois, qui se déduisent si simplement de la théorie de Fresnel, ont été établies pour la première fois dans le travail que nous avons fait en 1815, M. Biot et moi, sur les phénomènes de diffraction ; elles étaient alors un pur résultat d'expérience ; nous n'avions pu trouver aucune théorie pour les lier ou pour les expliquer, parce que nous adoptions exclusivement le système de l'émission, qui ne peut en réalité expliquer la moindre circonstance des phénomènes de la diffraction.

Franges intérieures. Soit F le point lumineux (*figure* 282), B et B′ les biseaux, et P un point pris sur l'axe FMX à une distance telle que la différence PB — PM, ou P B′ — PM soit une demi-ondulation. Nous venons de voir qu'au delà du point P il n'y a pas de franges intérieures ; mais nous allons montrer qu'en deçà du point P, c'est-à-dire plus près des biseaux, il y a successivement *sur l'axe* des franges sombres et brillantes. En effet, on conçoit qu'il existe des points s, s′, s″ pour lesquels les différences s B — s M ou s B′ — s M, s′ B — s′ M, ou s′ B′ — s′ M, s″ B — s″ M, ou s″ B′ — s″ M, etc., seront respectivement 2, 4, 6, ou en général un nombre pair de demi-ondulations, et ces points seront les milieux de franges sombres, puisque chacun des ébranlemens qu'ils reçoivent des parties M B et M B′ de l'onde incidente est détruit par lui-même. Au contraire, les points R, R′, etc., compris entre les premiers, sont tels que les différences R B — R M, ou R B′ — R M, R′ B — R′ M, ou R′ B′ — R′ M, etc., seront de 3, 5, ou en général un nombre impair de demi-ondulations, et ces points seront les milieux de franges brillantes, puisqu'ils éprouvent de la part des arcs B M et B M′ des ébranlemens concordans, qui sont chacun séparément capables de les éclairer. Ainsi la condition qui nous a servi dans la page 432 à déterminer les distances où les franges extérieures commencent à être

seules nous donne pareillement les limites desquelles il
faut partir pour observer des franges intérieures en se rapprochant des biseaux.

Maintenant, pour donner une idée du nombre et des
distances des franges intérieures, nous examinerons seulement le cas où la lumière incidente est de la lumière
parallèle. L'onde qui tombe sur les biseaux étant alors
représentée par la ligne droite B B′ (*Fig.* 283), prenons sur
l'axe du faisceau un point P tellement situé que la différence P B — P M ou P B′ — P M soit un nombre pair de demi-
ondulations, par exemple, dix demi-ondulations. Ce
point P sera le milieu d'une frange sombre, puisque chacun des ébranlemens des arcs M B et M B′ se détruit séparément, bien que cette destruction ne soit pas totale.
Pour des points voisins du point P, et comme lui situés sur
l'axe, ou plus près ou plus loin des biseaux, la différence
sera onze demi-ondulations ou neuf demi-ondulations,
donc il y aura lumière, comme nous venons de le voir dans
la figure précédente, et le chemin qu'il faudra faire pour
arriver à ces points sera d'autant plus court que les biseaux
seront plus écartés l'un de l'autre. Mais arrêtons-nous au
point P, et essayons de faire voir que sur la ligne horizontale P H il y aura à côté de lui des franges alternativement
brillantes et sombres. Concevons que l'on prenne sur P H
un point s, déterminé par la double condition que les
différences s B — s *m*, et s B′ — s *m* soient l'une et l'autre un
nombre pair de demi-ondulations, par exemple, la première huit et la seconde quatorze, il est évident que le
point s sera alors le milieu d'une frange sombre ; et, en général, il y aura sur P H autant de franges sombres qu'il y
aura de points analogues au point s, c'est-à-dire tels que les
différences s B — s *m* et s B′ — s *m* soient l'une et l'autre
égales à un nombre pair quelconque de demi-ondulations ;
d'ailleurs il est facile de voir que ces franges sombres seront
d'autant plus nombreuses et plus serrées que l'ouverture

sera plus grande, et le point lumineux et la ligne P H l'un et l'autre plus rapprochés des biseaux. Au contraire, les franges brillantes seront déterminées par les points n, pour lesquels les différences R B — R n et R B′ — R n sont chacune égales à un nombre impair de demi-ondulations, puisque alors ces points recevront de chaque partie B n et B′n de l'onde incidente des ébranlemens conspirans, et dont chacun séparément serait capable de les éclairer.

Franges intérieures et extérieures. Pour qu'il se produise à la fois des franges intérieures et extérieures, il suffit que l'ouverture soit assez large pour donner naissance à des franges intérieures, et assez étroite pour que les portions de l'onde qui touchent l'un des bords donnent une résultante sensible dans l'ombre de l'autre bord. Sous cette double condition chacun des systèmes de franges est produit suivant les lois qui lui sont propres.

Les principes que nous venons d'exposer sur les modifications remarquables que présente la lumière homogène d'une seule couleur, en passant au travers des ouvertures rectangulaires, peuvent être étendus à toutes les couleurs simples séparément, et par conséquent à une lumière composée quelconque; puisque, dans tout mélange, chaque couleur élémentaire suit très-exactement les lois qu'elle suivrait si elle était seule. Ces mêmes principes peuvent être appliqués avec plus ou moins de simplicité ou de complication aux ouvertures, de diverses formes, régulières, irrégulières ou bizarrement variées dans leurs contours. Il est facile de voir, par exemple, que les ouvertures circulaires donneront des franges annulaires, soit extérieures, soit intérieures, soit mélangées de l'une et l'autre espèce, suivant le diamètre des ouvertures, la distance du point éclairant et celle du tableau sur lequel on fait l'observation. On pourrait exercer sa sagacité à varier les conditions qui font varier les franges, à compliquer les formes de mille accidens divers, et à démêler ensuite ou analyser ces complications au moyen de la théorie ; mais la science n'aurait probablement rien à gagner à ces recherches de détail, qui deviendraient seulement un jeu d'esprit propre à satisfaire une stérile curiosité. Tout le monde sait, par exemple, qu'en regardant au travers des barbes d'une plume quelque corps lumineux de petite étendue, comme la flamme d'une bougie, on observe de vives couleurs qui se succèdent périodiquement dans un certain ordre. Ces couleurs sont certainement produites par les linéamens qui composent la barbe de plume et par les fentes étroites qu'ils laissent entre eux. Leur éclat et leur distribution dépendent de la grosseur de ces linéamens et de la forme de ces fentes ; mais après ce que nous avons dit sur les principes généraux de la théorie, il serait sans doute bien inutile de faire une analyse minutieuse de ces couleurs et de tous les accidens qui peuvent à l'infini diversifier leurs apparences.

590. *Franges produites par la réflexion sur les surfaces polies très-étroites, et sur les surfaces irrégulièrement striées.* Au devant du point lumineux F on présente perpendiculairement ou obliquement (*Fig.* 284) un miroir métallique de très-petite dimension dans un sens, ayant, par exemple, une longueur quelconque, et une largeur MM′ qui ne dépasse pas 1 ou 2 millimètres ; alors le faisceau réfléchi MG, M′G′ présente un système de franges intérieures et un système de franges extérieures, et quelquefois les deux systèmes ensemble. Ces phénomènes sont tout-à-fait analogues à ceux que nous venons de décrire ; car le faisceau réfléchi est exactement comme s'il partait du point F′, image du point F, et qu'il fût obligé de traverser une ouverture d'une largeur MM′ : seulement la direction dans laquelle il la traverse est *oblique* au lieu d'être *perpendiculaire*, comme nous l'avons toujours supposé. Mais il n'est pas nécessaire d'analyser ici l'influence de cette circonstance, nous l'avons suffisamment indiquée en parlant des écrans inclinés, page 426, fig. 280.

Une surface polie qui se trouve accidentellement sillonnée d'une ou de plusieurs stries irrégulières produit encore des effets analogues. Soit que les rayons incidens cessent d'être réfléchis régulièrement sur plusieurs points de la surface striée, comme sur les arêtes des stries, ou même dans leur profondeur, soit qu'ils suivent seulement après la réflexion des directions rapidement changeantes d'un point à l'autre ; il se trouve alors dans les rayons réfléchis des inégalités de chemins parcourus qui déterminent des interférences, et par conséquent des franges sombres et brillantes dans le cas de la lumière simple, et des franges, ou plutôt des teintes diversement colorées dans le cas de la lumière blanche.

Ces phénomènes peuvent être observés sur toutes les surfaces métalliques qui n'ont pas été polies avec de la poudre assez fine, et aussi sur toutes les surfaces parfaitement polies qui sont enduites d'une couche de graisse, de vernis, ou même de goutelettes de rosée. En passant, par exemple, le doigt sur une glace humide, on laisse une trace qui donne souvent de très-vives couleurs, dont l'ordre et l'aspect changent dans tous les sens avec la position de l'œil.

Les couleurs éclatantes de la nacre de perle sont encore dues à la même cause, bien que dans certaines circonstances elles semblent se rapprocher davantage des vives nuances des réseaux que nous allons examiner dans un instant. La substance de la nacre se trouve, comme on sait, dans l'intérieur de l'écaille d'une certaine espèce d'huîtres ; elle se forme, avec le temps, d'une multitude de couches très-minces, qui se déposent successivement, chacune prenant toujours la forme et les contours de la couche précédente. En travaillant un morceau de nacre on en coupe les joints naturels suivant une multitude de lignes sinueuses, et les surfaces qui en résultent, quelque polies qu'elles paraissent, se trouvent sillounées dans tous les sens d'une infinité de stries irrégulières, dont l'œil ne peut directement saisir ni la trace ni la profondeur. Mais les rayons de lumière qui tombent sur ces irrégularités sans nombre, et qui s'y réfléchissent, sont nécessairement forcés de parcourir des chemins inégaux pour revenir à l'œil ; de là des interférences infiniment multipliées, et cette profusion de couleurs brillantes que présentent les surfaces de nacre artistement travaillées.

Une expérience ingénieuse, imaginée par M. Brewster, démontre directement que les couleurs de la nacre sont dues en effet aux accidens de la surface. Elle consiste à prendre, avec toute la fidélité possible, l'empreinte d'une surface de nacre sur de la cire à cacheter, de la résine, du mastic, ou même sur un métal en fusion. Alors, en donnant tous les accidens de sa forme, la nacre donne en même temps ses couleurs et tous ses reflets brillans. Ce qui prouve bien, comme nous l'avons tant de fois répété, que dans tous les phénomènes de diffraction la matière agit par sa forme, et jamais par la nature de sa substance.

591. *Franges et spectres produits par les réseaux.*

On doit à Frauenhofer une série d'observations extrèmement curieuses sur les phénomènes que présente la lumière en traversant des réseaux de diverses formes. Ses découvertes sur ce point important de la diffraction offrent encore aujourd'hui un très-haut degré d'intérêt, bien qu'elles soient devenues des conséquences nécessaires du système des ondulations, et l'analyse que nous en allons faire donnera une idée de l'esprit d'invention et de l'admirable exactitude de cet habile observateur.

Les *réseaux parallèles* se composent de petits intervalles transparens ou réflecteurs, égaux entre eux et parallèles, séparés par d'autres intervalles pareillement égaux entre eux et parallèles, mais qui doivent arrêter la lumière sans la transmettre ni la réfléchir régulièrement.

Ainsi, des traits parallèles et équidistans tracés au diamant ou avec une pointe sur une surface polie forment un véritable réseau; le sillon du trait lui-même 'en est la partie opaque. Il faut seulement qu'ils soient assez rapprochés pour que l'on puisse en compter vingt, trente, cinquante, ou même plusieurs centaines dans la largeur de 1 millimètre. Si ces traits ont été faits sur des lames transparentes à faces parallèles, les effets du réseau peuvent être observés par transmission et par réflexion; mais sur les corps opaques on ne peut les observer que par réflexion.

On peut encore faire des réseaux, comme Frauenhofer avait fait d'abord, soit en collant des feuilles d'or sur un verre parallèle, pour enlever ensuite cette couche opaque de distance en distance avec une pointe très-fine, soit en enroulant des cheveux, des fils de soie ou des fils métalliques sur deux vis parallèles à filets très-fins, et parfaitement égales, maintenues par des traverses à la distance d'un ou de plusieurs centimètres.

Voici maintenant le mode d'observation que Frauenhofer avait adopté, et les résultats généraux auxquels il est parvenu :

La lumière solaire, réfléchie horizontalement par le miroir d'un héliostat, entre dans la chambre noire par une petite ouverture, tantôt par un trou rond, tantôt par une fente verticale formée par deux biseaux adaptés au volet. Cette fente est, par exemple, de 5 ou 6 centimètres de hauteur sur une largeur d'environ 2 ou 3 dixièmes de millimètre.

A une distance assez grande du volet est un théodolite ou un instrument quelconque portant une lunette horizontale et propre à mesurer les angles. Nous supposerons que cette lunette L. (*Fig.* 285) se meuve autour d'un axe vertical passant en v à quelques pouces au-devant de l'objectif; c'est sur l'extrémité de cet axe, c'est-à-dire sur un plateau fixe PP', au centre duquel il passe, que l'on ajuste le réseau RR' de manière que ses fils soient verticaux. Le trait horizontal de lumière blanche tombe perpendicu-

lairement sur le réseau, le traverse et vient pénétrer dans
l'objectif de la lunette, qui ne doit recevoir aucune autre
lumière. Alors, en regardant par l'oculaire, on observe le
phénomène curieux représenté dans la figure 286.

1° La fente A du volet paraît au milieu, éclairée d'une
lumière blanche, ayant ses bords parfaitement tranchés,
comme si le réseau n'existait pas, et de chaque côté les
apparences sont exactement symétriques.

2° Après l'obscurité complète T qui environne l'image
de la fente, paraît un brillant spectre H'C', ayant le violet en dedans, vers H', et le rouge en dehors, vers C'; là il
se termine vers un espace obscur T'.

3° Au delà de T' paraissent à la suite les uns des autres
plusieurs spectres de diverses intensités, occupant les espaces H"C", F'''H''', F''''D'''', etc., ayant tous, comme le
premier, le violet en dedans et le rouge en dehors; seulement le rouge du deuxième tombe sur le violet du troisième, le rouge de celui-ci sur le violet du quatrième, etc.

4° Ceux de ces spectres qui sont assez étalés et assez
brillans font voir les mêmes *raies* noires que le spectre
solaire direct (544); on y distingue avec une grande netteté ces raies caractéristiques que nous avons désignées
par les lettres C, D, E, F, G (fig. 251); mais, chose remarquable, les rapports de leurs distances mutuelles sont
changés.

5° Si l'on considère la même raie dans les différens
spectres, la raie F, par exemple (qui est marquée F' dans
le premier, F" dans le deuxième, etc.), on trouve que dans
le deuxième sa distance au milieu A de l'image totale est
double de ce qu'elle est dans le premier, puis triple dans
le troisième, quadruple dans le quatrième, etc. ; d'où il
résulte évidemment que les mêmes couleurs ou les mêmes
raies occupent dans le deuxième spectre un espace double
de celui qu'elles occupent dans le premier, triple dans le
troisième, quadruple dans le quatrième, etc.

Tous ces résultats remarquables ont été obtenus par un grand nombre d'expériences et par des mesures d'une extrême précision.

L'appareil de Frauenhofer était, comme le micromètre de Fresnel, très-propre à déterminer de petits angles et de petites distances ; on voit qu'il suffisait de faire mouvoir la lunette L jusqu'à l'instant où les diverses raies venaient coïncider avec le fil micrométrique intérieur. L'angle LVL' qu'elle parcourait était l'angle formé par le rayon diffracté avec le rayon direct.

M. Babinet, qui a fait beaucoup de recherches intéressantes sur la lumière, et particulièrement sur le système des ondulations, a proposé un moyen beaucoup plus simple pour mesurer les distances des spectres de différens ordres (*Annales de Physique et de Chimie*, tome 40, page 169). Au lieu d'une seule fente dans le volet, il en emploie deux, dont on peut, si l'on veut varier les distances, puis il les observe en même temps avec le même réseau, qu'il rapproche ou qu'il éloigne convenablement, pour amener en coïncidence parfaite les mêmes raies des spectres homologues formés l'un à gauche de l'ouverture de droite, l'autre à droite de l'ouverture de gauche. Connaissant l'écart des deux ouvertures et leur distance au réseau, il est facile d'en déduire l'angle cherché.

Enfin Frauenhofer a observé deux autres conditions très-remarquables de ces phénomènes, savoir :

1° Que les déviations des mêmes couleurs, ou plus exactement des mêmes raies, B, C, D, E, F, G, ne dépendent ni de la largeur de l'intervalle transparent des réseaux, ni de la largeur de l'intervalle opaque, mais seulement de la *somme* de ces deux largeurs.

2° Que les grandeurs absolues de ces déviations sont en raison inverse de cette *somme faite* d'un intervalle transparent et d'un intervalle opaque, tellement que si dans chaque réseau l'on multiplie cette somme par les déviations correspondantes des raies B, C, D, E, F, G du premier spectre, on obtient des nombres constans, qui se reproduisent toujours dans tous les réseaux et dans toutes les expériences.

Voici ces nombres transformés en millimètres :

Lettres qui indiquent les raies ou les rayons correspondantes du spectre solaire.	Produit de la déviation par la somme des intervalles opaques et transparens en millionièmes de millimètres.	Longueur des ondulations en millièmes de millim.	Couleurs correspondantes.
B.	688	645. . .	Rouge extrême.
C.	656	596. . .	Orangé rouge.
D.	589	571. . .	Jaune orangé.
E.	526	532. . .	Vert jaune.
F.	484	492. . .	Bleu vert.
G.	429	459. . .	Indigo bleu.
H.	393	439. . .	Violet indigo.
		406. . .	Violet extrême.

Nous avons rapporté dans la troisième colonne les nombres donnés par Fresnel pour exprimer les longueurs d'ondulations des diverses couleurs du spectre (page 394), et si l'on se reporte à la figure 231 pour observer les nuances correspondantes aux raies B, C, D, E, F, G et H, on sera frappé de l'accord admirable qui existe entre ces résultats. La raie D tombe en effet près de la limite du jaune et de l'orangé , tandis que la raie F tombe à la limite du jaune et du vert, et il se trouve seulement 3 millionièmes de millimètres entre les nombres de Fresnel et ceux de Frauenhofer. Or, c'est sans le savoir que Frauenhofer déterminait ainsi les longueurs des ondulations. Les différences considérables que l'on observe entre les autres nombres tiennent, d'une part, à ce que les raies correspondantes ne tombent pas aux limites des couleurs du spectre, et à ce que Frauenhofer a pu observer aux extrémités du spectre, et surtout vers le violet , des couleurs qui devaient être tout-à-fait insensibles dans les expériences de Fresnel.

Après avoir exposé ces résultats tels que l'expérience

les a donnés, il ne sera pas difficile d'en indiquer la cause. C'est M. Babinet (*Ann. de phys. et de chim.*, T. 40, pag. 169) qui en a, je crois, le premier ramené toutes les circonstances à des considérations très-simples.

Soit nn' le réseau (*Fig.* 287), ab, cd, ef, gh, les parties opaques et bc, de, fg, etc., les parties transparentes; supposons-le, pour plus de simplicité, assez éloigné de la fente du volet pour que les rayons blancs incidens puissent être regardés comme parallèles; L sera l'œil de l'observateur et LA le rayon direct. Les phénomènes pouvant être observés aussi à l'œil nu, nous supprimerons le théodolite et la lunette.

Les *sommes faites* d'un intervalle opaque et d'un transparent, étant très-petites, il y aura toujours une de ces sommes, telle que fh, pour laquelle la différence $Lh-Lf$, sera précisément 2 demi-ondulations d'une certaine couleur, par exemple, du violet extrême; c'est dans cette direction que l'on verra le violet extrême du premier spectre. En effet, si l'espace fh était tout-à-fait ouvert, la résultante des ébranlemens que la portion fh de l'onde enverrait au point L serait nulle, mais l'espace opaque hg, arrêtant les ébranlemens qui détruiraient ceux de l'espace transparent gf, on voit qu'il arrivera en L de la lumière violette, et qu'il en arrivera plus que dans les directions voisines Ld et Li. Mais l'intensité de cette lumière dépendra nécessairement du rapport qui existe entre la largeur de l'espace opaque, et celle de l'espace transparent; le maximum aura lieu quand ces espaces seront à peu près égaux, car hg étant moindre que fg, il passerait une partie des rayons discordans, et hg étant plus grand que fg, il y aurait d'arrêté, une partie des rayons concordans avec le rayon Lf.

Si maintenant du point L comme centre, avec un rayon Lf, on décrit un arc fv, cet arc, considéré comme une ligne droite, forme avec fh un triangle rectangle fvh,

semblable au triangle L*hc* ; d'où il résulte que l'angle de
déviation c*Lh*, que nous désignerons par D, est égal à l'angle *hfv* ; par conséquent,

$$\text{Sin. } D = \frac{hv}{hf} \quad \text{ou} \quad \text{Sin. } D = \frac{d}{s},$$

en désignant par *s* la somme d'un intervalle opaque et transparent et par *d* la longueur d'ondulation qui est égale à
*h*v. Mais ces déviations des premiers spectres sont si petites
qu'elles peuvent être prises pour leur sinus, d'où il suit :

$$Ds = d.$$

C'est-à-dire que la déviation, multipliée par la somme
d'un intervalle opaque et transparent, est égale à une longueur d'onde, comme l'indique le tableau précédent.

Au delà de *fh* il se trouvera un autre intervalle opaque
et transparent, ou transparent et opaque, tel que les distances de ses deux extrémités au point L auront une différence de 4 demi-ondulations. Soit *np* cet espace, puisque
L*p*—L*n* est égale à 4 demi-ondulations, on pourra diviser
l'espace *np* en 4 parties à peu près égales, de telle sorte que
les distances des points de division au point L, croissent
successivement de 1 demi-ondulation ; si ces 4 parties
étaient perméables à la lumière, les rayons passant par la
première seraient discordans avec ceux de la deuxième, et
se détruiraient ; ceux de la troisième seraient discordans
avec ceux de la quatrième, et se détruiraient pareillement.
Ainsi le point L ne recevrait pas de lumière dans cette direction, et il n'en recevrait pas non plus, si dans ces 4 parties deux consécutives étaient opaques, et les deux autres
transparentes, c'est-à-dire si l'espace opaque du réseau
était égal à son espace transparent ; mais, ce cas excepté,
le point L sera éclairé, et c'est dans cette direction L *p* que
l'on verra le violet du deuxième spectre.

Il est facile de voir, comme plus haut, qu'en désignant
par D″ l'angle de L*n* avec A L on aura :

$$\text{Sin. } \textsc{d}'' = \frac{2d}{s} \text{ ou } \textsc{d}'' s = 2d.$$

Ainsi, en généralisant ces résultats, la même couleur sera produite par des retards

de 2 demi-ondulations pour le 1_{er} spectre,
4 . . . . 2^e
6 . . . . 3^e
8 . . . . 4^e
. . . .
40. . . . . 20e.

Car, on peut quelquefois distinguer même le vingtième spectre; toutes les lois établies par Frauenhofer et rapportées plus haut, sont des conséquences évidentes de ce principe fondamental.

Cependant si l'on voulait se rendre un compte exact, non-seulement des positions des différens spectres, mais encore de l'intensité relative de leurs couleurs, il faudrait avoir recours à des calculs plus ou moins compliqués, car il pourrait sans doute arriver que pour certains rapports entre les largeurs des espaces opaques et transparens, la lumière envoyée au point L fût la somme des lumières envoyées par plusieurs interstices voisins, et peut être même la position du maximum d'intensité n'est-elle pas toujours rigoureusement celle qui répond à une différence d'un nombre juste d'ondulations.

Le tableau suivant contient les résultats des observations de Frauenhofer.

NUMÉROS des réseaux.	INTERVALLES opaques et transparens des réseaux.	DÉVIATIONS des différentes raies pour le premier spectre.						
		Déviation pour la raie B.	Déviation pour la raie C.	Déviation pour la raie D.	Déviation pour la raie E.	Déviation pour la raie F.	Déviation pour la raie G.	Déviation pour la raie H.
1	$t=0,017000$ $q=0,036111$ $s=0,053111$	44′ 45″	42′ 42′	38′ 19″	34′ 14″	31′ 34′	27′ 36′	25′ 44″
2	$t=0,030102$ $q=0,049188$ $s=0,079238$	29 50	28 28	25 33	22 51	21 4	18 38	17 11
3	$t=0,026312$ $q=0,053165$ $s=0,079477$	»	28 24	25 29	22 44	20 56	18 30	16 59
4	$t=0,014862$ $q=0,090927$ $s=0,105789$	22 22	21 20	19 10	17 8	15 47	13 57	12 49
5	$t=0,104750$ $q=0,054758$ $s=0,159258$	»	14 10	12 42	11 19	10 26	9 13	8 18
6	$t=0,023044$ $q=0,188070$ $s=0,211014$	»	10 41	9 35	8 34	7 52	7 1	6 24
7	$t=0,158490$ $q=0,165110$ $s=0,318600$	»	»	6 21	5 40	5 13	»	»
8	$t=0,385910$ $q=0,080304$ $s=0,466214$	»	»	4 15	»	»	»	»
9	$t=0,364630$ $q=0,189470$ $s=0,554090$	»	»	3 28	»	»	»	»
10	$t=0,077907$ $q=0,608700$ $s=0,686607$	»	»	2 57	»	»	»	»

Notes de la première colonne :

- 4 — Tous avec exactitude. Les spectres sont peu visibl dans les espaces Evi, Evii.
- 5 — Troisième spectre presque nul.
- 6 — Le septième peu visible.
- 7 — Le deuxième presque nul.
- 8 — Le cinquième presque invisible.
- 9 — Le troisième presque nul.
- 10 — Le neuvième paraît manquer.

Dans la deuxième colonne t, représente la largeur de l'espace transparent en millimètres, q la largeur de l'espace opaque, et s la somme d'un espace opaque et transparent.

Les déviations rapportées dans les sept colonnes, B, C,

D, E, F, G, H, sont les moyennes des déviations observées sur des spectres de différens ordres, par exemple dans le réseau n° 6.

On avait pour la raie E les déviations suivantes :

Dans le premier spectre.	8′.	33″,4
deuxième.	17′.	6″,5
troisième.	25′.	39″,7
quatrième.	34′.	15″,9
cinquième.	42′.	48″
sixième.	51′.	24″,7
neuvième.	1°. 17′.	8″,3
dixième.	1°. 25′.	46″,7
onzième.	1°. 34′.	17″,3
douzième.	1°. 42′.	52″,3
treizième.	1°. 51′.	24″,3

Ces déviations observées ont été divisées par 2 pour le deuxième spectre, par 3 pour le troisième, etc., et on a pris la moyenne de toutes les valeurs résultantes ; c'est cette moyenne qui est inscrite au tableau.

Nous ajouterons encore, d'après Frauenhofer, quelques remarques sur les apparences des divers réseaux.

Pour le n° 4, les sixième, septième et huitième spectres, sont très-peu visibles ; t est en effet la septième partie de s à très-peu près.

Pour le n° 5, le troisième spectre est presque invisible ; t est les 2/3 de s.

Pour le n° 6 le septième spectre est à peine visible ; t est presque le septième de s.

Pour le n° 7, le deuxième spectre est presque nul ; t est moitié de s.

C'est le résultat que nous indiquions précédemment.

Pour le n° 8 le cinquième spectre et le sixième sont presque invisibles ; t est les 5/6 de s.

Pour le n° 9, le troisième spectre est presque nul; t est les 2/3 de s.

Pour le n° 10, le neuvième spectre est presque nul; t est 1/9 de s.

Ainsi dans un réseau fait au diamant sur le verre, si l'on avait, par exemple, 400 divisions dans 1 millimètre, et que l'on vît toute la série des spectres hormis le dixième, on pourrait conclure que l'épaisseur du sillon tracé par le diamant serait 1 dixième de la grandeur d'un intervalle ou 1/4000° de millimètre; épaisseur qui ne pourrait certainement être mesurée avec autant d'exactitude par aucun moyen jusqu'à présent connu.

Tout ce que nous venons de dire sur les réseaux qui agissent par transmission s'applique sans difficulté aux réseaux qui agiraient par réflexion; de là l'explication des brillantes couleurs que l'on observe sur toutes les surfaces polies qui ont été régulièrement striées.

Nous avons remarqué (546) que les raies du spectre sont en général diversement espacées, quand le spectre est produit par des substances ayant des pouvoirs dispersifs différens; dans les phénomènes que nous venons d'étudier, au contraire, les intervalles des raies sont toujours proportionnels. Ainsi le spectre diffracté est comme un type constant, ou si l'on veut, comme un *spectre normal* auquel on peut rapporter les dimensions variables des spectres des différentes substances.

Après avoir analysé les phénomènes des réseaux parallèles, il serait superflu d'exposer en détail les apparences que peuvent produire les réseaux croisés de diverses manières. Nous nous contenterons de citer deux exemples qui serviront en même temps à donner une idée des couleurs brillantes que l'on peut obtenir avec les appareils de cette espèce, et à faire voir que les jeux de lumière les plus compliqués et les plus bizarres dépendent toujours des interférences suivant des principes très-simples

Réseaux à mailles carrées. Un réseau à mailles carrées peut s'obtenir très-simplement en croisant à angle droit deux réseaux parallèles et égaux. Un tel système disposé verticalement devant l'objectif de la lunette, et recevant la lumière solaire par une petite ouverture ronde, présente le brillant phénomène qui est représenté dans la figure 288. Tous les petits rectangles symétriquement distribués autour de l'image м de l'ouverture sont autant de spectres plus ou moins allongés et plus ou moins détachés les uns les autres. Leur éclat est assez remarquable, et leur nombre si grand que nous n'essaierons pas de les compter. Avec un peu de patience et de soin on parviendra facilement à se rendre compte de toutes les particularités de cette expérience, qui est l'une des plus brillantes de l'optique.

Réseaux à mailles rondes. Nous indiquerons seulement l'image que l'on obtient en plaçant devant l'objectif de la lunette un écran percé de deux trous ronds, de $0^{mm},6028$ de diamètre et dont la distance du centre est $1^{mm}0371$. Cette image est représentée dans la figure 289.

Chacun des petits compartimens indiqués sur la figure indique le lieu d'un spectre, dont les couleurs sont en général vives et très-étalées.

Quand les trous sont plus multipliés le nombre des spectres devient plus grand, mais leur distribution et l'ordre toujours symétrique suivans lequel ils se groupent dépend de la grandeur des trous de leur intervalle et de leur arrangement.

592. *Apparences au foyer des lunettes.*

Lorsqu'on regarde une étoile avec une lunette ou un télescope ayant un pouvoir amplifiant qui surpasse 200, on voit au foyer de l'instrument une image très-nette de l'étoile, offrant un disque rond à bord bien tranchés, puis l'on distingue autour du disque une série d'anneaux alternativement brillans et sombres, dont les limites sont légèrement colorées. Il paraît que cette observation a été faite pour la première fois par W. Herschell, au moyen de ses puissans télescopes, avec lesquels il fit de si belles découvertes dans le ciel.

En plaçant un diaphragme au devant de l'objectif, pour en réduire l'ouverture, l'image de l'étoile augmente de largeur, sans cesser pour cela d'être parfaitement ronde et nettement terminée ; on peut même par ce moyen lui donner toutes les apparences d'une planète ; il suffit, par exemple, de réduire le diaphragme à n'avoir plus que 2 ou 3 centimètres d'ouverture, ou à peu près, pour une lunette de 4 mètres de distance focale : en même temps les anneaux qui entourent le disque s'élargissent et se colorent ; ils offrent successivement des nuances de blanc, de rouge, de noir et de bleu plus ou moins pâle.

M. Arago a fait de plus cette observation curieuse, qu'en partant du foyer où l'on voit nettement le disque et les anneaux, si l'on enfonce graduellement l'oculaire, le disque devient sombre au milieu, puis tout-à-fait noir ; bientôt cette tache noire s'élargit de plus en plus ; un point lumineux reparaît en son centre, qui s'élargit à son tour, pour donner naissance à une autre tache noire, et l'on peut ainsi compter au centre de l'image plusieurs alternatives d'ombres et de lumière. Mais si l'on arrête l'oculaire dans l'une de ces positions pour lesquelles le milieu de l'image est obscur, on voit de temps à autre un point brillant paraître un instant vers le milieu de la tache noire ; ce phénomène se produit seulement sur les étoiles qui *scintillent*, et jamais sur celles qui sont tranquilles ou qui ne présentent pas à l'œil nu ces changemens rapides de couleurs qui constituent la scintillation.

M. Herschell fils a fait un grand nombre d'expériences intéressantes sur les effets que l'on obtient en plaçant, devant l'objectif des grandes lunettes, des diaphragmes de différentes formes, simples ou multiples, c'est-à-dire composé d'une seule ouverture ronde, carrée, triangulaire, annulaire, etc., ou composés d'un grand nombre de petites ouvertures égales, symétriquement arrangées autour de l'axe.

1° Avec une ouverture formant le triangle équilatéral, l'image offre l'apparence représentée dans la fig. 290; c'est le disque de l'étoile, entouré d'un anneau noir, et orné de six rayons, minces, droits et assez vivement éclairés. Trois de ces rayons correspondent aux angles du triangle, et trois au milieu des côtés; les uns sont composés de petites franges *longitudinales*, et les autres de petites franges *transversales*; c'est ce qui devient évident quand on enfonce un peu l'oculaire, car ou obtient alors l'effet indiqué dans la figure 291.

2° Avec une ouverture annulaire on obtient les apparences représentées dans les figures 292 et 293. La première est l'image de la *chèvre* et la seconde celle de la double étoile de *castor*.

3° Avec une ouverture formée par l'intervalle compris entre deux carrés concentriques on obtient la figure 294. Les quatre rayons qui forment la croix sont composés de taches alternativement brillantes et sombres; les premières paraissent irisées.

4° Avec un assemblage de petits triangles équilatéraux régulièrement arrangés on obtient la figure 295. C'est une série de disques circulaires, rangés sur six rayons égaux et également espacés, qui offrent, à partir du disque central, les vives couleurs du spectre.

Tous ces phénomènes, observés par Herschell, par M. Arago et par M. Herschell fils, et qui ont été variés aussi de mille manières par plusieurs autres observateurs, ne sont certainement que des phénomènes d'interférences. La lumière est diffractée par les bords des diaphragmes qui rétrécissent ou qui modifient l'ouverture de l'objectif; et si, dans ce cas, les franges intérieures peuvent être produites par des corps beaucoup moins étroits ou par des ouvertures beaucoup plus larges, c'est parce que la lumière incidente est plus ou moins *convergente*, au lieu d'être *divergente* ou *parallèle*, comme nous l'avons supposé pour expliquer les principes de diffraction. Il suffira donc de recourir à ces principes lorsqu'on voudra se rendre compte des effets produits par un diaphragme quelconque, placé dans une position donnée, soit à l'égard de l'objectif d'une lunette, soit à l'égard du miroir d'un télescope ; seulement, dans ces expériences, s'il arrive que l'image change d'aspect d'un instant à l'autre, on pourra conclure que la scintillation ajoute ses effets aux effets diffringens du diaphragme ; et nous verrons dans la météorologie que le phénomène de la scintillation n'est luimême qu'un phénomène d'interférence.

Explication des anneaux colorés, produits par les lames minces et par les plaques épaisses.

593. *Formation des anneaux colorés dans les lames minces.*

Tous les corps diaphanes paraissent colorés des plus vives nuances lorsqu'ils sont réduits en lames assez minces : cette proposition générale peut être démontrée par une foule d'exemples, entre lesquels nous choisirons seulement les suivans :

Des boules de verre souflées à la lampe, et gonflées jusqu'au point où elles éclatent, présentent dans tous leurs fragmens des couleurs très-vives et qui sont changeantes comme celles du plumage de certains oiseaux. Il en est de même des lames de mica, de chaux sulfatée et des autres substances lamellaires qui peuvent être séparées en petits feuillets suffisamment minces.

La diaphanéité n'est pas une condition nécessaire du phénomène ; car on voit souvent du verre peu transparent, comme le verre à bouteille, prendre sur sa surface les plus éclatantes couleurs ; et il est facile de s'assurer que toutes ces nuances sont produites par de petites lames très-minces, qui se sont formées avec le temps et qui conservent leurs couleurs lorsqu'on parvient à les détacher. Tout le monde sait aussi que le fer, la fonte, l'acier et d'autres métaux polis acquièrent au contact de l'air des nuances très-marquées de rouge, de jaune, de bleu ou de violet, et que ces nuances sont produites par une couche d'oxide plus ou moins mince, dont la formation est d'autant plus rapide que la température est plus élevée.

Une goutte d'huile qui tombe sur de l'eau claire ou sur de l'eau noircie avec de l'encre, et qui s'étale rapidement en une couche très-mince, brille alors de toutes les nuances du spectre; il en est de même d'une couche d'alcool ou de quelque autre liquide qui s'évapore rapidement sur une surface polie; un instant avant de disparaître, elle est assez mince pour être colorée. Les bulles de savon, qui offrent à l'œil des couleurs si brillantes et si variées, ne sont autre chose que des lames minces de liquide; le savon n'y entre pour rien, l'eau pure et tout autre liquide transformé en bulles présente les mêmes apparences.

L'air, les vapeurs et tous les gaz donnent naissance aux mêmes phénomènes. On peut s'en assurer en superposant, par exemple, deux lames de verre, et en les pressant l'une contre l'autre; autour des points où leurs surfaces se touchent, on voit paraître une série de petites bandes colorées, qui deviennent des anneaux parfaitement ronds et réguliers, si les surfaces ont elles-mêmes autour du point de contact une courbure symétrique. Les anneaux sont d'autant plus larges et plus étalés que l'épaisseur de la lame d'air augmente moins rapidement à mesure que l'on s'éloigne du point de contact. Ainsi, pour donner au phénomène tout son éclat et toute sa régularité, il suffit de poser un verre bien plan sur une surface légèrement convexe; par exemple, sur une lentille convexe de 5o ou 6o pieds de rayon; on peut encore prendre un objectif achromatique;

la petite lame d'air qui est comprise entre la surface concave et la surface convexe a quelquefois une épaisseur assez petite et assez régulière pour que les anneaux soient
larges et parfaitement ronds. Un tel système produira des
anneaux dans toutes les vapeurs et dans tous les gaz, et,
ce qui est encore plus surprenant, il donnera encore des
anneaux lorsqu'il sera placé sous la cloche de la machine
pneumatique, dans le vide le plus complet que l'on puisse
obtenir; d'où il suit qu'une *lame mince de vide* donne
des anneaux, comme les lames minces des différens corps.

594. *Lois expérimentales des anneaux colorés établies
par Newton.*

Les phénomènes de coloration dont nous venons de parler ne pouvaient manquer d'exciter au plus haut degré la
curiosité des physiciens; mais Newton est parvenu le
premier à en reconnaître les conditions et à déterminer les
lois très-simples auxquelles ils sont soumis. Nous allons
successivement rapporter ces lois et les expériences qui
servent à les démontrer.

1° Dans chaque substance, les couleurs changent avec
l'épaisseur de la lame et avec l'obliquité sous laquelle on
la regarde; mais, dans tous les cas, elles disparaissent
quand la lame est trop mince ou trop épaisse.

Pour faire varier l'épaisseur de la lame qui produit les
anneaux, il suffit de poser légèrement la plaque supérieure sur la lentille inférieure, et de presser ensuite avec
plus ou moins de force; alors, dans la première position,
l'on distinguera une tache centrale blanche ou colorée autour de laquelle se grouperont des anneaux de diverses
couleurs; puis, en regardant toujours sous la même obliquité, on verra cette tache centrale changer de couleur
à mesure que la pression deviendra plus forte et par con-
conséquent la lame d'air plus mince. A un certain degré
de pression, la tache centrale paraîtra noire et plus ou
moins large; on peut alors faire l'expérience inverse en

soulevant peu à peu la plaque supérieure, pour augmenter graduellement l'épaisseur de la lame d'air; dans ce cas le premier anneau viendra avec sa couleur prendre la place de la tache centrale, puis le deuxième, puis le troisième, etc.

Pour faire varier l'obliquité, il suffit de laisser la plaque supérieure au même degré de pression et d'incliner l'œil plus ou moins; on verra tous les anneaux s'élargir à mesure que l'obliquité augmente, et la tache centrale passer successivement par plusieurs nuances.

Enfin, pour reconnaitre qu'une lame trop mince ne donne plus de couleurs, il suffit de remarquer que, dans le cas où la tache centrale est noire, elle est beaucoup plus large que l'étendue physique du contact des surfaces; donc autour du contact il y a une lame d'air trop mince pour donner des couleurs, et l'étendue de cette lame trop mince augmente avec l'obliquité, puisque la tache noire augmente de largeur sans qu'il y ait changement de pression. Cette vérité est encore plus frappante dans les bulles de savon; car si l'on forme ces bulles sur l'eau savonneuse elle-même, et qu'ensuite on les couvre d'une cloche, on pourra les conserver assez long-temps pour que leur sommet devienne complètement noir; et, dans ce cas, il est bien clair que la petite lame d'eau existe au sommet comme ailleurs; mais successivement amincie par l'effet de la gravité, elle arrive à un tel point de minceur qu'elle ne peut plus réfléchir de couleurs.

2° Les couleurs simples donnent des anneaux qui sont alternativement brillans et sombres : dans les différentes couleurs, les anneaux du même ordre sont d'autant plus larges que les couleurs qui les forment sont moins réfrangibles.

Le système des verres qui donnent les anneaux étant disposé au devant d'une fenêtre et éclairé par la lumière du ciel ou par la lumière blanche des nuées, si l'on vient les regarder au travers d'un verre coloré qui ne laisse passer que de la lumière simple, par exemple, le rouge extrême, on n'observe plus alors autour de la tache centrale que des anneaux alternativement rouges et noirs, formant une série nombreuse. Ces anneaux semblent se presser davantage et devenir plus étroits à mesure qu'ils augmentent de diamètre, c'est-à-dire, à mesure qu'ils s'éloignent davantage du centre. Les verres étant plus ou moins pressés, l'on voit alors la tache centrale passer successivement du rouge au noir et du noir au rouge un grand nombre de fois. On appelle *anneau brillant du premier ordre*, celui qui entoure la tache centrale, quand elle est noire et que les verres se touchent ; puis, anneau du second ordre, celui qui vient après le premier, etc. Mais l'on conçoit que l'anneau du quatrième ordre pourrait être le premier de ceux que l'on voit autour de la tache centrale ; il suffirait pour cela que les verres ne fussent pas bien en contact, et que la tache noire ne fût autre chose que l'anneau noir du troisième ordre qui serait venu se placer au centre, à cause de l'écartement des verres.

On peut encore produire des anneaux avec la lumière simple, de la manière suivante : on forme dans la chambre noire un spectre très-allongé ; un diaphragme arrête toutes les couleurs du spectre, à l'exception d'une seule qui est projetée sur un tableau blanc ; c'est alors cette partie du tableau, devenue successivement rouge, orangée, jaune, etc., qui remplace la lumière du ciel ou celle des nuées ; on la regarde par réflexion sur le système de verres destiné à produire les anneaux.

Par l'un ou l'autre de ces moyens l'on peut constater aisément que dans le même système de verres, regardé sous la même obliquité, l'anneau rouge du premier ordre a un diamètre plus grand que l'orangé, celui-ci un diamètre plus grand que le jaune, et qu'il en est de même pour les ordres plus élevés. Il en résulte que, pour trouver les lois de la coloration des anneaux, produits par la lumière blanche, il suffirait de connaître les lois suivant lesquelles se succèdent les anneaux de différens ordres pour chacune des couleurs simples; car il est évident dès à présent que dans les lames minces les nuances se composent, comme dans les franges diffractées, par l'absence de telles ou telles couleurs simples qui se trouvent détruites, tandis que les autres restent apparentes.

3° Dans une lame mince quelconque, les épaisseurs correspondantes aux anneaux brillans des différens ordres suivent la série des nombres impairs, 1, 3, 5, 7, etc., tandis que les épaisseurs correspondantes aux anneaux noirs suivent la série des nombres pairs, 0, 2, 4, 6, etc.

Une lame assez mince pour donner des couleurs a, dans ses différens points, des épaisseurs si petites qu'il semble d'abord impossible de les comparer entre elles; mais ce qui est impossible par des moyens directs devient souvent très-facile lorsqu'on a recours à des considérations géométriques très-simples. Si, par exemple, les surfaces qui limitent la lame mince d'air sont, l'une plane, et l'autre sphérique, et si elles se touchent au point τ (*Fig.* 296), il est évident que les épaisseurs AB, CD, etc., auxquelles se produisent les anneaux brillans du premier ordre, du deuxième ordre, etc., seront liées aux distances AT, CT, etc., des points correspondans A, C, etc., au point de contact τ; et pour les courbures que nous avons choisies, il est facile de démontrer que les épaisseurs AB, CD, etc., sont entre elles comme les carrés des distances correspondantes AT, CT, etc. Donc, si l'on pouvait trouver les rapports des distances AT, CT, etc., il suffirait de les élever au carré pour avoir les rapports inconnus des épaisseurs AB, CD, etc., qui correspondent aux anneaux brillans des divers ordres. Mais, puisque les anneaux sont circulaires, leurs diamètres AA', CC', DD', etc. ont entre eux le même rapport que leurs rayons AT, CT, etc. Ainsi, tout se réduit en dernier résultat à mesurer les diamètres des anneaux des divers ordres. Les rapports de leurs carrés seront les rapports des épaisseurs correspondantes de la lame d'air.

Pour mesurer facilement les diamètres des anneaux, on les produit avec de la lumière simple, après avoir placé sur le verre convexe un verre plan à faces parallèles ; puis, on les regarde d'en haut dans une situation à peu près perpendiculaire, en promenant les deux pointes d'un compas ouvert jusqu'à ce qu'elles correspondent exactement aux deux points opposés d'un même anneau. L'ouverture du compas serait exactement le diamètre cherché, si la lumière ne se réfractait pas en passant du verre dans l'air; mais il est facile de lui faire subir, au besoin, une correction convenable. C'est au moyen de toutes ces précautions que Newton est parvenu à démontrer la loi générale énoncée plus haut.

4° Dans deux lames de diverses substances, les épaisseurs qui correspondent aux anneaux du même ordre produits avec la même lumière, sont entre elles en raison inverse des indices de réfraction de ces substances.

Cette proposition peut être facilement démontrée pour l'air et un liquide quelconque, par exemple, l'eau. Il suffit pour cela de produire les anneaux dans l'air comme à l'ordinaire, puis d'insinuer entre les verres une petite goutte d'eau ; l'action capillaire poussera bientôt le liquide jusqu'au point de contact des verres, et l'on aura en même temps une lame mince d'eau du côté où le liquide est entré, et une lame mince d'air du côté opposé ; ces lames auront la même épaisseur, et les anneaux du même ordre seront loin d'être à la même distance du centre ; dans l'eau ils seront visiblement plus près et plus serrés les uns contre les autres. Il suffira de les mesurer pour en conclure que les épaisseurs auxquelles se forment les anneaux du même ordre sont en effet entre elles en raison inverse des nombres 4 et 3 qui représentent les indices de réfraction de l'eau et de l'air.

Après avoir déterminé ces lois expérimentales du phénomène des anneaux colorés, Newton parvint encore à mesurer avec une grande précision l'épaisseur absolue de la lame d'air qui correspond à l'anneau brillant du premier ordre pour chacune des couleurs simples. Cette détermination est importante, car nous verrons tout à l'heure comment on en déduit la longueur des ondes lumineuses. Pour l'obtenir, Newton posa sur un verre plan une lentille biconvexe, dont les deux faces avaient été travaillées dans le même bassin; sa distance focale principale était de 83^{po},4, et son indice de réfraction $\frac{17}{11}$. Par conséquent, le diamètre de la sphère dont ses surfaces faisaient partie, était de 182 pouces anglais (535). Or il est facile de voir que l'épaisseur correspondante à un anneau quelconque est égale au carré du rayon de l'anneau, divisée par le diamètre de la sphère du verre convexe; tout se réduit donc à mesurer exactement le diamètre de l'un des anneaux. Newton trouva $\frac{1}{7}$ de pouce pour le diamètre du cinquième anneau sombre, et par conséquent, $\frac{1}{25 \times 182}$ ou $\frac{1}{4550}$ de pouce pour l'épaisseur de la lame d'air. Cette valeur doit subir deux corrections, l'une dépendante de la réfraction de la lumière au travers du verre supérieur, l'autre dépendante de l'obliquité sous laquelle on regarde les anneaux, celle-ci étant nécessaire seulement lorsqu'on veut réduire l'épaisseur à ce qu'elle est pour l'anneau qui est vu perpendiculairement. Ces corrections faites, Newton trouva $\frac{1}{17800}$ pour l'épaisseur de la lame d'air, au milieu de l'anneau sombre du cinquième ordre ; et puisque cette épaisseur, en vertu des lois précédentes, se trouve décuple de celle du premier anneau brillant, il en résulte que l'épaisseur absolue de la lame d'air pour le premier anneau brillant est

$$\frac{1}{178000}$$ de pouce anglais.

Cette valeur appartient à la lumière simple qui forme la limite de l'orangé et du jaune.

Ainsi, pour cette couleur, les anneaux brillans des différens ordres se forment dans l'air aux épaisseurs

$$\frac{1}{178000}, \quad \frac{3}{178000}, \quad \frac{5}{178000}, \quad \frac{7}{178000}$$

Et les anneaux sombres aux épaisseurs

$$\frac{2}{178000}, \quad \frac{4}{178000}, \quad \frac{6}{178000}, \quad \frac{8}{178000}.$$

Les mêmes observations appliquées aux autres couleurs, conduisent au tableau suivant.

Tableau des épaisseurs de la lame d'air correspondantes au milieu de l'anneau brillant du premier ordre pour chacune des couleurs.

Noms des couleurs.	Épaisseurs de l'air en millionièmes de pouce anglais.	Épaisseurs de l'air en millionièmes de millimètre.	Épaisseurs multipliées par 4 en millionièmes de millimètre.
Rouge extrême.	6,344	161,15	645
Orangé rouge.	5,866	148,95	596
Jaune orangé.	5,618	142,70	571
Vert jaune.	5,237	133,01	532
Bleu vert.	4,841	122,97	491
Indigo bleu.	4,513	114,64	458
Violet indigo.	4,323	109,80	439
Violet extrême.	3,997	101,51	406

Enfin Newton avait donné une formule pour exprimer la loi suivant laquelle l'épaisseur augmente avec l'obliquité. Ainsi l'ensemble des résultats qu'il avait obtenus sur le phénomène curieux des anneaux colorés, conduit à la solution de cette question générale : le rapport de réfraction d'une substance et son épaisseur étant connues, déterminer la proportion de chacune des couleurs simples qu'elle réfléchira sous une obliquité quelconque, ou réciproquement, la couleur étant connue, on en peut déduire le rapport de réfraction si l'épaisseur est donnée, ou l'épaisseur si le rapport de réfraction est connu.

Nous devons ajouter encore qu'il se forme par *transmission* des anneaux semblables à ceux qui sont produits par réflexion, seulement ils sont beaucoup plus faibles. Pour les observer, il suffit de placer le système des verres entre l'œil et la lumière ; alors, en opérant sur une couleur simple, il est facile de reconnaître que l'épaisseur de la lame, qui paraît noire par réflexion, est celle qui se trouve colorée par transmission, *et vice versâ*. Les anneaux transmis suivent les mêmes lois que les anneaux réfléchis ; mais en chaque point d'une lame mince, la teinte transmise est complémentaire de la teinte réfléchie.

595. *Des accès de facile réflexion et de facile transmission.*

Après avoir établi les lois expérimentales de tous les phénomènes que présentent les lames minces, Newton en avait donné une théorie qui est devenue célèbre sous le nom de *théorie des accès*. Il serait maintenant superflu d'exposer cette théorie dans tous ses détails, parce qu'elle est intimement liée au système de l'émission ; mais il nous semble nécessaire d'en faire connaître les principes, pour montrer combien il est difficile de généraliser ou même d'exprimer les faits sans y rien mêler d'hypothétique, et pour montrer aussi qu'un système peut conduire à des résultats importans ou à des rapprochemens heureux, même quand il est faux ou incomplet.

Considérant que dans une bulle de savon, dans une lame d'air comprise entre deux verres (*Fig.* 296), ou dans une lame mince quelconque, éclairée par de la lumière homogène, on voit périodiquement par réflexion des espaces noirs correspondans aux épaisseurs 0, 2, 4, 6, etc., et des espaces brillans correspondans aux épaisseurs 1, 3, 5, 7, etc.; Newton avait exprimé ce fait en disant : la lumière a des *accès de facile réflexion*, car elle se réfléchit quand elle a traversé des épaisseurs 1, 3, 5, 7, etc.; elle a aussi des *accès de facile transmission*, car elle se transmet quand elle a traversé des épaisseurs 0, 2, 4, 6, etc.; et ces deux sortes d'accès sont de même longueur ou de même durée dans le même milieu, puisqu'ils se succèdent périodiquement à des intervalles égaux. Ainsi, en suivant par la pensée un rayon de lumière simple A x (*Fig.* 297) qui vient de traverser la première surface s s' d'un milieu pour se propager dans son intérieur de A vers x, il faut concevoir que s'il prend en entrant un accès de facile transmission, cet accès ira croissant de A en *m*, où il atteindra son maximum, puis deviendra décroissant de *m* en B; alors commencera l'accès de facile réflexion, qui atteindra son maximum en *n*, et qui sera décroissant de *n* en c; puis reviendra un nouvel accès de transmission passant successivement par les mêmes phases ou périodes de c en D, et ensuite un accès de facile réflexion de D en E, etc., etc. L'espace que parcourt le rayon pendant la durée d'un accès est la *longueur de l'accès;* toutes ces longueurs AB, BC, etc., sont égales entre elles.

Cela posé, si le milieu dont la première surface est en s s' n'a qu'une épaisseur moindre que A B, le rayon pourra passer outre, parce qu'il est dans un accès de facile transmission à l'instant où il touche la seconde surface, et il passera d'autant plus facilement qu'il sera plus près du milieu de son accès de transmission. Ce qui arrive pour une épaisseur moindre que A B, arrive pareillement et par la même raison pour les épaisseurs comprises entre A c et AD, AE et AF, etc. Voilà pourquoi une lame mince est noire sous l'incidence perpendiculaire, quand son épaisseur est moindre que la longueur d'un accès, ou quand son épaisseur est égale à deux fois, quatre fois, six fois cette longueur, etc. Au contraire, si l'épaisseur de la lame est égale à une fois, trois fois, cinq fois, sept fois la longueur de l'accès, etc., elle paraîtra vivement colorée, parce qu'au moment où le rayon touche la seconde surface il est dans un accès de facile réflexion et se trouve par conséquent réfléchi.

Dans la même substance, la longueur des accès augmente avec l'obliquité; et dans les diverses substances, elle change en raison inverse des indices de réfraction.

Telle est la théorie ou plutôt l'ingénieuse hypothèse au moyen de laquelle Newton a enchaîné avec une rigueur surprenante tous les phénomènes que présentent les lames minces.

Pendant long-temps on a regardé cette hypothèse comme une vérité physique incontestable; n'est-elle pas, disait-on, l'expression générale d'un fait? n'est-il pas certain que la lumière est alternativement transmise et réfléchie? Cela est vrai, mais en affirmant que la lumière est alternativement transmise et réfléchie, on fait explicitement deux hypothèses, savoir que la lumière est alternativement transmise à certaines épaisseurs et qu'elle est alternativement réfléchie à d'autres épaisseurs; et de plus, on fait encore implicitement une troisième hypothèse, savoir que la première surface n'a aucune part dans le phénomène. Or, nous allons voir qu'il n'y a en effet ni transmission ni réflexion alternatives, et que les anneaux sont produits par le concours de deux réflexions uniformes qui se font à la première et à la seconde surface des lames minces.

596. *Théorie des phénomènes des lames minces dans le système des ondulations.*

Fresnel a présenté cette théorie d'une manière si simple et si concise que je me fais un devoir de conserver ici ses

propres expressions. Il établit d'abord un principe fondamental sur le sens du mouvement dans les ondes réfléchies, et il explique ensuite la formation des anneaux.

Sur le sens du mouvement dans les ondes réfléchies.
« Lorsqu'un ébranlement se propage dans un milieu d'une
élasticité et d'une densité uniformes, il ne revient jamais
sur ses pas ; et en se communiquant à des tranches nouvelles, il laisse les tranches précédentes dans un repos absolu. C'est ainsi qu'une bille d'ivoire qui vient en frapper
une autre de masse égale lui communique tout son mouvement et reste en repos après le choc. Lorsque la seconde bille a plus de masse que la première, la nouvelle
vitesse dont celle-ci est animée la porte en sens contraire
de son premier mouvement ; et lorsque la seconde bille
a moins de masse que la première, celle-ci continue
à se mouvoir dans le même sens ; ainsi les nouvelles vitesses de la première bille, après le choc, sont des signes
contraires dans les deux cas. Ceci peut aider à concevoir
ce qui se passe lorsqu'une onde arrive à la surface de contact de deux milieux élastiques de densités différentes : la
tranche infiniment mince du premier milieu, qui touche
au second, et que nous pouvons assimiler à la première
bille, ne reste pas en repos après avoir mis en mouvement
la tranche contiguë du second milieu, à cause de la différence de leur masse, et il y a réflexion ; mais la nouvelle
vitesse dont la tranche du premier milieu est animée après
le choc, et qui se communique successivement aux tranches précedentes du même milieu, doit changer de signe
selon que la tranche du second milieu a plus ou moins de
masse que celle du premier, c'est-à-dire selon que celui-
ci est moins dense ou plus dense que le second. Ce principe important, que M. Young a découvert par les considérations que nous venons d'exposer, résulte également
des formules que M. Poisson a déduites d'une analyse
savante et rigoureuse. Appliqué à la réflexion de la lumière

il nous apprend que selon qu'une onde lumineuse est réfléchie en dedans ou en dehors du milieu le plus dense, la vitesse d'oscillation est positive ou négative. Ainsi tous les mouvemens oscillatoires correspondans seront de signes contraires dans les deux cas.

» Cela posé, revenons au phénomène des anneaux colorés, et supposons, pour simplifier les raisonnemens, qu'on observe la lumière réfléchie sous l'incidence perpendiculaire, ou du moins dans une direction qui s'en écarte très-peu; considérons un des systèmes d'ondes envoyé par l'objet éclairant sur la première surface de la lame d'air, c'est-à-dire sur la seconde surface du verre supérieur; ce que nous dirons de ce système d'ondes pourra s'appliquer à tous les autres. Au moment où il arrive à la surface de séparation du verre et de l'air, il éprouve une réflexion partielle qui diminue un peu l'intensité de la lumière transmise dans la lame d'air, et fait naître en dedans du premier verre un autre système d'ondes, dont l'intensité est, comme on sait, très-inférieure à celle de la lumière transmise; en sorte que celle-ci étant fort peu affaiblie par cette première réflexion, produit, en arrivant à la seconde surface de la lame d'air, un second système d'ondes réfléchies d'une intensité presque égale à celle des ondes qui proviennent de la première réflexion; voilà pourquoi leur interférence produit des couleurs si vives dans la lumière blanche, et des anneaux brillans et obscurs si prononcés dans une lumière homogène. Les deux surfaces de la lame d'air étant sensiblement parallèles dans le voisinage du point de contact où se forment les anneaux colorés, les deux systèmes d'ondes suivront la même route; mais celui qui a été réfléchi à la seconde surface, se trouvera en retard relativement à l'autre, et d'une quantité égale au double de l'épaisseur de la lame d'air, qu'il a traversée deux fois. Il faut remarquer en outre qu'il existe entre eux une autre différence, c'est que le premier a été réfléchi en *dedans* du verre, ou du milieu le plus dense, tandis que l'autre l'a été en *dehors* du verre inférieur ; d'où résulte, d'après le principe établi ci-dessus, une opposition dans les mouvemens oscillatoires. Ainsi, lorsque en raison de la différence des chemins parcourus, les deux systèmes d'ondes devraient être d'accord, c'est-à-dire exécuter tous leurs mouvemens oscillatoires dans le même sens, nous en conclurons qu'ils sont au contraire en discordance complète ; et réciproquement, lorsque la différence des chemins parcourus indiquera une discordance complète, nous en conclurons que leurs mouvemens oscillatoires s'accordent parfaitement. Cela posé, il est aisé de déterminer la position des anneaux obscurs et brillans.

» Et d'abord, le point de contact, où l'épaisseur de la lame d'air est nulle, ne produisant aucune différence de marche entre les deux systèmes d'ondes, devrait établir un accord parfait entre leurs vibrations ; ainsi, puisque en raison de l'opposition de signe, c'est le contre-pied qu'il faut prendre, leurs vibrations seront en discordance complète, et le point de contact, vu par réflexion, présentera une tache noire. A mesure qu'on s'en éloigne, l'épaisseur de la lame d'air augmente : arrêtons-nous au point où son épaisseur est égale à 1/4 d'ondulation ; la différence des chemins parcourus sera une demi-ondulation, qui répond à une discordance complète, et par conséquent il y aura accord parfait entre les deux systèmes d'ondes ; ce sera donc le point le plus éclairé du premier anneau brillant. Lorsque l'épaisseur de la lame d'air sera la moitié d'une ondulation, la différence des chemins parcourus étant égale à une ondulation, qui répond à l'accord parfait, il y aura discordance complète, et ce point sera le milieu d'un anneau obscur. Il est facile de voir en général, par les mêmes raisonnemens, que les points les plus noirs des anneaux obscurs répondent aux épaisseurs de la lame d'air, égales à

$$0, \frac{2}{4}d, \frac{4}{4}d, \frac{6}{4}d, \frac{8}{4}d, \text{ etc.,}$$

et les points les plus éclairés des anneaux brillans aux épaisseurs

$$\frac{1}{4}d, \frac{3}{4}d, \frac{5}{4}d, \frac{7}{4}d, \frac{9}{4}d, \frac{11}{4}d, \text{ etc.,}$$

d étant la longueur d'une ondulation lumineuse dans l'air ; ou , si l'on prend pour unité le quart de cette longueur, les épaisseurs de la lame d'air répondant aux *maxima* et *minima* de lumière réfléchie seront représentées par les nombres suivans :

Anneaux obscurs..... 0, 2, 4, 6, 8, 10, etc.
Anneaux brillans .... 1, 3, 5, 7, 9, 11, etc.

» On voit que cette unité, ou le quart d'une ondulation lumineuse, est précisément la longueur de ce que Newton appelle les *accès des molécules lumineuses*. Ainsi , en multipliant par quatre les mesures qu'il en a données , pour les sept principales espèces de rayons simples, on a les longueurs correspondantes de leurs ondulations. On trouve de cette manière les mêmes résultats qu'en déduisant les longueurs d'ondulation de la mesure des franges produites par deux miroirs , ou des phénomènes variés de la diffraction. (*Voyez les tableaux des pages* 394 et 464). Cette identité numérique, que M. Young a le premier remarquée, établit entre les anneaux colorés et la diffraction de la lumière , une relation intime, qui avait échappé jusqu'alors aux physiciens guidés par le système de l'émission , et ne pouvait être indiquée que par la théorie des ondulations.

» D'après l'expérience de M. Arago sur le déplacement qu'éprouvent les franges produites par l'interférence de deux faisceaux lumineux, lorsqu'un des deux a traversé

une lame mince, nous avons vu que les ondulations lumineuses étaient raccourcies dans cette lame, suivant le
rapport du sinus de réfraction au sinus d'incidence, pour
le passage de la lumière de l'air dans la lame. Ce principe
est général, et s'étend à tous les corps réfringens, de
quelque nature qu'ils soient ; ainsi, par exemple, la longueur d'ondulation de la lumière dans l'air est à la longueur d'ondulation dans l'eau, comme le sinus de l'angle
d'incidence des rayons qui passent obliquement de l'air
dans l'eau, est au sinus de leur angle de réfraction. Par
conséquent, si l'on introduit de l'eau entre les deux verres
en contact qui présentent des anneaux colorés, la lame
d'air étant remplacée par une lame d'eau, dans laquelle
les ondulations lumineuses deviennent plus courtes, suivant le rapport que nous venons d'énoncer, les épaisseurs
de ces deux lames qui réfléchissent les mêmes anneaux, seront entre elles dans le rapport du sinus d'incidence au
sinus de réfraction, pour le passage de la lumière de l'air
dans l'eau. C'est précisément le résultat que Newton avait
trouvé par l'observation, en comparant les diamètres
des anneaux produits dans les deux cas ; d'où il déduisait,
par le calcul, les épaisseurs correspondantes. Cette relation, remarquable entre les phénomènes de la diffraction,
de la réfraction et des anneaux colorés, qui ne se rattache
en rien à l'hypothèse de l'émission, aurait pu être annoncée d'avance par la théorie des ondulations, d'après laquelle les sinus des angles d'incidence et de réfraction
doivent être nécessairement proportionnels aux vitesses de
propagation ou aux longueurs d'ondulation de la lumière
dans les deux milieux.

» Après avoir rendu compte de la formation des anneaux
réfléchis par l'interférence des rayons réfléchis à la première et à la seconde surface de la lame d'air, M. Young
a démontré que les anneaux beaucoup plus faibles qu'on
voit par transmission, résultent de l'interférence des rayons

transmis directement avec ceux qui ne l'ont été qu'après deux réflexions consécutives dans la lame mince, et qu'ils devaient être en conséquence complémentaires des anneaux réfléchis, conformément à l'expérience. Nous croyons inutile de donner cette explication, qui est semblable à la précédente; nous ferons seulement remarquer que l'extrême pâleur des anneaux transmis sous l'incidence perpendiculaire, tient à la grande différence d'intensité des deux systèmes d'ondes qui les produisent.

» Nous ne traiterons pas non plus des anneaux réfléchis sous des incidences obliques, et nous nous contenterons de dire que la théorie explique pourquoi leur diamètre augmente avec l'obliquité, et que la formule très-simple à laquelle elle conduit représente les faits avec exactitude, du moins tant que les obliquités ne sont pas trop grandes; lorsque les rayons qui pénètrent dans la lame d'air sont très-inclinés, les résultats du calcul ne s'accordent plus avec les mesures de Newton. Mais il est probable que cette anomalie tient à ce que les lois ordinaires de la réfraction, d'après lesquelles la formule est calculée, éprouvent quelques modifications dans le passage très-oblique des rayons entre deux surfaces aussi rapprochées.

»Nous n'avons considéré jusqu'à présent que les anneaux produits par une lumière simple; mais il est aisé d'en conclure ce qui doit avoir lieu dans la lumière blanche, par des raisonnemens analogues à ceux que nous avons déjà faits précédemment pour les franges de l'expérience des deux miroirs. On peut d'ailleurs trouver cette analyse du phénomène exposée avec le plus grand détail dans l'Optique de Newton, qui, le premier, a démontré que l'effet produit par la lumière blanche résultait toujours de la réunion des effets divers des rayons colorés dont elle se compose. »

597. *Couleurs produites par les plaques épaisses.*

Un rayon solaire entre dans la chambre noire par une ou-

verture ronde de 4 ou 5 millimètres de diamètre; il tombe
sur un miroir concave ᴍᴍ′ (*Fig.* 298) de verre étamé, qui le
renvoie exactement dans la direction d'incidence, et l'on
distingue alors autour de l'ouverture, sur un carton blanc
disposé à cet effet, une série d'anneaux très-éclatans. Ce
phénomène, qui est l'un des plus beaux de l'optique, a
été découvert et observé par Newton.

Quand la lumière incidente est une couleur simple, le
rouge, par exemple, les anneaux sont alternativement
sombres et rouges, sans aucune autre nuance; on peut
alors en compter jusqu'à douze ou quinze, si l'on a pris
toutes les précautions convenables pour faire les ténèbres
complètes dans le lieu de l'observation. Il est à peine nécessaire d'ajouter que, pour ces expériences, l'on obtient
les couleurs simples, soit en décomposant avec un prisme
le rayon incident, soit en disposant un verre coloré au devant de l'ouverture.

Quand la lumière incidente est blanche, les anneaux
présentent toutes les nuances des anneaux formés par les
lames minces; et dans les deux cas, après un certain
nombre d'alternatives, on ne distingue nettement que le
vert et le rouge.

Ces anneaux prennent leur plus grande intensité,
quand la distance du miroir au carton est égale au rayon
du miroir, ou, en d'autres termes, quand l'image réfléchie de l'ouverture retombe sur l'ouverture elle-même et
lui est précisément égale en grandeur. Pour des distances
moindres ou plus grandes entre le miroir et le carton, les
couleurs des anneaux paraissent beaucoup plus faibles et
finissent même par s'effacer complètement.

Cependant avec un miroir net et bien poli les anneaux
sont toujours plus ou moins pâles; et pour leur donner
le plus vif éclat qu'ils puissent prendre, il faut ternir un
peu la première surface du miroir, soit en soufflant dessus,
soit en y projetant quelque poudre très-fine, comme de

la farine, de la fécule ou de la poudre de Lycopode; soit enfin en la couvrant d'une légère couche de lait étendu d'eau qui se sèche et reste adhérente. Cette circonstance singulière avait échappé à Newton; elle fut remarquée par le duc de Chaulnes et ensuite par Herschell.

Lorsqu'on détourne un peu le miroir de la position que nous venons d'indiquer, de telle sorte que l'image réfléchie de l'ouverture tombe à quelque distance de l'ouverture elle-même, par exemple, à 3 ou 4 centimètres ou davantage, on distingue encore des anneaux circulaires (*Fig.* 298 *bis*), au point d'en compter plusieurs ordres; mais leur centre commun est alors au milieu de la ligne qui joint l'ouverture à son image, et tout autour de ce centre paraît une tache plus ou moins large, qui change d'aspect lorsqu'on porte plus ou moins loin l'image de l'ouverture réfléchie par le miroir. Elle est alternativement sombre et brillante dans la lumière homogène, tandis que dans la lumière blanche elle passe rapidement par une infinité de nuances.

Telles sont les apparences générales de ce phénomène que l'on nomme *phénomène des plaques épaisses*, parce que la grandeur des anneaux dépend de l'épaisseur du miroir, son rayon de courbure restant le même.

Par un grand nombre d'expériences habilement variées sur des miroirs de différens rayons ou de différentes épaisseurs, et par des mesures précises des anneaux de diverses couleurs, Newton parvint à établir les lois suivantes.

1° Dans une lumière homogène quelconque, les carrés des diamètres suivent, pour les anneaux brillans, la série des nombres pairs 0, 2, 4, 6, etc., et pour les anneaux sombres, la série des nombres impairs 1, 3, 5, 7, etc.

2° Avec un même miroir placé à la même distance, les diamètres des anneaux de même ordre dans les différentes couleurs vont en décroissant, depuis le rouge jusqu'au violet, et leurs rapports sont les mêmes que pour les anneaux formés dans les lames minces.

5° Les diamètres des anneaux de même couleur et de même ordre formés avec des miroirs de même rayon et de différente épaisseur, sont réciproquement proportionnels aux racines carrées des épaisseurs des miroirs.

Ces lois, purement expérimentales, sont d'une exactitude remarquable. Je les ai autrefois vérifiées avec M. Biot, non-seulement sur des miroirs à surfaces concentriques, mais encore sur plusieurs miroirs dont les deux surfaces avaient des rayons de courbure très-différens.

Voici une autre manière de produire le phénomène des plaques épaisses; elle fut imaginée par le duc de Chaulnes en 1755 (*Mémoires de l'Académie des sciences*). Au miroir de verre on substitue un miroir de métal, en le plaçant aussi pour que l'ouverture coïncide avec son centre ou à peu près; mais à quelque distance au devant de sa surface on adapte une lame parallèle, telle, par exemple, qu'une lame de verre, de mica ou de chaux sulfatée, avec la précaution de ternir avec du lait l'une ou l'autre de ses faces. Alors on obtient des anneaux parfaitement semblables aux précédens et qui sont par conséquent soumis aux mêmes lois. L'épaisseur du miroir est ici la couche d'air comprise entre la lame transparente et la surface concave du réflecteur, et il est facile de la varier à volonté.

Il se présente enfin un troisième moyen bien plus simple de reproduire encore le même phénomène. J'eus occasion de l'observer en 1816 (*Ann. de phys. et de chim.* 1816). On dispose un miroir concave de métal comme dans l'expérience du duc de Chaulnes, et au lieu d'interposer au devant de sa surface une lame transparente, on y ajuste un *écran opaque* percé d'une ouverture quelconque, assez petite seulement pour que ses bords rencontrent les rayons incidens et par suite les rayons réfléchis. Alors on distingue des anneaux autour du carton qui est à l'ouverture du volet, comme dans les expériences de Newton et du duc de Chaulnes; seulement ils sont moins éclatans et par conséquent moins nombreux. L'irrégularité de l'ouverture de l'écran n'altère pas sensiblement la forme circulaire de ces anneaux ; ils restent les mêmes pour une ouverture ronde, carrée, triangulaire, ou pour une ouverture en rectangle étroit et très-allongé. J'ai même remarqué qu'un simple bord rectiligne présenté au faisceau près des miroirs détermine la formation des anneaux, mais alors on ne distingue nettement qu'une moitié de leur circonférence.

Newton avait su tirer de la théorie des accès une explication des couleurs produites par les miroirs de verre ; M. Biot avait étendu cette explication aux couleurs produites par les miroirs métalliques combinés avec une lame transparente, suivant le procédé du duc de Chaulnes ; mais pour rattacher à la même théorie les effets que j'avais obtenus en plaçant devant les miroirs des écrans opaques percés de diverses ouvertures, il fallait avoir recours à des hypothèses compliquées et infiniment peu probables. Au contraire, dans le système des ondulations, tous ces phénomènes de même ordre et de même apparence s'expliquent par le même principe : dans les trois cas, les anneaux sont produits par l'interférence des rayons réfléchis sur la surface concave du miroir et partiellement arrêtés, soit par la surface ternie, soit par le bord de l'écran qui se trouve au-devant d'elle. Je dois ajouter cependant qu'il reste quelque chose à faire pour analyser, dans tous ses détails, la composition et l'intensité des ondes qui produisent ces couleurs ; et je regrette d'autant plus de ne pouvoir entrer ici dans cette discussion que je ne partage pas l'opinion de quelques auteurs qui ont écrit sur ce sujet.

On peut citer encore plusieurs phénomènes de coloration qui dépendent des interférences, et dont jusqu'à présent la théorie a été seulement indiquée d'une manière générale ; il m'a semblé nécessaire de décrire au moins ceux de ces phénomènes qui paraissent les plus remarquables, et je vais essayer de le faire en peu de mots.

598. *Couleurs produites par une lame épaisse et une surface plane réfléchissante.*

Une lame de verre AB à faces parallèles ou très-peu inclinées, ayant plusieurs millimètres d'épaisseur, est disposée (*Fig.* 299) au dessus d'une lame polie de métal ML, et à très-peu près parallèlement ; au travers de la lame AB on regarde sur ML l'image réfléchie d'une ouverture faite au volet de la chambre noire , et éclairée seulement par la lumière des nuées ; cette image est colorée de nuances plus ou moins vives , dans lesquelles on distingue surtout le rouge et le vert. Il est facile de voir, d'après le système des ondulations , que ces couleurs sont produites par l'interférence des rayons CDEF qui passent directement, et des rayons GHID qui ont éprouvé une réflexion dans la plaque. Et pour le vérifier, il suffit de remarquer que les couleurs disparaissent quand on arrête les rayons directs avec un écran, ou quand on arrête les rayons réfléchis dans la en disposant un écran plaque, soit au dehors, soit en mouillant la surface vers le point ɪ , où ils viennent se réfléchir. C'est peut-être la plus simple des expériences que l'on puisse faire pour montrer directement l'action mutuelle de deux faisceaux de lumière. J'avais eu occasion de remarquer ce fait, il y a long-temps ; mais il a le désavantage de ne pas se prêter facilement à des mesures exactes.

599. *Couleurs produites par deux lames d'égale épaisseur qui sont légèrement inclinées entre elles.*

On regarde l'ouverture de la chambre noire au travers d'un système de lames égales AB et CD (*Fig.* 300), dont la première est perpendiculaire au rayon incident RS, tandis que la deuxième est légèrement inclinée. On distingue alors plusieurs images de l'ouverture : la première, dans la direction RS, est vive et sans couleurs ; les autres, qui sont plus ou moins déviés, sont faibles et colorées. Toutes ces couleurs sont produites par l'interférence des rayons qui ont parcouru des chemins inégaux : par exemple, le rayon

direct éprouve en p sur la seconde lame une réflexion qui
donne naissance au rayon pabceg, etc. La portion qui
pénètre pour se réfléchir en q donne naissance au rayon
qrswxyz, etc.; ces deux rayons et les autres analogues
ont parcouru des chemins qui ne peuvent jamais être
absolument égaux, et leur rencontre produit des couleurs.
C'est le docteur Brewster qui a observé ce phénomène, et
il l'a développé d'une manière intéressante, sans toutefois
en donner une théorie précise.

On conçoit à présent que rien n'est plus facile que d'obtenir des couleurs plus ou moins prononcées en combinant
de diverses manières des lames à faces parallèles ou à peu
près, soit entre elles, soit avec des verres courbes, soit
avec des surfaces métalliques. La théorie de ces phénomènes reste à faire; elle sera toujours très-compliquée;
mais on ne peut pas dire cependant qu'elle doive être
absolument sans intérêt pour la science.

600. *Ériomètre du docteur Young.* Lorsqu'on regarde
la flamme d'une bougie au travers d'une petite houpe de
fibres déliées et entrecroisées de mille manières, on voit
autour de la flamme des anneaux colorés, imitant à peu
près les halos que l'on observe autour du soleil ou de la
lune. Des brins de laine, de soie ou de coton, des poils
d'animaux, des fils de toute espèce, produisent ce phénomène avec beaucoup d'éclat. Il en est de même encore des
poussières fines qui sont étalées sur une lame de verre
en couches très-minces; la simple humidité de l'haleine
déposée sur du verre donne aussi la même apparence, soit
par réflexion, soit par transmission. Le docteur Young,
qui a le premier observé ces phénomènes avec méthode,
s'en est ingénieusement servi pour construire un instrument destiné à mesurer les épaisseurs des fibres déliées ou
les diamètres des globules très-petits, comme les globules
du sang, du lait ou de la fécule. C'est cet instrument qu'il
a appelé *ériomètre.*

L'ériomètre se compose d'une plaque circulaire de carton ou de métal noirci, ayant à son centre une ouverture ronde d'environ un demi-millimètre. Autour de cette ouverture, à la distance de 8 ou 10 millimètres, on perce un certain nombre de trous aussi fins qu'il est possible. En plaçant l'œil à quelques centimètres derrière cette plaque, pour regarder une flamme vive, comme celle d'une lampe de Carcelles, on distinguera nettement l'ouverture centrale et les petits trous très-fins. Rangés sur une même circonférence, ceux-ci forment le repère sur lequel on doit amener en coïncidence l'un des anneaux des corps déliés soumis à l'expérience. Pour cela on dispose ces corps sur une espèce de *voyant* qui glisse sur une règle divisée, et au travers de leur tissu l'on regarde l'ouverture centrale qui paraît alors environnée d'un halo. Si l'anneau que l'on a choisi pour servir à la comparaison des mesures enveloppe la circonférence des repères, on rapproche le voyant, et on l'éloigne dans le cas contraire ; puis enfin, quand la coïncidence est bien établie entre les repères et l'anneau, on lit sur la règle la distance du voyant à la première plaque. Le docteur Young admet que les diamètres des corps déliés sont en raison inverse de ces distances. Il suffit par conséquent, d'après cette règle, d'avoir la grandeur de l'un de ces corps pour en déduire celle de tous les autres. Voici quelques-uns des résultats que le docteur Young a obtenus par ce procédé :

Noms des substances.	Millièmes de millimètre.
Globules du lait étendu d'eau.	2,55
Poussière du Boviste (genre de lycoperdon ou vesse-loups).	2,96
Globules du sang de bœuf..	3,83
Id. de souris.	5,82
Id. du sang de l'homme.	6,00
Soie.	10,20
Poil de castor.	11,00
Id. de vigogne..	12,75
Id. de lièvre et de taupe.	13,18
Coton.	16,15
Laine de Saxe très-fine.	14,50
Id. ordinairement.	19,55
Id. léonaise.	21,50
Farine de *laurestinus*.	22,10
Laine de mérinos..	22,95
Id. autre.	23,80
Globules de lycopode.	28,00
Grosse laine de Sussex.	49,10

Pour mesure absolue, le docteur Young adopte celle des poussières du boviste, déterminée directement par le docteur Wollaston à $\frac{1}{8560}$ de pouce anglais. En observant cette substance, le *voyant* était à une distance de la plaque exprimée par 3 divisions et $\frac{1}{2}$ de l'échelle, tandis qu'avec la laine de Sussex, par exemple, le voyant était à 46 divisions.

LIVRE HUITIÈME.

SECONDE PARTIE.

CHAPITRE Ier.

De la double réfraction.

601. *Phénomène général de la double réfraction.* On dit que la lumière éprouve la double réfraction dans un milieu quand, en pénétrant dans ce milieu, *un seul faisceau* incident donne naissance à *deux faisceaux réfractés.* Pour distinguer des substances ordinaires celles qui jouissent de cette singulière propriété de diviser un faisceau en deux autres plus ou moins inclinés entre eux, on les nomme *substances doublement réfringentes* ou *substances douées de la double réfraction.* Les liquides et les gaz ne sont jamais doublement réfringens, ou du moins s'ils peuvent l'être parfois, ce n'est qu'à un très-faible degré : les solides au contraire peuvent toujours être doués de la double réfraction ; mais ils se séparent en deux classes : les uns en sont doués naturellement et d'une manière permanente, les autres ne peuvent en être doués qu'accidentellement, par des actions physiques ou mécaniques, comme par un refroidissement brusque ou par une compression inégale dans les différens sens. Dans la première classe se trouvent tous les corps régulièrement cristallisés qui n'ont pas pour forme *primitive* le cube, l'octaèdre régulier ou le dodécaèdre rhomboïdal ; dans la se-

conde classe se trouvent tous les autres corps solides transparens, même les gommes, les résines et les substances
gélatineuses. Cependant, s'il est possible de donner à ceux-ci
la double réfraction, il n'est pas possible, à ce qu'il
paraît, de la faire perdre aux premiers sans altérer leur
nature cristalline.

Pour indiquer par quelques expériences le fait de la
double réfraction, nous choisirons *la chaux carbonatée*,
vulgairement nommée *spasth d'Islande*, parce que cette
substance n'est pas rare, et parce qu'elle produit énergi-
quement les phénomènes. Nous choisirons de plus, la
forme rhomboïdale représentée dans la figure 301, parce
qu'elle est à la fois très-commune et très-commode pour
l'effet que nous voulons obtenir. Nous possédons à la Faculté des sciences deux cristaux de cette espèce, ayant
chacun 9 centimètres de longueur sur 7 de largeur et 4 de
hauteur; mais un rhomboïde de 1 centimètre d'épaisseur
suffit pour rendre sensible la bifurcation des rayons.

Supposons premièrement qu'en tenant ce rhomboïde au
devant, de l'œil on regarde contre le jour un objet délié
quelconque, par exemple une épingle, alors on en verra
deux images, et elles seront d'autant plus écartées l'une de
l'autre que l'objet sera lui-même plus éloigné; ensuite, si
l'on fait tourner le rhomboïde dans son plan de manière
qu'il accomplisse une révolution complète, ces deux images
prendront un mouvement relatif régulier, de telle sorte
que l'une d'elles viendra deux fois tomber sur le prolongement de l'autre; et il sera facile de reconnaître que ces
coïncidences de direction correspondent à deux positions
du rhomboïde diamétralement opposées. Si l'objet que
l'on regarde avait une certaine largeur, les deux images
existeraient encore et présenteraient les mêmes phénomènes d'écart latéral ou de coïncidence; seulement elles
empiéteraient l'une sur l'autre, et n'offriraient plus une
séparation complète.

Secondement, en posant le rhomboïde sur une feuille de papier marquée d'un point noir ou coloré, on aperçoit deux images de ce point et de toutes les autres parties distinctes de la surface du papier, soit que l'on regarde perpendiculairement ou obliquement par la face supérieure du rhomboïde. Un cercle donne pareillement deux images qui sont séparées, qui se touchent ou qui se coupent, suivant que le cercle est plus ou moins grand ; c'est même un moyen facile de reconnaître si les images restent également écartées dans toutes les positions qu'elles prennent pendant la révolution du rhomboïde dans son plan, l'œil restant exactement au même point. Un simple trait plus ou moins long, deux traits parallèles, ou deux traits en croix présentent des effets analogues.

Troisièmement, un trait délié de lumière solaire se divise aussi en deux traits d'égale intensité, lorsqu'il traverse les deux faces parallèles du rhomboïde ; l'écart absolu du centre des images dépend de l'épaisseur du cristal.

On ne peut douter, d'après ces expériences, que dans la chaux carbonatée un faisceau incident ne donne effectivement naissance à deux faisceaux réfractés ; c'est Bartholin qui fit, en 1669, la découverte de ce singulier phénomène ; Huyghens en détermina ou plutôt en devina les lois, comme nous le verrons dans un instant ; Wollaston confirma par l'expérience toutes les vérités que le génie d'Huyghens avait su tirer de quelques inductions systématiques ; Malus, en reprenant les mêmes expériences, découvrit, en 1810, *la polarisation* de la lumière ; alors une carrière immense fut ouverte à tous les observateurs ; de brillantes découvertes se succédèrent avec une incroyable rapidité, et cette nouvelle branche de la science, due au génie de Malus, devint en peu d'années la plus vaste et la plus importante de l'optique. La polarisation donna des moyens jusqu'alors inconnus pour étudier les propriétés de la lumière, et c'est ainsi que l'on parvint à reconnaître la double réfraction dans une foule de substances où d'abord elle n'avait pas été soupçonnée.

Pour analyser avec plus de facilité les modifications diverses que présente la double réfraction dans les différens corps qui en sont doués d'une manière permanente, nous remarquerons d'abord qu'il existe entre eux une différence essentielle : les uns sont à *un axe*, les autres à *deux axes*.

On va comprendre cette distinction : dans un cristal doué de la double réfraction, il y a toujours *une* ou *deux directions* suivant lesquelles un rayon de lumière ne se *divise* jamais. Ces directions remarquables sont ce que l'on nomme les *axes optiques* du cristal, ou simplement *les axes;* elles ont toujours une certaine symétrie par rapport aux faces naturelles de la forme cristalline.

Les cristaux dans l'intérieur desquels il n'y a qu'*une* direction d'*indivisibilité* se nomment *cristaux à un axe*.

Les cristaux dans l'intérieur desquels il y a *deux* directions d'*invisibilité* se nomment *cristaux à deux axes*.

Il ne paraît pas qu'il puisse exister des cristaux réguliers ayant plus de deux axes.

Nous allons étudier successivement les cristaux à un axe et les cristaux à deux *axes*.

602. *Des cristaux à un axe et de leur section principale.* Nous prendrons encore pour exemple la chaux carbonatée, qui est un cristal à un axe ; la *forme primitive* de cette substance est un rhomboïde représenté fig. 302 ; c'est-à-dire qu'un cristal de chaux carbonatée peut toujours, quelle que soit sa forme, être regardé comme composé d'une infinité de molécules possédant toutes cette forme rhomboïdale, et disposées parallèlement l'une à côté de l'autre.

Les dimensions absolues de ces molécules ne sont pas déterminées; l'on sait seulement qu'elles sont si petites, qu'il est impossible de les apercevoir individuellement, même au moyen du plus fort microscope. La ligne AA′, qui joint les sommets obtus de l'un de ces rhomboïdes, est ce que l'on appelle son *axe cristallographique*. On conçoit donc que dans un cristal quelconque il y a une infinité d'axes, parce qu'il y a une infinité de molécules ; mais tous ces axes sont parallèles, puisque les molécules sont arrangées parallèlement. C'est pourquoi l'on se contente de dire qu'il n'y a qu'un axe dans un cristal ; car il suffit de connaître l'axe d'un seul point pour trouver celui d'un autre point quelconque. Dans un cristal de chaux carbonatée, dont la forme est semblable à la forme primitive (*Fig.* 302), il est évident que l'axe doit passer par les deux sommets homologues aux sommets A et A′ ; dans d'autres cristaux plus composés, la direction de l'axe se détermine par des considérations cristallographiques, dans le détail desquelles nous ne pouvons entrer ici ; mais il est facile de voir que, dans tous les cas, pour déterminer l'axe il suffit toujours de déterminer la position de l'une des molécules primitives constituantes. Ces notions admises sur l'axe cristallographique, nous pouvons nous occuper de l'axe de double réfraction, qui est le seul que nous ayons à considérer dans la suite.

Le docteur Brewster a établi sur ce point une loi générale qui paraît sans exception : c'est que, dans les *cristaux à un axe*, l'axe de double réfraction ou l'*axe optique* coïncide toujours avec l'axe cristallographique.

Pour vérifier ce résultat sur la chaux carbonatée, on peut employer les deux moyens suivans :

1° On taille une plaque dont les deux faces parallèles PQR et P′Q′R′ (*Fig.* 303) soient perpendiculaires à l'axe cristallographique AA′, et l'on fait avec cette plaque les trois expériences que nous avons indiquées précédemment sur le rhomboïde de la fig. 301. Alors il est facile de reconnaître que jamais le faisceau ne se divise quand il traverse la plaque perpendiculairement à ses faces, c'est-à-dire quand il traverse le cristal en suivant son axe cristallographique. Mais si le rayon se présente obliquement, il ne pénètre plus en suivant l'axe, et alors il se divise et fait voir deux images.

2° On taille un prisme de chaux carbonatée, de telle sorte que l'axe cristallographique EX (*Fig.* 304) soit contenu dans la section BAC du prisme, et fasse avec son côté AB un angle assez petit pour qu'un certain rayon incident IS puisse pénétrer dans la direction de l'axe; alors ce rayon ne se divisera pas, et, si le prisme est achromatisé avec un autre prisme de verre ACP, le rayon émergent sera simple et sans couleur, comme le rayon incident. Mais d'autres rayons plus ou moins inclinés que IS, ne devant plus pénétrer dans la direction EX de l'axe, éprouveront toujours une division intérieure, et feront voir deux images plus ou moins séparées.

Ainsi, quelle que soit l'obliquité du rayon incident, soit qu'il entre par une face naturelle ou par une face artificielle, il n'éprouve jamais la double réfraction lorsqu'il traverse le cristal en suivant son axe.

Cette vérification peut se faire de la même manière, avec l'un quelconque des cristaux à un axe dont on trouvera la liste un peu plus loin.

Toutes les fois que le rayon de lumière ne se meut pas en suivant l'axe du cristal, il se divise en deux autres rayons plus ou moins inclinés l'un à l'autre. De ces deux rayons, il y en a toujours un qui reste soumis aux deux lois générales de la réfraction (525), mais l'autre fait exception à ces lois, c'est-à-dire qu'en général son plan de réfraction ne coïncide pas avec le plan d'incidence, et que les sinus d'incidence et de réfraction cessent d'être dans un rapport constant. Le premier est appelé *rayon ordinaire*, et le second *rayon extraordinaire*.

La marche du rayon ordinaire dans l'intérieur du cristal
ne présentera jamais de difficultés, car l'indice de réfraction du cristal pour ce rayon étant une fois connue, sa
direction se déduit sans peine des règles de Descartes.

La marche du rayon extraordinaire offre au contraire
une assez grande complication; mais nous pouvons dès à
présent indiquer deux coupes du cristal dans lesquelles sa
direction est très-remarquable. Ces coupes sont la *section
principale* et la *section perpendiculaire à l'axe*.

1° *Section principale*. Dans les cristaux à un axe, la
section principale est le plan mené par l'axe, perpendiculairement à une face quelconque naturelle ou artificielle;
ainsi la section principale appartient plutôt à une face
qu'au cristal entier, car chaque face a la sienne. Or, on
trouve par expérience que le rayon extraordinaire reste
dans le plan d'incidence comme le rayon ordinaire toutes
les fois que le plan d'incidence coïncide avec le prolongement de la section principale; dans ce cas particulier, le
rayon extraordinaire reste donc soumis à la première loi
générale de la réfraction, et il ne fait exception qu'à la
seconde. Pour vérifier ce résultat, il suffit de faire tourner dans son plan un cristal à faces parallèsle et de suivre
le mouvement de l'image extraordinaire; on verra que
dans le cercle qu'elle décrit autour de l'image ordinaire elle
passe deux fois dans le plan d'incidence, et que ce phénomène arrive quand ce plan coïncide avec la section principale de la face d'entrée.

2° *Section perpendiculaire à l'axe*. On appelle section
perpendiculaire à l'axe, tout plan conçu dans l'intérieur du
cristal perpendiculairement à son axe. Or, quand un rayon
naturel a une telle section pour plan d'incidence, le rayon
ordinaire et le rayon extraordinaire auxquels il donne
naissance ont aussi cette section pour plan de réfraction.
Ainsi, dans ce cas, le rayon extraordinaire reste encore
soumis à la première loi de réfraction; de plus, il est alors

soumis à la seconde loi, c'est-à-dire que dans cette section, et dans celle-là seulement, ses sinus d'incidence et de réfraction conservent un rapport constant pour toutes les obliquités d'incidence. Ce rapport est ce que l'on appelle *l'indice de réfraction extraordinaire.*

Il était intéressant de comparer entre eux les indices ordinaires et extraordinaires : M. Biot a le premier fait cette comparaison dans un grand nombre de cristaux, et il est parvenu à ce résultat remarquable : que l'indice de réfraction du rayon extraordinaire est tantôt moindre et tantôt plus grand que l'indice de réfraction du rayon ordinaire. M. Biot appelait cristaux *répulsifs* ceux qui présentent le premier cas, et cristaux *attractifs* ceux qui présentent le second ; mais ces définitions étaient fondées sur des idées systématiques que nous ne pouvons plus adopter aujourd'hui , et nous conviendrons avec M. Brewster de distinguer les cristaux en *cristaux néga-tifs* et *cristaux positifs*, suivant que l'indice extraordi-naire est moindre ou plus grand que l'indice ordinaire. Voici maintenant le tableau des cristaux à un axe, soit négatifs, soit positifs : ceux dont on connaît les indices de réfraction ordinaire et extraordinaire ont été rappor-tés dans le tableau de la page 250.

Table des cristaux à un axe.

Négatifs.

1. Carbonate de chaux (spath d'Islande).
2. Carbonate de chaux et de magnésie.
3. Carbonate de chaux et de fer.
4. Tourmaline.
5. Rubellite.
6. Corindon.
7. Saphire.
8. Rubis.
9. Émeraude.

10. Beryl.
11. Apatatite.
12. Idocrase.
13. Vernerite.
14. Mica (de Kariat).
15. Phosphate de plomb.
16. Phosphate de plomb arséniaté.
17. Hydrate de strontiane.
18. Arséniate de potasse.
19. Hydrochlorate de chaux.
20. Hydrochlorate de strontiane.
21. Sousphosphate de potasse.
22. Sulfate de nikel et de cuivre.
23. Cinabre.
24. Mellite.
25. Molybdate de plomb.
26. Octohédrite.
27. Prussiate de potasse.
28. Phosphate de chaux.
29. Arséniate de plomb.
30. Arséniate de cuivre.
31. Nephéline.

Positifs.

1. Zircon.
2. Quarz.
3. Oxide de fer.
4. Tungstate de zinc.
5. Stanite.
6. Boracite.
7. Apophylite.
8. Sulfate de potasse et de fer.
9. Suracétate de cuivre et de chaux.
10. Hydrate de magnésie.
11. Glace.
12. Hyposulfate de chaux.
13. Dioptase.
14. Argent rouge.

M. Brewster, qui a fait une foule d'expériences très-précieuses pour la science sur les diverses modifications que présente la double réfraction dans les différens corps, est parvenu à établir des lois générales très-remarquables sur la liaison qui existe entre les formes des cristaux d'après le système du professeur Mohs de Freyberg, et leur propriété d'être des cristaux à un axe ou à deux axes. Nous ne pouvons ici donner qu'une simple annonce de son travail. (*Encyclopédie d'Édimbourg.*)

603. *Cristaux à deux axes.* Nous avons vu précédemment que le caractère des cristaux à deux axes est d'offrir deux directions, et pas plus de deux, suivant lesquelles le rayon naturel incident peut pénétrer leur substance sans se diviser en deux autres rayons. Ces axes ne peuvent plus ici être définis d'une manière simple et commode par l'axe cristallographique, c'est-à-dire par leur direction à l'égard des faces des cristaux, soit dans la forme primitive, soit dans les formes secondaires. Mais il est évident que les deux axes étant une fois connus pour un point d'une substance cristallisée, les deux lignes menées parallèlement à ces axes par un autre point quelconque seront les axes de cet autre point.

Fresnel a découvert par la théorie et démontré par l'expérience que dans les cristaux à deux axes il n'y a plus de rayon ordinaire, c'est-à-dire que les deux rayons qui naissent de la division d'un rayon incident ne suivent ni l'un ni l'autre les lois générales de la réfraction. La marche de la lumière est donc ici bien plus compliquée encore que dans les cristaux à un axe. Cependant nous allons indiquer deux coupes pour lesquelles la question se simplifie.

1° *Coupe perpendiculaire à ligne moyenne.* Supposons que px et px' (*Fig.* 305) représentent les deux axes d'un cristal, l'angle xpx' est l'angle de ces axes, et la ligne pm, qui divise cet angle en deux parties égales, est la *ligne moyenne* ou *la ligne intermédiaire;* le plan perpendiculaire à PM donne dans le cristal une section pour laquelle l'*un* des deux rayons se conforme aux lois générales de la réfraction.

2° *Coupe perpendiculaire à la ligne supplémentaire.* Le plan perpendiculaire à la ligne PS, que l'on nomme ligne supplémentaire (parce qu'elle divise en deux parties égales le supplément de l'angle des axes (*Fig.* 305), détermine dans le cristal une section pour laquelle l'*autre* des deux rayons qui naissent d'un rayon incident se conforme aux lois générales de la réfraction.

Au moyen de ces deux coupes, l'on pourra donc déterminer les indices de réfraction des deux rayons qui sont analogues au rayon ordinaire et au rayon extraordinaire des cristaux à un axe.

Voici le tableau des cristaux à deux axes.

Tableau des cristaux à deux axes.

Noms des substances.	Angle des axes.	
Sulfate de nikel (certains échantillons). . . .	3°	0'
Sulfo—carbonate de plomb..	»	»
Carbonate de strontiane.	6	56
Carbonate de baryte	»	»
Nitrate de potasse	5	20
Mica (certains échantillons).	6	0
Talc..	7	24
Perle.	11	28
Hydrate de baryte.	13	18
Mica (certains échantillons)	14	0
Arragonite.	18	18
Prussiate de potasse	19	24
Mica (certains échantillons)	25	0
Cymophane.	27	51
Anhydrite	28	7
Borax..	28	42

		30	0
		31	0
Mica	divers échantillons.	32	0
	examinés par M. Biot..	34	0
		37	0
Apophylite.		35	8
Sulfate de magnésie.		37	24
Sulfate de baryte.		37	42
Spermaceti (environ).		37	40
Borax natif.		38	48
Nitrate de zinc.		40	0
Stilbite.		41	42
Sulfate de nikel. ·		42	4
Carbonate d'ammoniaque.		43	24
Sulfate de zinc..		44	28
Anhydrite (examinée par M. Biot).		44	41
Mica.		45	0
Lepidolite..		45	0
Benzoate d'ammoniaque. ` . . . . , .		45	8
Sulfate de soude et de magnésie.		46	49
Sulfate d'ammoniaque.		49	42
Topaze du Brésil.. . . . . 49 à		50	0
Sucre.		50	0
Sulfate de strontiane.		50	0
Sulfo-hydrochlorate de magnésie et de fer.. .		51	16
Sulfate de magnésie et d'ammoniaque.		51	22
Phosphate de soude.		55	20
Comptonite.		56	6
Sulfate de chaux..		60	0
Oxynitrate d'argent		62	16
Iolite.		62	50
Feldspath.		63	
Topaze (Aberdeeshire).		65	
Sulfate de potasse.		67	
Carbonate de soude.		70	1
Acétate de plomb.		70	25
Acide citrique.		70	29
Tartrate de potasse..		71	20

Acide tartarique. 79   o
Tartrate de potasse et de soude. . . . . 8o   o
Carbonate de potasse. 8o   3o
Cyanite. 81   48
Chlorate de potasse. 82   o
Épidote. . . . . . . , ... 84   19
Hydrochlorate de cuivre. 84   3o
Peridot. 87   56
Acide succinique. 9o
Sulfate de fer. 9o

604. *Lois générales de la double réfraction dans les cristaux à un axe et à deux axes.*

Si, par un point donné dans l'intérieur d'un cristal, on conçoit des lignes tracées dans toutes les directions possibles, il est évident qu'un rayon de lumière peut traverser ce point en passant successivement par chacune de ces directions. Dans un cristal à un axe, le rayon ordinaire aura toujours la même vitesse, quelle que soit celle de ces routes suivant laquelle il se propage, tandis que le rayon extraordinaire aura une infinité de vitesses différentes comprises entre deux limites déterminées. Dans un cristal à deux axes, les vitesses seront changeantes avec les directions, soit pour l'un, soit pour l'autre des deux rayons que la double réfraction développe, et elles seront changeantes suivant des lois différentes. On doit à Huyghens une construction géométrique très-élégante, qui donne en même temps toutes les vitesses du rayon extraordinaire, et toutes ses positions par rapport au rayon ordinaire correspondant; mais cette construction ne s'applique qu'aux cristaux à un axe. Les effets imcomparablement plus compliqués des cristaux à deux axes restaient inexactement exprimés, soit par la loi d'Huyghens, soit par les modifications plus ou moins ingénieuses que l'on avait essayé de lui donner, lorsque le génie de Fresnel parvint à saisir à la fois, comme dans une seule pensée, la cause de la polarisation, celle de la double réfraction et la loi générale de ces phénomènes dans tous les cristaux. Cette découverte est, sans contredit, l'une des plus admirables découvertes dont la science se soit enrichie.

Pour ne pas anticiper sur ce qui appartient à la polarisation, nous nous contenterons de donner ici les vitesses des deux rayons qui naissent de la double réfraction ; ces vitesses peuvent être exprimées en traduisant la construction de Fresnel, et alors elles prennent la forme suivante :

$$v^2 = D^2 + (D'^2 - D^2)\, \text{Sin.}^2\, \tfrac{1}{2}(A' - A)$$
$$v'^2 = D^2 + (D'^2 - D^2)\, \text{Sin.}^2\, \tfrac{1}{2}(A' + A)$$

v Vitesse ordinaire.

v′ Vitesse extraordinaire.

A Angle du rayon avec le premier axe.

A′ Angle du rayon avec le deuxième axe.

D { Pour les cristaux à un axe, vitesse ordinaire. Pour les cristaux à deux axes, vitesse constante dans la section perpendiculaire à la ligne supplémentaire (page 492).

D′ { Pour les cristaux à un axe, vitesse extraordinaire. Pour les cristaux à deux axes, vitesse constante dans la section perpendiculaire à la ligne moyenne (page 491).

Pour mieux faire comprendre ces formules, nous les discuterons pour quelques cas particuliers.

1° *Cristaux à un axe*. Lorsque les deux axes se réduisent à un seul, les angles A et A′ que le rayon fait avec chacun des axes se réduisent pareillement à un seul ; c'est-à-dire que l'on a A = A′. Ainsi, pour les cristaux à un axe, on a simplement :

$$v^2 = D^2$$
$$v'^2 = D^2 + (D'^2 - D^2)\, \text{Sin.}^2\, A$$

La première équation exprime que la vitesse ordinaire

v est constante dans toutes les directions et toujours égale à D.

La seconde équation indique que la vitesse extraordinaire v′ dépend de l'angle A, que le rayon extraordinaire fait avec l'axe.

Quand ce rayon est dans la section perpendiculaire à l'axe, on a A $= 90°$, et Sin.^{2} A $= 1$, d'où il résulte

$$v′ = D′$$

ce qui montre, comme nous l'avons indiqué page 488, que dans cette section la vitesse extraordinaire est constante.

Ces deux valeurs D′ et D sont les deux limites de la vitesse extraordinaire ; l'une est son *maximum* et l'autre son *minimum*.

Quand le rayon se meut parallèlement à l'axe, on a A $= 0$ et Sin.^{2} A $= 0$. D'où il résulte

$$v′ = D$$

Ainsi dans cette direction, et dans celle-là seulement, la vitesse extraordinaire devient égale à la vitesse ordinaire.

Dans le système ondulatoire que nous avons adopté, l'indice de réfraction n'est autre chose que le rapport *direct* des vitesses, et, si nous représentons par 1 la vitesse de la lumière dans le vide, $\dfrac{1}{D′}$ sera l'indice de réfraction du rayon extraordinaire dans la section perpendiculaire à l'axe, tandis que $\dfrac{1}{D}$ sera l'indice de réfraction du rayon ordinaire ; le caractère des cristaux négatifs sera donc

$$\frac{1}{D′} < \frac{1}{D} \text{ ou } D′ > D$$

et celui des cristaux positifs

$$\frac{1}{D'} > \frac{1}{D} \quad \text{ou} \quad D' < D$$

Dans le premier cas, $D'^2 - D^2$, coefficient de Sin.^{2} A, est positif, et le *maximum* de v′ correspond au cas où l'on a Sin.^{2} A $= 1$ ou A $= 90°$, tandis que le *minimum* correspond à Sin. A $= 0$, ou à A $= 0$. Dans le second cas, au contraire, $D'^2 - D^2$ est négatif, et le *minimum* de v′ correspond à A $= 90$, et le *maximum* à A $= 0$.

C'est donc toujours en se propageant suivant l'axe et dans la section perpendiculaire à l'axe, que le rayon extraordinaire acquiert sa moindre et sa plus grande vitesse; mais pour les cristaux négatifs, le *maximum* a lieu dans la section perpendiculaire à l'axe, et le *minimum* dans le sens de l'axe, et c'est le contraire pour les cristaux positifs.

2° *Cristaux à deux axes.* Quand le rayon est compris dans la section perpendiculaire à la ligne supplémentaire PS (*Fig.* 305), il est évident qu'il fait toujours des angles égaux avec chacun des axes PX et PX′; ainsi A $=$ A′,

$$\text{Sin.}^2 \tfrac{1}{2} (A' - A) = 0$$

et v^2 se réduit à

$$v^2 = D^2 \quad \text{ou} \quad v = D$$

Ainsi, comme nous l'avons annoncé, D est dans ce cas l'expression de la vitesse, et c'est pour cette raison que nous appellerons *vitesse ordinaire* toutes celles qui sont données par les diverses valeurs de v.

Au contraire, quand le rayon se meut dans la section perpendiculaire à la ligne moyenne PM, la somme des angles A et A′ est toujours égale à deux angles droits, et Sin.$^2 \tfrac{1}{2}$ (A $+$ A′) $= 1$, d'où il résulte

$$v'^2 = D'^2 \quad \text{ou} \quad v' = D'$$

C'est pourquoi nous avons dit que D' représente la vitesse du rayon dans cette section, et nous appellerons aussi *vitesses extraordinaires* toutes celles qui sont données par les valeurs de v'.

Quand D' est plus grand que D, le *minimum* de la vitesse ordinaire a lieu pour $A' = A$, ou pour

$$v = D$$

et le *maximum* a lieu lorsque $A' - A$ est le plus grand possible, ce qui arrive dans le plan des axes.

Le *minimum* devient *maximum* et *vice versâ* lorsque D est plus grand que D'.

Les *maximum* et *minimum* du rayon extraordinaire arrivent aussi pour

$$v' = D'$$

et par conséquent pour le cas où le rayon est dans le plan des axes, mais ils changent pareillement de rôle lorsque D' est plus grand ou plus petit que D.

On peut encore remarquer que dans tous les cas la différence des carrés des vitesses est exprimée par la formule

$$v'^2 - v^2 = (D'^2 - D^2)\,\text{Sin. } A'\,\text{Sin. } A.$$

c'est-à-dire que les deux rayons ordinaires et extraordinaires ayant une direction commune, les différences des carrés de leurs vitesses sont proportionnelles au produit des sinus des angles que chacun d'eux fait avec les deux axes. Cette remarque avait été faite par M. Brewster et par M. Biot, avant que Fresnel eût indiqué la loi simple qui embrasse le phénomène dans toute son étendue.

605. *Diverses expériences de la double réfraction.* Nous rapporterons ici quelques-unes des nombreuses expériences que l'on peut faire pour habituer l'esprit à suivre les mouvemens de la lumière dans les cristaux doués de la double réfraction.

1° *Expérience de Monge.* On tient un rhomboïde horizontalement, et en plaçant l'œil très-près de la surface supérieure (*Fig.* 306); on regarde la double image d'un objet B placé à quelque distance au dessous de la surface inférieure. Supposons, pour plus de simplicité, que la section principale du rhomboïde soit tournée de manière que ces deux images soient, l'une à droite et l'autre à gauche de l'observateur. Alors, en promenant une carte *au dessous* du rhomboïde, on voit avec surprise que si elle passe de gauche à droite, c'est l'image de droite qu'elle cache la première, *et vice versâ.* Ce phénomène tient à ce que les faisceaux oo' et $\varepsilon\varepsilon'$, qui apportent dans l'œil rr' l'impression des images ordinaires et extraordinaires, se *croisent* dans l'intérieur du cristal, à cause de leur inégale réfrangibilité et de leur inégale incidence sur la surface d'entrée ff'. Le faisceau extraordinaire provenant de Brr' n'arrive pas à l'œil, non plus que le faisceau ordinaire provenant de Bxa'.

2° *Expériences sur le lieu apparent des images.* En plaçant l'œil très-près de la surface supérieure d'un rhomboïde, et en regardant des points qui sont très-près de la surface inférieure, soit au dehors comme des marques faites sur du papier, soit au dedans comme des taches particulières à la masse du cristal, on reconnaît que, des deux images d'un même point, l'une parait sensiblement plus rapprochée que l'autre, et que les différences changent avec l'épaisseur du cristal, avec l'obliquité sous laquelle on regarde, et même avec le sens dans lequel se trouve placée la section principale, par rapport à l'œil. Il est facile de se rendre compte de ces apparences : un objet B, vu dans l'eau (*Fig.* 307), parait relevé et rapproché de l'œil, parce que ses rayons se brisent au sortir de l'eau, et parce qu'ils forment un cône plus ouvert dont le sommet est par conséquent moins éloigné. Plus le liquide est réfringent, plus l'image de l'objet est relevée et rapprochée.

Puisque le carbonate de chaux a deux réfractions différentes, les deux images du même point doivent être inégalement déviées et inégalement rapprochées, et dans
cette substance, c'est l'image extraordinaire qui est la
moins rapprochée, parce que l'indice extraordinaire est
moindre que l'indice ordinaire. Dans le quarz on observe
le phénomène inverse, parce que l'indice extraordinaire
est le plus grand.

3° *Expériences des rhomboïdes superposés.* Lorsqu'on
superpose deux rhomboïdes pour regarder des objets au
travers de leur double épaisseur, on observe les phénomènes suivans : quand les sections principales de ces deux
rhomboïdes sont parallèles ou perpendiculaires, on ne voit
que deux images de l'objet, comme si le rhomboïde était
seul; mais on en voit quatre images diversement intenses
dans toutes les autres positions relatives des deux sections
principales. Nous devons conclure de là que les deux
rayons ordinaire et extraordinaire qui sortent d'un premier rhomboïde ont une propriété qui les distingue essentiellement d'un rayon de lumière naturelle, puisque celui-ci
donne toujours deux images égales en traversant un rhomboïde. Pour mieux analyser cette propriété distinctive, on
peut employer la lumière solaire et placer le second rhomboïde assez loin du premier pour agir séparément sur les
rayons ordinaires et extraordinaires, auxquels il a donné
naissance. Alors on reconnaît, 1° que si les sections principales sont parallèles, le *rayon ordinaire* du premier cristal se réfracte tout entier *ordinairement* dans le second, et
le *rayon extraordinaire* se réfracte aussi tout entier extraordinairement; 2° que si les sections principales sont perpendiculaires, le *rayon ordinaire* du premier cristal se réfracte tout entier *extraordinairement* dans le second, tandis que le *rayon extraordinaire* se réfracte tout entier *ordinairement*; 3° que si les sections principales font entre
elles un angle de 45°, chacun des rayons ordinaire et extra-

ordinaire du premier cristal, se divise dans le second en deux faisceaux égaux ; 4° que dans les autres situations relatives des deux sections principales, chacun des faisceaux du premier cristal donne naissance à deux faisceaux inégaux dans le second.

Dans toutes les expériences de cette espèce, on peut avec avantage substituer aux rhomboïdes des prismes de chaux carbonatée ou de cristal de roche, achromatisés avec du verre ; c'est ce que nous appellerons des prismes *bi-réfringens*. Ils doivent être travaillés de manière que l'axe optique soit parallèle ou perpendiculaire à l'arête du sommet ; alors en donnant aux faces latérales des inclinaisons convenables, on obtient des séparations plus ou moins grandes entre les deux images, et rien n'est plus facile que d'observer et d'analyser chacune d'elles en particulier ; mais on conçoit que jamais les deux images ne peuvent être à la fois complètement achromatisées, puisqu'elles proviennent de puissances refractives différentes. La figure 308 représente en grandeur naturelle un petit prisme bi-réfringent de chaux carbonatée. L'axe optique est à peu près parallèle à l'une des faces, et perpendiculaire à l'arête ; l'angle que les deux images soutendent dans l'œil est assez grand pour la plupart des expériences.

5° *Expériences de réflexion à la seconde surface des corps doublement réfringens.* Quand un faisceau de lumière se réfléchit à la seconde surface d'un corps doué de la double réfraction, il présente des phénomènes particuliers qui tiennent aux propriétés dont nous venons de parler. En arrivant à cette seconde surface, le faisceau est ordinaire ou extraordinaire, puisqu'il vient de traverser un cristal, et après la réflexion, il se trouve dans le même cas qu'un faisceau ordinaire ou extraordinaire qui se présente pour pénétrer dans un second cristal. De là les différentes apparences des images réfléchies, suivant les positions relatives de l'œil, du plan de réflexion, et de la section principale du cristal. Tous ces effets peuvent être facilement analysés au moyen du prisme bi-réfringent.

606. *Double réfraction du verre comprimé.* Après avoir exposé les principaux phénomènes de la double réfraction dans les cristaux, nous devons donner une idée des causes accidentelles qui peuvent agir sur la plupart des corps diaphanes pour les rendre aussi doublement réfringens. Ces indications n'auront pas seulement pour objet de nous faire connaître des faits nouveaux; elles serviront encore à nous montrer d'une manière évidente que la division des rayons dans les corps doublement réfringens est produite par l'inégale élasticité que possède l'éther dans les différentes directions, et que cette inégale élasticité résulte elle-même de la forme des molécules, de leur distance relative et de leur arrangement particulier. Voici l'expérience que Fresnel a imaginée pour démontrer cette vérité importante.

Quatre prismes rectangulaires de verre A, B, C, D, parfaitement égaux entre eux, sont posés à côté l'un de l'autre sur un plan horizontal, par leur face hypothénuse (*Fig.* 309). D'un côté et de l'autre, on applique contre les quatre bouts des bandes de carton, et sur elles des bandes très-rigides d'acier ; puis on les comprime très-fortement dans un étau convenable, de telle sorte que la compression s'exerce dans le sens de l'axe des prismes pour en diminuer la longueur. Pendant que le verre est ainsi maintenu dans un état forcé, on ajuste trois autres prismes rectangulaires E, F, G, et deux prismes de 45°, H, K, pour compléter un parallélipipède allongé dont les faces extrêmes ss' soient parallèles ; les faces latérales de tous ces derniers prismes sont collées aux faces latérales des premiers avec du mastic en larmes, afin d'éviter les réflexions partielles.

Ce système, ainsi composé, est doué de la double réfraction. Une petite mire, placée à 1 mètre du côté de la face s', par exemple, est vue double par l'œil qui regarde contre la face s ; et l'écart des deux images peut être de 1 millimètre ou même davantage. On peut du reste s'assurer que chacun des deux faisceaux jouit bien de tous les caractères des faisceaux doublement réfractés. Or, il est bien évident que dans ce cas la double réfraction est produite par l'inégale élasticité de l'éther, dans le verre comprimé et dans celui qui ne l'est pas.

Nous verrons à la fin de la polarisation beaucoup de phénomènes très-curieux qui résultent d'une véritable double réfraction dans un grand nombre de corps diaphanes non cristallisés ; mais si cette double réfraction est assez forte pour produire de vives couleurs, elle est trop faible pour être observée directement.

Pour compléter l'exposition des principaux phénomènes qui appartiennent exclusivement à la double réfraction, nous indiquerons encore ici comment le principe de la division des rayons peut être utilement appliqué à la mesure des petits angles ; c'est Rochon qui a réalisé le premier cette ingénieuse application, en 1777, dans un instrument que l'on appelle aujourd'hui *micromètre à double image* ou *lunette de Rochon*.

6o7. *Micromètre à double image.* Cet instrument donne immédiatement l'angle sous lequel on voit un objet, et fournit par conséquent la grandeur de cet objet quand on connaît sa distance, ou sa distance quand on connaît sa grandeur.

Le micromètre à double image se compose d'une lunette ordinaire et d'un système de deux prismes en cristal de roche, égaux, rectangulaires et opposés. L'angle de ces prismes, leur ajustement et leur mobilité dans l'intérieur de la lunette déterminent l'effet que l'on peut en obtenir pour la mesure des angles.

Le système des deux prismes est représenté en coupe dans la figure 31o. Dans le premier, ASB, les faces ont été

taillées de manière que la face sb, qui est tournée vers
l'objet, soit perpendiculaire à l'axe, et dans le second,
as'b, les trois faces latérales as', bs' et ab sont, au contraire, parallèles à l'axe. Ces deux prismes, réunis par
une couche légère de mastic en larmes, forment une
plaque dont les faces sb et as' sont exactement parallèles.

Supposons d'abord que l'on regarde perpendiculairement au travers de ce système un objet assez éloigné pour
donner des rayons sensiblement parallèles, et considérons
l'un de ces rayons incidens, tel que li (*Fig.* 3ıo) ; ce rayon
traversera le prisme asb sans se réfracter et sans se diviser,
parce qu'il est à la fois perpendiculaire à la face d'entrée
et parallèle à l'axe ; mais dès qu'il arrivera en ab, à la
jonction des deux prismes, il donnera naissance à deux
rayons, l'un ordinaire, qui suivra sa marche sans se dévier, et viendra sortir en eo, et l'autre extraordinaire,
qui sera brisé en se rapprochant de la normale pq, parce
que le cristal de roche est *positif;* celui-ci tombant obliquement sur la face de sortie as', se réfractera de nouveau
en repassant dans l'air, et prendra la direction tr. Ce que
nous venons de dire du rayon li s'appliquant à tous les autres
rayons incidens, il est clair que l'œil placé en r verra une
double image de l'objet, car s'il ne reçoit pas le rayon ordinaire provenant de li, il reçoit un autre rayon ordinaire ri. ; ou, en d'autres termes, il y a deux faisceaux
émergens, l'un parallèle à eo, l'autre parallèle à tr, et
dès que l œil se place en un des points où ces faisceaux se
croisent, il reçoit de chacun d'eux une impression particulière et distingue deux objets.

Il est facile de calculer, dans ces circonstances, l'angle
que forment entre eux les deux faisceaux ordinaire et
extraordinaire ; pour cela nous appellerons (*Fig.* 3ıı),

ı l'angle d'incidence sur la face de jonction ab des deux
prismes,

R l'angle de réfraction du rayon extraordinaire qui se forme dans le prisme As'd,

I' l'angle d'incidence qu'il forme sur la face de sortie As',

E l'angle d'émergence.

Nous savons d'ailleurs que le rapport de réfraction dans le cristal de roche est

$$1.5484 \text{ pour le rayon ordinaire,}$$
$$1.5582 \text{ pour le rayon extraordinaire.}$$

Ainsi quand le rayon extraordinaire passe du premier prisme dans le second, le rapport des sinus est

$$\frac{1.5582}{1.5484} = 1.0063.$$

On a donc : $\dfrac{\text{Sin.\,I}}{\text{Sin.\,R}} = 1.0063$, et $\dfrac{\text{Sin.\,E}}{\text{Sin.\,I}'} = 1.5582.$

Mais, si l'on désigne par A l'angle réfringent ADs ou DAs' des prismes, il est facile de voir que l'on a

$$1° \;.\;.\;.\;.\;.\;.\; i = A$$
$$2° \;.\;.\;.\;.\;.\;.\; i' = A - R$$

Ainsi les deux équations précédentes deviennent

$$\frac{\text{Sin.\,A}}{\text{Sin.\,R}} = 1.0063, \text{ et } \frac{\text{Sin.\,E}}{\text{Sin.\,(A-R)}} = 1.5582$$

D'où il est facile de tirer la valeur de l'angle E quand on connaît l'angle réfringent A.

Voici un tableau des valeurs de R, de A — R, et de E correspondantes à diverses valeurs de A.

Angles réfringens des prismes ou valeurs de A.	Angles de réfraction dans le deuxième prisme ou valeurs de R.			Angles d'incidence sur la face de sortie ou valeurs de A—R.		Angles d'émergence ou valeurs de E.	
30	29°	47′	30″	12′	30″	19′	30″
35	34	44	50	15	10	23	40
40	39	41	50	18	10	28	20
45	44	38	30	21	30	33	30
50	49	34	20	25	40	40	00
55	54	29	20	30	40	47	50
60	59	23	0	37	0	57	40

On peut juger par ce tableau qu'en augmentant de plus
en plus l'angle réfringent des prismes, on obtient des valeurs de plus en plus grandes pour l'angle que forme le
faisceau extraordinaire avec le faisceau ordinaire, et que
pour un angle réfringent de 60° on arrive presque à obtenir un angle d'émergence de 1°.

Ces résultats nous indiquent la limite des angles qu'il
est possible de mesurer par ce moyen.

Voyons maintenant comment le système des prismes
s'adapte dans une lunette ordinaire pour former un micromètre à double image.

Soit BB′ (*Fig.* 312) l'objectif d'une lunette, F son foyer
principal, et MF l'image d'un objet éloigné ; c'est entre
cette image et l'objectif que le système des primes est disposé pour s'y mouvoir parallèlement à lui-même et s'arrêter dans un point quelconque de cet intervalle.

La lumière convergente qui le traverse donne naissance
à deux faisceaux, l'un ordinaire, l'autre extraordinaire ;
le premier vient former l'image MF, comme si les prismes
n'existaient pas, et le second va former l'image extraordinaire M′F′, qui est très-sensiblement égale à MF. La situation relative de ces deux images est tout-à-fait dépen-

dante du point où l'on arrête les prismes, entre le foyer
F et l'objectif BB′; car l'angle des deux faisceaux ordinaire
et extraordinaire étant constant pour un même système de
prisme et déterminé conformément à la table précédente,
il est évident, que si les prismes sont très-près de l'objectif, les deux images se dégageront l'une de l'autre le plus
possible, et qu'au contraire elles se rapprocheront et
se superposeront de plus en plus, à mesure que les prismes
s'éloigneront de l'objectif pour se rapprocher du foyer.
(*Fig.* 312 *bis.*) Par conséquent si l'angle des faisceaux ordinaire et extraordinaire est plus grand que l'angle FCM
formé par les deux pinceaux extrêmes qui viennent aux
bords opposés de l'image, il y aura toujours une certaine
position des prismes pour laquelle les deux images seront
exactement en contact. C'est là la position de l'observation
et la condition sans laquelle l'instrument ne peut donner
la mesure de l'angle visuel de l'objet. En effet,

Désignons par v l'angle visuel FCM, qu'il s'agit de déterminer;

Par F la distance focale principale CF,

Par M la grandeur de l'image MF,

Par A l'angle FZM des deux faisceaux ordinaire et extraordinaire,

Par H la distance FZ des prismes aux images.

Le triangle rectangle FCM donne :

$$\text{Tang. } v = \frac{M}{F}$$

Le triangle rectangle FZM donne :

$$\text{Tang. } A = \frac{M}{H}.$$

Il en résulte :

$$\text{Tang. } v = \frac{H \text{ tang } A}{F}$$

Par conséquent, tout se réduit à observer la valeur de
H, qui est la seule quantité variable, et à déterminer une
fois pour toutes la valeur de tang A, divisée par F, qui est
constante dans le même instrument, et qui dépend de
l'angle des prismes et de la distance focale de l'objectif.

1° Pour observer la valeur de H, il suffit de marquer
sur le tube de la lunette le point o, c'est-à-dire le point
d'où les distances doivent être comptées ; pour cela on
observe un petit objet très-éloigné et nettement terminé,
par exemple, la tige d'un paratonnerre, et l'on fait mouvoir le prisme jusqu'à l'instant où les deux images de cette
tige se recouvrent exactement : la position du prisme est
alors le point de départ d'où l'on doit compter les distances.

2° Pour déterminer tang. A divisé par F, on pourrait
séparément trouver la valeur de F ou la distance focale
principale de l'objectif, et la valeur de tang. A d'après
l'angle des primes, et les indices de réfraction ordinaire et extraordinaire du cristal de roche; mais il est
plus simple et plus sûr d'observer une mire éloignée dont
on connaît la grandeur et la distance, et par conséquent
l'angle visuel. Si le diamètre de cette mire est, par exemple, de 582 millimètre, et qu'elle soit éloignée de 100
millimètres, son angle visuel est de 20′; car il est l'angle
dont la tangente est

$$\frac{0.582}{100} = 0.00582 \, ;$$

ce qui donne à très-peu près 20′. On observe donc cette
mire en faisant mouvoir les prismes jusqu'au contact des
images, et l'on marque 20′ sur le point correspondant du
tube de la lunette.

Au moyen du point zéro et du point 20′ il est facile
d'achever la graduation ; car il suffit de diviser en vingt
parties égales l'intervalle compris entre les points , et de
continuer les divisions sur le tube jusqu'auprès de l'objec-

tif. On peut encore subdiviser chacune de ces parties en plusieurs autres, pour avoir des fractions de minutes. La figure 313 représente le micromètre complet.

Il ne resterait rien à faire, si l'on ne voulait employer cet instrument qu'à la mesure des angles ; il n'y aurait plus qu'à diriger la lunette vers l'objet dont on veut avoir l'angle visuel, et à faire mouvoir les prismes pour amener exactement les images au contact ; vis-à-vis le point où les prismes sont arrêtés, on lirait l'angle cherché.

Mais, lorsqu'on veut employer le micromètre à double image à déterminer aussi la distance d'un objet dont on connaît la grandeur, on grave encore sur le tube une seconde série de nombres dont chacun correspond à l'un des angles précédens. A côté de $1'$ on écrit 3438, à côté de $2'$, 1719 ; de $3'$, 1146 ; de $4'$, 859, etc. C'est par ces nombres qu'il faut multiplier la grandeur d'un objet pour avoir sa distance. On les obtient en divisant l'unité par la tangente de l'angle correspondant. Supposons, par exemple, qu'en observant un homme de 5 pieds à une certaine distance on doive, pour mettre les deux images en contact, amener les prismes au point où se trouve écrit $4'$ sur le tube, ce sera une preuve que l'angle visuel est alors $4'$, et le nombre 859, qui se trouve écrit à côté de $4'$, montre qu'il faut multiplier la grandeur connue de l'objet par 859 pour avoir sa distance. L'homme que l'on observe est donc alors éloigné de 859×5 ou 4295 pieds.

On peut enfin, lorsqu'on connaît la distance d'un objet, déterminer sa grandeur ; il suffit pour cela de mettre les deux images en contact et de lire le nombre correspondant ; la distance divisée par le nombre donne la grandeur.

Le micromètre à double image a été souvent employé en mer pour apprécier la distance des bâtimens qui sont en vue, car on peut toujours trouver sur un bâtiment quelques objets dont les grandeurs soient connues ; il a été employé à la guerre avec le même succès ; et parmi les ap-

plications scientifiques qui en ont été faites, la plus belle
et la plus importante est celle que l'on doit à M. Arago :
car c'est au moyen de cet instrument que M. Arago a mesuré, avec une précision jusqu'alors inconnue, les diamètres apparens des planètes.

CHAPITRE II.

Phénomènes généraux de la polarisation.

608. *Polarisation par réflexion.* Lorsqu'un pinceau de lumière a été réfléchi sur une plaque de verre en faisant avec la surface un angle de 55° 25', on dit qu'il est *polarisé*, parce qu'il présente alors des propriétés singulières que l'on n'observe jamais dans la lumière naturelle. Parmi ces propriétés, nous indiquerons seulement ici les trois suivantes, qui sont caractéristiques.

1° Il ne donne qu'*une seule image* en passant au travers d'un prisme biréfringent, quand la section principale de ce prisme (605) est parallèle ou perpendiculaire au plan de réflexion; tandis qu'il donne deux images plus ou moins intenses dans toutes les autres positions.

2° Il n'éprouve *aucune réflexion* en tombant sur une seconde lame de verre, sous le même angle de 35° 25', quand le plan d'incidence sur cette seconde lame est perpendiculaire au plan d'incidence sur la première, tandis qu'il se réfléchit partiellement dans d'autres plans et sous d'autres incidences.

3° Il est *incapable de se transmettre* perpendiculairement au travers d'une plaque de tourmaline dont l'axe est parallèle au plan de réflexion, tandis qu'il se transmet avec une intensité croissante à mesure que l'axe de la tourmaline approche d'être perpendiculaire au plan de réflexion.

Pour démontrer ces vérités par l'expérience, on peut employer l'appareil qui est représenté dans les figures 314, 315, 316 et 317.

Fig. 314. TT'. Tube de cuivre semblable à un tuyau de lunette ; il est porté sur un pied.

DD' Diaphragme dans l'intérieur du tube.

GG'. Réflecteur en verre ; il est en verre noir pour éviter la réflexion à la seconde surface ; il peut être fixe ou mobile ; dans le premier cas on l'arrête dans une position telle que l'axe du tube fasse avec lui un angle de 35° 25'.

Fig. 315. NN'. Anneau qui peut entrer à frottement doux sur l'extrémité du tube précédent, et tourner librement de droite à gauche ou de gauche à droite ; cet anneau est attaché à la monture du prisme PP'.

PP'. Prisme achromatique doué de la double réfraction ; il est composé d'un prisme de spath d'Islande ou de cristal de roche, et d'un prisme de verre qui sert à l'achromatiser.

Fig. 316. NN'. Anneau semblable au précédent ; il porte deux traverses R,R', terminées par des pivots A et A', autour desquels la glace FF' est mobile.

Fig. 317. NN'. Anneau semblable au précédent, il porte la monture d'une plaque de verre VV' à faces parallèles, et sur cette plaque se trouve collée la plaque MM' de tourmaline dont les deux faces sont parallèles à l'axe.

Le tube TT' (*Fig.* 314) étant disposé convenablement pour que la lumière du ciel ou la lumière blanche des nuées tombe sur le réflecteur GG', il est évident, d'après ce que nous avons dit, que le faisceau réfléchi suivant l'axe du tube fait un angle de 35° 25' avec la surface réfléchissante ; pour observer ce faisceau on adapte l'anneau NN' (*Fig.* 315) à l'extrémité du tube, et l'on regarde au travers du prisme achromatique PP', l'image du diaphragme DD'. Cette image pourra d'abord paraître double, comme si la lumière qui la donne n'avait pas été réfléchie et n'était pas polarisée ; mais en faisant tourner l'anneau NN', et par conséquent le prisme, on trouvera quatre positions rectangulaires pour lesquelles l'image du diaphragme cessera de paraître double, et il sera facile de constater que ce phénomène a lieu quand la section principale du prisme est parallèle et perpendiculaire au plan de la réflexion qui s'opère sur le réflecteur GG'.

Pour définir ces positions avec plus d'exactitude, l'extrémité ss' du tube est divisée sur sa circonférence en 360°, et chacun des anneaux qui s'adapte au tube, et qui s'arrête contre cette extrémité, porte un repère au moyen duquel on peut compter les angles.

La seconde propriété du faisceau polarisé se démontre aussi facilement que la première : on enlève l'anneau de la figure 315, et on y substitue celui de la figure 316. Alors on donne au réflecteur FF', qu'il porte une inclinaison telle que le faisceau réfléchi le rencontre en faisant avec sa surface un angle de 35° 25', et l'on place l'œil dans une position convenable pour voir l'image du diaphragme DD'. réfléchie sur FF'; ensuite on fait lentement tourner l'anneau NN' sans changer l'inclinaison de la glace, et l'on arrive bientôt à une position dans laquelle l'image réfléchie est complètement éteinte; en lisant la division correspondante au repère, il est facile de constater que le plan de réflexion sur la seconde glace est perpendiculaire au plan de réflexion sur la première.

Enfin, pour démontrer la troisième propriété, c'est la plaque de tourmaline (*Fig.* 317) qu'il faut adapter à l'extrémité du tube TT' (*Fig.*314). On observe encore l'image du diaphragme DD', et en faisant tourner l'anneau dans un sens ou dans l'autre, on voit cette image s'affaiblir graduellement pour disparaître tout-à-fait; à cet instant l'axe de la tourmaline est parallèle au plan de réflexion sur le premier réflecteur GG'.

Les phénomènes qui se développent par réflexion sur le verre, se développent aussi suivant certaines lois sur toutes les surfaces réfléchissantes, comme nous le verrons plus loin.

Telles sont les propriétés caractéristiques des rayons polarisés : l'une quelconque de ces trois propriétés entraine essentiellement les deux autres. Ainsi, pour reconnaître si un rayon est polarisé, nous pourrons nous contenter désormais de l'observer avec la plaque de tourmaline, ou avec le prisme biréfringent.

On est convenu d'appeler *plan de polarisation* le plan suivant lequel a été réfléchie la lumière qui se trouve polarisée par réflexion; mais comme on pourrait avoir à étudier un rayon polarisé dont on ne connaîtrait pas l'origine, il a été nécessaire, tout en conservant cette définition, d'en faire une autre équivalente, ou plutôt d'indiquer un autre caractère pour reconnaitre le plan de polarisation; et la plaque de tourmaline est très-commode pour cet usage : quand un rayon s'éteint en traversant la tourmaline, son plan de polarisation est parallèle à l'axe de la plaque; quand, au contraire, un rayon a son maximum d'intensité en traversant la tourmaline, son plan de polarisation est perpendiculaire à l'axe de la plaque.

Les expériences que nous venons de faire avec la lumière des nuées peuvent être faites avec une lumière quelconque artificielle ou naturelle; il est même possible alors de rendre les phénomènes sensibles à plusieurs observateurs à la fois. Pour cela on adapte au tube $\tau\tau'$ de la figure 314 une tige à charnière portant un verre dépoli qui peut être dirigé convenablement pour recevoir les images transmises, soit par le prisme, soit par la seconde glace, soit par la plaque de tourmaline; seulement, quand les images ont un très-vif éclat, elles ne disparaissent jamais d'une manière aussi complète.

La découverte de la polarisation, dont nous venons de donner une première idée, a été faite par Malus en 1810; jusque là personne n'avait soupçonné que la réflexion pût imprimer à la lumière des caractères particuliers. S'il suffisait d'une prodigieuse sagacité pour découvrir et

analyser des propriétés si nouvelles et si extraordinaires,
il fallait certainement un génie bien pénétrant pour développer ces propriétés, comme le fit Malus, et pour
montrer aux physiciens qu'elles ouvraient en optique une
carrière immense par son étendue et par sa richesse.

A l'époque de cette découverte, le système de l'émission était complètement dominant; on ne voyait en optique que des molécules lumineuses douées de divers
accès et de diverses propriétés; toutes ces molécules éprouvant simultanément les mêmes effets lorsqu'elles avaient
été réfléchies sur le verre sous un certain angle, on supposait qu'elles étaient toutes *tournées* de la même manière, et qu'en conséquence elles avaient des axes de rotation et des *pôles* autour desquels leurs mouvemens
pouvaient s'accomplir sous certaines influences. De là, le
mot de *polarisation*, qui indiquait que les pôles étaient
dirigés ou arrangés de la même manière pour toutes les
molécules.

6o9. *Polarisation par simple réfraction.* La lumière naturelle se polarise en traversant sous certaines conditions
une série de plaques de verre à faces parallèles, et son
plan de polarisation est alors perpendiculaire au plan
d'émergence. Pour le démontrer on dispose parallèlement
entre elles quatre ou cinq plaques de glace (*Fig.* 3i8);
c'est ce qu'on appelle une *pile de plaques*; et on les ajuste
à l'extrémité d'un tube en cuivre semblable à celui de la
figure 3i4 : la pile de plaques remplace alors le réflecteur
GG' : et si l'on soumet à l'épreuve le pinceau transmis par
cet appareil, en l'observant par l'un des trois moyens indiqués précédemment, il est facile de reconnaître qu'il
est polarisé quand il pénètre dans les glaces en faisant avec
leurs surfaces un angle de 35° 25'; et comme il a son
maximum d'intensité quand l'axe de la tourmaline est
parallèle au plan d'émergence, on en conclut que le plan
de polarisation est perpendiculaire à ce plan. Si la lu-

mière est très-vive, elle n'est pas complètement polarisée,
et il faut alors employer dans la pile un plus grand nombre de glaces.

Les autres corps transparens et non cristallisés présentent des phénomènes analogues; seulement, pour obtenir
le maximum de polarisation, il faut que l'incidence varie
avec la nature de la substance.

610. *Polarisation par double réfraction.* Les deux
faisceaux ordinaire et extraordinaire que donne la lumière
naturelle en traversant la section principale d'un cristal
sont l'un et l'autre polarisés, le premier dans le plan d'é-
mergence, et le second perpendiculairement à ce plan.

On en peut faire l'expérience en prenant un rhomboïde de spath d'Islande ou un prisme biréfringent que
l'on ajuste à l'extrémité d'un tube semblable à celui de
la figure 314. RR' (*Fig.* 319) représente le rhomboïde, et DD' un diaphragme percé d'une très-petite
ouverture. En regardant à l'œil nu par l'autre extrémité du tube, on voit deux images de l'ouverture du
diaphragme; mais en regardant au travers de la plaque de
tourmaline successivement chacune de ces images, on reconnaît facilement que l'image *ordinaire* (celle qui est
dans l'axe et non déviée) acquiert son maximum d'intensité quand l'axe de la tourmaline est perpendiculaire à la
section principale du rhomboïde, et qu'elle s'éteint, au
contraire, quand l'axe de la tourmaline est dans la section
principale elle-même : l'image *extraordinaire* (celle qui
est hors de l'axe et déviée) présente des phénomènes exactement inverses.

Cette épreuve devient un moyen sûr et commode de
distinguer entre elles l'image ordinaire et l'image extraordinaire.

611. *Polarisation par réflexion irrégulière.* Lorsqu'une surface quelconque est éclairée par une vive lumière, les rayons irrégulièrement réfléchis qu'elle renvoie

dans tous les sens se trouvent partiellement polarisés dans
un plan perpendiculaire au plan d'émergence. Pour s'en
assurer, il suffit de faire tomber dans la chambre noire un
trait de lumière solaire sur une surface plus ou moins
polie, et de regarder cette surface avec une plaque de
tourmaline que l'on fait tourner dans son plan pour rendre l'axe tantôt parallèle, tantôt perpendiculaire au plan
d'émergence des rayons; dans le premier cas l'éclat de la
surface sera très-sensiblement plus vif que dans le second;
ce qui prouve que la lumière est polarisée, comme nous
l'avons dit, mais qu'elle n'est polarisée qu'en partie.

CHAPITRE III.

Lois générales de la polarisation.

612. *De l'angle de polarisation*. Nous avons annoncé précédemment que le verre polarise complètement la lumière, par réflexion, sous un angle d'environ 35° avec la surface, ou de 55° avec la normale; c'est cet angle que l'on nomme *l'angle de polarisation*. Il y a des surfaces réfléchissantes qui ne polarisent complètement la lumière sans aucune incidence : les surfaces du diamant sont dans ce cas ; l'angle de polarisation est alors celui qui donne *la plus grande proportion* de lumière polarisée. Entre tous les procédés qui ont été employés pour déterminer l'angle de polarisation de chaque substance, nous indiquerons seulement le procédé suivant, qui est celui de M. Arago.

Vers le milieu d'une chambre assez vaste, on choisit, à une hauteur convenable, un point où l'on établit horizontalement un cercle répétiteur ou un autre instrument propre à mesurer les angles. A partir d'un point donné qui sert de o, on trace sur les parois des divisions correspondantes aux divers degrés du cercle et à leurs fractions. Cela fait, on enlève le cercle répétiteur, et au point précis, qui était occupé par son centre, on ajuste un petit support, destiné à recevoir les diverses substances que l'on veut soumettre à l'expérience. Nous supposerons, par exemple, que l'on opère sur une topaze. Une bougie allumée est placée tout auprès de l'une des divisions de la paroi, par exemple, auprès de la division *zéro*, et l'on observe la flamme par réflexion sur la surface de la topaze. La première condition à remplir est de rendre cette surface verticale; pour cela on la déplace légèrement sur la cire molle qui la porte, jusqu'à ce que l'image réfléchie soit exactement à la même hauteur que la flamme. Alors, on fait

tourner le support lui-même autour de son axe vertical ;
on suit de l'œil l'image réfléchie, en la regardant avec
une plaque de tourmaline ou avec un prisme biréfringent,
et il est facile de reconnaître la position de la polarisation
complète ou de la polarisation maximum. On s'arrête en
ce point ; on regarde la division de la paroi qui se trouve
sur le prolongement du rayon réfléchi, et la demi - distance angulaire comprise entre cette division et celle de la
bougie donne l'angle du rayon incident avec la surface ; le
complément de cet angle est l'angle de polarisation compté
de la normale.

Voici quelques résultats obtenus par ce procédé ou par
d'autres analogues. A côté de la colonne qui contient les
angles observés se trouve une colonne contenant des angles calculés. Nous indiquerons dans un instant la formule
qui a servi à faire ces calculs et la loi remarquable sur
laquelle elle repose.

Nom des substances.	Angle de polarisation complète ou maximum		Différences.	
	Observé.	Calculé.		
Air..................	45°	45° 0′ 32″		
Eau.	52 45′	53 11	—0°	26′
Spath fluor.	54 50	55 9	—0	19
Obsidienne.	56 3	56 6	—0	3
Sulfate de chaux. ..	56 28	56 45	—0	17
Cristal de roche ...	57 22	56 58	+0	24
Verre opale.	58 1	58 33	—0	32
Topaze.......,.	58 40	58 34	+0	6
Perle..	58 47	58 50	—0	3
Spath d'Islande....	58 23	58 51	—0	28
Verre orangé	59 12	59 28	—0	16
Rubis spinelle. ...	60 16	60 25	—0	9
Zircon.	63 8	63 0	+0	8
Verre d'antimoine. .	64 45	64 30	+0	15
Soufre natif.	64 10	63 45	+0	25
Diamant.	68 2	68 1	+0	1
Chromate de plomb..	67 42	68 3	—0	21

613. *Loi de M. Brewster sur l'angle de polarisation.* En comparant les résultats d'un grand nombre d'observations, M. Brewster a découvert une loi d'une admirable simplicité qui lie les indices de réfraction des différentes substances aux angles de polarisation complète ou de polarisation maximum. Cette loi est la suivante :

La tangente de l'angle de polarisation est égale à l'indice de réfraction.

Elle peut être exprimée par la formule

$$\text{Tang. } \mathrm{p} = \mathrm{n} ;$$

p désignant l'angle de polarisation,
n l'indice de réfraction.

C'est au moyen de cette formule que l'on a calculé les angles rapportés dans le tableau précédent, et l'on peut être frappé de l'accord remarquable qui existe entre le calcul et l'observation. La vérité de cette loi se trouve encore prouvée indirectement par un grand nombre d'autres formules auxquelles elle sert de base.

Il suffit donc de connaître l'indice de réfraction d'une substance pour calculer son angle de polarisation ; et, réciproquement, l'angle de polarisation étant connu pour un corps quelconque, il est facile d'en déduire l'indice de réfraction de ce corps.

Les substances doublement réfringentes ayant des indices de réfraction qui changent avec la grandeur des angles et la direction des plans d'incidences, il est présumable que les angles de polarisation doivent présenter alors quelques phénomènes particuliers, mais je ne connais jusqu'à présent aucune observation précise à cet égard.

Les indices de réfraction prenant des valeurs différentes pour les différentes couleurs, il en résulte que tous les rayons du spectre ne se polarisent pas sous le même angle. C'est ce que l'on peut en effet constater par l'expérience, en disposant pour recevoir le faisceau polarisé une seconde glace qui doive l'absorber ou le transmettre complètement ; il sera facile de voir dans la chambre noire qu'il y a toujours une faible lumière réfléchie par cette seconde glace, et qu'elle paraît colorée tantôt en rouge, tantôt en bleu, suivant que les angles d'incidence sont adaptés pour polariser la lumière bleue ou la lumière rouge.

La loi précédente peut recevoir encore une autre forme : on peut dire que l'angle de polarisation est celui pour lequel *le rayon réfléchi est perpendiculaire au rayon réfracté*. En effet,

p désignant toujours l'angle de polarisation complète,
n l'angle de réfraction correspondant,
N l'indice de réfraction,
Nous avons les deux équations :

$$\text{Tang. } p = N \text{ ; } et \text{ Sin. } p = N \text{ Sin. } n.$$

La première donne : $\text{Sin. } p = N \text{ Cos. } p.$

Donc $\qquad\qquad \text{Cos. } p = \text{Sin. } n.$

Ainsi les angles p et n sont complément l'un de l'autre, c'est-à-dire que l'on a

$$p + n = 90°.$$

Or, $p + n$ étant le supplément de l'angle que le rayon réfléchi fait avec le rayon réfracté, il en résulte enfin que cet angle est aussi un angle droit.

La lumière n'est pas seulement polarisée à la première surface des corps ; elle se polarise encore dans l'intérieur de leur masse, par la réflexion qu'elle éprouve à leur seconde surface : et cet angle de polarisation se trouve déterminé par la même loi ; seulement l'indice de réfraction étant alors $\frac{1}{N}$, c'est à $\frac{1}{N}$ que doit être égale la tangente de l'angle de polarisation.

Concevons, d'après cela, une plaque à faces parallèles, sur laquelle tombe un faisceau avec l'incidence P de la polarisation ; la portion transmise jusqu'à la seconde surface viendra s'y réfléchir sous un angle R, et l'on aura les deux équations :

$$\text{Sin. } P = N \text{ Sin. } R \text{ ; } et \text{ Sin. } P = \text{Cos. } R.$$

La première est la loi de Descartes, et la seconde exprime que le rayon réfléchi est perpendiculaire au rayon réfracté.

Il en résulte évidemment :

$$\text{Tang. } R = \frac{1}{N}.$$

Aussi le faisceau qui se polarise à la première surface d'une lame à faces parallèles donne un faisceau réfracté qui va se réfléchir à la seconde surface, en se polarisant complètement.

614. *Loi de Malus sur le partage de la lumière polarisée.* Nous avons vu (608) que l'un des caractères essentiels d'un faisceau polarisé est de n'éprouver aucune réflexion, lorsqu'il tombe sur une surface réfléchissante, avec la double condition que le plan d'incidence soit perpendiculaire au plan de polarisation, et que l'angle d'incidence soit égal à l'angle de polarisation. Ainsi, en représentant par T l'intensité de la lumière réfléchie, on a dans ce cas :

$$T = 0.$$

Mais l'angle d'incidence restant le même, si l'on tourne la surface réfléchissante de manière que le plan d'incidence se rapproche graduellement du plan de polarisation, l'intensité de la lumière réfléchie va sans cesse en augmentant ; et elle atteint son maximum quand ces deux plans sont amenés en coïncidence, de manière que leur angle

soit réduit à 0°. En représentant ce maximum par M, on a
pour cette position limite :

$$\mathrm{T} = \mathrm{M}.$$

Dans l'impossibilité de déterminer par l'expérience la
loi de ces accroissemens d'intensité, Malus avait essayé de
les représenter par la formule suivante :

$$\mathrm{T} = \mathrm{M}\,\mathrm{Cos.}^2\,\mathrm{A}.$$

T est l'intensité du faisceau réfléchi ;

M l'intensité maximum, ou celle qui a lieu quand le
plan d'incidence coïncide avec le plan de polarisation ;

A l'angle variable que le plan d'incidence fait avec le
plan de polarisation. Cet angle est toujours compris entre
0° et 90°.

Cette formule semblait d'abord purement hypothétique ;
mais l'exactitude en est maintenant bien démontrée, soit
par les expériences directes de M. Arago, soit par d'autres
formules bien vérifiées dont elle est le principe fondamental, comme nous le verrons plus loin.

Pour $A = 0^\circ$, on retrouve : $\mathrm{T} = \mathrm{M}$.

Pour $A = 45^\circ$, on a : $\mathrm{T} = \dfrac{\mathrm{M}}{2}$.

Pour $A = 90^\circ$, on retrouve : $\mathrm{T} = 0^\circ$.

Cette loi de Malus conduit à une conséquence remarquable et qui nous sera d'un grand secours pour la suite :
c'est qu'un faisceau de lumière naturelle peut être considéré comme composé de deux faisceaux d'égale intensité,
et polarisés à angle droit, l'un ayant par conséquent son
plan de polarisation à droite du plan d'incidence, et l'autre
à gauche. En effet, le plan de polarisation du premier de
ces faisceaux faisant un angle A avec le plan d'incidence,
le plan de polarisation de l'autre fera un angle $90^\circ - A$.

L'intensité de la lumière réfléchie dans le premier sera :

$$\text{M Cos.}^2 \text{ A.}$$

L'intensité de la lumière réfléchie dans le second sera :

$$\text{M Cos.}^2 (90^\circ - \text{A}), \textit{ ou } \text{M Sin.}^2 \text{ A.}$$

La somme de ces deux intensités sera par conséquent :

$$\text{M (Cos.}^2 \text{ A} + \text{Sin.}^2 \text{ A}) ; \textit{ ou } \text{M,}$$

c'est-à-dire qu'elle restera la même, et sera toujours indépendante de A ou des diverses directions du plan d'incidence par rapport au rayon ; ce qui est en effet le caractère de la lumière naturelle ou non-polarisée.

Lorsqu'un faisceau de lumière polarisée se présente pour traverser une plaque de tourmaline, nous savons que, dans une certaine position de la plaque (608), le faisceau est complètement absorbé, et l'intensité de la lumière transmise est égale à 0° ; tandis que, dans la position perpendiculaire, la plus grande partie du faisceau est transmise et l'intensité est maximum. Ces accroissemens d'intensité sont encore représentés par la même formule

$$\text{T} = \text{M Cos.}^2 \text{ A.}$$

Enfin nous avons vu (608) qu'un rayon polarisé qui traverse un prisme bi-réfringent donne naissance à deux faisceaux, l'un ordinaire et l'autre extraordinaire ; et que l'intensité relative de ces faisceaux dépend toujours de l'angle A, que la section principale du prisme fait avec le plan de polarisation. Lorsque A $= 45^\circ$, les deux faisceaux transmis sont égaux : lorsque A $= 0^\circ$, le rayon ordinaire est au maximum, et le rayon extraordinaire nul ; c'est le contraire quand A $= 90^\circ$. Les intensités relatives de ces faisceaux sont encore représentées conformément à la loi de Malus, savoir :

Le faisceau ordinaire par $\tau = \text{M} \cos.^2 \text{A}$,

Et le faisceau extraordinaire par $\tau = \text{M} \sin.^2 \text{A}$.

M est alors l'intensité du faisceau incident : car on admet qu'il passe en totalité et que le cristal n'en absorbe aucune partie.

Cette loi nous conduit encore à considérer un faisceau naturel d'une intensité M comme composé de deux faisceaux polarisés à angle droit, ayant l'un et l'autre une intensité $\dfrac{\text{M}}{2}$. Car, si l'on représente par A l'angle du plan de polarisation du premier avec la section principale du prisme bi-réfringent, l'angle du second sera $90° - \text{A}$; et le premier donnera dans le prisme bi-réfringent :

un faisceau ordinaire $\dfrac{\text{M}}{2} \cos.^2 \text{A}$,

un faisceau extraordinaire $\dfrac{\text{M}}{2} \sin.^2 \text{A}$;

tandis que le second donnera un faisceau ordinaire

$$\frac{\text{M}}{2} \cos.^2 (90° - \text{A}) = \frac{\text{M}}{2} \sin.^2 \text{A},$$

un faisceau extraordinaire $\dfrac{\text{M}}{2} \sin.^2 (90° - \text{A}) = \dfrac{\text{M}}{2} \cos.^2 \text{A}$.

Ainsi la somme des deux faisceaux ordinaires sera

$$\frac{\text{M}}{2} (\cos.^2 \text{A} + \sin.^2 \text{A}), \ ou \ \frac{\text{M}}{2};$$

et celle des deux faisceaux extraordinaires

$$\frac{\text{M}}{2} (\sin.^2 \text{A} + \cos.^2 \text{A}) = \frac{\text{M}}{2};$$

c'est-à-dire que les deux images seront toujours égales

en intensité, quelle que soit la position de la section principale par rapport aux plans de polarisation , pourvu qu'ils
soient perpendiculaires entre eux ; ce qui est le caractère
de la lumière naturelle.

615. *Loi de Fresnel sur l'intensité de la lumière réfléchie.*

La quantité de lumière réfléchie par les surfaces polies
augmente sans cesse avec l'obliquité de l'incidence : c'est un
fait que l'on peut constater aisément par des expériences
approximatives ; mais l'on n'avait encore, il y a dix ans,
ni une méthode expérimentale pour comparer rigoureusement les intensités correspondantes aux diverses obliquités , ni une formule générale pour exprimer dans tous
les cas le rapport qui existe entre la lumière incidente et
la lumière réfléchie. Les phénomènes de la polarisation
ont conduit à cette double solution du problème. M. Arago
a imaginé la première, et Fresnel la seconde (1). La formule de Fresnel repose sur des considérations mécaniques
que nous ne pouvons développer ici ; nous nous bornerons
seulement à la discuter pour quelques cas particuliers.
Ceux qui voudront de plus amples détails pourront consulter les mémoires originaux (*Ann. de Phys. et de Chim.*,
T. XVII, pag. 191 et 312). Cette formule est la suivante :

$$\mathrm{T} = \frac{\mathrm{Sin.}^2\,(i-i')}{\mathrm{Sin.}^2\,(i+i')}\cdot\ \mathrm{Cos.}^2\,\mathrm{A} + \frac{\mathrm{Tang.}^2\,(i-i')}{\mathrm{Tang.}^2\,(i+i')}\cdot\ \mathrm{Sin.}^2\,\mathrm{A}.$$

L'intensité de la lumière incidente est prise pour unité.

   T est l'intensité de la lumière réfléchie ;

   i l'angle d'incidence ;

---

(1) Le procédé remarquable découvert par M. Arago pour comparer
les intensités de lumière, n'ayant pas été publié, nous avons à regretter
de ne pouvoir l'exposer ici.

i' l'angle de réfraction correspondant ;

A l'angle que le plan de polarisation de la lumière incidente fait avec le plan d'incidence ou de réflexion.

1° Si la lumière incidente est complètement polarisée dans *le plan d'incidence*, on a :

$$\mathrm{A} = 0°, \ \mathrm{Sin.}^2\, \mathrm{A} = 0°, \ \mathrm{Cos.}^2\, \mathrm{A} = 1 ;$$

et par conséquent :

$$\mathrm{T} = \frac{\mathrm{Sin.}^2\ (i-i')}{\mathrm{Sin.}^2\ (i+i')}.$$

Telle est la formule simple qui s'applique à la lumière polarisée dans le plan d'incidence ; pour en faire usage il suffira de connaître l'angle i pour lequel on veut déterminer l'intensité de la lumière réfléchie, et de connaître encore l'indice de réfraction n de la substance sur laquelle la réflexion s'accomplit ; alors i' sera déterminé par la formule

$$\mathrm{Sin.}\ i = n\ \mathrm{Sin.}\ i'.$$

Et il restera seulement à substituer pour i et i' leurs valeurs, puis en achevant le calcul on aura la valeur de T ou la proportion de lumière réfléchie ;

2° Si la lumière est complètement polarisée dans le plan perpendiculaire au plan d'incidence, et si, en même temps, l'angle d'incidence est celui de la polarisation complète, on a :

$$\mathrm{A} = 90°. \ \mathrm{Cos.}^2\, \mathrm{A} = 0, \ \mathrm{Sin.}^2\, \mathrm{A} = 1.$$
$$i + i' = 90, \ \mathrm{Sin.}\ (i+i') = 1 , \ \mathrm{Tang.}\ (i+i') = \infty ,$$

et par conséquent :

$$\mathrm{T} = 0.$$

Nous savons qu'en effet dans ces circonstances la réflexion est exactement nulle (608).

Mais les circonstances étant les mêmes si l'angle d'incidence n'est pas celui de la polarisation complète, on n'a plus $i+i'=90$, et l'on trouve par conséquent

$$T = \frac{\text{Tang.}^2 (i-i')}{\text{Tang.}^2 (i+i')}.$$

La valeur numérique de T sera donnée comme dans le cas précédent.

3° Si la lumière incidente est complètement polarisée dans un plan faisant un angle de 45° avec le plan d'incidence, on a

$$A = 45°, \ \text{Cos.}^2 A = \frac{1}{2}, \ \text{Sin.}^2 A = \frac{1}{2},$$

Et par conséquent

$$T = \frac{1}{2} \left\{ \frac{\text{Sin.}^2 (i-i')}{\text{Sin.}^2 (i+i')} + \frac{\text{Tang.}^2 (i-i')}{\text{Tang.}^2 (i+i')} \right\}.$$

Ce résultat est exactement celui qu'on obtiendrait en considérant deux faisceaux incidens d'égale intensité, $\frac{1}{2}$ étant leur intensité commune; l'un étant polarisé dans le plan d'incidence, et l'autre perpendiculairement à ce plan; car le premier donnerait :

$$\frac{1}{2} \cdot \frac{\text{Sin.}^2 (i-i')}{\text{Sin.}^2 (i+i')},$$

et le second :

$$\frac{1}{2} \cdot \frac{\text{Tang.}^2 (i-i')}{\text{Tang.}^2 (i+i')}.$$

Or en tombant ensemble sous la même incidence, ils se réfléchiraient ensemble sous le même angle, et l'intensité du faisceau réfléchi serait égale à la somme des intensités de chacun, ou a :

$$\frac{1}{2} \cdot \left\{ \frac{\text{Sin.}^2 (i-i')}{\text{Sin.}^2 (i+i')} + \frac{\text{Tang.}^2 (i-i')}{\text{Tang.}^2 (i+i')} \right\}.$$

4° Si la lumière incidente est *mélangée* ou composée d'une quantité к de lumière polarisée et par conséquent d'une quantité 1 — к de lumière naturelle, A étant toujours l'angle que le plan de polarisation de la partie polarisée fait avec le plan d'incidence, on peut encore aisément trouver la proportion de lumière réfléchie; car la portion к de lumière polarisée donne à la réflexion une quantité de lumière représentée par

$$\kappa \cdot \left\{ \frac{\text{Sin.}^2\,(i-i'')}{\text{Sin.}^2\,(i+i'')} \cdot \text{Cos.}^2\,A + \frac{\text{Tang.}^2\,(i-i'')}{\text{Tang.}^2\,(i+i'')} \cdot \text{Sin.}^2\,A \right\};$$

et la portion 1 — к, qui n'est pas polarisée peut être considérée comme composée d'une partie $\dfrac{1-\kappa}{2}$ polarisée dans le plan d'incidence, et d'une partie égale $\dfrac{1-\kappa}{2}$ polarisée dans le plan perpendiculaire au plan d'incidence.

La première donne à la réflexion :

$$\frac{1-\kappa}{2} \cdot \frac{\text{Sin.}^2\,(i-i'')}{\text{Sin.}^2\,(i+i'')},$$

La deuxième donne

$$\frac{1-\kappa}{2} \cdot \frac{\text{Tang.}^2\,(i-i_{\prime})}{\text{Tang.}^2\,(i+i')}.$$

Et la somme de ces trois faisceaux réfléchis forme la véritable valeur de т, qui est alors :

$$\text{T} = \frac{1+\kappa\,\text{Cos.}\,2A}{2} \cdot \frac{\text{Sin.}^2\,(i-i'')}{\text{Sin.}^2\,(i+i')} + \frac{1-\kappa\,\text{Cos.}\,2A}{2} \cdot \frac{\text{Tang.}^2\,(i-i'')}{\text{Tang.}^2\,(i+i')}.$$

Lorsque к = 1 , cette formule reproduit celle que nous venons de donner pour la lumière complètement [polarisé, et lorsque $\kappa=o$, elle reproduit celle que nous avons trouvée pour la lumière polarisée à 45° ou pour la lumière naturelle.

Mais un faisceau de lumière naturel d'une intensité égale à 1 peut toujours, comme nous l'avons dit (614), être considéré comme composé de deux faisceaux ayant chacun une intensité $\frac{1}{2}$ et polarisés à angle droit. La valeur précédente de τ est donc celle qui convient à la lumière naturelle; et l'on voit comment, au moyen de l'indice de réfraction d'une substance, on peut calculer aisément la proportion de lumière qu'elle réfléchit sous une obliquité quelconque.

5° Si la lumière tombe sous l'incidence perpendiculaire, on a

$$i = o^n, \ i' = o° \ ;$$

et l'expression de τ devient alors $\frac{o}{o}$. Mais il est facile d'en trouver la véritable valeur; car n étant l'indice de réfraction, il est évident que pour de très-petits angles on peut substituer les angles eux-mêmes aux sinus et aux tangentes, et reciproquement, alors la loi de Descartes,

$$\text{Sin. } i = n \text{ Sin. } i'. \text{ se change en } i = n i'.$$

Il en résulte d'une part

$$i - i' = i' \ (n - 1)$$
$$i + i' = i' \ (n + 1),$$

et de l'autre

$$\frac{\text{Sin.}^2 \ (i - i')}{\text{Sin.}^2 \ (i + i')} = \left(\frac{n - 1}{n + 1} \right)^2$$

$$\frac{\text{Tang.}^2 \ (i - i')}{\text{Tang.}^2 \ (i + i')} = \left(\frac{n - 1}{n + 1} \right)^2$$

et par conséquent

$$\mathrm{T} = (\mathrm{Cos.}^2\,\mathrm{A} + \mathrm{Sin.}^2\,\mathrm{A})\,\left(\frac{n-1}{n+1}\right)^2 = \left(\frac{n-1}{n+1}\right)^2$$

Ce qui prouve, comme on pouvait s'y attendre, que sous l'incidence perpendiculaire, la lumière se réfléchit toujours en même proportion, soit qu'elle se trouve à l'état naturel et sans être polarisée, soit qu'elle se trouve polarisée dans un plan quelconque.

616. *Mouvement du plan de polarisation, par l'effet de la réflexion.*

Lorsqu'un rayon de lumière polarisée se réfléchit sur une surface polie sous diverses obliquités, la portion réfléchie se trouve encore polarisée; mais il arrive, en général, que son plan de polarisation a changé de direction. Si l'on suppose, par exemple, que le plan de polarisation de la lumière incidente fasse un angle de 45° avec le plan de réflexion, on pourra trouver que le plan de polarisation de la lumière réfléchie ne fait plus, avec ce même plan de réflexion, qu'un angle de 40, 30, 20 ou 10°, ou même un angle tout-à-fait nul ; cela dépendra de l'incidence. C'est ce changement de direction que l'on appelle le *mouvement du plan de polarisation.* On dit que ce plan tourne de 10, 20 ou 30°, quand l'angle qu'il faisait avec le plan d'incidence diminue ou augmente de 10, 20 ou 30°. L'angle du plan de polarisation avec le plan d'incidence ou de réflexion se nomme aussi l'*azimut* du plan de polarisation.

C'est encore Fresnel qui a donné le premier une formule pour exprimer ce mouvement du plan de polarisation. Elle était d'abord restreinte au cas où l'azimut est de 45°, mais on l'a ensuite généralisée, et alors elle elle a pris la forme suivante :

$$\mathrm{Tang.\,A'} = \mathrm{Tang.\,A.}\,\frac{\mathrm{Cos.}\,(i+i')}{\mathrm{Cos.}\,(i-i')}$$

A est l'azimut du plan de polarisation dans le rayon incident ;

A′ l'azimut du plan de polarisation dans le rayon réfléchi ;

i est l'angle d'incidence sous lequel s'accomplit la réflexion ;

i' l'angle de réfraction correspondant à l'angle d'incidence.

Il se determine par la relation $Sin. i = n\, Sin. i'$; n étant l'indice de réfraction de la substance réfléchissante.

1° Pour que l'on puisse avoir A = A′, il faut que l'on

ait . . . . . $\text{Cos.}\,(i + i') = \text{Cos.}\,(i - i')$;

condition qui ne peut en réalité être remplie que de deux manières :

par . . . . . $i = 0°$ qui donne $i' = 0°$;

et par . . . . $i = 90°$, qui donne $\text{Sin.}\,i' = \dfrac{1}{n}$.

D'où il suit que la réflexion perpendiculaire et la réflexion sous le plus grand angle possible sont les seules qui ne fassent pas changer l'azimut du plan de polarisation, quelle que soit sa valeur.

2° Les angles i et i' étant toujours plus petits que 90°, il en résulte que Cos. $(i + i')$ est toujours plus petit que Cos. $(i - i')$, et par conséquent Tang. A′ toujours plus petit que Tang. A, ou A′ toujours plus petit que A ; c'est-à-dire que, dans son mouvement, le plan de polarisation se rapproche toujours du plan d'incidence.

3° Lorsque l'on a

$$i + i' = 90°,$$

ou, ce qui revient au même, quand le rayon tombe sous l'incidence de la polarisation complète (613), on a toujours :

$$\text{Cos.}\,(\,i + i'\,) = 0 \;\; et \;\; \text{Tang.}\; \text{A}' = 0,\; \text{A}' = 0.$$

Ainsi, sous l'angle de la polarisation complète, le rayon réfléchi se trouve toujours polarisé dans le plan d'incidence, quel que soit l'azimut du plan de polarisation du rayon incident.

Ce résultat fait comprendre comment le fait de la polarisation totale se trouve lié au mouvement du plan de polarisation par la réflexion, et combien il est conforme aux analogies de considérer un faisceau de lumière naturelle comme un faisceau composé d'une foule de rayons polarisés dans tous les azimuts; puisque la réflexion ramène dans le plan d'incidence les plans de polarisation de tous ces rayons.

4° Lorsque l'azimut du plan de polarisation est de 45°, on a Tang. $\text{A} = 1$; et

$$\text{Tang.}\; \text{A}' = \frac{\text{Cos.}\,(\,i + i'\,)}{\text{Cos.}\,(\,i - i'\,)}.$$

Cette formule a été vérifiée par Fresnel, sur des angles qu'il avait observés directement avant d'avoir découvert la loi générale qui enchaîne tous les mouvemens du plan de polarisation.

Voici le tableau de ces comparaisons, tel qu'il a été publié (*Ann. de Phys. et de Chim.*, T. XVII, pag. 314) :

Incidences.	Azimut du plan de polarisation après la réflexion.		Différences.
	Calculé	Observé	

Sur le verre.

24.	+37° 54'	+38° 55'	.....	—1°	1'
39.	+24 38	+24 35	.....	+0	3
49.	+10 52	+11 45	.....	—0	53
60.	— 5 29	— 5 15	.....	—0	14
70.	—20 24	—19 52	.....	—0	32
80.	—33 25	—32 45	.....	—0	40
85.	—39 19	—38 55	.....	—0	24
87.	—41 36	—40 55	.....	—0	41
88.	—42 44	—41 15	.....	—1	29
89.	—43 52	—44 35	.....	+0	43

Sur l'eau.

60.	—10 51	—10 20	.....	—0	31
70.	—24 48	—25 20	.....	+0	32
80.	—35 49	—36 20	.....	+0	21
85.	—40 32	—40 50	.....	+0	18

M. Brewster, dans un mémoire tout récent (*Trans. phil.*, 1830), vient d'en donner deux autres vérifications, qui s'étendent à des incidences plus variées.

Sur le verre.

Incidences.	Angl. de réfrac.	Azimut du plan de polarisation après la réflexion.		Différences.
		Calculé.	Observé.	

10. ..	6° 44 ..	43 49	44 0	...	+0	11
20. ..	13 20 ..	40 4	39 0	...	—1	4
30. ..	19 43 ..	33 19	32 25	...	—0	54
40. ..	25 42 ..	23 1	22 37	...	—0	24
45. ..	28 29 ..	16 31	16 55	...	+0	24
50. ..	31 22 ..	9 0	9 0	...	0	0
56. ..	34 0 ..	0 0	0 0	...	0	0

Incidences.	Angl. de réfrac.	Azimut du plan de polarisation après la réflexion.		Différences.
		Calculé.	Observé.	
60 . . . 35	45 . . .	6 16	6 10 . . .	—0 6
65 . . . 37	41 . . .	13 53	14 40 . . .	+0 47
70 . . . 39	20 . . .	21 3	22 16 . . .	+1 3
75 . . . 40	40 . . .	27 41	28 45 . . .	+1 4
80 . . . 41	37 . . .	33 46	33 13 . . .	—0 33
84 . . . 42	8 . . .	38 22	38 47 . . .	+0 25
86 . . . 42	17 . . .	40 36	40 43 . . .	+0 7
88 . . . 42	23 . . .	42 49	43 4 . . .	+0 35
90 . . . 0	0 . . .	45 0	45 0 . . .	0 0

Sur le diamant.

Incidences.	Angl. de réfrac.	Calculé.	Observé.	Différences.
50 . . . 18	18 . . .	23 30	24 0 . . .	+0 30
60 . . . 20	47 . . .	11 41	12 30 . . .	+0 49
67 43 . . 22	17 . . .	0 0	0 0 . . .	0 0
70 . . . 22	39 . . .	3 54	4 30 . . .	+0 36
75 . . . 23	19 . . .	13 8	14 30 . . .	+1 22
80 . . . 23	48 . . .	23 12	24 0 . . .	+0 48
85 . . . 24	6 . . .	33 56	34 30 . . .	+0 34
90 . . . 24	12 . . .	45 0	45 0 . . .	+0 0

Enfin M. Brewster a fait une autre série d'observations
pour vérifier la formule générale ; la réflexion avait lieu sur
une lame de cristal de roche taillée parallèlement à l'axe.
Pour une incidence de $75°$, avec un azimut du plan de
polarisation égale à $45°$ dans le rayon incident, on avait
un azimut de $26° 20'$ dans le rayon réfléchi. Ainsi, pour
ce cas particulier, la valeur de A' était $26° 20'$; ce qui
donne

$$\text{Tang. } 26° 20' = \frac{\text{Cos.}(i + i')}{\text{Cos.}(i - i')}.$$

En conservant la même obliquité, i et i' restent les

mêmes ; on peut donner à A diverses valeurs, et calculer les valeurs correspondantes de A′ par la formule

$$\text{Tang. } A′ = \text{Tang. } A . \text{Tang. } 26° \; 20′.$$

Voici le tableau des résultats du calcul et de l'expérience :

Valeurs de A.	Valeurs de A′		Différences.
	Observée.	Calculée.	
0.	0 0	0 0.	+0 0
10.	4 54	4 29.	+0 25
20.	10 0	10 16.	—0 16
30.	15 50	16 2.	—0 12
35.	20 0	19 12.	+0 48
40.	23 30	22 40.	+0 50
45.	26 20	26 27.	—0 7
50.	30 0	30 40.	—0 40
55.	35 30	35 23.	+0 7
60.	40 0	40 45.	—0 45
70.	53 0	53 49.	—0 49
80.	70 0	70 29.	—0 29
90.	90 0	90 0.	—0 0

Les différences entre le calcul et l'observation sont tout-à-fait dans les limites des erreurs d'observation, et l'exactitude de la formule générale se trouve ainsi confirmée d'une manière satisfaisante.

Tous ces mouvemens du plan de polarisation peuvent être représentés par une construction graphique qui a l'avantage de parler aux yeux. Prenons une ligne Q P (*Fig.* 320) que nous diviserons en 90 parties égales ; supposons que cette ligne représente la direction du plan d'incidence sur la surface réfléchissante, et que les faisceaux incidens tombent successivent en différens points sur cette ligne avec des obliquités marquées par le rang de ces points. Ainsi, au point P, où est écrit 0°, le faisceau tombera perpendiculairement ; au point A, il tombera avec une incideuce de 20°, avec une incidence de 40° au point B, de 56° au point C, de 70° au point D, et de 90° au point Q. Supposons enfin que le plan de polarisation de tous ces faisceaux incidens ait un azimut de 45° ; alors la ligne *az*, dans ses diverses positions, représentera le plan de polarisation du faisceau réfléchi. On voit que c'est à l'incidence de 56° avec la normale, ou de 34° avec la surface, que le plan de polarisation du faisceau réfléchi devient parallèle au plan de réflexion, et que de part et d'autre de cette position, c'est-à-dire pour des obliquités moindres ou plus grandes, le plan de polarisation change de côté : pour les obliquités moindres il est à droite du plan d'incidence, et il passe à gauche pour les obliquités plus grandes.

La figure 321 représente le mouvement du plan de polarisation pour un rayon polarisé ayant aussi un azimut de 45°, mais de l'autre côté du plan d'incidence.

Après avoir représenté graphiquement ce qui arrive aux rayons polarisés dans l'azimut de 45°, soit à droite, soit à gauche du plan de réflexion, il est facile d'en déduire ce qui arrivera à un faisceau de lumière naturelle. Car un tel faisceau, d'une insensité égale à 1, peut être regardé comme composé de deux faisceaux ayant chacun une intensité égale à 1/2 et polarisés à angle droit (314) ; or, si nous supposons que l'un de ces faisceaux composans ait son plan de polarisation dans l'azimut de 45° et à droite du plan d'incidence, l'autre faisceau devra avoir aussi son plan de polarisation dans l'azimut de 45°, mais à gauche du plan d'incidence. Par conséquent les phénomènes de la lumière naturelle ne sont que la *superposition* des phénomènes représentés dans les fig. 320 et 321 ; c'est ce qui est représenté dans la fig. 322. Il en résulte que, sous l'incidence perpendiculaire, le faisceau réfléchi est sans polarisation, comme le faisceau incident ; car il est, comme lui , composé de deux faisceaux d'égale intensité et polarisés à angle droit. A mesure que l'incidence augmente , les plans de polarisation se rapprochent graduellement ; et quand la réflexion a lieu sur le verre , ils deviennent enfin parallèles entre eux et au plan de réflexion, pour l'incidence de 56° ; c'est-à-dire qu'alors le rayon réfléchi est complétement polarisé dans le plan de réflexion : au delà de cette limite, et pour toutes les incidences plus grandes, chacun des plans de polarisation continue à tourner dans le même sens, celui de droite passant à gauche du plan d'incidence , et celui de gauche passant à droite : et enfin, pour l'incidence de 90°, les deux plans de polarisation se retrouvent perpendiculaires entre eux, chacun ayant repris un azimut de 45° de l'autre côté du plan d'incidence. Ces résultats vont nous servir à expliquer la polarisation partielle et la polarisation complète , qui résulte de plusieurs réflexions successives.

617. *Polarisation partielle et polarisation complète produite par plusieurs réflexions successives.* Quand un faisceau de lumière naturelle se réfléchit sous un angle plus grand ou plus petit que celui de la polarisation complète, il présente toutes les apparences d'un faisceau partiellement polarisé. Pour s'en assurer, il suffit de l'observer avec une plaque de tourmaline ; car l'image ne disparaît en totalité pour aucune position de la plaque ; mais elle change d'intensité à mesure que la plaque tourne dans son plan. Plusieurs physiciens regardaient cette lumière mélangée comme composée de deux faisceaux , l'un ayant conservé son état naturel, et l'autre ayant été polarisé dans le plan d'incidence. Mais M. Brewster n'avait point partagé cette opinion ; dès 1815 il en avait émis une autre, dont il me semble avoir démontré la justesse dans un travail remarquable qu'il vient de publier (*Transactions philosophiques,* 1830). M. Brewster assimile toujours un faisceau de lumière naturelle d'une intensité $= 1$ à un

système de deux faisceaux d'une intensité $\frac{1}{2}$, et polarisés chacun dans l'azimut de 45°, l'un à droite et l'autre à gauche du plan d'incidence. Il en conclut par conséquent qu'un faisceau naturel, qui se réfléchit sur du verre, sous un angle de 40° par exemple (*Fig.* 322), se trouve, après la réflexion, composé de deux faisceaux polarisés, l'un dans l'azimut de 23° 1′ à droite du plan d'incidence, et l'autre dans l'azimut de 23° 1′ à gauche du même plan. Ainsi, après la réflexion, il n'y a plus de lumière naturelle, suivant M. Brewster ; tout est polarisé : mais tout ne semble pas l'être ; car, si l'on vient analyser le faisceau réfléchi, soit avec la tourmaline, soit avec un prisme biréfringent, il est facile de voir qu'il paraîtra composé de deux parties, l'une naturelle, l'autre polarisée dans le plan d'incidence. C'est cette apparence qui avait trompé les observateurs. M. Brewster ne se contente pas de montrer que son opinion est une conséquence nécessaire du mouvement du plan de polarisation ; il calcule encore la proportion de lumière qui doit, pour chaque incidence, paraître polarisée dans le plan de réflexion ; et il détermine enfin tous les effets des réflexions successives pour polariser la lumière.

Voici la formule qui donne la proportion de lumière polarisée par la réflexion sous une incidence quelconque, soit pour un faisceau de lumière mélangée, soit pour un faisceau naturel.

Concevons un faisceau de lumière composé de deux autres faisceaux d'égale intensité, polarisés dans l'azimut A, l'un à droite du plan d'incidence, et l'autre à gauche du même plan.

Soit $\frac{1}{2}$ l'intensité de chacun de ces faisceaux incidens, et par conséquent 1 l'intensité totale de la lumière incidente.

La portion totale T de lumière réfléchie sera donnée par la formule

$$T = \frac{\text{Sin.}^2(i - i')}{\text{Sin.}^2(i + i')} \cdot \text{Cos.}^2 A + \frac{\text{Tang.}^2(i - i')}{\text{Tang.}^2(i + i')} \cdot \text{Sin.} A.$$

Elle se compose de deux parties, égales à $\frac{T}{2}$, produites par chacun des faisceaux réfléchis.

Soit A' l'azimut du plan de polarisation après la réflexion, cet azimut sera à droite du plan d'incidence pour l'un des faisceaux, et à gauche pour l'autre ; il sera donné par la formule

$$\text{Tang.} A' = \text{Tang.} A \cdot \frac{\text{Cos.} (i + i')}{\text{Cos.} (i - i')}$$

Maintenant, si l'un des faisceaux réfléchis, par exemple celui dont l'azimut est à droite, est reçu par un prisme biréfringent dont la section principale coïncide avec le plan d'incidence, il donnera deux images ; l'une ordinaire, ayant une intensité

$$\frac{T}{2} \text{Cos.}^2 A';$$

l'autre extraordinaire, ayant une intensité

$$\frac{T}{2} \text{Sin.}^2 A'.$$

Le faisceau dont l'azimut est à gauche donnera pareillement pour son image ordinaire

$$\frac{T}{2} \text{Cos.}^2 A',$$

et pour son image extraordinaire

$$\frac{T}{2} \text{Sin.}^2 A'.$$

Ainsi l'image ordinaire totale sera

$$T \cdot \text{Cos.}^2 A',$$

et l'image extraordinaire

$$\text{T Sin.}^2 \text{ A}'.$$

La portion de lumière κ, qui paraît polarisée dans le plan d'incidence ou dans la section principale du prisme, est évidemment donnée par la différence d'intensité qui existe entre la première et la seconde de ces images : ainsi

$$\kappa = \text{T Cos.}^2 \text{A}' - \text{T Sin.}^2 \text{A}' = \text{T} (1 - 2 \text{ Sin.}^2 \text{A}').$$

Pour avoir la valeur de κ il reste seulement à mettre pour T sa valeur précédente et pour Sin. A' sa valeur tirée de l'équation en Tang. A'.

$$\kappa = \left\{ \frac{\text{Sin.}^2 (i - i')}{\text{Sin.}^2 (i + i')} \cdot \text{Cos.}^2 \text{A.} + \frac{\text{Tang.}^2 (i - i')}{\text{Tang.}^2 (i + i')} \cdot \text{Sin}^2. \text{A} \right\}.$$

$$\left\{ \frac{\text{Cos.}^2 (i - i') - \text{Tang.}^2 \text{A Cos.}^2 (i + i')}{\text{Cos.}^2 (i - i') + \text{Tang.}^2 \text{A Cos.}^2 (i + i')} \right\}$$

Telle est la proportion de lumière qui paraît polarisée dans le plan d'incidence, après une réflexion sous l'angle i, lorsque le faisceau incident est composé de deux autres faisceaux polarisés dans l'azimut A, l'un à droite et l'autre à gauche du plan d'incidence.

Pour appliquer cette formule au cas où la lumière incidente est de la lumière naturelle, il suffit de supposer $\text{A} = 45°$; alors

$$\text{Cos.}^2 \text{A} = \tfrac{1}{2}, \ \text{Sin.}^2 \text{A} = \tfrac{1}{2}, \ \text{Tang.}^2 \text{A} = 1.$$

Et

$$\kappa = \tfrac{1}{2} \left\{ \frac{\text{Sin.}^2 (i - i')}{\text{Sin.}^2 (i + i')} + \frac{\text{Tang.}^2 (i - i')}{\text{Tang.}^2 (i - i')} \right\}.$$

$$\left\{ \frac{\text{Cos.}^2 (i - i') - \text{Cos.}^2 (i + i'')}{\text{Cos.}^2 (i - i') - \text{Cos.}^2 (i + i')} \right\}$$

M. Brewster a calculé le tableau suivant des valeurs de

κ, déduite de cette formule, pour toutes les incidences, depuis 0° à 90°; dans l'hypothèse que la réflexion a lieu sur du verre pour lequel l'indice de réfraction est égal à 1.525; $n = 1.525$; les intensités des faisceaux incidens et réfléchis ont été multipliés par 1000.

Angle d'incidence.	Angle de réfraction.	Azimut du plan de polar. de la lumière réfléchie.	Quantité totale de lumière réfléchie.	Quantité de lumière polarisée dans le plan de réflexion.	Rapport d'intensité entre la lumière polarisée et réfléchie.
i	i'	A'	T	K	$\dfrac{K}{T}$
0	0 0'	45₀ 0'	43,23	0,00	0 00
10	6 32	43 51	43,39	1,74	0 04
20	12 58	40 13	43,41	7,22	0 17
25	16 5	37 21	43,64	11,60	0 26
30	19 8	33 40	44,78	17,25	0 38
35	22 6	29 8	46,33	24,37	0 57
40	24 56	23 41	49,10	33,25	0 68
45	27 37	17 22	53,66	44,09	0 82
50	30 9	10 18	61,36	57,36	0 94
56 45'	33 15	0	79,50	79,50	1 00
60	34 36	5 4	93,31	91,60	0 96
65	36 28	12 45	124,86	112,70	0 90
70	38 2	18 32	162,67	129,80	0 78
75	39 18	26 52	257,26	152,34	0 59
78	39 54	30 44	329,95	157,67	0 48
79	40 4	31 59	359,27	157,69	0 44
80	40 13	33 13	391,70	156,60	0 40
82 44	40 35	36 22	499,44	145,40	0 29
84	40 42	38 2	560,32	134,93	0 24
85	40 47	39 12	616,28	123,75	0 20
86	40 51	40 23	676,26	108,67	0 16
87	40 54	41 32	744.11	89.83	0 12
88	40 57	42 42	819,90	65,90	0 08
89	40 58	43 51	904,81	36,32	0 04
90	40 58	45 0	1000,00	0	0 00

Tous les nombres contenus dans ce tableau sont des résultats de calcul ; les seuls qui aient été vérifiés par l'expérience sont ceux qui appartiennent aux incidences de $0°$, $90°$, et à l'incidence $56° 45'$, pour laquelle la polarisation est complète.

Mais voici quelques résultats d'expériences, obtenus par M. Arago, qui peuvent servir à mettre la formule à l'épreuve.

En comparant les quantités de lumière polarisée, par réflexion, sous diverses incidences prises de part et d'autre de l'angle de polarisation complète, M. Arago a trouvé que ces quantités étaient égales pour les incidences suivantes :

$$\text{Verre, n}^\text{os}\ 1. \begin{cases} 82°. & 48' \\ 24 & 18 \end{cases}$$

$$\text{n}° 2. \begin{cases} 82 & 5 \\ 26 & 6 \end{cases}$$

$$\text{n}° 3. \begin{cases} 78 & 20 \\ 29 & 42 \end{cases}$$

$$\text{Eau, n}° 4. \begin{cases} 86 & 31 \\ 16 & 12 \end{cases}$$

Or, en calculant, d'après la formule précédente, les quantités de lumière polarisée dans ces circonstances, on trouve :

	Angle d'incidence. i	Azimut du plan de polarisat. A'	Lumière polarisée. K	Différences.
Verre n° 1. $\begin{cases} \\ \\ \end{cases}$	82 48′.	. 37 33′.	. 0,2572	
	24 18′.	. 37 21′.	. 0,2637	. . 0,0065 ou $\frac{1}{154}$
n° 2. $\begin{cases} \\ \\ \end{cases}$	82 5′.	. 36 47′.	. 0,2828	
	26 6′.	. 36 0′.	. 0,3090	. . 0,0262 ou $\frac{1}{38}$
n° 3. $\begin{cases} \\ \\ \end{cases}$	78 20′.	. 32 28′.	. 0,4186	
	29 42′.	. 33 1′.	. 0,4064	. . 0,0122 ou $\frac{1}{82}$

$$\text{Eau n}_o\ 4. \begin{cases} 86\ 31'.\ .\ 41\ 54'.\ .\ 0,1080 \\[4pt] 16\ 12'.\ ,\ 41\ 27'.\ .\ 0,1236 \end{cases}\ .\ ,\ 0,0156\ \text{ou}\ \dfrac{1}{64}$$

On voit que, dans chacune de ces quatre expériences, le calcul ne donne pas une égalité rigoureuse entre les quantités de lumière polarisée ; mais les différences sont assez petites pour que l'on puisse regarder ces résultats comme une confirmation de l'exactitude de la formule.

La moyenne des deux angles sous lesquels la quantité de lumière polarisée est la même, reproduit presque exactement l'angle de polarisation totale ; car cette moyenne est 53° 33′ pour la première expérience, 54° 5′ pour la seconde, 54° 1′ pour la troisième, et 51° 22′ pour la quatrième. M. Arago en avait conclu cette loi remarquable, que, pour des incidences également éloignées de l'angle de polarisation complète, les quantités de lumière polarisées par réflexion sont égales. Par exemple, une surface de verre, qui polarise complètement la lumière sous une incidence de 54°, polariserait des quantités égales sous les incidences de 53° et 55°, d'autres quantités égales sous les incidences de 51° et 56°, etc.

La formule de M. Brewster s'accorde assez bien avec cette loi expérimentale ; cependant, si la réflexion avait lieu sur des corps très-réfringens, et si les incidences s'écartaient beaucoup de l'angle de polarisation complète, l'on trouverait sans doute des différences sensibles entre les résultats du calcul et ceux de l'observation.

Nous pouvons maintenant étudier l'influence des réflexions successives pour polariser la lumière ; c'est M. Brewster qui a fait le premier l'analyse de ces phénomènes, et nous y trouverons une confirmation bien frappante des formules qui précèdent.

Lorsqu'un faisceau de lumière naturelle a été réfléchi sur du verre, sous un angle de 60° par exemple, il peut être regardé comme composé de deux faisceaux d'égale intensité et polarisés dans l'azimut de 60° 11′, l'un à droite et l'autre à gauche du plan d'incidence (tableau précédent, page 538). Tel est le changement physique qu'il a éprouvé. Ce même faisceau réfléchi, tombant, sous la même incidence, sur une autre surface de verre pour y subir une seconde réflexion dans un plan parallèle au premier plan d'incidence, éprouvera un nouveau degré de rapprochement entre les plans de polarisation de droite et de gauche, puis un nouveau degré encore par une troisième réflexion, etc., jusqu'à ce qu'enfin les deux plans de polarisation soient sensiblement coïncidens entre eux et avec le plan d'incidence : alors le faisceau paraîtra complètement polarisé dans ce plan.

Pour calculer ces effets, il suffit de suivre le mouvement des plans de polarisation dans les réflexions successives. Or, si nous représentons par A', A'', A''' $A^{(n)}$ les azimuts du plan de polarisation après la première, la seconde, la troisième, la n^e réflexion, et si nous remarquons que l'azimut de la lumière incidente est de $45°$, parce que cette lumière est dans son état naturel ; nous aurons :

$$\text{Tang. } A' = \frac{\text{Cos. } (i + i')}{\text{Cos. } (i - i')}$$

$$\text{Tang. } A'' = \text{Tang. } A' \cdot \frac{\text{Cos. } (i + i')}{\text{Cos. } (i - i')}$$

$$\text{Tang. } A''' = \text{Tang. } A'' \cdot \frac{\text{Cos. } (i + i')}{\text{Cos. } (i - i')}$$

$$. \quad . \quad . \quad . \quad . \quad . \quad . \quad . \quad . \quad . \quad . \quad . \quad . \quad .$$

$$\text{Tang. } A^{(n)} = \text{Tang. } A^{(n-1)} \cdot \frac{\text{Cos. } (i + i')}{\text{Cos. } (i - i')}$$

D'où il résulte, en multipliant toutes ces équations entre elles,

$$\text{Tang. } A^{(n)} = \left\{ \frac{\text{Cos. } (i + i)}{\text{Cos. } (i - i)} \right\}^n$$

Le dernier azimut $A^{(n)}$ ne peut jamais être $0°$, quel que soit le nombre des réflexions ; car le rapport des cosinus n'étant pas nul, leur n^e puissance ne peut l'être : mais ce rapport étant plus petit que l'unité, ses diverses puissances deviennent de plus en plus petites ; et quand l'azimut $A^{(n)}$ n'est plus que de $\frac{1}{2}$ degré environ, les phénomènes se produisent comme s'il était tout-à-fait nul.

M. Brewster a trouvé, par exemple, que la lumière naturelle paraît complètement polarisée après cinq réflexions sur le verre, sous un angle de $70°$.

Or, en appliquant la formule à cette expérience, on trouve qu'après cinq réflexions à $70°$, l'azimut du plan de polarisation est seulement de $22'$; et en calculant par les formules précédentes l'intensité de la lumière qui n'est pas polarisée dans le plan de réflexion, l'on trouve seulement $0,00008$.

Voici le tableau des azimuts après chaque réflexion, et des portions de lumière non polarisées.

	Azimut.	Lumière non polarisée.
Première réflexion à 70°.	20.	0,23392
Deuxième.	7 32'.	0,03432
Troisième.	2 45.	0,00460
Quatrième.	1.	0,00060
Cinquième.	0 22.	0,00008

Il serait facile, en suivant les principes précédens, de calculer les effets que l'on doit obtenir par des réflexions opérées sous diverses incidences ou sur des substances de diverse nature.

618. *Mouvement du plan de polarisation par l'effet de la réfraction.* La réfraction peut, comme la réflexion, faire changer ou tourner le plan de polarisation. Cet effet

est représenté dans la fig. 323. PQ désigne le plan de réfraction d'une lame de verre à faces parallèles ; la longueur de
cette ligne a été divisée en 90 parties égales , et le numéro
de chacune de ces divisions indique l'angle d'incidence du
faisceau qui tombe en ce point pour traverser la plaque
après s'y être réfracté. Ainsi , le cercle que l'on aperçoit
vis-à-vis le n° 60, représente un faisceau de lumière polarisée qui tombe sur la première surface de la plaque sous
un angle de 60°; le diamètre az montre la direction du
plan de polarisation de ce faisceau lorsqu'il est devenu
émergent dans l'air, après avoir traversé les deux surfaces
de la plaque ; il fait ici 50° 7′ avec le plan de réfraction.
Au point P , ou au numéro 0° , le faisceau tombe à angle
droit sur la plaque et la traverse perpendiculairement ;
l'expérience montre qu'après l'émergence son plan de
polarisation est le même qu'à l'incidence. La figure est
faite dans la supposition que ce plan fait un angle de 45°
avec le plan de réfraction. Mais à mesure que l'obliquité
augmente , l'azimut du plan de polarisation augmente graduellement.

Pour une obliquité de 30° , l'azimut est 45° 40′

De 45°. . . . . . . 46° 47′

De 60°. . . . . . . 50° 7′

De 90°. . . . . . . 66° 19′

Dans la réflexion , le plan de polarisation se rapprochait
du plan d'incidence : ici c'est le contraire ; il s'en éloigne
de plus en plus, et marque une tendance à lui devenir
perpendiculaire. L'effet que l'on observe dans ces expériences est un effet composé, car il résulte de l'action des
deux surfaces ; pour savoir ce qui appartient à chacune, il
faut expérimenter avec des prismes bien purs , et sous de
telles incidences que le rayon émerge perpendiculairement
à la seconde surface. Alors cette surface sera sans action
pour changer l'azimut , et l'effet observé sera entièrement
dû à l'action de la première.

M. Brewster, qui paraît avoir le premier analysé ces
phénomènes, est parvenu à une formule très-simple pour
en exprimer la loi. La voici, telle qu'il la donne dans les
Transactions philosophiques pour 1830, pag. 136 :

$$\text{Cot. } A' = \text{Cot. } A . \text{Cos. } (i - i').$$

A est l'azimut de plan de polarisation du faisceau incident ;
  i l'angle d'incidence ;
  i' l'angle de réfraction ;
  A' l'azimut du plan de polarisation, modifié comme il
l'a été par l'action de la première surface.

Nous allons appliquer cette formule au cas d'une lame
à faces parallèles, en supposant que le faisceau ait son plan
de polarisation dans l'azimut de 45° ; alors Cot. $A = 1$, et
l'on a simplement

$$\text{Cot. } A' = \text{Cos. } (i - i').$$

C'est donc avec cet azimut A' dans son plan de polarisation que le rayon s'en va tomber sur la seconde surface avec
un angle d'incidence i' ; mais comme l'angle de réfraction
est i, et comme Cos. $(i' - i) = \text{Cos. } (i - i')$, le nouvel
azimut A'', après cette seconde réfraction, sera donné par
l'équation :

$$\text{Cot. } A'' = \text{Cot. } A' . \text{Cos. } (i - i').$$

En la multipliant par la première, on trouve :

$$\text{Cot. } A' = \text{Cos.}^2 (i - i').$$

M. Brewster a vérifié cette formule par un grand
nombre d'observations, sur une plaque de verre pour laquelle $n = 1.510$. On pourra juger de son exactitude par
le tableau suivant :

Angle d'incidenc.	Angle de réfract.	Rotation observée.	Azimut observé.	Azimut calculé.	Différences.
0	0 0′	0 0′	45 0′	45 0′	
10	6 36	0 13	45 13	45 6	+ 0 7
20	13 5	0 27	45 27	45 25	+ 0 2
25	16 15	0 32	45 32	45 40	— 0 8
30	19 20	0 40	45 40	46 0	— 0 20
35	22 19	1 12	46 12	46 25	— 0 13
40	25 10	1 30	46 30	46 56	— 0 26
45	27 55	1 42	46 47	47 34	+ 0 47
50	30 29	2 48	47 42	48 24	— 0 42
55	33 52	3 54	48 54	48 59	— 0 5
60	35 0	5 7	50 7	50 36	— 0 29
65	36 53	6 48	51 48	52 7	— 0 19
70	38 29	8 7	53 7	53 59	— 0 52
75	39 45	9 55	54 55	56 18	— 1 23
80	40 42	12 16	57 10	59 5	— 1 55
85	41 17	15 45	60 45	62 24	— 1 39
86	41 21	16 29	61 39	63 9	— 1 30
90	41 28	00 00	00 00	66 19	

M. Brewster a pareillement vérifié sa formule en faisant réfracter un faisceau de lumière sous le même angle, mais en variant l'azimut du plan de polarisation depuis 0° à 90°. Il avait choisi l'incidence de 80°, pour laquelle A″ était égal à 58° 40′, lorsque l'azimut primitif était de 45°. Voici les résultats donnés par le calcul et par l'expérience :

Azimut primitif du plan de polarisation, A.	Azimut observé dans le faisceau émergent. A'.	Azimut calculé pour le rayon émergent. A''.	Différences.
0. . . .	0° 0'. . . .	0 0. . . .	0 0
2 30. .	7 10. . . .	7 20. . . .	—0 10
5. . . .	9 40. . .	8 19. . . .	+1 21
10. . . .	17 10. . .	16 25. . . .	+0 45
15. . . .	24 42. . . .	24 6. . . .	+0 36
20. . . .	32 30. . . .	31 19. . . .	+1 11
25. . . .	39 15. . . .	37 54. . . .	+1 21
30. . . .	44 10. . . .	43 57. . , .	+0 13
35. . . .	49 38. . . .	49 28. . . .	+0 10
40. . . .	54 36. . . .	54 31. . . .	+0 5
45. . . .	58 40. . . .	59 5. . . .	—0 25
50. . . .	63 10. . . .	63 19. . . .	—0 9
55. . . .	66 58. . . .	67 15. . . .	—0 17
60. . . .	70 18. . . .	70 56. . . .	—0 38
65. . . .	74 8. . . .	74 24. . . .	—0 16
70. . . .	76 56. . . .	77 42. . . .	—0 46
75. . . .	79 20. . . .	80 53. . . .	—1 33
80. . . ;	83 23. . . .	83 58. . . .	—0 35
85. . . .	86 23. . . .	86 0. . . .	+0 23
90. . . .	90 0. . . .	90 0. . . .	+0 0

La dernière colonne a été calculée par la formule :

$$\text{Cot. } A'' = \text{Cot. } A. \text{ Cot.}^2 (58\ 40').$$

Ces résultats ne semblent laisser aucun doute sur l'exactitude de la loi proposée par M. Brewster.

619. *De la polarisation produite par des réfractions successives.* La loi précédente nous apprend comment un faisceau de lumière naturelle peut être polarisée par des réfractions successives. En effet, puisqu'un faisceau naturel d'une intensité égale à 1 peut être considéré comme composé de deux faisceaux d'une intensité égale à $\frac{1}{2}$ polarisés à angle droit, l'un ayant son plan de polarisation à 45° à droite du plan de réfraction, et l'autre à 45° à gau-

che ; il est évident qu'après les deux réfractions au travers d'une lame parallèle de verre sous une incidence de 60°, par exemple (*Fig.* 323), le faisceau émergent pourra être considéré comme composé de deux faisceaux polarisés à 50° 7′, l'un à droite et l'autre à gauche du plan de réfraction. C'est ce faisceau ainsi modifié qui vient tomber sur la seconde lame ; et après sa seconde émergence, chacun de ses plans de polarisation aura encore tourné d'un certain angle dans le même sens ; de même après une troisième émergence, etc. ; jusqu'à ce qu'enfin ses deux plans soient exactement opposés et coïncidens. A ce terme, il n'y a plus qu'un plan de polarisation , et le faisceau paraît complètement polarisé dans un plan perpendiculaire au plan de réfraction. Mais ici, comme dans la réflexion , il suffira que les plans opposés de polarisation fassent entre eux un angle assez petit pour que la polarisation complète paraisse sensiblement exacte à l'œil de l'observateur.

M. Brewster avait trouvé, par exemple , dans des expériences publiées en 1814 (*Transactions philosophiques*), que la lumière d'une bougie , à 10 ou 12 pieds de distance , est complètement polarisée.

Par huit plaques de verre ou seize surfaces refringentes sous une incidence de . . . . 78° 52′,

  Par 24 ou . . . . . 48 surfaces, sous 61°

   47 . . . . 94 . . . . 43° 34′.

Et la formule indique que les plans de polarisation faisaient alors avec le plan de réfraction des angles.

  De 88° 50′ pour le premier cas,
   89° 38′ pour le second ,
   88° 27′ pour le troisième.

Ainsi ces plans n'étaient mathématiquement pas perpendiculaires au plan de réfraction, mais ils l'étaient sensiblement pour l'observateur.

On trouve pareillement que cinq plaques de verre ou dix surfaces polarisent complètement un faisceau naturel qui les traverse sous la plus grande obliquité possible, etc. Ce résultat est vérifié par la formule, puisque l'angle des plans de polarisation avec le plan de réfraction est alors 89° 4'.

Ces résultats expliquent d'une manière bien complète les phénomènes de piles de plaques (609).

Il serait très-facile de trouver ici, comme nous l'avons fait pour la lumière réfléchie, l'intensité de la lumière polarisée perpendiculairement au plan d'incidence dans chaque réfraction, et de la comparer à l'intensité de la lumière polarisée par réflexion ; mais nous nous bornerons seulement à énoncer cette loi remarquable établie depuis long-temps par M. Arago, d'après une série d'expériences très-ingénieuses ; savoir :

Que la quantité de lumière polarisée par réfraction est égale à la quantité de lumière polarisée par réflexion.

Cette loi est exacte toutes les fois que l'angle d'incidence du faisceau ne s'écarte pas beaucoup de l'angle de polarisation totale ; mais il résulterait des formules de M. Brewster qu'elle serait plus ou moins inexacte pour des angles très-éloignés de l'angle de polarisation.

620. *De l'action mutuelle des rayons polarisés.* Pour compléter les lois générales de la lumière polarisée, il nous reste à faire connaître les phénomènes qui ont été découverts par MM. Arago et Fresnel sur l'action mutuelle des rayons polarisés. Je me fais un devoir de rapporter ici textuellement l'exposition de ces phénomènes telle qu'elle a été publiée par Fresnel :

« En étudiant les interférences des rayons polarisés, nous avons trouvé, M. Arago et moi, qu'ils n'exercent plus d'influence les uns sur les autres quand leurs plans de polarisation sont perpendiculaires entre eux, c'est-à-dire qu'ils ne peuvent plus alors produire de franges, quoique toutes les conditions nécessaires à leur apparition, dans le cas ordinaire, soient d'ailleurs scrupuleusement remplies. Je citerai les trois principales expériences qui nous ont servi à établir ce fait, en commençant par celle qui appartient à M. Arago. Elle consiste à faire traverser aux deux faisceaux émanant du même point lumineux et introduit par deux fentes parallèles, deux piles de lames transparentes très-minces, telles que celles de mica ou de verre soufflé, qu'on incline assez l'une et l'autre pour polariser presque complètement chacun des deux faisceaux, en ayant soin que les deux plans suivant lesquels on les incline soient perpendiculaires entre eux : alors on ne peut plus apercevoir de franges, quelque soin que l'on prenne d'ailleurs à compenser les différences de marche, en faisant varier très-lentement l'inclinaison d'une des piles ; tandis que, lorsque les plans d'incidence des piles ne sont plus perpendiculaires entre eux, on parvient toujours à faire paraître les franges. A mesure que ces plans s'éloignent du parallélisme, les franges s'affaiblissent, et elles disparaissent tout-à-fait quand ils sont rectangulaires, si la poralisation des deux faisceaux a été assez complète. Il résulte de cette expérience que les rayons polarisés suivant le même plan s'influencent mutuellement, comme des rayons de lumière non modifiée ; mais que cette influence diminue à mesure que les plans de polarisation s'écartent l'un de l'autre, et devient nulle quand ils sont rectangulaires.

» Voici une autre expérience qui conduit aux mêmes conséquences. On prend une lame de sulfate de chaux ou de cristal de roche parallèle à l'axe et d'une épaisseur bien uniforme ; on la coupe en deux, et l'on place chacune des moitiés sur une des fentes de l'écran. Je suppose qu'on ait tourné ces deux moitiés de manière que les bords qui étaient contigus dans la lame avant sa division, soient restés parallèles ; les axes le seront aussi. Or, dans ce cas, on n'aperçoit qu'un seul groupe de franges , au milieu de l'espace éclairé, comme avant la division de la lame. Mais si l'on fait tourner l'une de ses moitiés dans son plan, en dérangeant ainsi le parallélisme de leurs axes, on fait naître deux autres groupes de franges plus faibles, situés l'un à droite et à gauche du groupe du milieu, et qui en sont complètement séparés, dans la lumière blanche, lorsque les lames de cristal de roche ou de sulfate de chaux dont on se sert ont seulement un millimètre d'épaisseur. Il est à remarquer que le nombre de largeur des franges comprises entre le milieu d'un de ces groupes et celui du groupe central est proportionnel à l'épaisseur des lames, pour des cristaux de même nature , ou dont la double réfraction a la même énergie, comme le cristal de roche et le sulfate de chaux. A mesure que l'angle des deux axes augmente, ces nouveaux groupes de franges deviennent de plus en plus prononcés, et atteignent enfin leur maximum d'intensité, quand les axes des deux lames sont perpendiculaires entre eux ; alors le groupe central, qui s'était affaibli graduellement, a tout-à-fait disparu, et est remplacé par une lumière uniforme. Il faut en conclure que les rayons qui les produisaient par leur interférence ne sont plus capables de s'influencer mutuellement. Il est aisé de voir, d'après la position de ses franges, qu'elles résultaient de l'interférence des rayons qui ont subi le même mode de réfraction dans les deux lames, puisque, les ayant parcourues avec des vitesses égales, ils doivent arriver simultanément dans le milieu de l'espace éclairé, qui répond à des chemins égaux , si d'ailleurs les deux lames sont de même épaisseur et restent toujours l'une et l'autre perpendiculaires aux rayons, comme nous le supposons ici. Ainsi les franges du groupe central étaient formées par la superposition de celles qui résultaient, 1° de l'interférence des rayons ordinaires de la lame de gauche avec les rayons ordinaires de la lame de droite ; 2° de

l'interférence des rayons extraordinaires de la première
lame avec les rayons extraordinaires de la seconde. Les
deux groupes excentriques au contraire résultent de l'interférence des rayons qui ont subi des réfractions différentes dans les deux lames ; et comme ce sont les rayons
ordinaires qui marchent le plus vite dans le cristal de roche, ou le sulfate de chaux, on voit que, si l'on emploie
une de ces deux espèces de cristaux, le groupe de gauche
doit être formé par la réunion des rayons extraordinaires
de la lame de gauche avec les rayons ordinaires de la lame
de droite, et le groupe de droite par la réunion des rayons
extraordinaires de la lame de droite avec les rayons ordinaires de la lame de gauche. Cela posé, il s'agit de déterminer maintenant le sens de polarisation de chacun des
faisceaux qui interfèrent, pour en conclure quelles sont
les directions relatives des plans de polarisation qui favorisent ou empêchent leur influence mutuelle. L'analogie
indique que le mode de polarisation de la lumière doit être
dans les lames minces le même que dans les cristaux assez
épais pour la diviser en deux faisceaux distincts. Mais
comme cette hypothèse peut être l'objet d'une discussion,
et contredit même une théorie ingénieuse d'un de nos plus
célèbres physiciens, nous ne la présenterons pas d'abord
comme un principe certain, et nous aurons recours à une
expérience directe pour déterminer les plans de polarisation des rayons ordinaires et extraordinaires qui sortent
de ces lames, auxquelles nous avons supposé un ou deux
millimètres d'épaisseur. Cette épaisseur suffit pour qu'on
puisse tailler un de leurs bords en biseau, et obtenir par
cette forme prismatique la séparation des rayons ordinaires et extraordinaires ; alors on reconnaît qu'ils sont
effectivement polarisés, les premiers suivant la section
principale et les autres dans un sens perpendiculaire. Si
l'on ne regardait pas encore cela comme une preuve suffisante que tel est aussi leur mode de polarisation au sor-

tir de chaque lame, quand ses deux surfaces sont parallèles, on en trouverait une nouvelle démonstration dans les faits que nous venons de décrire, en partant des principes établis par l'expérience de M. Arago, et qui sont d'ailleurs confirmés par celle dont nous allons bientôt parler ; si, au contraire, on ne met plus en question le sens de polarisation des rayons ordinaires et extraordinaires, l'expérience actuelle devient une seconde démonstration de ces principes. En effet, lorsque les axes des deux lames étaient parallèles, les rayons qui avaient éprouvé les mêmes réfractions dans ces deux cristaux se trouvaient polarisés suivant la même direction, et ceux de noms contraires suivant des directions rectangulaires ; voilà pourquoi le groupe de franges du milieu, qui provient de l'interférence des rayons de même nom, était à son maximum d'intensité, et les deux autres, qui résultent de l'interférence des rayons de noms contraires, ne paraissaient pas encore. Mais quand les axes des deux lames formaient entre eux un angle oblique, de 45° par exemple, les rayons de noms contraires et ceux de même nom pouvaient agir à la fois les uns sur les autres, puisque leurs plans de polarisation n'étaient plus rectangulaires, et les trois groupes de franges étaient produits. Lorsqu'enfin les axes deviennent perpendiculaires entre eux, les rayons de même nom se trouvent polarisés suivant des directions rectangulaires, et le groupe central, auquel ils donnaient naissance, s'évanouit ; tandis que les rayons ordinaires de la lame de gauche sont alors polarisés parallèlement aux rayons extraordinaires de la lame de droite ; ce qui fait que le groupe de droite, qu'ils produisent, atteint son maximum d'intensité. Il en est de même du groupe de gauche, résultant de l'interférence des rayons ordinaires de la lame de droite avec les rayons extraordinaires de la lame de gauche.

Voici une troisième expérience qui confirme encore les

conséquences que nous avons tirées de la première. Ayant fait polir un rhomboïde de spath calcaire sur deux faces opposées, dressées avec soin et bien parallèles, je le sciai perpendiculairement à ces faces, et j'obtins de cette manière deux rhomboïdes d'égale épaisseur, et dans lesquels la marche des rayons ordinaires et extraordinaires devait être exactement pareille sous la même incidence. Je les plaçai l'un devant l'autre, de manière que les rayons partis du point lumineux qui avaient traversé le premier rhomboïde parcourussent ensuite le second, en ayant soin que leurs faces fussent perpendiculaires à la direction des rayons incidens ; de plus, la section principale du second rhomboïde était perpendiculaire à celle du premier, de sorte que les quatre faisceaux qu'ils produisent en général étaient réduits à deux ; le faisceau ordinaire du premier rhomboïde était réfracté extraordinairement dans le second, et le faisceau extraordinaire de celui-là était réfracté ordinairement dans celui-ci. Il résultait de cette disposition que les différences de marche provenant de la différence de vitesse des rayons ordinaires et extraordinaires se trouvaient compensées pour les deux faisceaux sortans. Ils se croisaient d'ailleurs sous un angle très-petit, et tel que les franges devaient avoir une largeur beaucoup plus que suffisante pour être aperçues ; et cependant, quoique toutes les conditions nécessaires à la production des franges, pour les circonstances ordinaires, eussent été soigneusement observées, je ne pus jamais parvenir à les faire paraître. Pendant que je les cherchais avec soin en tenant une loupe devant mon œil, je faisais varier lentement la direction d'un des rhomboïdes en le déviant tantôt à droite, tantôt à gauche, afin de compenser l'effet résultant de quelque différence d'épaisseur, s'il s'en trouvait encore ; mais malgré ce tâtonnement réitéré un grand nombre de fois, je n'aperçus point de franges ; et cela ne doit plus surprendre, d'après ce que les autres

expériences nous ont appris, puisque les deux faisceaux
sortans se trouvaient polarisés à angle droit. Ce qui prou-
vait bien d'ailleurs que l'absence des franges ne tenait point
à la difficulté d'arriver par le tâtonnement à une compensation exacte, c'est que je parvenais aisément à les faire
paraître en employant de la lumière qui avait été polarisée avant son entrée dans les rhomboïdes, et en lui faisant
éprouver une nouvelle polarisation après sa sortie. Il est
donc complètement démontré, par les expériences que je
viens de rapporter, que les rayons polarisés à angle droit
ne peuvent exercer aucune influence sensible l'un sur
l'autre ; ou, en d'autres termes, que leur réunion produit
toujours la même intensité de lumière, quelles que soient
les différences de marche des deux systèmes d'ondes qui
interfèrent.

» Un autre fait remarquable, c'est qu'une fois qu'ils ont
été polarisés suivant des directions rectangulaires, il ne
suffit plus qu'ils soient ramenés à un plan commun de polarisation pour qu'ils puissent donner des signes apparens
de leur influence mutuelle. En effet, si dans l'expérience
de M. Arago, ou celle que j'ai décrite ensuite, on fait
passer les rayons sortis des deux fentes, qui sont polarisés
à angle droit, au travers d'une pile de glaces inclinées, on
n'aperçoit pas de franges, dans quelque direction qu'on
tourne son plan d'incidence. Au lieu d'une pile, on peut
employer un rhomboïde de spath calcaire ; si l'on incline
sa section principale de 45° sur les plans de polarisation
des faisceaux incidens, de manière qu'elle divise en deux
parties égales l'angle qu'ils font entre eux, chaque image
contiendra la moitié de chaque faisceau ; et ces deux moitiés, ayant le même plan de polarisation dans la même
image, devraient y produire des franges, s'il suffisait de
ramener les rayons à un plan commun de polarisation
pour rétablir les effets apparens de leur influence mutuelle. Mais on ne peut jamais obtenir des franges par ce

moyen, tant que les rayons n'ont pas été polarisés suivant un même plan, avant d'être divisés en deux faisceaux polarisés à angle droit.

» Lorsque la lumière a éprouvé cette polarisation préalable, au contraire, l'interposition du rhomboïde fait reparaître les franges. La direction la plus avantageuse à donner au plan primitif de polarisation est celle qui divise en deux parties égales l'angle des plans rectangulaires suivant lesquels les deux faisceaux sont polarisés en second lieu, parce qu'alors la lumière incidente se partage également entre eux. Supposons, pour fixer les idées, que le plan de la polarisation primitive soit horizontal ; il faudra que les plans de la polarisation suivante, imprimée à chacun des deux faisceaux, soient inclinés de 45° sur le plan horizontal, l'un en dessus, l'autre en dessous, de sorte qu'ils restent perpendiculaires entre eux. On peut obtenir cette polarisation rectangulaire, soit à l'aide des deux petites piles employées dans l'expérience de M. Arago, soit avec deux lames, dont les axes sont disposés rectangulairement, soit enfin avec une seule lame cristallisée : nous ne considérerons que ce dernier cas, les deux autres présentant des phénomènes absolument analogues.

» Pour diviser la lumière en deux faisceaux qui se croisent sous un petit angle, et qui puissent ainsi faire naître des franges, l'appareil des deux miroirs est généralement préférable à l'écran percé de deux fentes, parce qu'il produit des franges plus brillantes; il a d'ailleurs ici l'avantage de donner immédiatement aux deux faisceaux la polarisation préalable nécessaire à notre expérience ; il suffit pour cela que les deux miroirs soient de verre non étamé, et inclinés de 35° environ sur les rayons incidens; il faut avoir soin de les noircir par derrière, pour détruire la seconde réflexion. On place près d'eux, dans le trajet des rayons réfléchis, et perpendiculairement à leur direction, une lame de sulfate de chaux ou de cristal de roche, pa-

rallèle à l'axe, d'un ou deux millimètres d'épaisseur, en
inclinant sa section principale de 45° sur le plan de la polarisation primitive, que nous avons supposé horizontal.
L'appareil étant ainsi disposé, on ne verra qu'un seul
groupe de franges au travers de la lame, comme avant
son interposition, et il occupera la même position. Mais
si l'on met devant la loupe une pile de glaces inclinées dans
un sens horizontal ou vertical, on découvrira, de chaque
côté du groupe central, un autre groupe de franges, qui
en sera d'autant plus éloigné que la lame cristallisée sera
plus épaisse. Remplace-t-on la pile de glaces par un rhomboïde de spath calcaire, dont la section principale est dirigée horizontalement ou verticalement? l'on voit, dans
chacune des deux images qu'il produit, les deux systèmes
de franges additionnels que l'interposition de la pile de
glaces avait fait naitre ; et il est à remarquer que ces deux
images sont complémentaires l'une de l'autre, c'est-à-dire
que les bandes obscures de l'une répondent aux bandes
brillantes de l'autre.

» Nous voyons dans cette expérience une nouvelle confirmation des principes démontrés par les précédentes. Les
rayons qui ont éprouvé des réfractions de noms contraires
ne peuvent s'influencer, parce que, sortant de la même
lame, dans le cas que nous considérons maintenant, ils se
trouvent polarisés suivant des directions rectangulaires ;
en conséquence, les groupes de droite et de gauche ne peuvent exister, à moins qu'on ne rétablisse l'influence mutuelle de ces rayons en les ramenant à un plan commun
de polarisation ; c'est ce que fait l'interposition de la pile
de glaces ou du rhomboïde. Les franges ainsi produites
sont d'autant plus prouoncées que les deux faisceaux de
noms contraires qui concourent à leur formation sont plus
égaux en intensité ; et voilà pourquoi la direction de la
section principale du rhomboïde qui fait un angle de 45°
avec l'axe de la lame est la plus favorable à l'apparition

des franges. Quand la section principale du rhomboïde est parallèle ou perpendiculaire à celle de la lame, les rayons réfractés ordinairement par la lame passent en entier dans une image, au lieu de se partager entre les deux, et tous les rayons extraordinaires passent dans l'autre image, en sorte qu'il ne peut plus y avoir interférence entre eux ; et les groupes additionnels disparaissent : chaque image ne présente plus que les franges qui résultent de l'interférence des rayons de même nom, c'est-à-dire celles qui composent le groupe central.

» Ces deux groupes de franges additionnelles que présentait la lumière polarisée dans la première position du rhomboïde, fournissent un des moyens les plus précis de mesurer la double réfraction et d'en étudier la loi. En effet, leur position excentrique tient à la différence de marche des rayons ordinaires et extraordinaires qui sont sortis de la lame ; et l'on peut juger du nombre d'ondulations dont les rayons extraordinaires du faisceau de droite sont restés en arrière des rayons ordinaires de gauche, par le nombre de largeur de franges comprises entre le milieu du groupe de droite et celui du groupe central : on détermine encore mieux cette différence de marche, en mesurant l'intervalle compris entre les milieux des deux groupes extrêmes, qui est le double de leur distance au milieu du groupe central. C'est la lumière blanche qu'il est le plus commode d'employer dans ces sortes d'observations ; d'abord, parce qu'elle est plus vive, et, en second lieu, parce qu'elle rend la bande centrale de chaque groupe plus facile à reconnaître. Comparant ensuite l'épaisseur de la lame à la différence de marche observée, on en conclut le rapport des vitesses des rayons ordinaires et extraordinaires. »

CHAPITRE IV.

Couleurs de la lumière polarisée.

621. Les plus brillans phénomènes de l'optique sont incontestablement les phénomènes de coloration que présente la lumière polarisée. C'est une vaste carrière qui fut ouverte (en 1811) par les belles observations de M. Arago, et qui a été rapidement parcourue par les physiciens français et étrangers. Dans l'impossibilité de discuter ici les titres de chacun, et de faire de ces recherches une exposition qui soit à la fois historique et méthodique, nous nous contenterons de dire que les observateurs auxquels on doit les principales découvertes dans cette partie de la science, sont, en France : MM. Arago, Biot et Fresnel; en Angleterre, MM. Young, Brewster et Herschell; et en Allemagne MM. Seebeck et Misterllich. Tout ce que l'on a écrit sur cette matière formerait peut-être plus de dix volumes in-4°, parce que les faits se présentaient d'abord sous des apparences si compliquées, qu'il était à peu près impossible d'en faire l'analyse en peu de paroles. Mais Fresnel s'est élevé jusqu'à la véritable cause des phénomènes : il a tout simplifié, et, en le prenant pour guide, nous essaierons de présenter, dans un petit nombre de pages, tous les résultats auxquels on est parvenu jusqu'à ce jour. Ce chapitre offre par lui-même infiniment d'attrait et d'intérêt; mais, nous devons le dire d'avance, il est difficile, et après avoir fait tous nos efforts pour le rendre élémentaire, nous sentons qu'il exige encore de la part du lecteur une attention bien soutenue. Pour réduire les difficultés autant qu'il est en nous, nous ferons cinq divisions; nous étudierons successivement :

1° Les teintes colorées des lames cristallisées ;
2° Les anneaux colorés des lames cristallisées ;
3° La polarisation circulaire ;
4° Les couleurs des verres trempés ;
5° L'absorption de la lumière polarisée.

Teintes colorées des lames cristallisées.

622. *Description générale du phénomène.* Les vives couleurs qui se développent, sous certaines conditions, dans les lames cristallisées, ont été découvertes et étudiées par M. Arago en 1811, peu de temps après que Malus eut découvert la polarisation de la lumière (*Mém. de l'Inst.*, 1811, première partie).

Voici les premières observations dans lesquelles ces couleurs se sont manifestées.

Une lame mince de mica ou de chaux sulfatée paraît incolore et parfaitement diaphane, lorsqu'on la regarde à l'œil nu contre un ciel pur et sans nuages ; mais, si pour la regarder, on place au devant de l'œil un prisme bi-réfringent, on la voit, en général, prendre dans toute son étendue une teinte uniforme et brillante. Le prisme bi-réfringent la fait paraître double, et ses deux images colorées sont toujours complémentaires ; car l'espace où elles se superposent, en empiétant l'une sur l'autre, est exactement blanc. La vivacité des couleurs dépend de la région du ciel que l'on regarde, ou plutôt de sa position par rapport à la route du soleil ; et les couleurs ne se montrent jamais, quand on dirige l'observation vers un point couvert de nuages. On peut remarquer en outre que l'épaisseur de la lame, et son obliquité par rapport au faisceau de lumière qui vient à l'œil, sont des circonstances qui font changer la nuance des couleurs, tandis que la position, par rapport à la section principale du prisme, en fait changer seulement l'intensité.

Cette observation doit paraître bien extraordinaire ; mais, lorsqu'on sait que la lumière bleue du ciel est plus ou moins polarisée dans les diverses régions , et même aux différentes heures de la journée , il est naturel d'attribuer à la polarisation les couleurs qui se développent ainsi dans les lames cristallisées. C'est en effet ce qui se trouve démontré directement par l'expérience suivante.

La lumière des nuées, ou celle d'une flamme est réfléchie sur un verre noir M M′ (*Fig.* 324), sous l'angle de la polarisation ; le faisceau réfléchi traverse un diaphragme D D′, et on le regarde avec un prisme bi-réfringent P P′ placé au devant de l'œil. Nous savons que l'ouverture du diaphragme donne alors une seule image, quand l'angle de la section principale du prisme et du plan de polarisation est o° ou 90° ; qu'il donne deux images également intenses, quand cet angle est 45° ; et enfin, deux images inégales, quand cet angle est compris entre o° et 45°, ou entre 45° et 90°. Nous savons de plus que , dans tous les cas , ces images sont incolores. Maintenant, si l'on adapte dans l'ouverture du diaphragme un petit anneau N N′ (*Fig.* 325) portant une lame mince cristallisée L L′ ; cette lame, qui est naturellement diaphane et sans couleur, paraît ici colorée de nuances plus ou moins vives ; et les couleurs de ses deux images sont toujours complémentaires ; car, si elles sont assez larges ou assez peu écartées l'une de l'autre pour se superposer en partie, l'espace où elles se superposent est toujours d'un blanc parfait. Au lieu de regarder l'image de l'ouverture avec un prisme bi-réfringent, on pourrait la regarder avec une tourmaline ou avec une glace ajustée pour tourner autour du faisceau polarisé, en le recevant toujours sous l'angle de polarisation A l'œil nu l'image paraît toujours blanche.

Toutes les lames cristallisées présentent, sous ce rapport, des phénomènes analogues, soit qu'elles proviennent d'un cristal à un axe, ou d'un cristal à deux axes, soit qu'elles conservent leurs faces naturelles, ou qu'elles aient été taillées dans différens sens; mais il y a toujours une certaine limite d'épaisseur au delà de laquelle tous les phénomènes disparaissent; et même, au dessous de cette limite, il y a toujours pour chaque lame certaines positions où elle cesse d'être colorée. Nous allons essayer d'établir de l'ordre dans cette étonnante complication d'apparences si variées; il nous suffit pour cet instant d'avoir indiqué le fait général, qui peut se résumer de la manière suivante :

Un faisceau de lumière blanche polarisée qui traverse, sous certaines conditions, une lame cristallisée, paraît coloré de diverses teintes, lorsqu'il se réfléchit ensuite sous l'angle de polarisation, ou lorsqu'il se réfracte dans un corps doué de la double réfraction.

L'appareil que nous devons employer dans cette étude étant nécessairement un peu compliqué, nous devons, avant tout, en donner la description.

A B C et A′B′C′ représentent deux barres semblables, disposées parallèlement et liées entre elles de manière à former une espèce de rectangle allongé (*Fig.* 326 et 327). Ce rectangle est soutenu vers le milieu de ses grands côtés, aux points B et B′; et il peut tourner autour de ces points, comme une lunette sur son pied.

M M′ est le réflecteur de verre noirci ou d'obsidienne, qui doit polariser la lumière; il tourne autour des points C et C′; un cercle divisé V S marque son inclinaison; et la vis de pression V sert à l'arrêter, lorsqu'il a l'obliquité convenable.

T T′ est le tube destiné à recevoir le rayon polarisé; les deux extrémités sont munies de diaphragmes dont l'ouverture a 2 ou 3 lignes de diamètre. L'axe de ce tube est l'axe central de tout le système.

Les appareils E et E′ sont les *supports des lames cristallisées*; ils sont exactement semblables; et il suffira d'en d'écrire un seul, E par exemple. Ce support se compose

de trois pièces mobiles : 1° le disque D, qui peut tourner
dans son plan ; 2° la plaque K K, qui peut tourner autour
des deux pivots x et x ; 3° le châssis H H, qui peut tourner
autour de l'axe central, au moyen des douilles o et o'.
La lame cristallisée L est fixée avec un peu de cire molle
sur l'ouverture n percée au centre du disque D ; et là elle
peut recevoir trois mouvemens, donnés par chacune des
trois pièces mobiles :

1° *Le mouvement de son axe* qui s'obtient en faisant
tourner le disque D dans son propre plan ; sa rotation est
mesurée sur le cercle divisé s s.

2° *Le mouvement de son plan* qui s'obtient en faisant
tourner la plaque K K autour des deux points x x ; sa rotation est mesurée par le cercle divisé G H I.

3° *Le mouvement de sa section principale* qui s'obtient
en faisant tourner le châssis H H autour des douilles o et o' ;
sa rotation est mesurée par un cercle divisé N N que porte
l'un des bouts du châssis du rectangle H H.

La lame L' qui se trouve sur le support E', a exactement
les mêmes mouvemens, et ils sont indépendans de ceux
de la lame L.

Dans la figure 326, la plaque K K du support E, et la
plaque semblable du support E' sont dans une position
qu'elles ne prennent jamais, vu qu'elles arrêteraient le
rayon polarisé ; il faut les relever par la pensée et les faire
tourner autour de leurs pivots ; une rotation de 90°, par
exemple, rendrait les lames perpendiculaires au rayon.
Enfin, la plaque circulaire A A, qui termine le rectangle,
est divisée en z sur son limbe ; et une espèce d'alidade,
qui porte le prisme bi-réfringent, peut en parcourir toute
la circonférence, et donner ainsi toutes les positions possibles à la section principale de ce prisme, par rapport au
plan primitif de polarisation. Cette alidade peut recevoir
une tourmaline, au lieu d'un prisme bi-réfringent ; elle
pourrait recevoir aussi un miroir de verre faisant l'office

de la seconde glace dont nous avons parlé précédemment.

Cet appareil peut aussi tenir lieu des appareils que nous avons décrits dans les figures 314, 315, 316 et 317. Il suffit pour cela d'enlever les lames L et L', et d'ajouter successivement, au lieu du réflecteur MM', un prisme biréfringent, ou une pile de glace.

623. *Cristaux à un axe recevant le faisceau perpendiculairement à l'axe.*

L'appareil précédent est ajusté pour que le faisceau réfléchi dans l'intérieur du tube TT' soit complètement polarisé, soit qu'on se serve de la lumière des nuées ou de la flamme d'une lampe ou d'une bougie. La polarisation complète se reconnaît au moyen du prisme PP' : pour cela on met perpendiculairement au faisceau réfléchi les plaques K K et K K' des supports E et E' ; on ne place aucune lame sur les ouvertures centrales des disques D et D' ; et le faisceau arrive ainsi directement sur le prisme P P', où il donne naissance à deux images plus ou moins intenses, suivant que la section principale de ce prisme fait un angle plus ou moins grand avec le plan de polarisation.

Lorsque l'une des images est tout-à-fait insensible pour une position donnée du prisme, c'est une preuve que la polarisation est complète, et l'on est assuré en même temps que la section principale du prisme est alors parallèle ou perpendiculaire au plan de réflexion ; il est parallèle, si c'est l'image ordinaire qui reste, et perpendiculaire, si c'est l'image extraordinaire. L'aspect du prisme et la disposition des images peuvent servir à lever le doute. Les choses étant ainsi disposées, on ajuste sur l'ouverture n de l'un des disques, une lame cristallisée parallèle à l'axe ; par exemple, une lame de cristal de roche qui ait moins de 45 centièmes de millimètre d'épaisseur. Ces lames sont collées sur des plaques de verre pour être amenées par le travail à ce degré de minceur ;

alors on regarde de nouveau au travers du prisme les apparences du faisceau polarisé; et voici les phénomènes que l'on observe.

1° En supposant que la section principale du prisme soit dans le plan de polarisation primitive, c'est-à-dire, dans le plan de réflexion, l'image ordinaire et l'image extraordinaire sont toutes deux *visibles et colorées*; leurs couleurs sont exactement complémentaires. En faisant tourner le disque D sur son plan pour changer la position de l'axe de la lame, on voit la nuance des couleurs rester la même pour chaque image; mais l'éclat change graduellement, et l'on trouve bientôt une position pour laquelle l'une des images disparaît, et l'autre devient blanche. Notons ce point comme point de départ, et continuons de tourner dans le même sens : alors les couleurs reparaissent avec leur teinte; puis, leur éclat augmente peu à peu pour diminuer ensuite, jusqu'à une nouvelle position où l'image qui était blanche tout-à-l'heure, est complètement effacée, tandis que l'autre est blanche à son tour. Pour passer de la première position à la seconde, l'axe de la lame décrit un quart de circonférence; le deuxième, le troisième et le quatrième quart de circonférence offrent exactement le même phénomène; et il est facile de constater que les quatre positions pour lesquelles les *deux images colorées* se réduisent à *une seule image blanche* se reproduisent exactement quand la section principale de la lame est parallèle ou perpendiculaire à la section principale du prisme. Ainsi, les phénomènes peuvent se résumer de la manière suivante.

Quand la section principale de la lame coïncide avec la section principale du prisme et avec le plan primitif de polarisation, il n'y a qu'une seule image, qui est blanche; et c'est l'image ordinaire.

Quand la section principale de la lame est perpendiculaire à la section principale du prisme et au plan primitif de polarisation, il n'y a qu'une seule image, qui est blanche, et c'est l'image extraordinaire.

Dans toutes les positions intermédiaires il y a deux images, toujours colorées de la même nuance et toujours complémentaires ; elles prennent leur plus vif éclat quand la section principale de la lame fait un angle de $\frac{1}{2}$, $\frac{3}{2}$, $\frac{5}{2}$ ou $\frac{7}{2}$ quadrans avec la section principale du prisme.

2° Si la section principale du prisme est perpendiculaire au plan primitif de polarisation, on observe des phénomènes analogues ; seulement l'image ordinaire prend la place de l'image extraordinaire *et vice versâ*.

3° Quand la section principale du prisme n'est ni parallèle ni perpendiculaire au plan de polarisation primitive, on observe encore les mêmes phénomènes, savoir : une image nulle et l'autre blanche, quand les deux sections principales du prisme et de la lame sont parallèles ou perpendiculaires entre elles ; maximum d'éclat dans les couleurs, quand les sections font un angle mesuré par un nombre impair de demi-quadrans ; et toujours les mêmes nuances, plus ou moins affaiblies, dans toutes les positions intermédiaires.

Les lames de cristal de roche, plus épaisses qu'un demi-millimètre environ, ne donnent plus que des teintes très-affaiblies ; mais toutes les lames plus ou moins minces donnent des nuances différentes, et qui sont, en général, d'autant plus vives que l'épaisseur est moindre. En étudiant les franges diffractées et les anneaux colorés, nous avons vu qu'il y a, pour chaque couleur simple, des franges ou des anneaux du premier ordre, du second ordre, etc., auxquels correspondent dans la lumière blanche des teintes composées différentes ; ce qui donne des rouges de différens ordres, des orangés de différens ordres, etc. Or, en étudiant les teintes des lames cristallisées, de même substance et d'épaisseur variable, M. Biot a reconnu que ces mêmes périodes se reproduisent ; c'est-à-dire, qu'en graduant convenablement les épaisseurs, on peut former une série de lames qui donnent, par exemple, la première, le rouge du premier ordre; la deuxième, le rouge du second ordre; la troisième, le rouge du troisième ordre, etc. Et, en comparant ces diverses épaisseurs, M. Biot s'est assuré qu'elles suivent la série des nombres naturels 1, 2, 3, 4, etc. Au moyen de cette loi simple et remarquable, il suffit donc de connaître à quelle épaisseur absolue se forme, dans une substance cristalline, une teinte bien définie, pour assigner quelle teinte sera produite par une autre épaisseur quelconque, ou quelle épaisseur il faudrait pour produire telle autre teinte donnée.

Les cristaux à un axe peuvent à cet égard offrir de très-grandes différences; car M. Biot trouve, par exemple, qu'une lame de chaux carbonatée parallèle à l'axe devrait être dix-huit fois plus mince qu'une lame de cristal de roche, aussi parallèle à l'axe, pour donner la même teinte. C'est pourquoi il est à peu près impossible d'étudier ces phénomènes dans la chaux carbonatée.

624. *Théorie de Fresnel sur les couleurs des lames cristallisées.*

M. Biot, après avoir fait un grand nombre de recherches expérimentales très-précises sur les couleurs des lames cristallisées, était parvenu à lier tous les phénomènes par une théorie qui est connue dans la science sous le nom de *théorie de la polarisation mobile.* Les physiciens pourront sans doute consulter avec intérêt et pendant long-temps encore cette ingénieuse théorie; mais comme elle repose essentiellement sur diverses hypothèses inhérentes au système de l'émission, elle est aujourd'hui comme la théorie des accès de Newton, elle ne représente plus ni la vérité des faits ni la vérité des causes. Cependant les résultats précis auxquels M. Biot était parvenu, et même l'enchaînement qu'il avait établi entre eux, ont servi de point de départ à Fresnel pour fonder une autre théorie sur le système des vibrations. Cette théorie de Fresnel est à la fois si vaste et si importante qu'il m'a paru indispensable de donner au moins une idée des principes sur lesquels elle repose.

Le petit cercle de la figure 328, dont le centre est en c, représente la coupe perpendiculaire d'un faisceau de lumière polarisée; p p' est la direction de son plan primitif de polarisation.

Ce faisceau rencontre d'abord, sous l'incidence perpendiculaire, une lame cristallisée, taillée parallèlement à l'axe; l l' est la direction de la section principale de cette lame; elle fait un angle a avec la ligne p p' du plan de polarisation, m m' est une perpendiculaire à l l'.

Après avoir traversé la lame, le faisceau vient tomber sur un rhomboïde ou sur un prisme bi-réfringent dont la section principale est dirigée suivant r r'; elle fait un angle b avec la ligne p p' du plan de polarisation.

b b' est une perpendiculaire à la section principale r r' du rhomboïde.

Essayons de déterminer et les images qui seront produites, et leur intensité relative, et l'action mutuelle que les faisceaux ordinaires et extraordinaires exerceront les uns sur les autres.

Représentons par i l'intensité du rayon polarisé à l'instant où il tombe sur la lame cristallisée.

En traversant la lame, le faisceau se décompose en deux autres, l'un ordinaire et l'autre extraordinaire, qui ont pour intensité,

Le premier. . . $\text{Cos.}^2 a = F_o$ polarisé suivant c l ;
Le second. . . . $\text{Sin.}^2 a = F_e$ polarisé suivant c m'.

Mais la lame est beaucoup trop mince pour qu'il y ait entre eux une séparation sensible.

En traversant le rhomboïde, chacun de ces faisceaux élémentaires se décompose encore en deux autres :

$$\text{Cos.}^2 a \begin{cases} \text{Cos.}^2 a\,\text{Cos}^2.\,(a-b) = F_{o+o'}\ \text{polarisé suivant } c\,n \\[2mm] \text{Cos.}^2 a\,\text{Sin.}^2(a-b) = F_{o+e'}\ \text{polarisé suivant } c\,B \end{cases}$$

donne

$$\text{Sin.}^2 a \begin{cases} \text{Sin.}^2 a\,\text{Sin.}^2(a-b) = F_{e+o'}\ \text{polarisé suivant } c\,n \\[2mm] \text{Sin.}^2 a\,\text{Cos.}^2(a-b) = F_{e+e'}\ \text{polarisé suivant } c\,B' \end{cases}$$

donne

Les deux portions polarisées suivant $c\,n$ prennent la même direction pour arriver à l'œil, et composent l'image ordinaire ; il en est de même des deux portions polarisées suivant $c\,B$ et $c\,B'$, qui composent l'image extraordinaire. Il en résulte donc les élémens suivans :

$$\text{Pour l'image ordinaire} \begin{cases} \text{Cos.}^2 a\,\text{Cos.}^2(a-b) = F_{o+o'} \\[2mm] \text{Sin.}^2 a\,\text{Sin.}^2(a-b) = F_{e+o'} \end{cases}$$

$$\text{Pour l'image extraordin.} \begin{cases} \text{Cos}^2.\,a\,\text{Sin.}^2(a-b) = F_{o+e'} \\[2mm] \text{Sin.}^2 a\,\text{Cos.}^2(a-b) = F_{e+e'} \end{cases}$$

On croirait d'abord que les élémens de chacune de ces images doivent simplement s'ajouter entre eux pour composer, en définitive, soit l'image ordinaire, soit l'image extraordinaire ; mais il faut prendre garde que les deux élémens de chaque image n'ont pas la même vitesse : en effet dans l'image ordinaire, par exemple, le faisceau $F_{o+o'}$, a subi la réfraction ordinaire dans la lame et dans le rhomboïde, tandis que le faisceau $F_{e+o'}$ a subi la réfraction extraordinaire dans la lame et la réfraction ordinaire dans le rhomboïde : les vitesses ordinaire et extraordinaire étant différentes, il en résulte donc un avance ou un retard de l'un des faisceaux élémentaires sur l'autre, et par conséquent une concordance ou une discordance de vibrations, qui peuvent être plus ou moins complètes, comme si ces faisceaux avaient en réalité parcouru des chemins plus ou moins inégaux.

Soit E le chemin parcouru par le 1er faisceau $F_{o+o'}$

E′ le chemin parcouru par le 2e faisceau $F_{o+o'}$

E — E′ sera la différence des chemins parcourus ; et, dans ce cas, Fresnel démontre (*Ann. de phys. et de chim.*, tom. II, pag. 258) que l'intensité totale , au lieu d'être représentée par la somme des faisceaux composans ou par la somme des carrés de leur vitesse , se trouve représentée par cette somme, *plus le double produit de ces vitesses multiplié par* cos. $2\pi . \dfrac{c}{d}$

π est la demi-circonférence dont le rayon est 1.

c est la différence des chemins parcourus qui , est ici E—E′.

d est la longueur d'une ondulation pour l'espèce de lumière que l'on considère.

Il est facile de voir, d'après cela, que l'intensité devient enfin pour l'image ordinaire

$$\mathrm{Cos.}^2 b - \mathrm{Sin.}2\,a.\, \mathrm{Sin.}2(a-b).\, \mathrm{Sin.}^2 \pi . \left(\frac{E-E'}{d} \right)$$

L'intensité de l'image extraordinaire se trouve par les mêmes principes ; seulement, Fresnel a démontré qu'à la différence des chemins parcourus par les deux faisceaux composans, *il faut ajouter une demi-ondulation* quand *leurs plans de polarisation continuent de s'éloigner l'un de l'autre (considérés d'un seul côté de leur commune intersection) jusqu'à ce qu'ils se soient placés sur le prolongement l'un de l'autre.* Or les deux faisceaux F_{o+e} et $F_{o+e'}$ qui constituent l'image extraordinaire, sont polarisés, l'un suivant C B, l'autre suivant CB′, prolongement de C B ; il faut donc, à la différence E — E′ des chemins qu'ils ont parcourus dans la lame, ajouter une demi-ondulation, qui se trouve encore perdue par le renversement du plan de polarisation. Par conséquent, à la somme des intensités, ou à la somme des carrés des vitesses, il faut ajouter le produit de ces vitesses multiplié par

$$\text{Cos. } 2\pi \left(\frac{E - E'}{d} + \frac{1}{2} \right) = -\text{Cos. } 2\pi \left(\frac{E - E'}{d} \right)$$

Ce qui donne pour l'intensité de l'image extraordinaire

$$\text{Cos.}^2 a \text{ Sin.}^2 (a - b) + \text{Sin.}^2 a \text{ Cos.}^2 (a - b)$$

$$-2 \text{ Cos. } a \text{ Sin. } (a-b) . \text{ Sin. } a \text{ Cos. } (a-b) . \text{ Cos. } 2\pi \left(\frac{E - E'}{d} \right)$$

ou,

$$\left(\text{Sin. } a \text{ Cos. } (a - b) - \text{Sin. } (a - b) \text{ Cos. } a \right)^2$$

$$+ 2 . \text{ Sin. } a \text{ Cos. } (a - b) \text{ Sin } (a - b) \text{ Cos. } a$$

$$- 2 \text{ Cos. } a \text{ Sin. } (a-b) \text{ Sin. } a \text{ Cos. } (a-b) \text{ Cos. } 2\pi \left(\frac{E - E'}{d.} \right)$$

ou enfin,

$$\text{Sin.}^2 b + \text{Sin. } 2a \text{ Sin. } 2 (a - b) \text{ Sin.}^2 \pi \left(\frac{E - E'}{d.} \right)$$

Telles sont, dit Fresnel, les formules générales qui donnent l'intensité de chaque espèce de lumière homogène dans les images ordinaire et extraordinaire en fonctions de la longueur d'ondulation et de la différence des chemins parcourus E — E' par les rayons qui ont traversé la lame cristallisée. Connaissant son épaisseur et les vitesses des rayons ordinaires et des rayons extraordinaires dans le cristal, il sera facile de déterminer E — E'. Dans le cristal de roche et dans la plupart des cristaux doués de la double réfraction, E — E' n'éprouve que de très-légères variations en raison de la différence de nature des rayons lumineux; en sorte qu'on peut le regarder comme une quantité constante pour tous les cristaux où la *dispersion de double réfraction* est très-petite, relativement à la double réfraction. Si après avoir calculé la différence de marche $\varepsilon - \varepsilon'$, on la divise successivement par la longueur moyenne d'ondulation de chacune des sept principales espèces de rayons colorés, et si l'on substitue successivement ces différens quotiens dans les expressions ci-dessus, on aura les intensités de chaque espèce de rayons colorés dans les images ordinaire et extraordinaire, et l'on pourra déterminer alors les teintes de ces images par la formule empirique que Newton a donnée pour trouver la couleur résultant d'un mélange quelconque de rayons divers dont on connaît les intensités relatives. C'est pourquoi l'on doit considérer les formules générales qui donnent l'intensité de chaque espèce de lumière homogène en fonction de sa longueur d'ondulation, comme l'expression même de la teinte produite par la lumière blanche.

Revenons maintenant aux deux formules générales, pour les discuter dans quelques cas particuliers.

Image ordinaire :

$$\cos.^2 b - \sin.2\,a \, \sin.2(a-b) \, \sin.^2 \pi \left(\frac{\varepsilon - \varepsilon'}{d} \right).$$

Image extraordinaire :

$$\sin.^2 b + \sin.2\,a \, \sin.2\,(a-b) \, \sin.^2 \pi \left(\frac{\varepsilon - \varepsilon'}{d} \right).$$

1° La somme des intensités des deux faisceaux reproduit l'intensité primitive qui a été prise pour unité ;

2° Sous l'incidence perpendiculaire, que nous considérerons ici, la différence des chemins parcourus est, dans tous les cristaux, proportionnelle à l'épaisseur ; et, dans chaque cristal, elle dépend en outre de la différence des vitesses du rayon ordinaire et du rayon extraordinaire, ou des indices de réfraction correspondans à ces deux espèces de rayons. Dans un cristal où les indices seraient presque égaux, il faudrait une grande épaisseur pour obtenir, par exemple, le rouge du premier ordre ; tandis, que pour obtenir la même nuance, il ne faudrait qu'une épaisseur très-petite si les indices ordinaire et extraordinaire étaient fort différens ;

3° Quand la différence des chemins parcourus est égale à un très-grand nombre d'ondulations , les images sont blanches, comme dans la théorie des lames minces et par la même raison. Ces cas exceptés, les images peuvent encore être blanches pour d'autres raisons que nous allons examiner ;

4° La condition nécessaire pour qu'il n'y ait pas de couleur dans les images est évidemment que le terme qui varie avec la longueur des ondulations soit nul, puisque alors les rayons de toutes les couleurs auront des intensités égales et produiront du blanc. La condition de la blancheur des images est donc exprimée par :

$$\text{Sin.} 2\, a\, \text{Sin.} 2\, (a-b) = 0 ;$$

et elle ne peut être remplie que par :

$$a = 0, \; a = 1^q, \; a = 2^q, \; a = 3^q,$$

ou par :

$$b = a, \; b = 1^q + a, \; b = 2^q + a, \; b = 3^q + a.$$

Ainsi les images sont toujours blanches, premièrement quand la section principale de la lame est parallèle ou perpendiculaire au plan primitif de polarisation.

Secondement, quand la section principale de la lame est parallèle ou perpendiculaire à la section principale du rhomboïde. C'est ce qu'il était facile de voir *à priori*, puisque, dans le premier cas, le faisceau n'éprouve qu'une seule réfraction en traversant la lame ; et, dans le second cas, il n'éprouve qu'une seule réfraction en traversant le rhomboïde ;

5° La condition nécessaire pour que les images soient colorées des plus vives nuances est évidemment que le terme qui varie avec les longueurs d'ondulation atteigne son *maximum*; et cela arrive quand son co-efficient est égal à l'unité, ou quand on a :

$$\text{Sin.}\, 2a\, \text{Sin.}\, 2\,(a - b) = 1.$$

Cette condition est remplie par :

$$a = 45°,\ et\ b = 0°.$$

Ce qui donne :

Image ordinaire, $\text{Cos.}^2 \pi \left(\dfrac{E - E'}{d} \right)$

Image extraordinaire, $\text{Sin.}^2 \pi \left(\dfrac{E - E'}{d.} \right)$

Ainsi les plus vives couleurs s'observent quand l'axe de la lame fait un angle de 45° avec le plan primitif de polarisation, et quand en même temps la section principale du rhomboïde est parallèle à ce plan. C'est en effet ce qui est confirmé par l'expérience ;

6° Le *plan définitif* de polarisation peut facilement être déterminé d'une manière générale dans l'une et l'autre image.

Si la différence des chemins parcourus est égale à 0° ou à un nombre pair de demi-ondulations, on a :

$$E - E' = \frac{2nd}{2},\ ou\ \frac{E - E'}{d} = n.$$

n pouvant recevoir toutes les valeurs entières, 0, 1, 2, etc., on a :

$$\text{Sin.}^2 \pi \left(\frac{E - E'}{d} \right) = \text{Sin.}^2 n\pi, = 0.$$

Ainsi pour $b = 0$, l'image extraordinaire s'évanouit, tandis que l'image ordinaire devient égale à 1, et celle-ci est alors à son émergence polarisée complètement dans le plan primitif de polarisation.

Si la différence des chemins parcourus est égale à un nombre impair de demi-ondulations, on a :

$$E - E' = (2n + 1)\frac{d}{2},$$

ou, $$\frac{E - E'}{d} = \left(\frac{2n + 1}{2}\right)$$

et $$\mathrm{Sin.}^2\,\pi\left(\frac{E - E'}{d}\right) = \mathrm{Sin.}^2\,\pi\left(\frac{2n + 1}{2}\right) = 1.$$

Ainsi, pour $b = 2a$, l'image extraordinaire disparaît encore, tandis que l'image ordinaire devient égale à 1 ; et celle-ci se trouve alors à son émergence, complètement polarisée dans l'azimut $2a$, ou dans la section principale du rhomboïde.

Si la différence des chemins parcourus n'est ni un nombre pair ni un nombre impair de demi-ondulations, il n'y a plus d'images qui puisse disparaître, et les faisceaux émergens sont alors polarisés dans différens sens.

Tous les résultats des formules sont en effet conformes à l'expérience.

Ces notions sont suffisantes pour faire comprendre les principes à la fois simples et féconds sur lesquels Fresnel a fondé sa belle théorie des couleurs des lames cristallisées. Nous n'entreprendrons pas d'appliquer ces mêmes principes aux cas beaucoup plus compliqués que nous devons encore examiner. Mais il était important d'indiquer la véritable cause de ces phénomènes, et de faire voir que l'inégale vitesse des rayons ordinaire et extraordinaire détermine des avances ou des retards entre les diverses ondulations, et par conséquent des interférences qui développent les couleurs.

625. *Cristaux à un axe recevant le faisceau oblique-ment.* Concevons une lame cristallisée dont les deux faces aient été taillées parallèlement à l'axe ; soit LL' (*Fig.* 329) la direction de l'axe, et MM' une perpendiculaire à cette direction ; cette lame est disposée sur l'un des supports de l'appareil précédent (*Fig.* 326). LL' ou la section principale fait un angle de 45° avec le plan primitif de polarisation ; le faisceau polarisé qui la traverse est examiné avec un rhomboïde ou un prisme bi-réfringent dont la section principale coïncide avec le plan de polarisation. Nous savons que les couleurs prennent alors leur plus vif éclat. Supposons maintenant que l'on incline la lame sur le faisceau polarisé ; et, pour fixer les idées, nous la ferons tourner seulement dans deux sens, autour de LL' et autour de MM'.

1° Quand on fait tourner la lame autour de l'axe LL', la réfraction ne cessant pas de s'accomplir dans un plan perpendiculaire à l'axe, la vitesse du rayon extraordinaire ne change point avec l'obliquité, et la différence des chemins parcourus reste proportionnelle à la longueur du trajet dans l'intérieur de la lame. Il en résulte donc exactement le même effet que si la lame devenait plus épaisse, sans cesser d'être perpendiculaire au faisceau. Par conséquent les couleurs montent à des ordres successivement plus élevés ; elles passent, par exemple, du troisième ordre au quatrième, au cinquième, etc.

2° Quand on fait tourner la lame autour de la ligne MM', perpendiculaire à l'axe, la réfraction s'accomplit dans la section principale, et il se développe deux causes qui agissent en sens contraire : d'une part, la vitesse extraordinaire change avec l'obliquité ; elle augmente dans les cristaux positifs, elle diminue dans les cristaux négatifs, et dans les deux cas elle se rapproche de la vitesse ordinaire. Ainsi, par cette cause, la différence des chemins parcourus devient de plus en plus petite à mesure que l'inclinaison devient plus grande. C'est comme si la lame devenait plus mince. D'une autre part la longueur du trajet des rayons dans l'intérieur du cristal devient croissante avec l'inclinaison, et cette cause augmente de plus en plus la différence des chemins parcourus ; c'est comme si la lame devenait plus épaisse ; on pourrait concevoir une substance cristallisée, telle que ces deux causes contraires se fissent une exacte compensation, et alors les teintes des images resteraient invariables sous toutes les obliquités, lorsqu'on inclinerait les lames en les faisant tourner autour de la perpendiculaire à l'axe. Dans le cristal de roche, la première cause l'emporte, et en dernier résultat, les couleurs changent, comme si les lames devenaient plus minces. Par conséquent les couleurs descendent à des ordres moins élevés : elles passent par exemple du troisième ordre au deuxième ordre ou au premier ordre.

Il est facile de voir que les effets se compliquent suivant certaines lois, lorsque, pour incliner les lames, on les fait tourner autour d'une ligne qui n'est ni parallèle ni perpendiculaire à l'axe.

Tous ces phénomènes peuvent être observés avec beaucoup de netteté et d'éclat sur une espèce de mica qui se trouve dans les laves du Vésuve. Son tissu feuilleté donne naturellement des lames que l'on peut amincir à volonté avec la pointe d'un canif ou d'une lancette. Chacune de ces petites lames est un cristal à un axe, et c'est une chose digne de remarque que cet axe soit perpendiculaire aux deux faces de la lame. Sous l'incidence perpendiculaire, il n'y a donc aucune coloration, puisque les deux rayons ordinaire et extraordinaire se meuvent alors dans le sens de l'axe. Mais en inclinant les lames dans un sens quelconque, on les incline toujours dans la section principale, et les effets que l'on obtient sont toujours les mêmes que si l'on augmentait l'épaisseur.

Le beryl est aussi un cristal à un axe que l'on peut employer à ces expériences.

Il est à peine nécessaire d'ajouter que l'on obtient des teintes plus variées et encore plus complexes lorsqu'on fait passer le rayon polarisé au travers de deux lames différentes, soit que ces lames aient été simplement superposées, soit qu'elles aient été ajustées chacune sur l'un des supports de l'appareil (*Fig.* 326 et 327) ; dans ce dernier cas, l'une d'elles peut prendre à l'égard de l'autre toutes les positions possibles.

La duplication des lames donne un moyen de développer des couleurs dans les cristaux où l'on ne pourrait en découvrir aucune par l'observation directe. En effet, prenons pour exemple une lame de quartz parallèle à l'axe, ayant plusieurs millimètres ou même plusieurs centimètres d'épaisseur, et donnant par conséquent des images parfaitement blanches, il y aura deux manières de rendre ces images colorées comme celles des lames dont l'épaisseur est moindre qu'un demi-millimètre : on y parviendra par la *duplication parallèle* ou par la *duplication croisée*.

1° *Duplication parallèle*. On prend un cristal négatif, par exemple le spath d'Islande ; on en taille une lame parallèle à l'axe, et d'une épaisseur telle que la différence des chemins parcourus par les rayons ordinaire et extraordinaire soit un peu moindre ou un peu plus grande que la même différence dans la lame de quartz ; on superpose ces deux lames en rendant *leurs sections principales parallèles entre elles*, et leur système se comporte comme une seule lame mince de quartz ou de spath d'Islande. La raison en est évidente : dans le quartz, le rayon extraordinaire perd de la vitesse sur le rayon ordinaire : il en gagne dans le spath d'Islande. Ainsi, en définitive, la différence des chemins parcourus dans les deux lames superposées n'est que l'excès de la différence des chemins de l'une sur la différence des chemins de l'autre. Le résultat peut donc être calculé d'avance par les formules précédentes.

2° *Duplication croisée.* On prend un cristal positif, comme le quartz ; on en taille une lame parallèle à l'axe, et d'une épaisseur telle que la différence des chemins parcourus par les rayons ordinaire et extraordinaire soit un peu moindre ou un peu plus grande que la même différence dans la lame de quartz ; on superpose ces deux lames en *rendant leurs sections principales perpendiculaires entre elles*, et leur système se comporte comme une seule lame mince. La raison en est évidente : le rayon extraordinaire, qui a perdu de la vitesse dans la première lame, devient rayon ordinaire dans la seconde, et regagne de la vitesse, *et vice versâ;* ainsi, en définitive, la différence des chemins parcourus dans les deux lames croisées n'est que l'excès de la différence des chemins de l'une sur la différence des chemins de l'autre ; et si les deux lames sont de même substance, leur système produit exactement le même effet qu'une seule lame égale à la différence de leurs épaisseur.

C'est pour plus de simplicité que nous avons supposé les lames parallèles à l'axe.

De ces phénomènes se déduit le plus simple des procédés que l'on puisse employer pour reconnaître si un cristal donné est positif ou négatif. Car il suffit d'en tailler une lame à faces parallèles et assez épaisse pour ne pas donner de couleurs, puis de la doubler avec une lame épaisse d'un cristal connu, du quartz, par exemple. Si les couleurs naissent par la *duplication parallèle*, le cristal sera de signe contraire au quartz, et par conséquent négatif ; si elles naissent par la *duplication croisée*, le cristal donné sera de même signe que le quartz, et par conséquent positif. On voit qu'il faudra seulement connaître les sections principales du cristal donné et de celui qui sert à le doubler : il n'est pas nécessaire que les faces soient parallèles à l'axe.

626. *Cristaux à deux axes.* Les cristaux à deux axes qui se prêtent le plus facilement aux expériences qui nous occupent sont le mica et la chaux sulfatée, à cause de la propriété qu'ils ont de se séparer naturellement en lames de plus en plus minces.

Les petits feuillets de chaux sulfatée peuvent sans peine se briser suivant leurs joints naturels; ils donnent ainsi des parallélogrammes aux côtés desquels nous rapporterons les directions des axes. M. Haüy prend pour forme primitive de cette substance un de ces parallélogrammes dont les côtés sont entre eux comme 13 est à 12. Si l'on triple le côté 12, en laissant à l'autre sa valeur, on formera un nouveau parallélogramme dont la grande diagonale marque précisément la direction de la *ligne intermédiaire*; les axes, symétriquement placés de part et d'autre de cette ligne, font avec elle des angles de 30°, et par conséquent l'angle qu'ils font entre eux est de 60°. D'après cela, une lame de chaux sulfatée étant donnée, il sera facile de trouver sa *section principale*, puisqu'il suffira de tracer la ligne intermédiaire et de concevoir par cette ligne une section perpendiculaire aux faces de la lame.

Pour étudier maintenant les couleurs données par la chaux sulfatée, on disposera les lames sur les supports E et E' de l'appareil (*Fig.* 326), comme pour les cristaux à un axe, puis l'on observera avec le prisme bi-réfringent les apparences que présente le faisceau transmis. Les couleurs auront un vif éclat quand les lames seront très-minces; et il sera facile de se convaincre que, sous l'incidence perpendiculaire, tous les phénomènes se produisent autour de la ligne intermédiaire dans ce cristal, suivant les mêmes lois qu'autour de l'axe dans les cristaux à un axe; et, par une rencontre assez remarquable, des épaisseurs égales de quartz et de chaux sulfatée donnent précisément les mêmes nuances.

La forme primitive du mica de Sibérie est un prisme

droit à base rhombe, perpendiculaire au plan des lames.
L'axe du prisme est la *ligne intermédiaire*, et les axes
optiques symétriquement placés par rapport à cette ligne
font avec elle des angles de 20° 21′, leur plan passant par
l'une des diagonales du rhombe. Cette disposition est,
comme on voit, très-différente de celle de la chaux sulfatée. Cependant, sous l'incidence perpendiculaire, les
lames de mica de Sibérie suivent encore les mêmes lois
que les lames des cristaux à un axe : seulement la diagonale
du rhombe qui détermine le plan des axes est la ligne qui
remplace l'axe unique. Quant à l'épaisseur absolue qui détermine une teinte donnée, M. Biot l'a trouvée plus
grande que dans la chaux sulfatée dans le rapport de 696
à 365.

En examinant les phénomènes que produisent les lames
des cristaux à deux axes lorsqu'elles reçoivent le rayon
sous diverses obliquités, on peut en déduire des procédés
pour déterminer les axes eux-mêmes ; mais nous indiquerons dans l'article suivant un moyen plus simple et plus
direct. Nous ajouterons toutefois que, pour observer ces
phénomènes, il suffit de disposer horizontalement, sur un
fond noir, des lames minces de mica ou de chaux sulfatée
de manière qu'elles reçoivent la lumière des nuées ; alors,
en les regardant avec une tourmaline sous l'angle de polarisation, on aperçoit à leur seconde surface des teintes uniformes très-éclatantes. C'est une belle expérience que l'on
ne voit pas sans intérêt.

Anneaux colorés des lames cristallisées.

627. *Cristaux à un axe.* Nous examinerons d'abord, dans
les cristaux à un axe, les anneaux colorés singuliers que
peuvent développer tous les cristaux doués de la double
réfraction ; et nous prendrons pour exemple le spath d'Islande, qui donne des couleurs très-régulières.

Voici les conditions générales du phénomène. Un faisceau de lumière blanche polarisée traverse perpendiculairement une lame perpendiculaire à l'axe; après son émergence, on le regarde avec une plaque de tourmaline, et l'on aperçoit une série d'anneaux ronds concentriques et très-vivement colorés. La fig. 33o représente la disposition de l'expérience.

nn′ est le réflecteur sur lequel le faisceau se polarise par réflexion. C'est une grande plaque de verre de 6 à 8 pouces de diamètre, ou simplement un disque de bois bien poli et revêtu d'un vernis brillant, comme le bois d'une table ou d'un meuble.

pp′ est la plaque perpendiculaire à l'axe : il est bon de la tenir à quelque pouces de l'œil.

tt′ est la plaque de tourmaline que nous supposons collée sur une lame de verre parallèle vv′.

Le phénomène change d'aspect avec la position de la tourmaline. La fig. 331 représente la série des anneaux quand l'axe de la tourmaline est dans le plan primitif de polarisation. Ils sont alors traversés par une belle *croix noire*, qui étend ses deux branches à une grande distance. La fig. 332 suppose au contraire que l'axe de la tourmaline est perpendiculaire au plan primitif de polarisation ; la *croix noire* est alors remplacée par une *croix blanche*, et dans tous ses points la nouvelle image est complémentaire de la première.

En faisant tourner lentement la tourmaline pour la faire passer de la première position à la seconde, on peut suivre de l'œil les nuances par lesquelles se transforment les couleurs.

Pour étudier les lois auxquelles ces anneaux se trouvent soumis, il suffit d'opérer avec de la lumière simple en plaçant un verre rouge, par exemple, sur le trajet du faisceau polarisé, et de mesurer ensuite la distance de l'œil, l'épaisseur de la lame cristallisée et les diamètres

des anneaux. On arrive ainsi à ces deux lois générales.

1°. Dans une même lame, les carrés des diamètres des
anneaux des divers ordres suivent la série des nombres
0, 1, 2, 3, 4, etc.;

2° Dans des lames de différentes épaisseurs, les carrés
des diamètres des anneaux du même ordre sont en raison
inverse des racines carrées des épaisseurs des lames.

Quant à l'épaisseur absolue que devrait avoir une lame
d'une substance donnée pour produire des anneaux d'une
grandeur déterminée, nous devons nous contenter de dire
ici d'une manière générale qu'elle dépend du rapport des
vitesses ordinaire et extraordinaire de la lumière dans
l'intérieur du cristal. La cause de cette dépendance paraitra évidente par ce que nous allons indiquer sur la cause
elle-même du phénomène.

Soit pp' (*Fig.* 333) la plaque perpendiculaire à l'axe,
et o la position de l'œil. La partie du faisceau incident qui
devient visible forme une espèce de cône lumineux obb',
dont le sommet o est dans l'œil, dont la base circulaire
a un diamètre bb' variable avec la distance, et dont l'axe
co coïncide avec l'axe du cristal. Les divers rayons de ce
cône éprouvent des effets biens différens : ceux qui avoisinent l'axe co traversent la plaque sans se dévier, et ceux
qui se trouvent près des bord abo la traversent obliquement, et sont par conséquent soumis aux deux réfractions
ordinaire et extraordinaire; mais ces deux réfractions
s'accomplissent toujours dans le même plan, parce que
toute section perpendiculaire passant par co est une *section
principale*. De plus, les divers rayous, également éloignés
de l'axe ou répartis sur une même circonférence, éprouvent
des modifications bien différentes dans leurs plans de polarisation; car, si l'on représente par $dbd'b'$ (*Fig.* 334) la
coupe du faisceau au moment où il sort de la plaque cristallisée, et par bb' le plan primitif de polarisation, il est évident,

1° que les rayons B et B′ restent polarisés dans le plan primitif, puisque leur plan de polarisation coïncide avec la section principale BB′, qu'ils traversent; 2° que les rayons D et D′ restent pareillement polarisés dans leur plan primitif, parce que leur plan de polarisation est perpendiculaire à la section DD′, qu'ils traversent; 3° que les rayons tels que F′ se séparent en deux autres, l'un ordinaire, polarisé suivant F′H, l'autre extraordinaire, polarisé suivant F′K; car la section principale FF′ qu'ils traversent n'est ni parallèle ni perpendiculaire du plan F′L ou DB de la polarisation primitive. Or ces derniers rayons, en se séparant ainsi, prennent nécessairement des vitesses différentes; l'ordinaire prend de l'avance sur l'extraordinaire, ou *vice versâ*, suivant que le cristal est positif ou négatif; et en s'éloignant progressivement de l'axe C, on voit que cette avance devient successivement égale à un nombre pair ou à un nombre impair de demi-ondulations; maintenant, lorsqu'on va regarder, avec la tourmaline, un faisceau modifié de la sorte, il est facile de voir qu'il en doit résulter des anneaux et une croix noire ou une croix blanche, suivant que la section principale de la tourmaline est parallèle ou perpendiculaire au plan primitif BB′ de polarisation. Pour déterminer d'avance l'ordre des teintes et la grandeur absolue des anneaux, il suffit de connaître la position de l'œil, l'épaisseur de la plaque, et les vitesses ordinaire et extraordinaire correspondant à chaque espèce de lumière simple.

Les plaques de spath d'Islande de quelques millimètres d'épaisseur, ou même de 2 ou 3 centimètres, donnent des anneaux assez réguliers.

Cependant cette substance elle-même et les autres cristaux à un axe présentent en général divers accidens sur lesquels M. Herschell a fait des observations intéressantes. Quelquefois les anneaux sont plus ou moins ovales, et, en tournant la plaque dans son plan, on voit la croix noire se

briser suivant des courbes plus ou moins contournées.
C'est une marque certaine que la cristallisation n'est pas
parfaitement régulière. Le quartz, le beryl, offrent des accidens analogues, plus fréquens encore et plus variés.

Mais, de toutes les modifications que peut éprouver le
phénomène des anneaux, l'une des plus frappantes, et
certainement la plus intéressante à étudier, est celle qui se
manifeste souvent dans l'hyposulfate de chaux et dans
certains échantillons d'apophyllite, particulièrement dans
ceux qui viennent de Cipit dans le Tyrol. Ces substances
donnent des anneaux tout autrement nuancés que ceux
des autres cristaux à un axe. Dans l'apophyllite, par
exemple, il sont presque exactement noirs et blancs. Cela
tient évidemment à ce que, dans ces substances, les vitesses ordinaires et extraordinaires varient suivant des lois
particulières pour chaque espèce d'ondulation.

Les anneaux colorés dont nous venons de parler peuvent être produits d'une infinité de manière ; car il suffit
d'avoir un faisceau polarisé, soit naturellement, comme la
lumière du ciel, soit artificiellement par la réflexion ou
par la réfraction ; de le faire passer au travers d'un cristal
à un axe, de manière que le rayon central suive l'axe, et
enfin de l'observer en le polarisant de nouveau, soit par
réflexion, soit par réfraction. Cependant le plus commode
des appareils pour ce genre d'observation est celui de
M. Herschell, qui est représenté dans la fig. 335.

c et c′ sont deux tubes de cuivre d'une petite longueur,
engagés l'un dans l'autre de manière que le second tourne
aisément dans le premier. т et т′ sont deux plaques de
tourmaline, qui peuvent, par le mouvement des tubes
auxquels elles sont fixées, avoir leurs axes parallèles ou
croisés.

pp′ est la lame cristallisée, perpendiculaire à l'axe ; au
moyen d'un petit bouton в et d'une fente correspondante
dans le tube c, elle peut tourner dans son plan.

Enfin vv′ est tour à tour un verre dépoli ou une lentille d'un court foyer.

Avec le verre dépoli on regarde en т, et l'on reçoit les anneaux dans l'œil, soit que l'on se serve de la lumière solaire ou de la lumière des nuées ; le verre sert à dispenser la lumière, et la première tourmaline à la polariser.

Avec la lentille, on expose l'appareil dans la chambre noire à un faisceau de lumière solaire, qui est d'abord concentré en т′, ou à peu près, et qui, traversant ensuite la plaque pp′ et la tourmaline т, va peindre sur un tableau blanc le système complet des anneaux.

Si, au lieu d'une seule lame perpendiculaire à l'axe, on en place deux de mêmes substances ou de substances différentes, les phénomènes se compliquent et présentent de singulières apparences, dont on peut se rendre compte avec un peu d'attention. Il en est de même encore si l'une des lames est inclinée à l'axe d'une manière quelconque.

Il est facile de voir comment on peut parvenir, par l'observation des anneaux, à déterminer avec précision la direction de l'axe dans les cristaux à un axe.

628. *Cristaux à deux axes.* Pour analyser le phénomène des anneaux colorés dans les cristaux à deux axes, nous prendrons d'abord pour exemple le *nitre* ou *nitrate de potasse.* Les cristaux de cette substance sont ordinairement des prismes à six pans, dont la section perpendiculaire aux arêtes forme un hexagone régulier. Supposons que par des moyens convenables l'on ait préparé une lame de nitre perpendiculaire à la longueur du prisme, ayant environ 1 ou 2 millimètres d'épaisseur ; les deux axes optiques de cette lame sont dans un plan perpendiculaire à ses faces, et se trouvent symétriquement placés par rapport à l'axe de cristallisation, leur inclinaison sur cet axe étant de 3° environ, et leur inclinaison mutuelle à peu près de 6°. Après avoir disposé cette lame entre les deux tourmalines croisées dans l'appareil de M. Herschell

(*Fig.* 335), pour la regarder directement à la lumière diffuse, on observe de brillantes couleurs régulièrement arrangées, telles qu'elles sont représentées dans la fig. 336.
C'est un double système d'anneaux elliptiques ou plutôt
ovales. Chaque système a son centre, l'un en c, l'autre
en c', et leur distance paraît soustendre à l'œil un angle
de 6°; il y a aussi deux bandes noires rectangulaires, dont
l'une passe par les centres.

Les tourmalines restant immobiles, si l'on fait tourner
la lame de nitre sur son plan, on voit les lignes noires se
briser, se déformer, et prendre successivement les positions
indiquées dans les fig. 337, 338 et 339. La fig. 337 est l'apparence du phénomène au moment où la rotation commence.

La fig. 338 correspond à une rotation de 22° 30', et la
fig. 339 à une rotation de 45°.

Les mêmes successions se reproduisent dans chaque
quadrans. Ces phénomènes peuvent être étudiés plus com-
modément encore dans la chambre noire, au moyen de la
lumière solaire. Pour cela il faut mettre en place la lentille vv' (*Fig.* 335), et disposer un tableau à une distance
convenable de r' pour recevoir l'image. On peut ainsi
dessiner les lignes d'égale teinte ou les *lignes isochroma-
tiques*, et M. Herschell, qui a fait le premier ces expériences, s'est assuré qu'elles forment des courbes bien
connues des géomètres sous le nom de *lemniscate*. Les
apparences variées de cette courbe sont représentées dans
la fig. 340. Sa propriété caractéristique est que le produit
des deux distances cA et cA', d'un point quelconque aux
deux centres, est constant pour une même courbe, et
égal au produit de la demi-distance des centres par une
quantité connue, qui varie en passant d'une courbe à
l'autre.

Le double système d'anneaux est produit par les deux
axes, et le centre de chaque système indique le prolongement de l'axe autour duquel il se produit. Il en résulte

donc, et un caractère facile pour distinguer les cristaux à
deux axes des cristaux à un axe, et un moyen sûr pour
déterminer la direction absolue des axes et l'angle qu'ils
font entre eux. Il faut seulement varier les coupes, suivant
lesquelles on fait tailler les lames, jusqu'à ce qu'on arrive à la production des anneaux : les indications minéra-
logiques peuvent limiter beaucoup les tâtonnemens inutiles. On conçoit cependant que si les axes faisaient entre
eux des angles un peu grands, il deviendrait impossible
d'embrasser à la fois dans le même champ les deux systèmes d'anneaux. C'est ce qui arrive en effet. Et pour donner un exemple de l'apparence que prend alors le phénomène, nous choisirons le mica, dont les deux axes sont
aussi dans un plan perpendiculaire aux lames. Dans cette
substance, l'angle des axes varie, suivant les échantillons,
depuis 14° à 45°, et même pour les angles *minimums*, l'on
ne peut voir à la fois que les anneaux correspondans à l'un
des axes. On peut alors procéder de la manière suivante :
après avoir choisi une lame de mica d'environ 1 millimètre
d'épaisseur, on distinguera facilement les deux sections
rectangulaires dans lesquelles la lumière polarisée passe
sans changer son plan de polarisation; l'une de ces sections est la section principale contenant les deux axes.
Pour la reconnaître, on présente la lame perpendiculairement à un faisceau polarisé, de manière que le plan de polarisation fasse un angle de 45° avec les deux sections précédentes, et dans cette position on l'incline successivement autour de chacune de ces sections ; il s'en trouvera
une pour laquelle l'inclinaison fera paraître les anneaux et
la tache centrale ; on sera sûr alors que le rayon se transmet suivant l'un des axes ; ensuite, en inclinant en sens
contraire, de manière que la même section soit toujours
dans le plan d'incidence, on trouvera une nouvelle position qui fera paraître les anneaux, et qui indiquera par
conséquent la direction du second axe.

Vus isolément dans le mica, les deux systèmes d'anneaux ont le même aspect que quand ils sont vus simultanément dans le nitrate de potasse.

Si, pour toutes les couleurs du spectre, les axes optiques conservaient exactement la même direction, et si en outre les vitesses restaient proportionnelles aux longueurs des ondulations, il serait facile de calculer dans tous les cas les nuances des anneaux des divers ordres. Mais nous avons déjà vu que dans certains cristaux à un axe les vitesses changent suivant des lois particulières; il en est de même dans les cristaux à deux axes, et l'on observe de plus ce fait très-remarquable : c'est que dans un grand nombre de cas les couleurs diversement réfrangibles ont leurs axes optiques dans des directions très-sensiblement différentes. Nous prendrons pour exemple le tartrate de soude et de potasse ; lorsqu'on taille une lame de cette substance à peu près perpendiculairement à l'un des axes, et qu'on l'expose ensuite à un trait solaire entre les deux tourmalines croisées dans l'appareil de la fig. 1000, pour l'éclairer successivement par les diverses couleurs du spectre, on voit les anneaux se déplacer sur le tableau sans se déformer; le centre, qui appartient à la lumière rouge, est très-sensiblement différent de celui qui appartient à la lumière violette. La même chose aurait lieu pour le système d'anneaux correspondant à l'autre axe ; et M. Herschell, à qui l'on doit la connaissance de ce phénomène important, paraît avoir constaté par de nombreuses expériences que les systèmes d'axes correspondans aux diverses couleurs sont tous contenus dans le même plan.

D'après cela, quand on dit d'un cristal qu'il est à deux axes, cela signifie en réalité qu'il a un système de deux axes pour chacune des couleurs simples, et que l'angle de ce système change avec la réfrangibilité.

Polarisation circulaire.

629. Fresnel a donné le nom de *polarisation circulaire* à un phénomène remarquable qui avait été observé d'abord par M. Arago, dans des plaques de cristal de roche taillées perpendiculairement à l'axe, et qui a été observé ensuite par M. Biot dans les liquides et même dans les vapeurs.

Nous commencerons par exposer ce phénomène dans toute sa simplicité, et après cela nous essaierons d'indiquer, autant qu'il est possible dans cet ouvrage, l'ingénieuse explication que Fresnel en a donnée.

Lorsqu'un faisceau de lumière homogène polarisé traverse perpendiculairement une plaque de cristal de roche perpendiculaire à l'axe, il reste encore polarisé après son émergence ; mais son plan de polarisation est changé : les plaques tirées de certains échantillons le font tourner de *droite à gauche*, et celle qui proviennent d'autres échantillons le font au contraire tourner de *gauche à droite* par rapport au plan primitif de polarisation.

L'appareil de la fig. 326 est très-commode pour constater ce fait par l'expérience. On dispose la plaque de cristal de roche sur l'un des supports E ou E′, de manière que le faisceau polarisé la rencontre perpendiculairement ; on fait tomber sur le réflecteur successivement toutes les couleurs du spectre, et l'on observe le faisceau transmis au moyen du prisme bi-réfringent ou de la tourmaline, pour constater la direction de son plan de polarisation.

En opérant de la sorte sur des plaques de diverses épaisseurs tirées d'un même échantillon, et en répétant les expériences sur des plaques tirées de différens échantillons, on arrive aux résultats suivans :

1° Pour toutes les plaques tirées d'un même cristal, la rotation du plan de polarisation est proportionnelle à l'épaisseur.

Ainsi une plaque pourrait être assez épaisse pour que la rotation fût d'une ou de plusieurs demi-circonférences; ce qui ramènerait le nouveau plan de polarisation en coïncidence parfaite avec le plan primitif;

2° Dans la variété de quartz appelée *plagièdre* (Haüy), le sens des inclinaisons des facettes détermine toujours le sens de la rotation du plan de polarisation.

C'est à M. Herschell que l'on doit cette remarque curieuse, qui établit une liaison nouvelle entre les propriétés optiques des cristaux et l'état d'agrégation de leurs molécules;

3° Soit qu'un cristal tourne de *gauche à droite*, soit qu'il tourne de *droite à gauche*, la même épaisseur imprime toujours à très-peu près la même rotation;

4° En superposant deux plaques qui agissent en sens contraire, l'effet qu'elles produisent est à peu près égal à celui que produirait une seule plaque, ayant une épaisseur égale à leur différence et agissant comme la plus épaisse;

5° Les diverses couleurs du spectre éprouvent dans leur plan de polarisation des rotations d'autant plus grandes, qu'elles sont plus réfrangibles. En prenant pour type la rotation produite par une plaque de cristal de roche de 1 millimètre d'épaisseur, M. Biot est parvenu aux résultats suivans pour les diverses couleurs simples.

Désignation du rayon simple.	Arc de rotation en degrés sexagésimaux.
Rouge extrême. ·	$17° - 29' - 47''$
Limite du rouge et de l'orangé. .	$20 - 28 - 47$
de l'orangé et du jaune.	$22 - 18 - 49$
du jaune et du vert. . . .	$25 - 40 - 31$
du vert et du bleu	$30 - 2 - 45$
du bleu et de l'indigo . .	$34 - 34 - 18$
de l'indigo et du violet. .	$37 - 51 - 58$
Violet extrême.	$44 - 4 - 58$

Tous les rayons diversement réfrangibles ayant ainsi des plans de polarisation différens, on conçoit qu'un faisceau blanc polarisé qui tombe sur une plaque de cristal de roche, doit offrir, après son émergence, des couleurs plus ou moins vives, lorsqu'on viendra le regarder au moyen du prisme bi-réfringent ou de la tourmaline. La composition de ses teintes pourra facilement se déduire des données précédentes ; M. Biot en a fait la vérification par un grand nombre d'expériences.

M. Brewster a reconnu que les couches successives qui composent certains échantillons d'améthyste sont douées de propriétés contraires, et qu'elles font alternativement tourner le plan de polarisation dans un sens ou dans l'autre. De là résulte une série de franges composées et enlacées de mille manières, lorsqu'on fait passer un faisceau blanc polarisé au travers d'une plaque d'améthyste convenablement taillée.

630. *Mouvement du plan de polarisation dans les corps non cristallisés*. Le quartz est, parmi les substances solides, la seule jusqu'à présent connue qui fasse tourner les plans de polarisation sous les conditions que nous avons indiquées ; mais on a découvert des liquides et même du gaz qui jouissent de cette propriété ; c'est à MM. Biot et Seebeck que l'on doit cette découverte, et l'on doit particulièrement à M. Biot, un grand nombre de recherches intéressantes sur ce sujet. Les liquides dans lesquels cet habile physicien a découvert et étudié les phénomènes dont il s'agit, sont : les huiles essentielles de térébenthine et de citron, qui font tourner la première de droite à gauche, la seconde de gauche à droite ; la dissolution de camphre dans l'alcohol, le sirop de sucre concentré, etc. On retrouve dans toutes ces substances exactement les mêmes phénomènes que dans le cristal de roche : ils ne diffèrent que par l'intensité. Voici le tableau des résultats comparatifs, tel qu'il a été donné par M. Biot pour une même espèce de lumière rouge, les plaques étant toutes réduites par le calcul à l'épaisseur de 1 millimètre.

De droite à gauche.

Cristal de roche.	18°	24′	50″
Huile essentielle de térébenthine. . . .	0	16	16
Id. autre espèce.	0	15	4
Id. purifiée.	0	17	10
Solution { Camphre artificiel 1753 / Alcool. . . . . . 17359 }	0	1	5
Huile essentielle de laurier.	»	»	»

De gauche à droite.

Cristal de roche.	18	24	50
Huile essentielle de citron.	0	26	10
Sirop de sucre concentré.	0	33	14

Il paraît que ces rapports restent sensiblement les mêmes pour les différentes couleurs ; de telle sorte qu'un rayon polarisé blanc donne à peu près les mêmes successions de teintes en traversant toutes ces substances.

L'appareil dont on se sert pour ces sortes de recherches consiste en un tube métallique d'une longueur suffisante, terminé aux deux bouts par des lames de verres parallèles. Ce tube étant rempli du liquide que l'on veut éprouver, on le fait traverser suivant son axe par un faisceau de lumière polarisée, que l'on analyse après son émergence au moyen du prisme bi-réfringent.

Lorsqu'on altère la pureté de l'un de ces liquides, soit en y mêlant un liquide sans action ou un liquide actif de même signe ou de signe contraire, l'effet total est toujours égal à la somme ou à la différence des actions particulières qui seraient produites séparément par les molécules de chaque espèce. Cette loi se soutient encore lorsque les molécules sont soumises à des actions chimiques, et elle se soutient même lorsque les liquides actifs passent à l'état de vapeur, comme M. Biot l'a constaté, en opérant dans de longs tuyaux sur de la vapeur d'essence de térébenthine. On est ainsi conduit à cette conséquence remarquable, que l'action dont il s'agit est inhérente aux molécules des corps, en ce qu'elles impriment des modifications particulières aux molécules d'éther qui les environnent.

631. *Notions fondamentales sur la théorie de la polarisation circulaire.* Fresnel suppose que les vibrations lumineuses s'exécutent dans le sens même de la surface des ondes, perpendiculairement à la direction des rayons, et qu'un faisceau polarisé est celui pour lequel ces vibrations ont toujours la même direction, son plan de polarisation étant le plan auquel ces petits mouvemens oscillatoires des molécules éthérées restent constamment perpendiculaires : or il suit de là que, si deux systèmes d'ondes d'égale intensité et polarisés rectangulairement, c'est-à-dire dont les mouvemens oscillatoires sont perpendiculaires entre eux, diffèrent dans leur marche d'un quart d'ondulation, le mouvement composé qu'ils imprimeront à chaque molécule, au lieu d'être rectiligne comme dans les deux faisceaux considérés séparément, sera circulaire et s'exécutera avec une vitesse uniforme : les molécules tourneront de droite à gauche lorsque le système d'ondes en avant aura son plan de polarisation à droite de celui du système d'ondes en arrière d'un quart d'ondulation, et elles tourneront de gauche à droite lorsque le premier plan sera à gauche du second, ou lorsque, les plans de polarisation restant disposés comme dans le premier cas, la différence de marche sera égale à trois quarts d'ondulation. Si la différence de marche, au lieu d'être un nombre pair ou impair de quarts d'ondulation, était un nombre fractionnaire, les mouvemens vibratoires ne seraient ni rectilignes ni circulaires, mais elliptiques.

On conçoit que, dans cette rotation générale des molécules autour de leurs positions d'équilibre, elles n'occupent pas au même instant les mêmes points des circonférences qu'elles décrivent, vu le mouvement progressif des

ondes. Pour se représenter leurs positions relatives , il faut
concevoir que celles qui étaient sur une même droite parallèle au rayon, dans l'état d'équilibre, se trouvent maintenant placées sur une hélice très-étroite, décrite autour de
cette ligne droite comme axe , et dont le pas est égal à la
longueur d'une ondulation. Si l'on fait tourner maintenant cette hélice autour de son axe d'un mouvement uniforme, de manière qu'elle décrive une circonférence dans
l'intervalle de temps pendant lequel s'accomplit une ondulation lumineuse , et que l'on conçoive d'ailleurs que,
dans chaque tranche infiniment mince perpendiculaire au
rayon , toutes les molécules exécutent les mêmes mouvemens et conservent les mêmes situations respectives, on
aura une idée exacte du genre de vibrations qui constitue
la polarisation circulaire.

Mais il résulte aussi de la théorie mécanique des interférences, qu'un système d'ondes polarisé *rectilignement*
peut être remplacé par deux autres systèmes polarisés à
angle droit entre eux et coïncidens dans leur marche.
De plus, chacun de ceux-ci peut être remplacé par deux
autres systèmes polarisés dans le même plan, ayant sur
lui, l'un une avance d'un huitième, et l'autre un retard
d'un huitième d'ondulation, et par conséquent séparés
entre eux par un quart d'ondulation ; ce qui donne quatre
systèmes d'ondes d'égale intensité , dont deux, polarisés à
angle droit, sont en arrière d'un quart d'ondulation des
deux autres, polarisés aussi à angle droit. Si maintenant
l'on prend ces systèmes pour les combiner *en croix*, c'est-
à-dire chacun de ceux qui est en arrière avec celui qui est
en avant, et polarisé à angle droit avec lui, on voit que
l'on aura précisément deux faisceaux égaux, d'accord
entre eux, et polarisés circulairement, l'un de droite à
gauche , et l'autre de gauche à droite.

Donc , en définitive, tout faisceau d'une intensité égale
à 1 et polarisé *rectilignement* , peut toujours être rem-

placé par deux faisceaux polarisés *circulairement* d'accord entre eux, ayant chacun une intensité $\frac{1}{2}$, et tournant l'un de gauche à droite, et l'autre de droite à gauche. Récipro quement, un système de deux faisceaux polarisés *circulairement* reproduit toujours un faisceau polarisé *rectiligne- ment* dans un plan unique; mais avec cette condition in- diquée par la théorie, que, si les deux faisceaux polarisés circulairement acquièrent dans leur trajet quelque diffé rence de marche, le plan de polarisation du faisceau po- larisé *rectilignement* qui peut les remplacer aura tourné de droite à gauche ou de gauche à droite, d'un angle pro portionnel à la différence de marche. La rotation aura lieu de droite à gauche ou de gauche à droite, suivant que le faisceau polarisé circulairement de gauche à droite aura gagné de l'avance ou éprouvé du retard.

Il est évident, d'après ces notions, que, s'il se rencontre dans la nature quelque substance qui jouisse de la singu- lière propriété de transmettre, avec des vitesses différentes, les faisceaux polarisés circulairement de droite à gauche et ceux qui sont polarisés de gauche à droite, tout faisceau polarisé rectilignement devra, en traversant ces substances, éprouver un mouvement de rotation dans son plan de po- larisation; ce mouvement s'accomplira dans un sens ou dans l'autre, suivant que l'un des systèmes aura gagné de l'avance ou éprouvé du retard; il sera proportionnel à l'é- paisseur de la substance traversée; et enfin il dépendra, suivant certaines lois, de la longueur des ondulations de la lumière.

Telle est l'explication donnée par Fresnel des phéno- mènes que présentent le quartz et les autres substances dont nous avons parlé. Pour en saisir la clef, tout se ré- duit, comme on voit, à bien comprendre qu'un faisceau polarisé rectilignement peut être remplacé par un système de deux faisceaux polarisés circulairement en sens con- traire, et à admettre que, de ces deux systèmes, l'un va plus vite que l'autre lorsqu'ils traversent certains corps.

Ce second point pouvait paraître tout-à-fait hypothé-tique; aussi Fresnel a-t-il mis tous ses soins à le démon-trer d'une manière directe, et il y est parvenu par une ex-périence décisive dont nous allons rendre compte.

632. *Double réfraction du cristal de roche dans le sens de son axe.* Le prisme ou le cylindre ABCD (*Fig.* 341), est composé de trois prismes de cristal de roche travaillés sé-parément, et ensuite ajustés avec beaucoup de soin. Ce-lui du milieu ASB a son angle au sommet s de 152°; il est tiré d'une aiguille de quartz qui fait, par exemple, tour-ner le plan de droite à gauche, et ses deux faces latérales AS et SB sont également inclinées sur l'axe. Les deux extrêmes DAS et CBS sont tirés d'une aiguille de quartz qui fait tour-ner en sens contraire, c'est-à-dire de gauche à droite ; ils ont leurs faces AD et CB exactement perpendiculaires à l'axe, et leurs faces AS et BS convenablement inclinées pour que les axes optiques des trois prismes se trouvent dans la même direction. Maintenant, si l'on fait passer dans cette direction un rayon polarisé, on reconnaît qu'il se divise en deux, et donne, après son émergence, deux rayons divergens. Donc le cristal de roche exerce une double ré-fraction dans le sens de son axe, et cette double réfraction ne ressemble en rien à celle qui se fait à l'ordinaire dans le quartz et dans les autres cristaux; car les deux faisceaux émergens ne donnent ni l'un ni l'autre aucune trace ap-parente de polarisation : du moins chacun d'eux donne toujours deux images blanches et également intenses, lors-qu'on les analyse avec le prisme bi-réfrigent. Ce phéno-mène remarquable est la preuve directe que les faisceaux polarisés circulairement en sens contraire ne se propagent pas avec la même vitesse en suivant l'axe du cristal de roche, et que celui des deux qui va le plus vite dans les deux prismes extrêmes va le plus lentement dans le prisme du milieu. En effet, considérons le faisceau polarisé qui

se présente en AD comme composé de deux faisceaux polarisés circulairement en sens contraire et d'accord entre eux. S'ils prennent des vitesses différentes en traversant le prisme ADS , ils éprouveront des réfractions différentes au passage de ADS dans ASB , et d'autant plus différentes qu'ils doivent ici changer de rôle , le plus lent devenant le plus rapide , *et vice versâ*. Les voilà donc divisés dans tout le trajet de ASB , et au passage de ce prisme dans le dernier CSB , ils se divisent encore davantage , puisque le plus rapide redevient le plus lent , *et vice versâ*. Les deux faisceaux émergens ne sont donc autre chose que les deux faisceaux polarisés circulairement en sens contraire qui composaient le faisceau polarisé incident , et qui ont été séparés par l'inégale vitesse qu'ils ont dû prendre dans les prismes opposés de quartz. Nous allons en trouver une nouvelle preuve dans une autre expérience que l'on doit encore à l'inépuisable sagacité de Fresnel.

633. *Polarisation et dépolarisation produites par des réflexions totales successives.*

ABCD (*Fig.* 342) est un parallélipipède de verre dont les angles aigus sont de 54° environ , et les angles obtus par conséquent de 126°. Un faisceau polarisé , entrant perpendiculairement par la face CB , éprouve deux réflexions totales en P et en S sous l'angle de 54° environ , et s'en va ressortir perpendiculairement par la face AD. Si le plan de polarisation de ce faisceau fait un angle de 45° avec le plan de la double réflexion , l'on trouve qu'après l'émergence il y a en apparence *dépolarisation* complète , c'est-à-dire que le faisceau analysé avec le prisme bi-réfringent donne dans tous les sens deux images blanches et d'égale intensité.

Cependant la dépolarisation n'est qu'apparente ; ce faisceau n'est pas véritablement un faisceau naturel ; il en diffère par deux caractères essentiels :

1° Il reprend sa polarisation dans un plan unique lorsqu'on lui fait subir deux nouvelles réflexions totales sous le même angle dans un second parallélipipède semblable au premier, quelle que soit la direction du second plan de réflexion par rapport au premier. Si les deux plans coïncident, le nouveau plan de polarisation coïncide avec le premier ;

2° En traversant des lames cristallisées, il développe des teintes ayant d'autres caractères et soumises à d'autres lois que celles qui sont données par la lumière naturelle.

Enfin le faisceau dont il s'agit est *polarisé circulairement*; il est identique à l'un des faisceaux que nous avons obtenus dans l'expérience précédente avec le triple prisme de quartz : pour prouver cette identité, il suffit de soumettre à la double réflexion, dans le parallélipipède de verre, les deux faisceaux qui émergent du triple prisme. Chacun d'eux donne alors un faisceau polarisé ; mais pour l'un le plan de polarisation fait 45° *à droite* du plan de réflexion, et pour l'autre 45° *à gauche*. Ce qui montre bien qu'ils sont polarisés circulairement et en sens contraire.

Il reste sans doute de nouvelles recherches importantes à faire sur ce sujet ; mais ici, comme dans toutes les autres branches de l'optique, Fresnel a indiqué la véritable cause des phénomènes, et les analogies qu'il a établies entre les actions produites par la réflexion totale et celles qui s'exercent dans le cristal de roche, suivant son axe, ne peuvent manquer de devenir fécondes.

Couleurs des corps irrégulièrement agrégés.

634. *Couleurs permanentes du verre trempé.* Des lames de verre chauffées lentement jusqu'au rouge et ensuite refroidies dans un air très-froid, deviennent dures et fragiles ; elles ont acquis un nouvel état d'agrégation, une *trempe* analogue à celle de l'acier ; toutes leurs propriétés physiques le démontrent, mais leurs propriétés optiques

le font voir encore d'une manière plus frappante. Ces lames se comportent comme des lames cristallisées ; elles colorent des plus vives nuances les faisceaux polarisés qui les traversent.

Pour observer ces couleurs, on peut simplement regarder avec la tourmaline une plaque de verre trempée, disposée horizontalement et recevant la lumière des nuées. En se plaçant sous l'angle de la polarisation complète, on aperçoit sur la seconde surface de la plaque des cercles et des bandes colorés offrant une sorte de symétrie bizarre. L'arrangement des couleurs change quand on tourne la tourmaline, et il change pareillement quand on tourne la plaque. Les phénomènes sont ici produits par les modifications qu'éprouve, en traversant la plaque, la lumière qui a été réfléchie et polarisée à sa seconde surface.

Les expériences peuvent être disposées d'une manière un peu plus commode, en polarisant, sur une grande glace noire, la lumière des nuées ou celle d'une lampe munie d'un globe dépoli ; alors on tient la plaque de verre perpendiculairement au faisceau polarisé, et assez près de la glace ; puis on l'observe à une certaine distance avec la tourmaline ; en se procurant un assortiment de plaques rondes, ovales, carrées, triangulaires, hexagones, etc., d'un pouce ou deux de largeur, sur des épaisseurs variables, depuis 1 ligne jusqu'à 8 ou 10 lignes, on pourra étudier avec intérêt les apparences singulièrement changeantes que présente dans ces circonstances la lumière polarisée. Nous nous contenterons d'indiquer ici quelques-uns des effets que l'on obtient.

Les plaques carrées donnent les apparences analogues à celles qui sont représentées dans les fig. 343 et 344, c'est-à-dire une croix noire au milieu, et des cercles vivement colorés aux quatre coins. Ce sont les anneaux formés autour de ces cercles qui viennent quelquefois, en se multipliant, environner la croix noire, comme dans la fig. 344.

En tournant la lame dans son plan, on obtient la fig. 345.

Les plaques rondes donnent quelquefois les mêmes apparences que les lames de spath d'Islande perpendiculaires à l'axe; mais le plus souvent la croix noire et les anneaux sont distordus au point d'être à peine reconnaissables.

Une plaque hexagonale donne la fig. 346.

Une plaque rectangulaire la fig. 347.

En combinant diverses plaques, on obtient des effets plus compliqués, dans lesquels il n'est pas toujours possible de reconnaître une apparence de symétrie.

Un fait très-remarquable que présentent les lames trempées, c'est qu'on ne peut pas retrancher de leur ensemble un fragment un peu volumineux, sans que les couleurs du reste n'éprouvent une grande altération ; c'est bien là une preuve que la trempe retient les molécules dans un état forcé où elles sont toutes solidaires, et que l'on ne peut rien déranger dans une des parties sans déterminer un nouvel arrangement dans l'ensemble.

En démontrant, par une expérience directe (606) que le verre prend la double réfraction quand on le comprime, Fresnel n'a laissé aucun doute sur la cause générale des phénomènes dont nous venons de parler. Toutes les couleurs que la lumière polarisée développe dans le verre trempé dépendent évidemment de l'inégale élasticité que prend alors l'éther dans les différens sens, d'où résulte inégalité de vitesse et interférences, comme dans les lames cristallisées. Mais il faudrait recourir à des expériences nombreuses, et surtout à une analyse difficile, si l'on voulait déterminer les lois suivant lesquelles cette élasticité change en passant d'un point à un autre.

635. *Couleurs accidentelles des corps inégalement comprimés ou dilatés.* En perdant leur état forcé d'agrégation, les verres trempés perdent la propriété de donner des couleurs; mais ils la reprennent en reprenant la trempe. On

peut donc conclure que, si l'on parvenait à changer brusquement l'état d'agrégation d'un corps diaphane pour le
rétablir aussitôt, on lui imprimerait passagèrement des
propriétés analogues à celles des lames cristallisées. C'est
en effet ce qui arrive dans tous les corps où le changement produit est irrégulier, c'est-à-dire inégal dans les
différens points. Les liquides et les gaz présentent des
masses dont on ne peut pas troubler aisément l'homogénéité d'agrégation ; aussi ces substances ne peuvent-elles
pas participer aux propriétés dont il s'agit ; mais, à cette
exception près, il suffit de comprimer inégalement un
corps diaphane ou de le dilater inégalement pour qu'il
donne des couleurs aux faisceaux polarisés. Nous en citerons quelques exemples.

Une lame de verre non trempé et bien recuit ayant, par
exemple, un pied de longueur, un pouce de largeur et
une ou deux lignes d'épaisseur, étant courbée dans sa
longueur (*Fig.* 348), et traversée dans sa largeur par un
rayon polarisé, donne naissance à des bandes colorées
vives et distinctes. On remarque aussi que, de part et
d'autre de la couche moyenne cc′ qui conserve son état
naturel, les couleurs suivent des lois opposées dans la partie convexe, où il y a dilatation, et dans la partie concave,
où il y a compression.

En croisant à angle droit deux lames semblablement
courbées, on obtient l'effet représenté dans la fig. 349, la
diagonale DD′ est la ligne sans polarisation, suivant laquelle les effets contraires se détruisent. Cette expérience
est de M. Brewster.

M. Biot a reconnu des traces de coloration pareilles dans
une lame pendant qu'elle vibre.

La compression mécanique produit des effets analogues,
comme l'ont démontré presque en même temps MM. Seebeck et Brewster, sur des lames de verre, pressées dans un
étau, ou sur des gelées animales comprimées entre des

lames de verre. Enfin le réchauffement ou le refroidissement inégal donnent encore les mêmes apparences. La fig. 350 représente, par exemple, une lame rectangulaire de verre posée sur une barre de métal rouge de chaleur. Bien que la dilatation ne se fasse sentir d'abord que sur le côté AB, les couleurs paraissent aussi sur le côté CD , sans doute à cause de l'état de compression que reçoivent les molécules dès l'instant que le côté AB s'allonge par la dilatation.

Quelquefois la chaleur de la main est suffisante pour mettre une plaque de verre en état de donner des couleurs.

Les cristaux qui ne sont pas naturellement doués de la double réfraction se comportent comme le verre sous l'influence de la compression mécanique ou de la dilatation.

Les cristaux doués de la double réfraction sont aussi modifiés par ces influences : plusieurs physiciens s'occupent en ce moment de recherches sur ce sujet.

De l'absorption de la lumière polarisée.

636. Les mouvemens de vibration de la lumière polarisée s'accomplissant dans un sens déterminé, l'on conçoit qu'il puisse se présenter un grand nombre de cas où leur propagation se fasse autrement que celle de la lumière naturelle. Les cristaux nous en offrent en effet plusieurs exemples, parmi lesquels nous choisirons les plus frappans.

La *tourmaline* est un cristal à un axe doué de la double réfraction, comme le quartz et le spath d'Islande ; car, en faisant un prisme de tourmaline dont l'arête soit parallèle à l'axe , et dont l'angle réfringent soit très-petit, on voit les objets doubles en regardant au travers de ce prisme, et l'on peut distinguer aisément l'image ordinaire de l'image extraordinaire ; mais, à mesure que l'œil s'éloigne du sommet de l'angle réfringent , de manière que les fais-

ceaux transmis doivent traverser une plus grande épaisseur du cristal, on reconnaît que l'image ordinaire s'affaiblit peu à peu, et qu'elle finit par s'effacer complètement.
Donc la tourmaline a la propriété d'absorber les faisceaux
qui sont polarisés dans sa section principale, tandis
qu'elle conserve la propriété de transmettre les faisceaux
qui sont polarisés perpendiculairement à cette section,
ou les faisceaux extraordinaires. Cette propriété remarquable est extrêmement utile dans l'étude de la polarisation, et l'on voit maintenant le principe sur lequel elle
repose. Il y a des tourmalines limpides ou légèrement
bleuâtres, qui ne peuvent absorber le rayon ordinaire que
quand elles ont une grande épaisseur, tandis que les tourmalines brunes peuvent produire cet effet avec une épaisseur qui n'est quelquefois qu'une fraction de millimètre.

Le *carbonate de baryte*, dans certaines directions,
donne deux images à peu près d'égale intensité, tandis
que, dans d'autres directions, il absorbe presque complètement l'un des faisceaux qui le traversent.

Le *mica*, lorsqu'il est en lames d'environ une ligne
d'épaisseur et convenablement incliné sur le faisceau de
lumière qui le traverse, ne laisse passer non plus qu'une
image polarisée dans un seul sens. Par conséquent l'autre
image est réfléchie ou absorbée.

M. Brewster a fait sur le *nitre* une autre observation
intéressante : un prisme taillé dans une aiguille de nitre
fait voir distinctement les deux images de la double réfraction ; mais si l'on dépolit un peu les faces du prisme,
et que l'on y colle ensuite deux lames de verre parallèles,
on fait disparaître tantôt l'une, tantôt l'autre des images,
suivant l'espèce de colle que l'on emploie. Le baume de
Copahu fait disparaître l'image ordinaire, et le blanc d'œuf
l'image extraordinaire. Cela tient évidemment à ce que le
beaume a un indice de réfraction à peu près égal à l'in-

dice ordinaire du nitre, tandis que le blanc d'œuf a un indice égal à son indice extraordinaire.

D'autres cristaux produisent des effets analogues.

M. Brewster a pareillement étudié le jeu des couleurs dans les substances qui sont douées de *dichroïsme*, c'est-à-dire qui laissent voir deux couleurs différentes, suivant qu'on les regarde dans un sens ou dans l'autre, et il a reconnu que ces couleurs dépendent de la position des axes optiques.

Le minéral appelé dichroïte (Haüy) ou iolite, à cause de sa belle couleur bleue, cristallise en prisme à douze pans ; il est *bleu* quand on le regarde dans une section parallèle à l'axe, et *jaune-brun* dans les sections perpendiculaires.

Le *muriate de potasse* et *de palladium* cristallise en prisme à quatre pans ; il est *rouge* dans le sens de l'axe, et *vert* dans le sens perpendiculaire.

L'augite, le saphir, l'idocrase, sont doués aussi d'une espèce de dichroïsme (Mém. de M. Brewster, *Transact. philos.*, 1819).

FIN DE L'OPTIQUE.

ÉLÉMENS

DE

MÉTÉOROLOGIE.

—

LIVRE NEUVIÈME.

AVERTISSEMENT.

On désignait autrefois sous le nom de *météores*
tous les phénomènes qui se manifestent accidentellement dans les airs. Ainsi, *l'arc-en-ciel* et les *faux
soleils* étaient des *météores lumineux*; les *trombes*
et les *ouragans*, des *météores aériens*; les *pluies extraordinaires*, des *météores aqueux*; les *étoiles fi-
lantes*, les *globes de feu* et le *tonnerre*, des *météores
enflammés*, etc. L'apparition de ces météores au sein
de l'atmosphère excitait d'abord de l'effroi, comme
l'apparition des comètes dans le ciel. Mais, après
quelques siècles, les frayeurs de l'imagination firent
place à l'esprit d'observation, et bientôt les causes
occultes, chassées du ciel et de la terre, emportèrent
avec elles les effets merveilleux, les prodiges et les
présages menaçans.

Alors commença la véritable étude des météores.
Le baromètre inventé par Galilée et Torricelli, en
mesurant la pression atmosphérique, fit connaître
aussi et les limites de l'atmosphère et l'étendue des
variations qu'elle éprouve au milieu des secousses
violentes des orages. Le thermomètre, soumis par
Réaumur à une graduation constante et universelle,
fut transporté dans les divers climats des deux mon-
des; d'intrépides voyageurs en firent usage sur les
plus hautes montagnes du globe, dans les régions
supérieures aux nuages, et l'existence des vapeurs

sulfureuses ou inflammables, qui jouaient un si grand rôle dans l'atmosphère, fut d'abord mise en doute et bientôt abandonnée comme une hypothèse sans fondement. L'arc-en-ciel, les parhélies et les faux soleils furent ramenés aux lois ordinaires de l'optique par Descartes, Newton et Huyghens. Franklin découvrit la cause du tonnerre, et dès lors la foudre, docile aux lois de la science, descendit paisiblement des nuages orageux dans le laboratoire du physicien, pour y être soumise à l'expérience.

Après cette découverte l'on put étudier avec intérêt comme de simples jeux électriques, les *langues de feu* qui paraissent par intervalle aux mâts et aux cordages des vaisseaux, et d'autres feux pareils connus sous une foule de noms divers, qui avaient été observés par les anciens, aux sommets des édifices ou même aux piques des soldats, et qui avaient plus d'une fois jeté l'épouvante dans les légions romaines.

C'est ainsi que la connaissance des météores est peu à peu rentrée dans le domaine de la physique, et en est devenue l'une des applications les plus importantes.

Maintenant la météorologie n'a pas seulement pour objet l'observation des phénomènes accidentels autrefois connus sous le nom de météores, elle embrasse dans leur ensemble tous les phénomènes atmosphériques et tous les phénomènes terrestres, soit accidentels, soit permanens, qui dépendent de l'action du calorique, de l'électricité, du magnétisme et de la lumière. C'est une étude immense par son étendue autant que par ses résultats. Il s'agit en effet de déterminer tout autour du globe, sur les continens, et dans la masse si mobile de l'air et des eaux, les influences diverses et sans cesse changeantes, des quatre grands agens naturels dont nous avons déjà constaté la puissance.

Pour la chaleur, il faut déterminer les lois de ses variations à la surface de la terre suivant les jours et les périodes des saisons, depuis la zone torride jusqu'aux climats glacés des pôles; il faut chercher sa distribution dans les régions atmosphériques, dans la masse des eaux qui recouvrent la terre, et dans les différentes couches du sol, jusqu'aux dernières profondeurs où l'homme puisse faire pénétrer la sonde; il faut reconnaître l'influence de cette cause si universelle et si puissante, dans la formation des vapeurs et des brouillards, dans l'ascension et la suspension des nuages, dans la pluie, la neige et la rosée; enfin, il faut mesurer, s'il est possible, la quantité de chaleur donnée à la terre par le soleil, afin de remonter ainsi aux divers états de chaleur ou de froid par lesquels le globe de la terre a dû passer.

Pour la lumière, il faut chercher de combien les astres sont déplacés par la réfraction atmosphérique, et corriger cette espèce d'illusion invincible qui nous les fait voir loin de leur position réelle, à des distances qui varient suivant leur élévation apparente, suivant l'heure du jour ou de la nuit, et suivant l'état thermométrique des différentes couches de l'atmosphère; il faut chercher les causes qui donnent à la voûte du ciel sa forme et sa couleur, celles qui donnent aussi des aspects si variés aux eaux de la mer et des lacs; il faut expliquer la scintillation des étoiles, la couleur rouge qui se répand parfois sur le disque du soleil ou des astres; enfin il faut expliquer le mirage, les *fata morgana*, et en un mot, toutes les apparences si multipliées que nous présentent les objets du ciel ou de la terre, lorsque nous les regardons au travers des couches plus ou moins pures de l'atmosphère ou au travers des couches plus ou moins limpides des grandes masses d'eau qui environnent la terre.

Pour l'électricité, il faut constater l'état électrique de l'air sous un ciel serein, et chercher comment il varie avec la hauteur, avec la sécheresse ou l'humidité et avec les climats brûlans, tempérés ou glacés; il faut chercher ces mêmes élémens sous un ciel couvert de nuages, dans les temps calmes et dans les temps orageux; il faut observer toutes les circonstances des orages et des explosions de la foudre, soit qu'elle éclate au milieu des airs, soit qu'elle frappe les objets de la terre; il faut expliquer les conditions sous lesquelles les paratonnerres sont efficaces ou dangereux; il faut rechercher les nombreux phénomènes atmosphériques qui dépendent de l'électricité; enfin il faut découvrir la source elle-même qui reproduit sans cesse, dans une juste mesure, les fluides électriques qui se détruisent ou qui se recomposent sans cesse pendant les orages.

Pour le magnétisme, il faut déterminer à l'époque actuelle la direction des boussoles d'inclinaison et de déclinaison dans les deux hémisphères, la trace de l'équateur magnétique, celles des lignes sans déclinaison, les pôles magnétiques eux-mêmes et l'ensemble des lois suivant lesquelles l'intensité magné-

tique se trouve répartie sur les différens points des continens ou des mers. Ensuite, tous ces élémens n'ayant
de fixité que pour une époque ou pour un instant,
il faut chercher les lois compliquées suivant lesquelles ils changent avec le temps, et les causes primitives ou secondaires de ces changemens qui nous
paraissent à la fois si extraordinaires et si difficiles à
expliquer dans leur intensité et dans leur origine.

D'autres phénomènes plus complexes rentrent
aussi dans le domaine de la météorologie : tels sont
ceux qui se trouvent liés aux pressions atmosphériques, comme les mouvemens accidentels ou périodiques du baromètre, les vents, les trombes ou les
ouragans; la chute des aérolithes ou des autres substances météoriques; tels sont encore ceux qui se
trouvent liés à l'équilibre, au mouvement ou aux
pressions des eaux, comme les marées et les masca-
rets, la hauteur et la vitesse des vagues, les sources
naturelles ou thermales, les fontaines jaillissantes,
et enfin toutes les éruptions qui se montrent sur les
différens points de la terre, depuis les filets gazeux
de barigazo, jusqu'aux torrens de lave qui englou-
tissent des villes ou des provinces.

Telles sont les grandes questions dont s'occupe la
météorologie; nous ne pouvons pas avoir le dessein
de les discuter en détail dans un ouvrage comme
celui-ci, qui doit avant tout être élémentaire et peu
volumineux ; mais nous essaierons au moins d'en
discuter quelques points essentiels.

LIVRE NEUVIÈME.

MÉTÉOROLOGIE.

—

CHAPITRE Ier.

De la chaleur terrestre.

637. Les divers degrés de chaleur ou de froid exerçant une influence plus ou moins directe sur la plupart des phénomènes météorologiques, nous examinerons d'abord la question générale de la distribution de la chaleur dans le sein de la terre et de l'atmosphère. Pour résoudre cette question d'une manière complète, il ne faudrait pas seulement des observations passagères, faites sur quelques points isolés du globe, mais il faudrait des observations séculaires faites avec de bons instrumens dans tous les climats différens. Or, nous sommes loin de posséder ces élémens essentiels : la plupart des observations anciennes étaient faites comme au hasard et avec peu de précision ; la météorologie de la chaleur ne date en réalité que du commencement de notre siècle ; c'est alors que les immenses travaux de M. de Humboldt et les profondes recherches théoriques de M. Fourier et de M. Laplace ont puissamment concouru à lui donner son essor et sa véritable direction ; les bonnes observations sédentaires se sont multipliées, de nombreux voyages scientifiques ont été exécutés dans les hautes montagnes, sur toutes les mers et dans des pays jusqu'alors inconnus à la science. Les résultats qui ont été recueillis dans le court espace de ces trente dernières an-

nées forment déjà un vaste ensemble; et s'ils sont encore incomplets par leur nombre et par la durée qu'ils embrassent, il est vrai de dire qu'ils conduisent à plusieurs grandes questions sur l'état thermométrique du globe, qui peuvent dès aujourd'hui être abordées et discutées avec des données précises.

Ce chapitre est consacré à l'examen de ces questions; nous le diviserons en plusieurs articles, sous les titres suivans :

Température de l'air à la surface du sol.

Température à diverses profondeurs au-dessous du sol.

Température à diverses hauteurs au-dessus du sol.

Température des eaux.

De l'équilibre de température de la terre.

Température de l'air à la surface du sol.

638. *Disposition des instrumens.* Lorsqu'on se propose de déterminer les températures d'un lieu par des observations sédentaires, il faut apporter le plus grand soin dans le choix et dans la disposition des instrumens.

Tout thermomètre est bon lorsqu'il est bien construit, pourvu qu'il ait été gradué d'après les véritables principes, et pourvu qu'il soit vérifié de temps à autre pour corriger les mouvemens du zéro (156). Avec ces conditions, le choix de la substance n'a plus qu'une légère importance : on peut se servir de mercure ou d'alcohol, d'eau, d'huile ou de tout autre corps capable de supporter les variations de température sans changer d'état. Cependant la masse de l'instrument et son pouvoir rayonnant doivent entrer en considération : un gros thermomètre peut devenir inexact par son *insensibilité*, car s'il exige, par exemple, deux ou trois heures pour prendre la température ambiante, il ne donnera qu'une fausse indication des variations passagères; un pe-

tît thermomètre, au contraire, reproduira fidèlement et
à chaque instant les influences qui s'exercent sur lui. Un
thermomètre à grand pouvoir rayonnant peut devenir
inexact par sa *sensibilité*, car il s'échauffe ou se refroidit
par deux causes : par le contact de l'air et par le rayonnement, qui exerce alors une partie notable de l'action totale. Or, comme on cherche seulement la température de
la masse d'air libre, il est évident qu'il faut, autant qu'il
est possible, se mettre à l'abri du pouvoir rayonnant du
thermomètre, et ne laisser agir sur lui que le contact de
l'air dont on veut connaître la température.

Voici un instrument dont je me suis servi avec avantage
pour avoir avec exactitude la température de l'air, et pour
estimer par conséquent les erreurs que l'on peut commettre
avec les thermomètres ordinaires.

RR' (*Fig.* 351) est un réservoir en fer rempli de mercure,
auquel on adapte, d'une manière fixe, un thermomètre
ordinaire T et un thermomètre différentiel DD', qui a été
gradué avec beaucoup de soin. Le thermomètre T donne la
température exacte de la boule B, et il suffit d'observer la
position du sommet de la colonne liquide entre les points
D et D', pour en déduire rigoureusement la température
de la boule B'. Tout se réduit donc à faire en sorte que
cette boule D' prenne toujours à chaque instant la température de l'air, et l'on y parvient autant qu'il est possible
en la faisant légère et en dorant sa surface. La marche de
cet instrument comparée à celle d'un thermomètre ordinaire exposé librement dans un lieu convenable, m'a conduit à cette conséquence : que la température donnée par
les méthodes reçues peut se trouver en erreur de plus
d'un degré sur la véritable température de l'air. Il était
utile d'appeler sur ce sujet l'attention des météorologistes.

Cependant il ne faut pas prétendre que l'on puisse arriver d'abord au dernier degré de précision. Les méthodes

ordinaires présentent déjà d'assez nombreuses difficultés, et les approximations qu'elles donnent sont bien suffisantes pour le moment ; nous en recommanderons donc particulièrement l'usage à tous ceux qui peuvent avoir l'occasion de les employer au profit de la science.

L'*exposition* des instrumens est le véritable principe de l'exactitude des observations. Il est évident d'abord qu'un thermomètre destiné à donner la température de l'air doit essentiellement être exposé au nord. Il faut de plus qu'il soit abrité autant qu'il est possible du rayonnement que ponrraient exercer sur lui des parois voisines soit verticales, soit inclinées ; il faut enfin que l'air l'enveloppe et circule librement autour de lui. Pour donner une idée plus précise de ces dispositions, nous décrirons ici le thermomètre de l'Observatoire royal de Paris (*Fig*. 352).

ʙʙ′ est une espèce de tambour composé de deux forts cercles de bois, réunis l'un à l'autre par des traverses ɴɴ′. Ce tambour peut tourner sur un axe en fer ᴀᴀ′, scélé dans le mur. Le thérmomètre est représenté en ᴛᴛ′ ; son échelle, qui est en verre, se trouve ajustée comme l'une des traverses ɴɴ′ : il est ordinairement exposé vers l'extérieur ; mais lorsqu'on veut faire une observation, l'on fait tourner le tambour pour amener les divisions devant l'œil de l'observateur.

Cet appareil est exposé directement au nord, et ne reçoit par conséquent le soleil que pendant quelques heures le matin et le soir, depuis l'équinoxe du printemps jusqu'à l'équinoxe d'automne, car il n'est pas abrité.

Ces dispositions pourraient être remplacée par d'autres qui n'offriraient pas moins d'avantages.

639. *Détermination des températures moyennes*. Autrefois l'on n'avait pas une notion exacte de ce que l'on doit appeler une température moyenne : on se contentait de choisir la plus haute et la plus basse température de l'année, et leur moyenne ou leur demi-

somme était prise pour la température moyenne de l'année : c'est ainsi que procédaient Lahire, Mairan, Maraldi, à l'observatoire de Paris ; Celsius à Upsal, etc. Réaumur même suivit cette méthode, mais il en reconnut l'inexactitude.

Présentement on appelle *température moyenne d'un jour*, celle que l'on obtiendrait en ajoutant entre elles les observations faites à *tous les instans* de la journée, et en divisant cette somme par le nombre des instans. Cette définition est purement logique : elle définit ce que l'on cherche, mais elle ne donne pas le moyen de le trouver, car il serait physiquement impossible d'observer à tous les instans de la journée. Nous allons faire comprendre le sens que l'on doit y attacher. Prenons, par exemple, la seconde pour intervalle de temps ; dans un jour de vingt-quatre heures, il y a 86400 secondes ; supposons que l'on fasse dans un jour 86400 observations de seconde en seconde, qu'on les ajoute et qu'on divise leur somme par leur nombre 86400 ; on aura ainsi la température moyenne du jour, car les variations thermométriques se font avec une telle lenteur, que le résultat sera certainement le même que si l'on avait observé de demi-seconde en demi-seconde, ou même de centième de seconde en centième de seconde. Il y a plus, c'est qu'il n'est nullement nécessaire d'observer de seconde en seconde, pas même de minute en minute. Par exemple, vingt-quatre observations faites d'heure en heure, ajoutées entre elles et divisées par 24, donneraient encore le même résultat définitif que les 86400 observations faites de seconde en seconde. Tout se réduit donc à trouver une température qui soit conforme à la définition précédente, quel que soit le moyen que l'on emploie pour la trouver.

Or, les nombreuses expériences qui ont été faites montrent, d'une manière certaine, que pour arriver à la vraie *température moyenne* d'un jour, telle qu'elle vient d'être définie, on peut employer, avec un avantage à peu_près égal, les deux méthodes suivantes :

1° Prendre la moyenne de trois observations faites comme il suit :

La première, au lever du soleil ;

La deuxième, à 2 heures de l'après-midi ;

La troisième, au coucher du soleil.

Par exemple le 17 janvier 1830, le thermomètre marquait à Paris :

$$
\begin{aligned}
&\text{Au lever du soleil. . . . } &&— \;18° \\
&\text{A 2 h. après midi . . . . } &&— \;10 \\
&\text{Au coucher du soleil . . . } &&— \;13 \\
\hline
&\text{Somme. . . . } &&— \;41
\end{aligned}
$$

dont le tiers est — 13°, 6 ; c'est la température moyenne du 17 janvier 1830 ; c'est le *minimum* de l'année.

2° Prendre la moyenne des deux températures, *maximum* et *minimum* de la journée.

Ainsi le 29 juillet 1830, on avait à Paris :

Pour le point le plus haut du therm. 31°　　à 3 h. $\frac{1}{7}$.

Pour le point le plus bas . . . 20, 5 à 4 h. du matin.

$$
\text{Somme. . . } \; 51,5
$$

dont la moitié est 25° 7 ; c'est la température moyenne du 29 juillet 1830 ; c'est le *maximum* de l'année.

Cette seconde méthode est celle que l'on emploie à l'Observatoire de Paris. On se sert pour cela du thermomètre que nous avons décrit ; mais l'on obtiendrait à la fois, et beaucoup plus de commodité pour les observations, et sans doute un peu plus d'exactitude, si l'on employait un thermomètre à maxima et minima, tel que celui que nous avons décrit dans le premier volume, pag. 306, fig. 155 et 156.

La *température moyenne d'un mois* est la somme des températures moyennes de tous les jours du mois, divisée par le nombre de ces jours.

Sur plusieurs registres d'observations, l'on a coutume de diviser les 30 jours en trois séries de 10 jours ; alors, après avoir pris la moyenne pour chacune de ces séries, il reste à prendre la moyenne des trois séries. Ainsi pour le mois de juillet 1830, les moyennes des trois séries étaient :

$$
\begin{aligned}
&\text{Du 1}^{\text{er}} \text{ au 10 . . . . . 16,3}\\
&\text{Du 11 au 21 . . . . 18,5}\\
&\underline{\text{Du 21 au 31 . . .. . 21,8}}\\
&\text{Somme. . . . } \overline{56,6}
\end{aligned}
$$

dont le tiers est 18,9 ; c'est la température moyenne du mois de juillet 1830.

La *température moyenne de l'année* est la somme des températures moyennes des douze mois, divisée par 12. Mais il est important de remarquer que l'on arrive au même résultat, ou à peu près, par deux autres méthodes : 1° En prenant seulement la moyenne du seul mois d'octobre ; 2° en prenant la moyenne des températures correspondantes à une seule heure de la journée, qui serait pour notre latitude l'heure de 9 heures du matin. Les deux tableaux suivans donneront une idée de l'exactitude à laquelle on arrive par ces deux méthodes approximatives.

1° *Comparaison des vraies moyennes et des moyennes données par le mois d'octobre* (HUMBOLDT, *Mémoire d'Arcueil*, T. III.)

NOMS des lieux.	Température moyenne de l'année.	Température moyenne du mois d'octobre.	Température moyenne du mois d'avril.
Caire.	22° 4	22° 4	25° 5
Alger.	21 0	22 3	17 0
Natchez.	18 9	20 2	19 1
Rame.	15 8	16 7	13 0
Milan.	13 2	14 5	13 1
Cincinnati.	12 0	12 7	13 8
Philadelphie.	11 9	12 2	12 0
New-York	12 1	12 5	9 5
Pékin.	12 6	13 0	13 9
Bude.	10 6	11 3	9 5
Londres.	11 0	11 3	9 9
Paris.	10 6	10 7	9 0
Genève.	9 6	9 6	7 6
Dublin.	9 2	9 3	7 4
Edimbourg.	8 8	9 0	8 3
Gottingue.	8 3	8 4	6 9
Franecker.	11 3	12 7	10 0
Copenhague.	7 6	9 3	5 0
Stockholm.	5 7	5 8	3 6
Christiania.	5 9	4 0	5 9
Upsala.	5 4	6 3	4 3
Quebec.	5 5	6 0	4 2
Pétersbourg.	3 8	3 9	2 8
Abo.	5 2	5 0	4 9
Drontheim	4 4	4 0	1 3
Uleo.	0 6	3 3	1 2
Uméo.	0 7	3 2	1 1
Cap-nord.	0 0	0 0	—1 0
Enontekies	—2 8	—2 5	—3 0
Nain.	—3 1	+0 6	—2 5

Ce tableau fait voir que les moyennes d'octobre sont assez rapprochées de celles de l'année, même pour des latitudes très-différentes ; nous avons rapporté aussi les moyennes du mois d'avril, afin de montrer qu'en général elles sont un peu trop faibles pour représenter les vraies moyennes de l'année.

2° *Comparaison des vraies moyennes et de celles qui seraient données par les observations de 9 heures pour l'Observatoire de Paris*, année 1829.

Noms des mois.	Moyennes températures des mois.		Moyennes températ. de 9 heures du matin.	
Janvier.	— 2.°	0	— 2°	6
Février.	+ 2	7	+ 2	6
Mars.	+ 5	7	+ 5	6
Avril.	+ 9	8	+11	1
Mai.	+14	9	+16	4
Juin.	+17	1	+19	1
Juillet.	+18	6	+19	3
Août.	+17	0	+18	3
Septembre.	+13	7	+15	0
Octobre.	+10	0	+ 9	9
Novembre.	+ 4	7	+ 4	2
Décembre.	— 3	5	— 4	1
Moyennes.	+ 9	1	+ 9	6

La moyenne température donnée par la méthode directe est 9° 1 ; celle qui serait donnée par le mois d'avril serait 9° 8, par le mois d'octobre 10° 0, et enfin celle qui est donnée par les moyennes de 9 heures du matin est 9° 6, qui ne s'écarte de la vraie moyenne que d'un demi-degré ; sur quoi l'on peut remarquer que si les observations de 9 heures sont bonnes pour donner la moyenne de l'année, elles seraient inexactes pour donner la moyenne des mois ; elles conduiraient à des résultats trop forts pour les mois chauds, et trop faibles pour les mois froids.

Enfin, l'on ne cherche la température moyenne de l'année que pour arriver à la *température moyenne du lieu ;*

celle-ci est la *moyenne de toutes les moyennes annuelles*. Il faut de nombreuses années d'observation pour obtenir un résultat qui approche un peu de la vérité, et même cette vérité n'existe que sous une condition : elle suppose que les changemens de température auxquels une localité se trouve soumise sont des changemens qui s'accomplissent par oscillation et non par progression. Si un climat pouvait être d'une manière indéfinie progressivement chaud ou progressivement froid, il ne faudrait pas chercher sa température moyenne sans cesse changeante ; il faudrait chercher la loi de la progression croissante ou dé-croissante de cette température ; elle serait irrégulière sans doute, mais elle existerait ; tout phénomène durable est soumis à une loi. Les observations tendent à démontrer que tous les climats de la terre sont stables, et que leurs vicissitudes ne sont que des périodes ou des oscillations plus ou moins étendues. Il existe donc une température moyenne propre à chaque lieu, et c'est là une donnée fondamentale que nous avons à déterminer. Dans les climats où les observations de plusieurs années successives donnent des moyennes très-différentes, il faut un très-grand nombre d'années pour obtenir une température moyenne qui approche de la vérité. S'il arrive, par exemple, que la plus grande différence entre les moyennes de vingt années consécutives s'élève jusqu'à $5°$, on pourra supposer, avec quelque probabilité, que cent années d'observations donneront une moyenne qui sera encore en erreur de $\frac{5}{100}$ de degré ou de $\frac{1}{10}$ de degré. Au contraire, si la plus grande différence entre ces moyennes ne s'élève qu'à $1°$, on pourra supposer que cent années d'observation donneront une moyenne dont l'erreur ne dépassera pas $\frac{1}{100}$ de degré. Ces considérations deviendront plus faciles à comprendre par un exemple. Voici, d'après M. Bouvard (*Mémoires sur les observations météorologiques faites à l'Observatoire royal de Paris,*

Paris, 1827), les moyennes annuelles de Paris pour vingt-
une années, de 1806 à 1826 inclusivement :

$$
\begin{array}{llr}
1806 & \dots\dots\dots & 12^{\circ}\ 1 \\
1807 & \dots\dots\dots & 10\ \ 8 \\
1808 & \dots\dots\dots & 10\ \ 3 \\
1809 & \dots\dots\dots & 10\ \ 6 \\
1810 & \dots\dots\dots & 10\ \ 6 \\
1811 & \dots\dots\dots & 12\ \ 0 \\
1812 & \dots\dots\dots & 9\ \ 9 \\
1813 & \dots\dots\dots & 10\ \ 2 \\
1814 & \dots\dots\dots & 9\ \ 8 \\
1815 & \dots\dots\dots & 10\ \ 5 \\
1816 & \dots\dots\dots & 9\ \ 4 \\
1817 & \dots\dots\dots & 10\ \ 4 \\
1818 & \dots\dots\dots & 11\ \ 4 \\
1819 & \dots\dots\dots & 11\ \ 1 \\
1820 & \dots\dots\dots & 9\ \ 8 \\
1821 & \dots\dots\dots & 11\ \ 1 \\
1822 & \dots\dots\dots & 12\ \ 1 \\
1823 & \dots\dots\dots & 10\ \ 4 \\
1824 & \dots\dots\dots & 11\ \ 2 \\
1825 & \dots\dots\dots & 11\ \ 7 \\
1826 & \dots\dots\dots & 11\ \ 4 \\
\end{array}
$$

Moyenne définitive. . . . . 10° 8

Pendant ces 21 années, la plus basse moyenne appar-
tient à 1816 : elle est de 9° 4 ; la plus haute appartient à
1806 et à 1822 : elle est 12° 1 ; leur différence, qui est la
différence *maximum*, s'élève à 2° 7 ; ainsi la moyenne 10° 8,
qui résulte des 21 années, est en erreur probable de 2° 7,
divisé par 21, c'est-à-dire 0°, 13. Si l'on pouvait admettre
que toutes les causes accidentelles qui modifient les températures annuelles se sont développées pendant la durée de
cette période de 21 ans, et qu'on a touché les deux limites

extrêmes entre lesquelles s'accomplit l'oscillation des températures moyennes, il serait assuré que cent années
d'observation donneraient la véritable moyenne de Paris
avec une approximation de 2° 7 divisé par 100, ou environ 3 centièmes de degrés. Mais si pendant le cours d'un
siècle on tombe sur un moyenne un peu plus basse que
9° 4, ou un peu plus haute que 12° 1, on sera certain que
la moyenne de Paris, déterminée par ces 100 années, se
trouvera en erreur de plus de trois centièmes de degré.

Après avoir indiqué les procédés simples et précis par
lesquels on peut arriver à connaître la température moyenne
d'un lieu, nous allons essayer de présenter dans leur ensemble et de discuter les résultats qui ont été obtenus jusqu'à ce jour sur un grand nombre de points du globe; nous
prendrons pour guide le grand travail que M. de Humboldt a publié sur ce sujet dans le troisième volume des
Mémoires de la Société d'Arcueil. Nous emprunterons
aussi plusieurs résultats consignés dans les autres ouvrages de cet illustre voyageur.

640. *Discussion des températures moyennes. — Lignes
isothermes*. Sur un même méridien, la température
moyenne diminue en allant de l'équateur vers les pôles, et
sur une même verticale la température diminue avec l'é-
lévation absolue. Ainsi la latitude et la hauteur au-dessus
du niveau de la mer sont les deux causes générales qui déterminent la température moyenne d'un point de la terre;
mais l'influence de ces causes est modifiée par une foule
d'influences accidentelles ou locales : la distance à la mer,
la présence des montagnes, la nature du sol, sa culture et
son inclinaison, la direction des vents et tous les phénomènes atmosphériques, sont autant de causes secondaires,
tantôt constantes et tantôt variables, qui modifient sans
cesse les deux causes générales. On conçoit dès lors qu'il
devient très-difficile d'établir de l'ordre au milieu de cette
confusion, et de soumettre à une loi commune des phéno-

mênes si variés. Voici cependant quelques définitions qui nous serviront à rapprocher les résultats et à les embrasser dans une seule pensée.

Concevons, par exemple, qu'un voyageur fasse le tour du monde en partant de Paris, et qu'il passe par tous les points de l'hémisphère boréal, pour lesquels la température moyenne est, comme à Paris, de 10° 6; la route qu'il aura parcourue formera autour de la terre une courbe d'*égale chaleur*; c'est ce que l'on nomme une *ligne isotherme*. Ainsi une *ligne isotherme* est celle qui passe par tous les points de la surface de la terre pour lesquels la température moyenne est la même. La ligne isotherme de 10° 6 est loin de coïncider avec le *parallèle* de Paris; elle est irrégulière et sinueuse, c'est-à-dire qu'elle passe par des points dont la latitude est très-différente de la latitude de Paris. On peut concevoir de même la ligne isotherme correspondante à une autre température moyenne quelconque; elle pourra être sinueuse comme celle de Paris, mais suivant d'autres lois qui lui sont propres. L'espace compris entre deux lignes isothermes est ce que l'on appelle une *bande isotherme* ou une *zône isotherme*. Ainsi la zône isotherme de 10° à 5° est celle qui est comprise entre les lignes isothermes de 10° et de 5°.

Nous nous bornerons ici à diviser l'hémisphère boréal en six zônes isothermes, savoir :

1° La zône de 30°   à 23° 5; c'est la zône torride;
2° . . . de 23 5 à 20
3° . . . de 20   à 15
4° . . . de 15   à 10
5° . . . de 10   à 5
6° . . . de 5   à 0

Nous rapporterons seulement, pour chacune de ces zônes, les températures moyennes de quelques points ayant des longitudes très-différentes, afin de donner une idée de leur disposition générale autour de la terre.

Zóne torride, bande isotherme de 30 à 23°5.

NOMS DES LIEUX.	Latitude	Longitud.	Hauteur	Tempe-rature moyenn.	
Poudichéry.	11° 55′ N.	77° 32′ E.	0	29°, 6	
Cumana	10 27 N.	67 35 O.	0	27, 7	
St.-Louis de Maran-han.	2 29 S.	»	0	27, 4	A. Pereiro Lago, Hunter.
Bocford (Jamaïque).	18	»		27, 0	
Batavia.	6 12 S.	104 34 E.	0	26, 9	
Madras.	13 4 N.	78 9 E.	0	26, 9	
Bombay.	18 56 N.	70 18 E.	0	26, 7	
Sénégal.	15 53 N.		0	26, 5	
La Havane (côtes).	23 9 N.	84 43 O.	0	25, 7	
Vera-Cruz.	19 11	98 10 O.	0	25, 6	
Manille.	14 36 N.	118 32 E.	0	25, 6	
Antilles	»	»	0	25, 6	
Congo.	90	»	215	25, 6	Smith.
Benarès.	25 20	»		25, 2	
Rio-Janéiro.	22 54 S.	45 38 O.	0	23, 5	
Macao.	22 12 N.	111 15 E.	0	23, 3	
La Havane (intérieur des terres).	»	»	40 toises.	23	

Zóne isotherme de 23,5 à 20".

NOMS DES LIEUX.	Latitude	Longitud.	Hauteur	Tempe-rature moyenn.	
Sainte-Croix de Te-nériffe.	28° 28′			23, 8	Debuch et Es-colar.
Bagdad.	33 20 N.	42° 5′ E.		23, 2	
Canton.	23 8	»		22, 9	
Le Caire.	30 2 N.	28 58		22, 4	
Alger.	36 49 N.	0 41 E.	0	21, 1	
Plaines de Ténériffe,	»	»		20. 7	

Zóne isotherme de 20 à 15°.

NOMS DES LIEUX.	Latitude	Longitud.	Hauteur	Tempe-rature moyenn.	
Naples	40° 50′ N.	11° 56 E		19°, 5	
Funchal.	32 37	19 16 O.		19, 1	Haineken.
Natchez.	31 28	93 50 O.	30 t.	18, 2	
Toulon.	43 7 N.	3 36 E.	0	16, 7	
Nice.	»	»	0	16, 1	Risso.
Nangasacki.	32 45 N.	1 28 E.	0	16, 0	
Lucques.	43 49	8 15 E.		15, 8	
Rome.	41 54 N.	10 8 E.	0	15, 8	
Gênes.	44 25 N.	6 32 E.		15, 7	
Nismes.	43 51 N.	2 1 E.		15, 7	
Tarascon.	»	»		15, 5	
Alais.	44 10	1 40		15, 4	D'Hombres Fir-mas.
Perpignan.	42 42 N.	0 34 E.		15, 3	
Montpellier,	43 37 N.	1 33 E.	0	15, 3	

Zóne isotherme de 15 à 10°.

NOMS DES LIEUX.	Latitude.	Longitud.	Hauteur.	Température moyenn	
Arles.	43° 40 N.	2° 17' E.		15°	
Williamsbourg	»	»		14, 5	
Marseille.	43 18 N.	3 2 E.		14, 4	Gambart.
Rieux.	»	»		14	
Rhodez.	44 21 N.	0 14 E.		13, 9	
Aix.	45 32	3 7		13, 7	
Venise.	45 26 N.	10 1 E.		13, 6	
Bordeaux.	44 50 N.	2 54 o.		13, 5	
Lisbonne.	38 42 N.	11 29 o.		13, 5	
Bologne.	44 29	9 15		13, 5	
Verone.	45 26 7	8 41		13, 2	
Milan.	45 28 N.	6 58 E.		13, 2	
Lyon.	45 46 N.	2 29 E.		13, 2	
Montauban.	44 1 N.	0 60 o.		13, 1	
Pekin.	39 34 N.	114 8 E.		12, 7	
Tonneins.	»	»		12, 7	
Nantes.	47 13 N.	3 53 o.		12, 6	
Saint-Malo.	48 39	4 21 o.	0	12, 3	
Dax.	43 42	3 23		12, 3	
Cincinnati.	39 6	85 o.	84	12, 1	
New-York.	40 40	76 18 o.		12, 1	
Philadelphie.	39 57 N.	77 32 o.		11, 19	
La Rochelle.	46 10	3 29 o.		11, 87	Fleurieau de Belleyue.
Poitiers.	46 35 N.	1 60 o.		11, 5	
Franecker	52 36	4 2 E.		11, 0	
Bruxelles.	50 51 N.	2 2 E.		11, 0	
Amsterdam.	52 22 N.	2 33 E.		10, 9	
Besançon.	47 14 N	4 43 E.	134	10, 7	
Bude.	47 29	16 41 E.		10, 6	Palquich.
Paris.	48 50 N.	0 00		10, 6	
Dijon.	47 20 N.	2 42 E.	135	10, 5	
Dunkerque.	51 2 N.	0 3 E.		10, 3	
Vienne.	48 13 N.	14 5 E.	70	10, 3	
Londres.	51 31	2 26 o.		10, 2	
Cambridge	42 25	73 23		10, 2	
Manheim.	49 29	6 8 E.	72	10, 1	
Clermont.	45 47 N.	0 46 E.	210	10	
Ipswich.	52 3	1 6 o.		10	
Westfield (Massa-Chussetts).	42	»		10	Davis.

Zóne isotherme de 10 à 5°.

NOMS DES LIEUX.	Latitude.	Longitud.	Hauteur.	Température moyenn	
Strasbourg.	48° 35'	52° 5 E.		9°, 7	Herrenschneider.
Prague.	50 5	12 4 E.	0	9, 7	
Genève.	46 12 N.	3 49 E.	180 t.	9, 6	
Berne.	46 56	5 6 E.	275	9, 6	
Dublin.	53 21 N.	8 39 o.	0	9, 5	Kirwan.
Caire.	46 50 N.	7 10 E.	312	9, 4	
Varsovie.	52 14 N.	18 43 E.	0	9, 3	
Edimbourg.	55 58 N.	5 30 o.	0	8, 8	Playfair.
Zurich.	47 22	6 12 E.	225	8, 8	
Carlscrona.	56 15	»	«	8, 5	Vahlenberg.
Gottingue.	51 32	7 33 E.	76	8, 3	

NOMS DES LIEUX.	Latitude.	Longitud.	Hauteur.	Température moyenn.	
Iles Malouines. . . .	51° 25'	62° 19' o.	o	8, 3	
Berlin.	52 3o	»	»	8	Erman.
Kendal.	54 17	5 6 o.	o	7, 9	Dalton.
Copenhague.	55 4t N.	10 14 E.	o	7, 6	
Fayetteville. . . , . .	42 58	»	»	7, 2	Fold.
Ullesvang.	69 19	»	»	6, 5	Hertzberg.
Kœnisberg.	54 3o	»	»		Ermann.
Couvent de Pryssen-				6, 15	
berg	47 47	8 14 E.	5tt	6, 2	
Stockholm.	59 2t N.	15 43 E.	o	5, 7	
Upsal.	59 5t	15 18 E.	o	5, 6	
Quebec.	46 47 N.	73 3o o.	o	5, 4	

Zóne isotherme de 5 à o°.

Christiania.	59 57	8 28	o	4, 0	
Abo.	60 27	19 58 E.	o	4, 6	
Moscou. . , ...	55 46 N.	35 13 E.	145 t.	4, 5	
Drontheim.	63 24	8 2 E.	o	4, 4	
Pétersbourg.	59 56 N.	27 59 E.	o	3, 8	
Cronstadt.	»	»	20	3, 6	Tobien.
Kazan.	55 48	47 9 E.	20	2, 5	Kupffer.
Uméo. . , ...	63 5o	17 56 E.	o	0, 7	
Lyafjord (Islande). .	66 3o	»		0, 6	
Uléo. . . . , . . .	65 3	23 6 E.	o	0, 6	
Slateouste.	55 8	57	185	0, 6	Ewersmann.
Cap-Nord (Ile Mogi-					
roc). , ...	7t o	23 3o E.	o	0, 0	

RÉGIONS POLAIRES.

Cumberland-House. .	54	104 3o o.		— 1, 0	Franklin.
Nain.	»	115 3o o.		— 3, 0	
Fort-Entreprise. . . .	64 3o	»		— 9, 2	Franklin.
Vinter-Island.	66 12	85 3o		— 12, 5	Parry.
Ingloolik-Island . . .	69 3o	84		— 13, 9	Parry.
Melleville-Island. . .	75	113		— 18, 5	

EN MER.

En mer.	76 45	3 à 4		— 7, 5	Scoresby.
En mer.	78	15 à 18		— 8, 3	Id.

Zóne torride. Entre le troisième degré de latitude boréale et le troisième degré de latitude australe, on ne connaît qu'une seule déterminaison de température moyenne qui semble précise ; c'est celle de Saint-Louis de Maranham, 27°, 4.

Pour les latitudes inférieures à 10° 3o' on ne connaît au sud que la température moyenne de Batavia, 26°, 9, et au nord celle de Cumana, 27°, 7.

On conclut de ces données que la température moyenne est sous l'équateur comprise entre 27°, 5 et 28°. Cette moyenne est modifiée comme nous le verrons par la grande étendue des mers équatoriales ; sous la ligne , les continens n'occupent que le sixième de la circonférence de la terre. Ainsi en se rapprochant des tropiques et particulièrement du tropique du cancer, nous ne devons pas être étonnés que l'on trouve, comme à Pondichéry , des températures moyennes qui dépassent sensiblement celle de l'équateur.

Cependant les lignes isothermes de 23°, 5 sont très-peu sinueuses ; tout semble indiquer qu'elles ne font que de très - petites excursions de part et d'autres des tropiques.

Zóne de 23°, 5 à 20°. Cette zône embrasse des latitudes très-différentes : Alger, qui se trouve à peu près sous le méridien de Paris, est un des points qui s'avancent le plus vers le nord , et l'on reconnaît déjà dans les lignes isothermes qui avoisinent 20° une tendance à être convexes vers le pôle dans leurs points qui correspondent au centre de l'Europe.

Zóne de 20° à 15°. Cette zône passe par les côtes de France sur tout le littoral de la Méditerranée par une latitude moyenne de 43°, et ensuite elle se rabaisse, soit à l'est vers Nangasacki et les côtes du Japon , soit à l'ouest vers Natchez , sur les bords du Mississipi auprès du golfe du Mexique.

Zóne de 15° à 10°. Si l'on prend encore dans cette zône les villes de France dont la température moyenne est de 12 à 13°, on voit que leurs latitudes sont plus grandes que celles des points de même tempér. .ure, soit à l'est comme Pékin, soit à l'ouest comme Cincinnati, New-York et Philadelphie. Aussi dans la zône tempérée , à latitude égale , le climat d'Europe est plus chaud que les climats de l'Asie et de l'Amérique.

Zône de 10 *à* 5°. En comparant les températures moyennes de Fayetteville et de Copenhague, celles de Québec et de Stockholm, celles de Kendal et de Berlin, on reconnaîtra de plus en plus la différence qui existe entre le climat du méridien de Paris et les climats qui sont à l'est et à l'ouest de ce méridien.

Zône de 5 *à* 0°. Il est à regretter que l'on ne possède pas dans cette zône quelques séries d'observations dans la Sibérie et dans le nord de l'Amérique. Ces observations seraient d'autant plus intéressantes qu'elles permettraient de tracer avec quelque précision les limites où va s'éteindre la végétation.

Régions polaires. Les températures des régions polaires contenues dans le tableau précédent, sont déduites des observations de trois grands navigateurs qui ont fait de célèbres excursions dans ces parages : le capitaine Franklin, en 1819, 1820 et 1821 ; le capitaine Parry ; en 1819 et 1820; puis en 1821, 1822 et 1823 ; le capitaine Scoresby, en douze années, depuis 1807 à 1818. Ces moyennes annuelles ont été déduites, tantôt des observations journalières continuées pendant toute l'année, tantôt des observations de quelques mois seulement. On sera sans doute frappé de la différence prodigieuse qui existe, à latitude égale, entre les températures trouvées en pleine mer et celles qui ont été observées en différens ports, comme Melville-Island ; puisqu'en mer, à 70°, la température moyenne est de —8° 3, tandis qu'à Melville-Island, à 75° seulement, elle est de —18° 5. Cette différence est due en partie à ce que la première moyenne est déduite des mois d'avril, mai, juin et juillet ; tandis que la dernière résulte d'observations directes. Mais certainement M. Scoresby n'a pas pu se tromper beaucoup dans ses déductions, et il reste bien constant que sur les continens polaires l'atmosphère est plus froide que sur la mer. Si l'on part de ces données pour appliquer quelques formules approximatives, on peut pré-

sumer avec beaucoup de raison que la température du pôle
lui-même doit être comprise entre 25 et 30° au dessous
de 0".

Après avoir rapporté l'ensemble des résultats connus
sur les températures moyennes des divers lieux de la terre,
nous avons à nous occuper de la distribution de la chaleur
dans un même lieu, suivant les jours, les mois et les saisons.
Car tout le monde sait que deux lieux situés sur la même
ligne isotherme, et possédant des températures moyennes
parfaitement égales, peuvent cependant avoir des climats
excessivement différens par leurs productions végétales et
par l'influence qu'ils exercent sur l'économie animale.

641. *Des températures moyennes des jours, des mois et
des saisons, des températures extrèmes et des climats.*

Les climats sont caractérisés, en ce qui dépend de la
chaleur, et par la température moyenne de l'année et par
les variations que la température des jours, des mois et
des saisons peuvent éprouver. On peut dire que le climat
est *brûlant* dans la zône torride, *chaud* dans la zône de
25° 5 à 20°, *doux* dans la zône de 20 à 15°, *tempéré* dans
la zône de 15 à 10°, *froid* dans la zône de 10 à 5°, *très-
froid* dans la zône de 5° à 0 et *glacé* dans la zône dont la
température moyenne est au dessous de 0. Mais les climats
qui appartiennent à la même zône ou à la même ligne
isotherme doivent se distinguer entre eux : et nous pro-
poserons d'appeler *climats constans* ceux qui n'offrent pas
de grandes différences dans le cours de l'année entre les extrêmes de la chaleur et du froid, *climats variables* ceux
qui offrent d'assez grandes différences, et, d'après Buffon et
M. de Humboldt, nous appellerons *climats excessifs* ceux
qui offrent de très-grandes différences. Le tableau suivant offrira un exemple de cette distinction.

Noms des lieux.	Températ. moyenne de l'année.	Température moyenne du mois le plus chaud.	Température moy. du mois le plus froid.	Différences.
Funchal. . . .	20,3	24,2	17,2	6,4
Saint—Malo...	12,3	19,4	5,4	14,0
Paris.	10,6	18,5	2,3	16,2
Londres. . . .	10,2	18,0	3,2	15,8
New-York. . .	12,1	27,1	3,7	30,8
Pékin.	12,7	29,1	4,1	33,2

Funchal a un climat constant ; nous aurons occasion de remarquer que ce caractère appartient presque toujours aux climats des îles.

Saint-Malo, Londres et Paris offrent un exemple de climats variables, tandis que New-York et Pékin ont évidemment des climats excessifs.

Il suffit de réfléchir un instant sur l'influence prodigieuse que la chaleur et le froid exercent sur tous les êtres organisés, pour concevoir qu'à température moyenne égale, les productions ne peuvent être les mêmes dans les climats excessifs et dans les climats constans ou variables.

Ce n'est pas seulement par ces distinctions tranchées que les climats peuvent être caractérisés : s'il suffit de quelques degrés de froid de plus pour faire mourir les plantes et de quelques degrés de chaleur de plus pour faire mûrir les fruits, il est évident aussi que l'époque et la durée des grandes chaleurs et des grands froids sont des élémens indispensables à la connaissance des climats. Ainsi les observateurs ne doivent pas songer seulement à déterminer les températures moyennes de l'année et les températures moyennes des mois les plus chauds et les plus froids : mais ils doivent parvenir enfin à déterminer la distribution de la chaleur dans tout le cours de l'année, et pour cela les observations journalières sont nécessaires. Ces observations une fois faites il ne reste plus qu'à les combiner d'après de bonnes méthodes pour arriver aux températures moyennes des jours, des mois et des saisons.

Nous ne terminerons pas cet article sans rapporter encore, d'après M. Arago, les extrêmes de chaleur et de froid qui ont été observés à l'observatoire de Paris, et les plus hautes températures de l'air qui ont été observées dans divers climats (*Annuaire du bureau des longitudes*, 1825).

Maximum de chaleur.

DATES.		TEMPÉRATURE.	
Années.	Mois.	Deg. Réaumur.	Deg. centig.
1706	8 août	+28,2	+35,3
1753	7 juillet	+28,5	+35,6
1754	14 juillet	—28,0	+35,0
1755	14 juillet	+27,8	+34,7
1793	8 juillet	+30,7	+38,4
1793	16 juillet	+29,8	+37,3
1800	18 août	+28,4	+35,5
1802	8 août	+29,1	+36,4
1803	8 août	+29,4	+36,7
1808	15 juillet	+29,0	+36,2
1818	24 juillet	+27,6	+34,5

Maximum du froid.

Années	Mois	Deg. Réaumur	Deg. centig.
1709	13 janvier	—18,5	—23,1
1716	id.	—15,0	—18,7
1729	id.	—12,2	—15,3
1742	10 janvier	—13,6	—17,0
1748	id.	—12,2	—15,3
1754	8 janvier	—11,3	—14,1
1755	id.	—12,5	—15,6
1767	id.	—12,2	—15,3
1768	id.	—13,7	—17,1
1771	id.	—10,9	—13,6
1776	29 janvier	—15,3	—19,1
1783	30 décembre	—15,3	—19,1

DATES.		TEMPÉRATURES.	
Années.	Mois.	Deg. Réaumur.	Deg. centig.
1788	31 décembre	—17,8	—22,3
1795	25 janvier	—18,8	—23,5
1798	26 décembre	—14,1	—17,6
1820	11 janvier	—11,4	—14,3
1823	14 janvier	—11,7	—14,5

Tableau des plus hautes températures de l'air observée en divers climats.

Noms des lieux.	Maximum de chaleur.	Noms des observateurs.
Équateur.	+38,4	Humboldt.
Surinam.	32,3	
Oasis de Mourzouk . . .	54	Ritchie et Lyon.
Pondichéry.	44,7	Le Gentil.
Madras	40,0	Roxburgh.
Beit-el-Fakih	38,1	Nieburh.
Martinique.	35,0	Chauvalon.
Manille	43,7	Le Gentil.
Antongil (Madagascar).	45,0	Id.
Guadeloupe	38,4	Le Gaux.
Vera-Cruz.	35,6	Orta.
Ile de France	32.6	Cossigny.
Philæ (Egypte). . . .	43,1	Coutelle.
Le Caire.	40,2	Id.
Bassora	45,3	Beauchamp.
Paramatta(Nouv.-Holl.)	41,1	Génér. Brisbrane.
Cap de Bonne-Espérance	43,7	La Caille.
Vienne (Autriche) . . .	35,9	Broquin.
Strasbourg.	35,9	Herrenschneider.
Paris	38,4	
Varsovie.	33,8	Deljue.
Franecker (Holl.) . . .	34,0	Van-Swinden.
Copenhagne.	33,7	Bugge.
Nain-Labrador.	27,8	De La Trobe.
Stockholm	34,4	Ronnoss.
Pétersbourg	30,6	Euler.
Abo	34,2	Lèche.
Islande (Eyafjord) . . .	20,9	Van-Scheels.
Hindoën (Norwége) . .	25,0	Schytte.
Ile Melville	15,6	Parry.

Températures à diverses profondeurs au dessous du sol.

642. *De l'existence d'une* couche invariable, *située à une certaine profondeur au dessous du sol, et dans laquelle la température reste la même depuis des siècles.* Dès 1671 Cassini avait reconnu que la température des caves de l'Observatoire de Paris n'éprouve aucune variation dans le cours d'une année. En 1750 Lahire avait observé le même fait ; mais M. le comte de Cassini, aujourd'hui membre de l'Académie des sciences, conçut le premier tout ce qu'il y avait d'important dans ce phénomène remarquable ; en 1771, il commença quelques séries d'expériences pour l'étudier, et, le 4 juillet 1783, il établit enfin dans les caves de l'Observatoire, de concert avec Lavoisier, un appareil très-sensible qui devait donner des résultats décisifs. Cet appareil, conservé et réparé par les soins de M. Bouvard, n'a éprouvé aucun changement depuis plus de trente-deux ans. Il est disposé de la manière suivante :

Sur le sol des caves, à 85 pieds au dessous du pavé de l'Observatoire, s'élève un massif en pierre de 4 pieds de hauteur, portant un grand vase en verre v v′ (*Fig.* 353), de 18 pouces de hauteur sur 12 à 15 pouces de diamètre. C'est dans ce vase rempli de sable très-fin qu'est ajusté le thermomètre τ τ′. Son échelle n n′ est en verre ; elle est maintenue dans un cadre en cuivre, qui est lui-même fixé sur les parois de la cloche au moyen des traverses s, s′, s″, et des agrafes c c′ c″. Ce thermomètre a été construit autrefois par Lavoisier, avec du mercure bien purifié : la boule a environ 2 pouces et demi de diamètre ; le tube est très-fin ; un degré occupe sur sa longueur 4½ ou 4⅓ lignes. Ainsi l'on peut aisément apprécier les demi-centièmes de degré qui occupent encore les ¼ d'un millimètre environ. Comme ce thermomètre ne marque que 15 ou 16° au dessus de 0°, on a ménagé au dessus de la tige en n un petit réservoir pour recueillir l'excédant du mercure si la température venait à s'élever au dessus de 16°.

Les anciennes observations de M. Cassini et les observations assidues faites depuis trente-deux ans par M. Bouvard, montrent avec évidence que depuis plus de cinquante ans la température des caves de l'Observatoire est parfaitement constante, et égale à 11°, 82. Car dans toute cette période le thermomètre n'a pas varié de 25 centièmes de degrés au dessus ou dessous de 11°, 82, et l'on a reconnu, depuis, qu'un courant d'air accidentellement établi dans les souterrains par les travaux des carrières de Paris, avait été la cause bien probable de ces oscillations.

Paris est le seul lieu de la terre pour lequel on ait une aussi belle série d'observations exactes et non interrompues pendant plus d'un demi-siècle; mais un phénomène qui se soutient avec une telle régularité ne peut pas être un phénomène accidentel, et nous en conclurons que dans tous les lieux, il existe à une certaine profondeur au dessous du sol, un point dont la température reste constante avec les années, quelles que soient les variations extrêmes qui se développent et qui se succèdent à la surface du sol.

La série de ces points de température invariable forme autour du globe une surface que nous appellerons *couche invariable*; c'est à cette couche que viennent s'éteindre toutes les variations brusques ou périodiques que la croûte supérieure de la terre éprouve par les alternatives du jour et de la nuit, par le changement de vent ou par le renouvellement des saisons.

Nous devons remarquer qu'à Paris il y a plus d'un degré de différence entre la température moyenne 10°, 6 et la température de la couche invariable 11°, 82. Malheureusement, faute d'avoir des observations à diverses profondeurs dans d'autres climats, nous ne pouvons rien statuer par l'expérience sur les rapports ou les différences qui existent ailleurs entre ces deux élémens. Nous ne pouvons rien statuer non plus sur la profondeur précise à laquelle il faut descendre pour arriver à la couche invariable ; mais la théorie indique que partout la température invariable ne doit que très-peu s'écarter de la température moyenne, et elle indique aussi que partout il faut, pour la trouver, descendre à une profondeur de 40, 60 ou 80 pieds.

Ainsi nous sommes conduits à concevoir au dessous du sol et tout autour de la terre une certaine couche dont chaque point conserve perpétuellement la même température, qui est à peu près la température moyenne du point de la surface, auquel il correspond verticalement ; mais en même temps nous devons concevoir que cette couche invariable n'a pas une courbure régulière. Les plaines, les montagnes, les vallées, la nature du sol, les lacs, les mers et mille autres causes, peut-être lui impriment des sinuosités particulières que l'expérience seule pourra nous révéler un jour.

643. *Du mouvement de la chaleur au dessus de la couche invariable*. Entre la surface du sol et la profondeur de 60 ou 80 pieds, l'on ne connaît qu'un très-petit nombre d'observations, et ces observations même n'atteignent en général qu'une petite profondeur. Voici les résultats qui ont été recueillis à Zurich, à Edimbourg et à Strasbourg.

Résultats moyens des observations faites à Zurich par OTT *, et continuées pendant quatre ans et demi, à partir de 1762.*

Température moyenne de Zurich . .   8°,8
Température du mois le plus chaud. 18, 7⎫ Différence 21°, 6
    Id.   le plus froid.   2, 9⎭

MOIS.	DIVERSES PROFONDEURS auxquels les thermomètres étaient établis.						
	1/4 pied.	1/2 pied.	1 pied.	2 pieds.	3 pieds.	4 pieds.	6 pieds.
Janvier.	0°,3	0,5	1°,6	2°,5	3°,0	4°,8	7°,5
Février.	—0, 6	0, 2	1, 5	2, 3	2, 8	4, 4	5, 5
Mars.	7, 7	4, 5	5, 0	4, 5	4, 5	5, 0	5, 5
Avril.	11, 7	8, 8	8, 8	8, 1	8, 1	7, 2	7, 2
Mai.	14, 8	13, 2	13, 2	11, 7	11, 6	11, 4	10,
Juin.	19, 4	16, 1	16, 1	15, 0	13, 8	13, 2	11, 7
Juillet.	19, 5	17, 7	17, 6	16, 1	16, 1	15, 1	13, 8
Août. . . . . , . .	17, 8	17, 2	16, 6	16, 1	16, 3	16, 1	15, 2
Septembre.	15, 0	14, 4	15, 0	15, 1	15, 3	15, 2	15, 2
Octobre	10, 6	10, 4	10, 6	10, 5	11, 7	12, 0	13, 4
Novembre.	5, 0	5, 6	6, 1	8, 0	8, 8	9, 4	11, 6
Décembre.	2, 2	2, 0	2, 7	4, 0	5, 0	7, 2	9, 4
Moyenne.	10 4	9 3	9 4	9 4	9 7	10 1	10 5

Maximums et minimums moyens.

Profondeurs.	Maximum.		Minimum.		Différence ou variation moyenne.
1/4 de pied.	19,5	Juillet	—0,6	Février	20,0
1/2	17,7	id.	0,2	id.	17,5
1	16,6	Août	1,5	id.	15,1
2	16,1	id.	2,3	id.	13,8
3	16,3	id.	2,8	id.	13,5
4	16,1	id.	4,4	id.	11,7
6	15,2	Septembre	5,5	id.	9,7

Résultat moyen des observations faites à Édimbourg par
M. Fergusson, pendant les années 1816 et 1817.

Température moyenne d'Edimbourg.   8 8
Température du mois le plus chaud.   15 2 } Différence 11 7
Id.   le plus froid. .   3 5 }

MOIS.	1816.				1817.			
	1 pied.	2 pieds.	4 pieds.	8 pieds.	1 pied.	2 pieds.	4 pieds.	8 pieds.
Janvier.	0°,6	2°,2	4°,8	6°,1	2°,	3°,7	4°,7	7°,3
Février.	0,9	2,2	3,9	5,6	2,8	4,4	5,3	5,9
Mars.	1,7	2,6	4,2	5,7	4,1	4,8	5,4	5,8
Avril.	4,3	3,6	5,2	6,6	7,2	5,8	5,9	5,8
Mai.	6,7	6,3	6,3	6,7	8,2	7,0	7,0	6,8
Juin.	10,9	10,0	8,1	7,7	10,6	9,7	8,7	8,8
Juillet.	12,2	11,4	10,2	8,7	12,9	12,8	10,8	9,8
Août.	10,0	11,4	10,3	9,7	11,9	11,2	11,1	10,
Septembre. . .	10,9	10,7	11,0	10,0	11,7	11,5	11,1	10,4
Octobre	8,5	9,6	9,8	9,8	7,6	9,7	9,7	9,9
Novembre. . .	4,9	6,6	7,9	7,6	5,0	7,0	7,3	8,7
Décembre. . .	2,1	4,4	6,1	7,8	3,3	4,9	8,1	8,
Moyenne.	6 1	6 8	7 8	7 7	7 3	7 8	7 9	8 1

Maximums et minimums absolus.

Profondeurs.	Maximum.		Minimum.		Différence ou variation absolue.

1816.

1	12,2	21 juillet	0,6	0 février	11,6
2	11,7	24 id.	{2,2	4 id.	9,5
4	11,1	0 août	3,9	11 id.	7,2
8	10,0	14 septembre	5,6	16 id.	4,4

1817.

1	13,3	5 juillet	1,1	0 janvier	12,2
2	13,3	10 id.	3,3	id.	10,7
4	11,1	août	4,4	3 février	6,7
8	10,6	20 septembre	5,8	11 février	4,8

Résultats moyens des observations faites à Strasbourg par M. HERRENSCHNEIDER, pendant les années 1821, 1822 et 1823, avec un thermomètre établi à 15 pieds de profondeur.

Température moyenne de Strasbourg. . . .   9,7
Id   du mois le plus chaud   17,0 } Différence 19
Id.   id.   le plus froid — 2,0 }

Mois.	1821.	1822.	1823.
Janvier	7,18	8,91	6,56
Février	5,62	8,12	6,73
Mars	7,57	8,43	7,35
Avril	7,50	9,00	7,97
Mai	7,96	9,85	9,37
Juin	9,20	10,75	10,93
Juillet	9,68	11,25	10,62
Août	10,77	12,08	11,56
Septembre	11,25	12,18	11,25
Octobre	11,09	11,43	10,93
Novembre	10,47	10,00	9,37
Décembre	9,83	7,35	9,53
Moyennes	9,01	9,94	9,34

En discutant tous les résultats précédens et quelques autres encore que nous n'avons pas rapportés, on est conduit aux conséquences suivantes qui paraissent s'appliquer à tous les continens de l'hémisphère boréal.

1° Au mois d'août la température de la terre va en décroissant d'une manière à peu près uniforme depuis la surface du sol jusqu'à la couche invariable;

2° Pendant le mois de septembre la température est à peu près uniforme depuis la surface du sol jusqu'à la profondeur de 15 ou 20 pieds; plus bas elle décroît un peu et lentement jusqu'à la couche invariable;

3° Pendant les mois d'octobre et de novembre la température va en croissant, depuis la surface du sol jusqu'à une profondeur de 15 ou 20 pieds; plus bas elle se trouve à peu près égale à la température de la couche invariable;

4° Pendant les mois de décembre, de janvier et de février, la température va en croissant d'une manière à peu près uniforme, depuis la surface du sol jusqu'à la couche invariable;

5° Pendant les mois de mars et d'avril, la température va en décroissant très-rapidement jusqu'à la profondeur d'un ou deux pieds; plus bas elle décroît moins vite, et finit par devenir croissante;

6° Pendant les mois de mai, juin et juillet, la température est encore décroissante, mais moins rapidement et jusqu'à une profondeur plus grande; puis elle redevient encore un peu croissante pour regagner la température de la couche invariable.

Ainsi vv' (*Fig.* 354) étant la verticale d'un lieu, si l'on considère au dessous de la surface v des points p, p', p'', etc., placés à diverses profondeurs et que l'on représente par des lignes telles que pa, $p'a'$, $p''a''$ les excès de température que ces points ont au mois d'août sur la température moyenne du lieu, la ligne formée par les points a, a', a'', etc., sera à peu près une ligne droite qui ne commencera à s'infléchir qu'à une grande profondeur; de même les lignes $p f$, $p' f'$, $p'' f''$, etc, représentant les abaissemens des températures que les points p, p', p'', etc., ont au mois de février au dessous de la température moyenne du lieu, la ligne formée par les points f, f', f'', etc., formera une ligne sensiblement droite qui ne s'infléchira qu'à une grande profondeur. Ces deux lignes se rapprochent à mesure que la profondeur augmente, et les distances $a f$, $a' f'$, etc., de leurs points correspondans font voir aux yeux comment les oscillations de température diminuent à mesure que l'on s'enfonce.

Par exemple, à Zurich la différence entre le mois le plus chaud et le mois le plus froid, qui est à la surface du

21°, 6, n'est plus que de 15° à 1 pied seulement, et de 9°, 7 à 6 pieds.

On pourra remarquer que Zurich et Edimbourg ont la même température moyenne, et que cependant la marche des thermomètres enfoncés dans le sol est très-différente à profondeur égale ; cela tient sans doute à une foule de causes, parmi lesquelles on peut mettre en première ligne la nature du climat et celle du sol. Dans les climats excessifs, les températures conserveront, sous le sol, quelque chose de la grande inégalité qu'elles ont à la surface ; et le sol lui-même pourra modifier cette influence par la conducibilité et surtout par la facilité plus ou moins grande avec laquelle il laissera filtrer les eaux.

Au reste dans quelques années nous aurons des élémens plus précis pour discuter ces questions importantes ; sur plusieurs points de la France et de l'Allemagne, on a commencé des séries d'expériences avec des thermomètres disposés à des profondeurs croissantes. M. Arago en a placé dans les jardins de l'Observatoire de Paris, qui descendent jusqu'à 25 pieds : ces thermomètres sont nécessairement à Alcool, à cause de la pression ; le réservoir en est cylindrique et de grandes dimensions ; le tube est très-fin dans toute sa longeur, excepté à l'endroit où il sort de terre : là il devient plus large pour faciliter les observations ; les centièmes de degré peuvent s'apprécier aisément.

Le sol dans ses couches superficielles, depuis quelques lignes jusqu'à un pouce de profondeur, a toujours une température très-différente de celle de l'air. Sa nature chymique, son état d'agrégation, ses facultés conductrices et rayonnantes, son humidité ou sa sécheresse sont autant de causes qui modifient les degrés de chaleur ou de froid qu'il acquiert le jour et la nuit. Ces causes sont si nombreuses et si variables qu'il est difficile d'en faire l'analyse ou même d'en étudier les effets par l'expérience, pour les soumettre ensuite à quelques lois générales. Mais on peut dire cependant que la surface du sol prend ordinairement pendant le jour des températures beaucoup plus hautes que la température de l'air et pendant la nuit des températures beaucoup plus basses. Dans nos climats il n'est pas rare de trouver le sol à 50° pendant les chaleurs de l'été, et je l'ai vu une fois à 65° dans un jardin à Paris en 1824 ; il arrive aussi très-souvent que pendant la nuit il tombe à 8 ou 10° au dessous de la température de l'air, et dans les beaux jours d'hiver on peut observer des différences encore plus grandes.

644. *De la température à de grandes profondeurs.*

Plusieurs observateurs avaient autrefois reconnu que dans les profondeurs des mines on éprouve une chaleur sensible ; mais à cette époque on mettait beaucoup plus d'empressement à expliquer les faits qu'à les observer. On expliquait donc cette chaleur souterraine avant d'en avoir constaté l'existence d'une manière précise, et on l'expliquait diversement : les uns, comme Boyle, l'attribuaient à la décomposition des pyrites, ou plutôt à ces espèces de fermentations, auxquelles on avait si souvent recours pour expliquer les faits embarrassans : les autres la regardaient comme une confirmation ou une conséquence de la fameuse hypothèse du *feu central*, qui avait été imaginée dans les temps les plus reculés, et qui était tour à tour adoptée ou rejetée par les philosophes et par les physiciens. Mais quand l'esprit de doute et d'examen eut succédé à l'esprit systématique, quand on en fut venu à chercher la vérité par la voie des données expérimentales et non plus par la voie des subtilités logiques, on comprit que l'existence ou la non existence de la chaleur souterraine était l'une des plus grandes questions que la physique pût se proposer, et que pour la résoudre une observation thermométrique serait plus efficace que les plus éloquentes dissertations. Gensanne paraît être le premier observateur qui ait porté le thermomètre à des profondeurs graduellement croissantes, et qui ait découvert ce fait important : *que la température augmente avec la profondeur*. Ces expériences remontent à l'année 1740 : elles furent faites dans les mines de plomb de Giromagny, à trois lieues de Béfort; voici les résultats :

Profondeurs.	Températures.
à 101 mètres	12,5 centigrades
206	13,1
308	19,0
433	22,7

En 1785, de Saussure fit des expériences analogues dans le canton de Berne. Un gentilhomme saxon, qui s'était fait une théorie particulière sur les salines, avait autrefois décidé la république de Berne à creuser un puits d'une très-grande profondeur, affirmant qu'au fond de ce puits on trouverait une confirmation de ses idées. Le puits fut en effet creusé jusqu'à près de sept cents pieds; on y commença même quelques galeries latérales, mais comme on ne voyait paraître ni sel en masse ni sources salées, la république abandonna l'ouvrage sans vouloir pousser plus loin l'expérience. C'est dans ces galeries, depuis long-temps abandonnées, que de Saussure trouva les températures suivantes :

Profondeurs.	Températures.
à 108 mètres	14,4 centigrades.
183	15,6
220	17,4

En 1791, M. de Humboldt fit aussi de nombreuses séries d'expériences dans les mines de Freyberg, avec M. Freisleben. En 1802, M. Daubuisson redonna une nouvelle vie à cette question fondamentale, et depuis cette époque les observations se sont multipliées dans les principales mines de l'Europe, en France, en Allemagne et en Angleterre, tandis que M. de Humboldt, parti en 1798 pour son mémorable voyage, scrutait les températures des mines de l'Amérique jusqu'à une profondeur de 522 mètres.

M. Cordier a publié, en 1827, un mémoire remarquable sur la température de la terre (*Mémoires du Muséum d'histoire naturelle*) ; ses propres recherches s'y trouvent réunies à celles qui avaient été faites avant lui, et nous lui empruntons le tableau suivant, qui contient tous les principaux résultats jusqu'à présent connus.

TABLEAU *des températures observées à diverses profondeurs.*

LIEUX, AUTEURS et dates de observations.	Profondeurs des stations en mètres.	TEMPÉRATURE		Profondeur correspondante à l'accroissement de 1° de chaleur
		aux profondeurs indiquées.	moyenne du pays.	
DANS LES PUISARDS DES MINES.				
Cornouailles. — W Fox. — Publiées en 1822.				
Mines de cuivre de South-Huel Towan.	82,3	15,6	10	14,7
M. de cuivre et étain de Huel-Unity-Wood.	157,4	17,8	10	20,2
Id. de Poldice.	263,5	25,6	10	16,9
		26,7	10	15,8
M. de cuivre de Gwennap. . .	274,5	24,4	10	19
		26,7	10	16,4
Devonshire. — W. Fox. — Publiées en 1822.				
Id. de East-Liscomb.	150	17,8	10	19,2
M. de plomb de Bceralston. . .	219,6	19,2	10	23,9
M. de Huel-Friendship	311,1	18	10	38,9
Suisse. — De Saussure. — Au printemps de 1785.				
M. de sel de Bex	220	17,4	9	26,2
Bretagne. — Daubuisson. — 5 septembre 1806.				
M. de plomb et d'argent de Poullaouen.	142	14,2	11,5	52,6
	150	13,5	11,5	75
DANS LES SOURCES DES MINES.				
Saxe. — Daubuisson. — Fin de l'hiver en 1802.				
M. de plomb et d'argent de Junghohe-Birke	78	9,4	8	55,7

| LIEUX, AUTEURS et dates des observations. | Profondeur des stations. | TEMPÉRATURE | | Profondeur correspondante à l'accroissement de 1° de chaleur. |
		aux profondeurs indiquées.	moyenne du pays.	
	Mètres.	Degrés.	Degrés.	Mètres.
M. de plomb et argent.	217	12,5	8	48,2
Id. de Beschertglück.	256	13,8	8	44,2
Id. de Himmelfahrt.	224	14,4	8	35
Bretagne. — Daubuisson. — 5 septembre 1806.				
Id. de Poullaouen. . . . . . . {	39	11,9	11,5	97,5
	75	11,9	11,5	187,5
	140	14,6	11,5	45,2
Id. de Huelgoët. . . . . . . {	60	12,2	11	50
	80	15	11	20
	120	15	11	24
	230	19,7	11	26,4
Cornouailles. — W. Fox. — Publiée en 1821.				
M. de cuivre de Dolcoath. . .	439	27,8	10	24,6
Mexique. — De Humboldt.				
M. d'argent de Guanaxuato. .	522	36,8	16	25,1
DANS L'EAU DES GRANDES INONDATIONS.				
Cornouailles. — W. Fox. — Observations publiées en 1822.				
M. de cuivre de North–Huel–Virgin (inondation très-prof.)	71,4	15,6	10	12,75
Id. de Nangiles (inondation très-profonde).	161	14,4	10	36,6
Id. de Gwennap (inondation profonde de 128 mètres). .	183	15,6	10	32,7
M. de Tingtang (inondation presque épuisée, n'ayant plus que 18 mètres de profondeur)	196	17,5	10	26,1
M. de cuivre de Huel–Maid (inondation en épuisement, et n'ayant plus que 55 mètres de profondeur).	230,6	15,6	10	41,2

LIEUX, AUTEURS et dates des observations.	Profondeur des stations.	TEMPÉRATURE aux profondeurs indiquées.	moyenne du pays.	Profondeur correspondante à l'accroissement de 1° de chaleur.
	Mètres.	Degrés.	Degrés.	Mètres.
M. de cuivre et étain de Tincroft (inondation en épuisement, n'ayant plus que 18 mètres de profondeur). . . .	230,6	17,2	10	32
M. d'étain d'United-mines (inondation profonde de 55 m.).	329,4	26,7	10	20
Saxe. — Daubuisson. — Fin de l'hiver de 1802.				
M. de plomb et argent de Junghohe-Birke (grande inondation profonde de 36 mètres).	318,2	17,2	8	34,24
Bretagne. — Daubuisson. — 5 septembre 1806.				
Id. de Huelgoët (inondation profonde de 16 mètres). . .	238	18,8	11	43,3

DANS LE ROC DES MINES.

LIEUX, AUTEURS et dates des observations.	Profondeur des stations.	TEMPÉRATURE aux profondeurs indiquées.	moyenne du pays.	Profondeur correspondante à l'accroissement de 1° de chaleur.
Saxe.—De Trébra.—1805, 1806, 1807.				
M. de plomb et argent de Beschert Glück.	180 260	11,25 15	8 8	55,38 37,1
Saxe. — De Trébra. — 1815.				
Id. de Alte Hoffnung-Gotes. .	71,9 168,2 268,2 379,54	8,75 12,81 15 18,75	8 8 8 8	95,88 35 38,3 35,3
Cornouailles. — W. Fox. — Publiées en 1831.				
M. de cuivre dites *united-mines*.	348 366	30,8 31,1	0 10	16,7 16,6
Cornouailles. — W. Fox. — Publiées en 1822.				
M. de cuivre de Dolcoalh. . .	421	24,2	10	30

	Profon- deur des stations.	Tempé- ratures obser vées.	Moyen- nes du pays.
DANS L'EAU ET DANS LE ROC DE TROIS HOUILLÈRES, PAR M. CORDIER, EN 1827.			
Carmeaux.	Mètres.	Degrés.	
Eau du puits Vériac	6,2	12,9	11
Eau du puits de Bigorre	11,5	13,15	
Roc au fond de la mine du Ravin. . .	181,9	17,1	
Roc au fond de la mine de Castillau. .	192	19,5	
Lyttry.			
Roc au fond de la mine Saint-Charles.	99	16,135	11
Décise.			
Eau du puits Pélisson.	8,8	11,4	11
Eau du puits des Pavillons	16,9	11,77	
Roc au fond de la (Station supérieure.	107	17,78	
mine Jacobé. (Station inférieure.	171	22,1	
DANS UN PUITS FORÉ A LA ROCHELLE. — M. FLEURIEAU DE BELLEVUE.			
Dans la formation jurassique à peu de distance de la mer.	105	16,25	11,7

Voici maintenant les principales conséquences que l'on peut tirer de ces résultats :

1°. Au dessous de la couche invariable où toutes les oscillations du thermomètre de la surface viennent s'éteindre tout-à-fait après un affaiblissement graduel, les températures restent parfaitement constantes à toutes les profondeurs, sans éprouver la moindre variation pendant des années.

Cette conséquence est justifiée par toutes les observations qui ont été faites au même lieu à différentes époques, et par les observations sédentaires qui ont été continuées dans quelques mines de Saxe pendant plusieurs années avec toutes les précautions convenables. (*Ann. de Phys. et de Chim.*, T. XIII, pag. 211.)

2°. Dans tous les lieux où l'on a fait des observations au dessous de la couche invariable, on a trouvé, sans aucune exception, des températures qui vont en croissant avec la profondeur.

Nous ne pouvons pas regarder comme une exception la température de 11° que Guettard avait trouvée en 1762 dans les mines de sel de Vielizka, à 100 mètres comme à 170 mètres, parce que ces observations n'avaient pas été faites avec assez de soins.

3°. Si l'on cherche à exprimer la loi suivant laquelle la température augmente avec la profondeur, on trouve des résultats très-différens pour les différentes localités.

On trouve, par exemple, que pour obtenir un accroissement de 1° dans la température, il faut s'enfoncer,

En France,

d'environ	15 mètres	à Decise,
	19	à Littry,
	28	à l'Observatoire de Paris,
	35	à Carmeaux,
	40	en Bretagne.

En Suisse,

d'environ 26 mètres près de Bex.

En Saxe,

d'environ 40 mètres pour la moyenne de diverses mines.

En Angleterre,

d'environ 25 mètres en Cornouailles et en Devonshire.

En Amérique,

d'environ 25 mètres à Guanaxato.

Ainsi, en général, on peut dire approximativement que pour obtenir un degré d'accroissement dans la température il faut descendre de 25 à 30 mètres au dessous du sol;

mais les irrégularités que l'on observe au dessus ou au dessous de cette espèce de terme moyen n'ont rien de surprenant, lorsque l'on songe à toutes les causes qui peuvent modifier la distribution de la chaleur dans les diverses couches de l'écorce du globe.

Après avoir rapporté les principales expériences qui constatent d'une manière irrévocable le fait de l'accroissement de température au dessous de la couche invariable, il nous reste à jeter un coup d'œil sur les diverses causes qui ont pu le produire.

Il est évident d'abord que la chaleur développée par la présence des ouvriers et par la combustion des lampes qui éclairent les travaux n'est pas suffisante pour déterminer cet accroissement de température ; car on l'observe dans les travaux depuis long-temps abandonnés, on l'observe dans les sources les plus abondantes qui jaillissent au fond des mines, et on l'observe enfin toujours d'autant plus grand que la profondeur elle-même est plus grande. Au reste M. Cordier a supputé, d'après des données connues, l'influence possible de ces diverses causes et de celle des courans d'air qui sont établis dans les mines pendant les diverses saisons de l'année, et il résulte de ses calculs que toutes les causes accidentelles réunies pourraient bien, entre certaines limites très-étroites, faire osciller les températures souterraines, mais qu'elles ne pourraient ni les produire ni les maintenir telles qu'on les observe.

Les causes accidentelles une fois écartées, nous n'avons plus qu'à choisir entre trois causes générales, dont il est impossible aujourd'hui de démontrer la justesse ou la fausseté.

On peut dire, 1° que l'accroissement de température résulte des actions beaucoup plus énergiques que le soleil a autrefois exercées sur le globe de la terre ; 2° qu'il résulte des combinaisons chimiques, qui ne cessent de s'effectuer à une profondeur plus ou moins grande, et dont les volcans sont la preuve évidente ; 3° enfin qu'il résulte d'un feu central, comme disaient les anciens, ou plutôt d'une chaleur primitive que la terre aurait reçue à son origine, et qui se serait conservée à de grandes profondeurs, tout en se dissipant dans les couches superficielles, suivant des lois déterminées.

La première opinion est peu probable, à moins qu'on ne la fasse rentrer dans la troisième; car le grand nombre de volcans qui couvrent la terre attestent l'existence d'une cause universelle, capable d'élever au plus haut degré de chaleur des masses de matière effrayantes par leur étendue. Si l'on attribue cette chaleur à une action du soleil qui se serait autrefois exercée avec une énergie incomparablement plus grande qu'aujourd'hui, on admet le feu central, seulement on l'explique en l'admettant. Au contraire, si l'on attribue la chaleur des volcans aux actions chimiques, ce n'est pas la peine de recourir à une autre hypothèse pour expliquer 8 ou 10° d'accroissement de température que l'on observe dans les couches profondes sur lesquelles on a expérimenté.

Tout se réduit donc aux deux opinions, de la chaleur chimique et de la chaleur primitive, entre lesquelles je ne trouve jusqu'à présent aucune raison décisive. Cependant s'il n'y a pas d'objection solide contre la chaleur chimique, il y a du moins quelques raisons de plus en faveur de la chaleur primitive. Car la terre, quelle que soit son origine, a dû avoir primitivement une température déterminée dans ses différentes couches; son noyau central devait être chaud ou froid : or il n'y a aucune raison de supposer qu'il ait été froid d'abord, pour être ensuite réchauffé par des actions chimiques, plutôt que de supposer qu'il a été chaud primitivement et que la matière s'est ensuite agrégée à l'intérieur et refroidie à l'extérieur, conformément aux lois immuables qui lui ont été imposées.

Température à diverses hauteurs au dessus du sol.

645. *Observations thermométriques faites à diverses hauteurs.*

Tout le monde sait que la température décroît à mesure que l'on s'élève dans l'atmosphère : on en voit une preuve assez frappante dans les neiges éternelles qui couvrent les hautes montagnes , comme les Alpes et les Pyrenées dans nos climats tempérés, le Chimborazo et les volcans de Cotopaxi et d'Antisana , sous la zône torride , presque immédiatement sous la ligne équinoxiale. Les physiciens ont cherché depuis long-temps et la loi de ce décroissement et la cause à laquelle on doit l'attribuer : pour procéder ici d'après notre méthode ordinaire, nous rapporterons d'abord les principales observations qui ont été faites sur ce sujet , soit en Europe , soit dans la zône équatoriale.

Dans le tableau suivant , la première colonne indique les différentes stations qui ont été comparées deux à deux et au même instant ; la station supérieure est toujours exprimée la première ;

La deuxième colonne indique les températures correspondantes aux deux stations ;

La troisième colonne contient l'exès de température de la station inférieure sur la station supérieure ;

La quatrième colonne est la distance verticale des deux stations ;

Et la cinquième colonne enfin indique de combien de mètres il faut s'élever pour trouver un abaissement de température de $1°$; elle a été calculée en supposant que le décroissement de température est proportionnel à la hauteur.

TABLEAU *du décroissement de température observé à diverses hauteurs.*

	Température des stations supérieures et inférieures	Différence des températures des deux stations.	Distance verticale des deux stations.	Hauteur en mètres pour un refroidissement le 1° centigrade
1	Aérostat de Gay-Lussac. . — 9,5 Paris. 30,8	40,3	6979^m	174^m.
2	Chimborazo. . . . . . . — 1,6 Mer du sud. 25,3	26,9	5879	219
3	Mont–Blanc. . . . . . . — 2,9 Genève, à midi. 28,3	31,2	4374	140
4	Mont–Blanc. . . . . . . — 1,6 Genève, à 2 heures soir. . 27,6	29,2	»	150
5	Pic de Ténériffe . . . . . + 8,4 Orotava (Cordier) 24,9	33,3	3729	226
6	Mont–Blanc. . . . . . . — 2,9 Chamouny , à midi. . . . 23,0	25,9	3722	144
7	Id. . . . . — 1,6 Id., à 2 heures soir. . . . 25,0	26,6	»	140
8	Etna. . . . . + 4,4 Catane (Saussure). 23,1	18,7	3237	178
9	Mont–Perdu. . . . . . . 6,9 Tarbes. 25,6	18,7	3117	167
10	Col du Géant. . . . . . 4,5 Genève 24,9	20,4	3060	150
11	Maladette. . . . . . . 3,4 Tarbes (Cordier). 20,8	17,4	2904	167
12	Pic du Midi. . . . . . . 11,6 Tarbes, 26 juillet 1809. . 27,5	15,9	2613	164

	Température des stations supérieures et inférieures.	Différence des températures des deux stations.	Distance verticale des deux stations.	Hauteur en mètres pour un refroidissement de 1° centigrade.
13 { Id. . . . . { Id., 15 septembre..	8,6 19,6	11,0	»	238
14 { Id. . . . . { Id., 4 septembre 1803. .	8,1 22,5	14,4	»	181
15 { Id. . . . . { Id., 12 septembre.. . . .	10,4 23,5	13,1	»	199
16 { Id. . . . . { Id., 23 septembre. . . .	8,1 18,8	10,7	»	244
17 { Id. . . . . { Id., 27 septembre.. . . .	4,0 19,1	15,1	»	173
18 { Id. . . . . { Id., 30 septembre. . . .	4,3 14,8	10,5	»	249
19 { Col du Géant. . . . . . { Chamouny.	4,5 21,6	17,1	2384	139
20 { Mont-Perdu. . . . . . { Barièges.	6,9 25,0	18,1	2152	119
21 { Pic d'Eyré. . . . . . . { Tarbes.	11,0 21,3	10,3	2147	208
22 { Pic de Montaigu. . . . { Tarbes.	3,1 14,5	11,4	2053	180
23 { Pic du Midi . . . . . . { Barièges, 30 août 1805 .	16,4 26,7	10,3	1655	161
24 { Id. . . . . { Id., 15 septembre	8,0 21,9	13,9	»	119
25 { Id. . . . . { Id. . 15 août 1809. . . .	8,2 21,3	13,1	»	127

	Température des stations supérieures et inférieures.	Différence des températures des deux stations.	Distance verticale des deux stations.	Hauteur en mètres pour un refroidissement de 1° centigrade.
26 { Id. . . . . Id., 23 septembre.	6,0 18,5 } 12,5		»	132
27 { Id. . . . . Id., 19 octobre.	2,5 15,9 } 13,4		»	123
28 { Id. . . . . Id., 11 septembre 1810. .	7,0 17,8 } 10,8		»	153
29 { Id. . . . . Id., 22 septembre.	5,8 18,9 } 13,1		»	126
30 { Id. . . . . Id., 28 septembre.	5,2 18,4 } 13,2		»	125
31 { Puy-de-Dôme. . . . . . Clermont, 25 juin 1806. .	14,4 21,3 } 6,9		1066	154
32 { Id. . . . . Id., 11 octobre 1807, midi	10,8 17,8 } 7,0		»	152
33 { Id. . . . . Id., 1 heure, soir.	11,7 18,6 } 6,9		»	154
34 { Id. . . . . Id., 29 juin 1808.	15,2 24,8 } 9,6		»	111
35 { Id. . . . . Id., 7 août.	23,4 32,9 } 9,5		»	112
36 { Bédat de Bagnères. . . . Tarbes.	8,0 10,9 } 2,9		561	193
37 { Pont du Bergue.. . . . . Clermont.	— 2,9 0,3 } 3,2		492	154
38 { La Barraque. . . . . Clermont.	+21,8 2 3,6 } 1,8		380	211

Décroissement moyen d'après les 38 observations . . 164,7

Ce tableau fait voir d'une manière évidente le fait du décroissement de température ; et en jetant les yeux sur la cinquième colonne on remarque que ce décroissement a lieu d'une manière très-irrégulière : dans la trente-quatrième observation, 111 mètres d'élévation ont donné 1° d'abaissement dans le thermomètre, tandis que dans la dix-huitième il a fallu 249 mètres ; ce sont les deux observations extrêmes, l'une donne le décroissement le plus rapide, et l'autre le plus lent. En prenant la moyenne entre tous les résultats, on trouve 1° d'abaissement pour 165 mètres d'élévation. Mais cette moyenne n'est qu'une approximation qui change avec les vents et les saisons, puisqu'au même lieu, entre Barèges et le pic du Midi, il a fallu une fois 119 mètres, en septembre 1805, et une autre fois 153 mètres, en septembre 1810.

D'autres expériences font voir qu'en général le décroissement n'est pas proportionnel à la hauteur ; et lorsque l'on ne considère que des hauteurs très-petites, comme 8 ou 10 mètres, on observe des irrégularités singulières qui dépendent de la direction du vent, de la présence ou de l'absence du soleil ; il n'est pas rare, par exemple, de voir entre ces limites la température devenir croissante avec la hauteur. Ce phénomène arrive, en général, dans la nuit jusqu'au matin, quand l'air est calme et le ciel serein ; c'est un effet du rayonnement. Par la même raison l'on peut s'attendre à trouver quelquefois la température à peu près constante.

M. de Humboldt a fait en Amérique un très-grand nombre d'observations, près de l'équateur, dans les Andes de Quito, et vers l'extrémité boréale de la zône torride, dans les Cordillières du Mexique. Il en a tiré les conséquences exprimées dans le tableau suivant.

Hauteur.	Tempér. moyenne.	Différences.
o	27,5	
1000 mètres	21,8	5,7
2000	18,4	3,4
3000	14,3	4,1
4000	7	7,3
5000	1,5	5,5

Ainsi, dans ces régions, sur les flancs de ces montagnes, non moins prodigieuses par leur épaisseur que par leur élévation, le décroissement de la température n'est pas uniforme ; on voit qu'il est le plus petit possible entre 1000 et 3000 mètres. Cette couche de l'atmosphère est, sous l'équateur, la région habituelle des nuages ; c'est là que les vapeurs, plus ou moins condensées, absorbent en plus grande proportion la chaleur solaire, et l'on ne doit pas s'étonner que cette région soit en effet moins refroidie que celles qui appartiennent à un air plus pur et plus transparent.

Dans les régions polaires, à Ingloolick lat., 69ᶜ 21′, le capitaine Parry a élevé un cerf-volant jusqu'à quatre cents pieds de hauteur avec un thermomètre *à minima*, sans observer une différence sensible de température ; dans cette haute région, le thermomètre marquait 31° au dessous de zéro, comme sur les glacés de la mer.

On a essayé d'exprimer par une formule générale le décroissement de la température de l'atmosphère. M. Leslie est arrivé à ce résultat remarquable, que la différence de température entre deux stations est, en degrés centigrades, égale à 25 multiplié par la différence qui existe entre le rapport direct et le rapport inverse des hauteurs barométriques appartenant à ces deux stations. Ainsi, on aurait la formule

$$D = 25 \left(\frac{H}{H'} - \frac{H'}{H} \right)$$

D est la différence des températures.

H la hauteur du baromètre à la station inférieure.

H' la hauteur du baromètre à la station supérieure.

Cette expression est simple et élégante, mais on doit convenir qu'il est encore plus simple de dire que la température décroit de 1° pour 120, 140, ou 160 mètres ; ce sont deux manières inexactes d'exprimer une loi inconnue; car l'expression rigoureuse de cette loi doit renfermer *plusieurs* coefficiens variables, dont l'expérience seule peut donner la valeur.

646. *Causes du froid qui règne sur les montagnes et dans les régions élevées de l'atmosphère.*

Nous n'entreprendrons pas de faire ici l'histoire des nombreuses et étranges hypothèses qui ont été faites pour expliquer l'état thermométrique de l'atmosphère et des hautes montagnes ; ce sujet s'offrait de lui-même à l'imagination, et, il faut l'avouer, l'imagination l'a traité avec un véritable luxe d'invention ; on pourrait même ajouter que les ouvrages les plus récens en retiennent encore quelque chose. Cependant ce phènomène nous parait très-simple : il résulte de quelques propriétés de l'air qui sont maintenant bien connues et bien vérifiées par l'expérience ; ces propriétés sont les suivantes :

1° L'air libre s'échauffe lentement et se refroidit promptement.

2° L'air chaud s'élève en vertu de sa légèreté spécifique.

3° L'air qui se dilate prend une capacité plus grande pour la chaleur.

La première de ces propriétés est la seule qui exige ici quelques développemens ; les deux autres ont été démontrées dans les chapitres de la dilatation et de la chaleur spécifique.

Pour mieux faire comprendre ce que nous entendons en disant que l'air libre s'échauffe lentement et se refroidit promptement, nous expliquerons d'abord cette propriété dans un autre corps diaphane, par exemple, dans le verre. Concevons une boule de verre de quelques pouces de diamètre, ayant une température de 100° dans toutes ses parties, et placée au centre d'une enceinte vide dont les parois soient maintenues à la température 0°. Cette boule se refroidira suivant certaines lois très-compliquées ; mais quelles que soient ces lois, nous savons que les molécules centrales se refroidiront *directement*, c'est à-dire qu'elles enverront des rayons caloriques qui, après avoir traversé toute l'épaisseur du verre, traverseront ensuite l'espace vide qui l'enveloppe, et seront absorbés par les parois de l'enceinte. Ainsi les molécules de la surface ne seront pas les seules qui perdent de la chaleur, comme dans les corps *opaques*, et le refroidissement est plus prompt parce qu'il n'a pas lieu seulement de proche en proche.

Faisons maintenant l'expérience inverse : mettons la boule à 0°, au milieu d'une enceinte dont les parois soient maintenues à la température de 100°. Les rayons calorifiques émanés des parois traverseront librement la boule transparente, ils ne seront que très-peu absorbés, et en proportion d'autant plus petite que la température des parois sera plus haute ; le réchauffement sera donc très-lent.

Ainsi, dans les corps qui sont *diaphanes* pour la chaleur, la vitesse de réchauffement peut être incomparablement plus lente que la vitesse de refroidissement.

C'est là précisément ce qui arrive dans l'air de l'atmosphère, car les gaz sont éminemment perméables à la chaleur rayonnante, et, de plus, les rayons de la chaleur solaire sont de tous les rayons calorifiques ceux qui se laissent absorber en moindre proportion par les corps transparens.

Quand le ciel est serein, l'air atmosphérique est traversé librement par la chaleur solaire, et n'en reçoit qu'une très-faible élévation de température ; quand l'air est brumeux, rempli de vapeurs vésiculaires ou chargé de nuages, la chaleur solaire est absorbée en très-grande proportion ,

toute la couche brumeuse de l'atmosphère prend une température plus haute, et s'élève en vertu de sa légèreté spécifique; mais en même temps elle se refroidit par deux
causes, parce qu'elle se dilate en s'élevant, et parce qu'elle
rayonne de toutes parts, et particulièrement vers les régions supérieures du ciel, où, par hypothèse, l'air est resté
pur et transparent.

Ainsi au milieu de l'atmosphère l'air pur ne s'échauffe
que très-peu par la chaleur solaire, et si l'air brumeux a
la propriété de s'échauffer sensiblement, il a aussi la propriété de se refroidir promptement.

Cependant si l'air atmosphérique est peu échauffé par
le rayonnement, il est vivement échauffé par son contact
avec la surface du sol, et il semble d'abord que toute la
masse de l'atmosphère doive s'échauffer comme une masse
d'eau contenue dans un vase dont le fond et les parois sont
frappés par la flamme. A coup sûr, si le fond d'un lac était
échauffé seulement à 30 ou 40° comme l'est à chaque instant la surface du sol, sur le tiers ou le quart de la terre,
on verrait bientôt les couches supérieures de ses eaux participer à cette élévation de température. Et tout semble
égal, car l'air monte, comme l'eau, en vertu de sa légèreté
spécifique. Mais entre l'air et l'eau il y a une différence
essentielle: c'est que l'eau conserve une capacité constante
pour la chaleur, tandis que l'air augmente de capacité en
se dilatant. Ainsi, concevons un pied cube d'air à la surface du sol, ayant, par exemple, 20° de chaleur; supposons qu'il s'élève de 100 pieds, et qu'à cette hauteur les
molécules dispersées qui le composaient ne possèdent plus
que la température de 15°, il n'en faudra pas conclure
que dans le trajet ces molécules ont donné 5° de chaleur
par le contact aux autres molécules qu'elles ont rencontrées; car, en passant sous une pression moindre, ce pied
cube d'air a pris un volume plus grand, et par cela seul il a
absorbé une partie de sa propre chaleur; s'il en a absorbé,

par exemple, 4°, il n'a pu en donner que 1° au lieu de 5°
aux diverses molécules qu'il a rencontrées sur sa route.
D'une autre part le pied cube qui est descendu pour remplir sa place, s'est comprimé en descendant, et il a dégagé de la chaleur au profit des couches inférieures. Ainsi,
d'après les propriétés de l'air et la constitution de l'atmosphère, toutes les causes d'accroissement de température sont renfermées dans les couches inférieures.

Il est facile d'après cela d'analyser les phénomènes qui
se produisent sur les flancs et sur les sommets des montagnes.

A 2000 ou 3000 mètres au dessus du niveau de la
mer et des basses plaines continentales, dans les Alpes,
les Pyrénées ou les Andes équatoriales, concevons une vallée ou un plateau d'une assez grande étendue.

Sur ces hauteurs l'air étant en général plus pur et moins
brumeux que sur les basses terres, les rayons solaires auront en général une plus grande énergie en tombant sur
la surface du sol ; et si cette cause agissait seule, la température du sol devrait être plus haute qu'au niveau des
mers. Mais à cette cause d'échauffement se joint une cause
encore plus énergique de refroidissement ; car, si la pureté de l'air favorise l'arrivée des rayons solaires, elle favorise aussi et avec bien plus d'efficacité le départ des
rayons calorifiques qui sont lancés le jour et surtout la
nuit par le pouvoir émissif du sol. Ainsi, en supposant que
le vent ne souffle jamais sur les plateaux élevés, on aurait
pendant le jour une température peut-être un peu plus
haute que dans les plaines, et pendant la nuit une température beaucoup plus basse ; ce qui donnerait déjà, en dernier résultat, une température moyenne moindre. L'influence des courans d'air et du vent ajoute encore à cet
abaissement. Nous avons vu qu'à 2000 ou 3000 mètres au
dessus des mers et des plaines, l'air est beaucoup plus froid
que dans les couches qui avoisinent le sol ; or c'est précisé-

ment cet air froid qui baigne sans cesse les plateaux élevés et qui souffle sans cesse sur leur surface. Cette seconde cause d'abaissement de température est en général la plus puissante, et c'est aussi dans les hauts lieux où elle agit avec plus d'intensité, que l'on trouve, proportion gardée, un plus grand degré de froid.

Il est à peine nécessaire d'ajouter que la masse des montagnes, l'étendue des plateaux, la profondeur des vallées, la direction des pentes, l'humidité du sol, et une foule d'autres circonstances encore, modifient sans cesse l'action du vent et le rayonnement de la nuit, et, par conséquent, la température moyenne à laquelle un lieu donné pourra s'abaisser.

647. *Limite des neiges perpétuelles.* Nous venons d'examiner les causes du décroissement de température dans l'atmosphère, et, par conséquent, les causes des neiges éternelles qui couvrent les hautes montagnes ; il nous reste à discuter maintenant quelles sont, dans les divers climats, les hauteurs auxquelles il faut s'élever pour trouver sur les flancs des montagnes cette limite de séparation entre les cimes toujours neigeuses et les terres qui reçoivent les rayons du soleil, du moins pendant quelques semaines, et qui peuvent produire une végétation plus ou moins active. On avait cru pendant long-temps que là où commencent les neiges éternelles, la température moyenne de l'année est essentiellement la température de la glace fondante ; mais M. de Humboldt a démontré par l'expérience qu'il n'en est point ainsi, et les observations de M. Léopold de Buch sur les neiges perpétuelles de la Norwége et de la Laponie ont donné à cette vérité une pleine confirmation. Dans la zone torride, à la limite des neiges, la température moyenne de l'air est de 1° 5 au dessus de zéro ; tandis qu'en Norwége entre 60 et 70° de latitude cette température moyenne s'abaisse à 6° au dessous de zéro. Il n'est pas difficile de se rendre compte de ce phénomène ; car, suivant la remarque

de M. de Buch, la limite des neiges dépend surtout de la
température des mois les plus chauds de l'année : elle s'é-
lève quand cette température est plus haute et s'abaisse
quand cette température est moindre. Or, la température
des mois les plus chauds dans un lieu déterminé, dépend
de l'état plus ou moins pur ou plus ou moins brumeux de
l'atmosphère, de la nature et de l'inclinaison du sol, des
vents auxquels il est exposé, etc.; et l'on conçoit que,
toutes choses d'ailleurs égales, la limite des neiges sera
d'autant plus relevée que la masse des neiges sera elle-
même moins étendue.

Un pic de petites dimensions qui prendrait naissance
dans une plaine pour s'élancer dans les airs jusqu'à la région des neiges, aurait toujours vers son sommet des mois
d'été beaucoup plus chauds qu'un massif énorme, qui,
après s'être refroidi pendant l'hiver, peut réagir plus long-
temps sur l'air tempéré qui l'enveloppe en été et déterminer au loin un abaissement de température plus ou moins
sensible.

Nous avons rassemblé dans le tableau suivant les principales observations qui ont été faites jusqu'à présent sur
la limite des neiges peepétuelles, depuis l'équateur jusqu'aux latitudes de 60 à 70°.

Latitude et noms de l'observateur.	Noms des lieux.	Hauteur de la limite des neiges au dessus de l'Océan.	Température moyenne.
o à 10° M. de Humboldt. . .	Rucupichincha, Huaupichinchá, Antisana, Corazon, Cotapaxi, Chimborazo	4795$^{mèt.}$	1,5
14 à 19° M. Pentland	Cordilière orientale du Haut-Pérou	5200	
	Cordilière occidentale du Haut-Pérou	5130	
19 à 20 M. de Humboldt . .	Orizaba, Popocatepetl, Femmeblauche, Nevado de toluca	4580	
27 à 36 M. Webb.	Hymalaya (pente méridionale)	3850	
	Hymalaya (pente septentrionale)	5000	
42 à 43. Engelhardt et Parrot.	Caucase	3216	3,5
Ramond.	Pyrénées	2729	
45 à 46.	Alpes	2670	4
M. Wahlenberg. 49	Carpathes	2592	
61 M. Léop. de Buch. . .	Pic de Saletind	1690	6
70 M. Léop. de Buch. . .	Le Storvans-Field	1060	6

Nous ajouterons ici, d'après M. de Humboldt, quelques considérations sur chacune de ces localités (Mém. de M. de Humboldt sur la limite inférieure des neiges, etc., *Ann. de Phys. et de Chim.*, tom. XIV, pag. 1).

1° Sous l'équateur, dans le massif prodigieux des Andes, que les Péruviens appellent fastueusement *la Cordillèra royale des neiges*, on ne trouve pas d'une cime à l'autre et pour les diverses saisons de l'année, une oscillation de plus de 25 à 30 mètres dans la limite des neiges.

Dans les plaines habitées d'Antisana, qui sont couvertes d'un superbe gazon composé d'herbes aromatiques, il tombe quelquefois, à 4200 mètres de hauteur, trois ou quatre pieds de neige, qui se conservent pendant cinq ou six semaines.

Dans le royaume de Quito on ne voit jamais de neige au dessous de 3700 mètres, où la température moyenne est d'environ 9°.

La grêle descend plus bas que la neige, à 1000 mètres et même à 600 mètres : il en tombe tous les cinq à six ans une fois ; mais il ne paraît pas qu'on en ait jamais vu dans les plaines inférieures.

Il paraît fort douteux qu'en Afrique on trouve près de l'équateur des montagnes assez hautes pour offrir à ces climats le spectacle des neiges éternelles.

2° L'observation de M. Pentland est très-remarquable, puisqu'elle fait voir que, du 14° au 19° degré de latitude australe, la limite des neiges est plus élevée que sous l'équateur lui-même ; il serait important de connaître l'étendue des oscillations annuelles que cette limite peut éprouver, afin d'en déduire l'influence des plateaux et de la configuration du sol.

3° La limite des neiges ne s'abaisse que de 215 mètres en passant de l'équateur à la latitude de 19 à 20°, c'est-à-dire dans une étendue de 400 lieues.

L'oscillation annuelle des neiges est ici beaucoup plus grande que sous l'équateur ; elle atteint quelquefois jusqu'à 600 ou 700 mètres d'étendue.

A peu près à la même latitude, les îles Sandwich présentent à O-Whyhee la cime remarquable de Mowna-Roa, à laquelle on donne plus de 5000 mètres de hauteur ; il serait curieux d'en avoir une mesure exacte, car il parait bien constant qu'elle est parfois entièrement dépouillée de neiges.

4° La pente méridionale de l'Himalaya donne la limite des neiges à peu près à la hauteur que l'on pourrait déduire des observations mexicaines; mais la pente septentrionale présente un phénomène bien extraordinaire, puisque d'après les mesures de M. Webb et les observations qu'il a faites au temple de *Kedarnach* et au *col de Niti*, la limite des neiges s'élèverait à 5000 mètres, c'est-à-dire à une hauteur plus grande que sous l'équateur. C'est assurément dans l'immense étendue des plateaux et dans la configuration du sol qu'il faudrait chercher l'explication de ce phénomène étonnant.

5° Le Caucase et les Pyrénées sont à la même latitude, et cependant la limite des neiges se trouve au Caucase à plus de 400 mètres plus élevée qu'aux Pyrénées. La température des mois les plus chauds dans ces deux contrées donnerait sans doute des indications précieuses sur la cause de cette différence.

6° Les observations de M. Léopold de Buch sur cette vaste chaîne qui sépare la Norwége dans toute sa longueur, et qui s'étend depuis le 58° jusqu'au 71° degré de latitude, sont bien propres à montrer l'influence que l'état brumeux de l'atmosphère peut exercer même sur la limite des neiges. Car on ne peut douter à présent que le relèvement considérable de cette limite jusqu'à 1060 mètres dans ces hautes latitudes, ne soit un effet de ces circonstances et du voisinage de la mer.

Température des eaux et formation des glaces.

648. *Température des sources.* Toutes les sources abondantes ont une température qui varie très-peu dans les différentes saisons de l'année; pour notre hémisphère, elles atteignent en général leur plus haut degré de chaleur vers le mois de septembre, et leur plus grand degré de froid

vers le mois de mars. La différence, pour ces deux époques extrèmes, s'élève à 1 ou 2°. Il était curieux de comparer la température moyenne des sources à la température moyenne de l'air à la surface du sol, où elles arrivent au jour; on trouvera cette comparaison dans le tableau suivant, où nous avons rassemblé les principaux résultats connus.

Tableau comparatif de la température des sources et de la température moyenne de l'air.

Noms des lieux.	Tempér. du sol. Deg. centigr.	Différence.	Noms des observateurs.
Congo.	22,7	+ 2,9	Smith.
Cumana.	25,9	+ 2,4	Humboldt.
Saint-Yago (Cap-Vert).	24,0	+ 0,5	Hamilton.
Bockford (Jamaïque).	26,1	+ 0,9	Hunter.
Havane.	23,5	+ 2,1	Ferrer
Nepal.	23,0	+ 1,5	Hamilton.
Ténériffe.	18,0	+ 3,6	De Buch.
Le Caire.	22,5	0,0	Nouet.
Cincinnati.	12,4	0,0	Mansfield.
Philadelphie.	12,7	— 0,3	Warden.
Carmeaux.	13,0	+ 1,4	Cordier
Genève.	10,4	— 0,8	Wahlenberg.
Zurich.	9,4	— 0,6	Id.
Paris.	11,5	— 0,6	Id.
Berlin.	10,2	— 2,2	Erman fils.
Dublin.	9,6	— 0,1	Kirwan.
Kendal.	8,7	— 0,8	Dalton.
Keswick.	9,2	— 0,3	Id.
Kœnigsberg.	8,1	— 1,9	Erman.
Edimbourg.	8,7	0,0	Playfair.
Carlscrone	8,5	— 0,7	Vahlenberg.
Upsola.	6,5	— 1,0	Id.
Uméo.	2,9	— 2,1	Id.
Enontekies.	1,2	— 4,9	Id.
Vadsoe.	2,2	— 3,5	Id.

On voit que, dans la zône torride, la température moyenne de l'air est en général un peu plus haute que la température des sources ; mais, dans la zone tempérée, c'est le contraire qui arrive ; les sources sont plus chaudes que l'air, et leur excès devient en général croissant avec la latitude, tellement qu'à 60° et 70°, d'après les observations très-exactes de Wahlenberg, elles l'emportent de 3 ou mêmes 4° centigrades.

Lorsque les sources ne sont pas thermales, leur température est certainement produite par les diverses couches du sol qu'elles ont dû traverser ; mais à cet égard il y a une différence entre les sources très-petites et les sources très-abondantes : les premières ne peuvent réagir que très-faiblement sur les couches qu'elles traversent ; elles sont en quelque sorte forcées d'en prendre la température et d'arriver au jour après avoir subi divers degrés de réchauffement ou de refroidissement ; au contraire, les sources abondantes arrivent au jour avec la température des couches où elles se sont formées ; car si elles rencontrent des couches plus froides, elles les réchauffent ; si elles en rencontrent de plus chaudes, elles les refroidissent, et les altérations qu'elles éprouvent elles-mêmes pour produire ces effets sont d'autant moindres que les eaux sont plus abondantes. Ces résultats, indiqués d'avance par la théorie, sont confirmés par les observations qui ont été faites sur les *puits artésiens* : la température des eaux qu'ils versent à la surface du sol paraît être à peu près exactement la température des nappes profondes dans lesquelles ils prennent leur origine ; car cette température est invariable, et se trouve d'autant plus grande que la profondeur du puits est elle-même plus grande. M. Arago, qui a eu l'idée de se servir de ce moyen pour trouver la température de la terre à diverses profondeurs, a recueilli un grand nombre d'observations qui permettent en quelque sorte de juger de la profondeur d'un puits lorsqu'on connait la tem-

pérature de ses eaux, ou réciproquement de prédire quelle
sera la température des eaux lorsqu'on sait à quelle profondeur elles prennent naissance.

Les *sources thermales* atteignent quelquefois des températures voisines de l'ébullition , et tout ce que l'on sait
jusqu'à présent sur le gisement de ces sources ne permet
pas de décider si elles tiennent ces hauts degrés de chaleur
de la profondeur à laquelle elles prennent naissance, ou
si elles le tiennent de quelques circonstances particulières
aux couches qu'elles traversent. Pour trancher la difficulté , il ne suffit pas de remarquer que pour plusieurs de
ces sources la température est restée constante pendant
de longues années , car on peut bien concevoir des actions
locales qui ne s'épuisent pas ou même qui ne s'altèrent
pas pendant des siècles : les sources salées que l'on ex-
ploite en sont un exemple, et si l'on objectait que ces
sources viennent peut-être de la mer, et qu'ainsi la cause
qui les sale n'est pas une cause locale , on pourrait répondre que cette origine est au moins très-contestable, et
qu'au reste il existe un grand nombre de sources minérales
qui ne viennent certainement pas de la mer, et qui paraissent tenir en dissolution les mêmes élémens, et en
même proportion depuis un très-grand nombre d'années.

Or, s'il existe des causes locales capables d'introduire
dans les eaux, d'une manière invariable et permanente,
des élémens qui en modifient la nature, on peut bien admettre aussi qu'il existe des causes locales capables d'en
changer la température d'une manière permanente. Nous
indiquons ici ces considérations pour montrer seulement
que la question n'est pas résolue, et qu'elle offre un beau
et vaste sujet de recherches.

On trouve dans plusieurs lieux du globe , et particulièrement près des volcans en activité , des sources thermales
jaillissantes, et d'autres éruptions d'eau ou de gaz qui méritent aussi toute l'attention des météorologistes et des géo-

logues. Il importe d'étudier leur température et leur gisement. Nous citerons ici comme exemple la fameuse source du *Geyser*, en Islande. Le Geyser a des éruptions à peu près périodiques ; elles sortent d'un vaste bassin qui a environ 70 pieds de profondeur et 60 de diamètre. On entend d'abord un bruit souterrain formidable, et bientôt l'on voit jaillir par l'ouverture du bassin, et jusqu'à la hauteur de 300 pieds au-dessus du sol, d'énormes colonnes d'eau qui entrainent des corps pesans et même des cailloux d'un grand volume (*Fig.* 355). La température de ces eaux est de 82°. Quelquefois les éruptions sont peu nombreuses dans le cours d'une journée ; d'autres fois on en compte plusieurs dans une minute.

649. *De la température des lacs et des rivières, et de leur congélation*. — Dans les lacs, les couches supérieures de l'eau éprouvent des variations de température considérables : on sait qu'en hiver elles peuvent se congeler, et qu'en été elles atteignent des températures de 20 à 25°. Mais ce qui arrive à la surface ne se reproduit pas dans les couches plus profondes ; il y a dans ces masses de fluides une distribution de la chaleur qui ne se fait ni par les mêmes causes ni suivant les mêmes lois que dans les solides, et il serait très-important de faire des expériences sur ce sujet. De Saussure est, je crois, le premier observateur qui ait abordé cette grande question ; il a parcouru la plupart des lacs de la Suisse ; il a déterminé leur température à la surface et à diverses profondeurs, et de ses belles expériences est sorti le principe fondamental de l'équilibre de température dans les eaux. Nous rapporterons seulement dans le tableau suivant les résultats qu'il a obtenus à la surface et dans les couches du fond.

Noms des lacs.	Froid à la surface.	Froid au fond.	Profondeur en pieds.
Lac de Genève. . . .	5,0	5,4	950
Id.	21,2	6,1	150
— de Thun.	19,0	5,0	350
— de Brientz. . . .	19,4	4,8	500
— de Lucerne. . . .	20,3	4,9	600
— de Constance. . .	18,1	4,3	370
— Majeur.	25,0	6,7	335
— de Neuchâtel. . .	23,1	5,0	325
— de Bienne. . . .	20,7	6,9	217
— d'Annecy.	14,4	5,6	163
— du Bourget. . . .	17,9	5,6	240

Ces expériences ont été faites depuis 1777 à 1784; si les températures à la surface sont très-différentes, c'est qu'elles ont été observées à diverses saisons de l'année; mais dans tous les cas la température du fond et celle de la surface sont du même jour et en quelque sorte du même instant. Ces résultats présentent une conséquence frappante: la température du fond est à peu près constante dans tous les lacs, et elle est de beaucoup inférieure à la température moyenne du lieu. De Saussure, après avoir constaté le fait, avait déclaré que les principes alors connus ne pouvaient suffire à l'expliquer. En effet, à cette époque on ne connaissait pas la propriété que possède l'eau d'avoir un *maximum* de densité à la température de 4° et demi, ou à peu près. C'est sur cette propriété que repose essentiellement l'équilibre de température des grandes masses fluides.

Pendant la saison chaude de l'année, deux causes concourent à élever la température des couches supérieures de l'eau des lacs : l'air, qui agit par son contact, et la chaleur solaire, qui pénètre à une profondeur plus ou moins grande. Ces couches échauffées se mêlent de mille manières par l'agitation des vagues; mais elles se mêlent sans tom-

ber au fond, parce qu'elles sont sans cesse soutenues par
leur légèreté spécifique, et parce que la plus grande agitation des vagues ne se fait jamais sentir qu'à une petite
profondeur.

Ainsi, en été et jusque vers la fin de l'automne, la température doit être sans cesse décroissante avec la profondeur; c'est en effet ce que montrent les expériences de De
Saussure, et ce qui a été constaté depuis par M. Labèche
avec un soin particulier. (*Ann. de phys. et de chim.*,
tom. XIX, pag. 77.)

Pendant la saison froide, la couche supérieure se refroidit par deux causes, par le contact de l'air froid et par le
rayonnement, surtout par le rayonnement nocturne. Cette
couche se contracte en se refroidissant; elle acquiert une
densité plus grande, et tombe à une petite profondeur en
se mêlant aux couches plus chaudes qui étaient au-dessous
d'elle. Dès qu'elle tombe elle est remplacée par une autre
qui se refroidit et qui tombe à son tour; une autre vient,
qui éprouve les mêmes effets, et c'est par ces courans
continuellement ascendans et continuellement descendans
que toutes les couches supérieures se refroidissent. Mais,
il ne faut pas le perdre de vue, toute la chaleur perdue
vient se perdre à la surface. Si l'eau n'avait pas un *maximum* de densité, il est évident que pendant toute la saison du refroidissement la température serait encore décroissante avec la profondeur, car les couches les plus chaudes étant en même temps les plus légères, il faudrait, pour
obéir aux lois de l'équilibre, qu'elles fussent aussi les plus
élevées. Ainsi la surface ne pourrait atteindre la température zéro que quand toute la masse serait au moins à la température zéro, et par conséquent il y aurait une congélation
simultanée dans toute l'épaisseur du lac, depuis la surface
jusqu'à la plus grande profondeur. Mais à cause du *maximum*
de densité, les phénomènes se passent tout autrement.
Dès que les couches de la surface sont arrivées à la tempé-

rature *maximum*, elles tombent, d'autres les remplacent qui tombent à leur tour, jusqu'à ce que toute la masse, dans toute son épaisseur, soit arrivée à cette température limite. Imaginons, pour un instant, que les froids de l'hiver se soient prolongés assez long-temps pour établir cette distribution de chaleur et de densité. Le froid continuant, *et toujours par la surface*, la couche supérieure ne pourra plus tomber, car elle devient plus légère en même temps qu'elle devient plus froide. L'abaissement de température pourra donc continuer pour elle et se prolonger indéfiniment, car elle restera indéfiniment plus légère. Dans une masse parfaitement calme et sans agitation, cette première couche devrait donc se congeler la première, sans que les couches inférieures participassent à l'abaissement de température, si ce n'est par la conductibilité, qui est excessivement faible dans tous les liquides, et particulièrement dans l'eau. Mais comme en réalité il se produit toujours une agitation plus ou moins violente, et par conséquent plus ou moins profonde, ce ne sera pas seulement la première couche qui se refroidira au-dessous du *maximum*, c'est toute l'épaisseur des couches sans cesse mêlées par l'agitation des vagues. Pendant tout ce refroidissement, les couches inférieures resteront à la température constante du *maximum* jusqu'aux plus grandes profondeurs. Ainsi, à cette époque, la température sera croissante avec la profondeur jusqu'à la première couche, qui est à 4° 4, et au-dessous de celle-ci la température sera constante. On ne possède pas beaucoup d'expériences faites pendant la rigueur de l'hiver; mais toutes tendent à confirmer ce résultat.

Voilà pourquoi, dans les lacs profonds, la congélation commence essentiellement par la surface, et ne pénètre jamais que très-lentement à une profondeur un peu considérable.

Le même principe nous fait voir encore que, dans les

eaux tranquilles et profondes , il faudra , pour déterminer
la congélation , des froids très-rigoureux et très-long-
temps prolongés. Car il faut que toutes les couches qui ont
été réchauffées dans la saison chaude aient pu venir à la
surface perdre la chaleur qui les maintient au-dessus de
la température *maximum*, et si ces couches forment une
épaisseur de 5 ou 600 pieds, il est évident qu'elles devront,
dans les mêmes circonstances , mettre un temps bien plus
long à venir tour à tour passer à la surface pour y perdre
leur excès de température , que si elles formaient seulement une épaisseur de 20 ou 30 pieds. Vers les bords ,
sur les bancs d'une grande largeur et dans tous les lieux où
il n'y a qu'une petite profondeur, on verra donc des nappes
de glace se former et prendre une grande épaisseur, tandis qu'au large, où la profondeur est grande, la surface
reste libre , et la température se soutient à une température plus haute.

Cependant il se présente ici une question à résoudre,
sur laquelle nous n'avons, jusqu'à présent, que des données incertaines : c'est de savoir à quelle profondeur peuvent se faire sentir les chaleurs de l'été. Si , par exemple,
elles ne peuvent se faire sentir qu'à 500 pieds, un lac de
10,000 pieds de profondeur ne gèlera pas plus tard qu'un
lac de 500 pieds ; car, dans le premier, les couches qui sont
au-dessous de 500 pieds restant à la température constante
du *maximum* pendant toute la durée de l'année, il est
évident qu'elles sont comme si elles n'existaient pas , et
qu'on peut les concevoir séparées du reste de la masse sans
troubler en rien les phénomènes qui se passent dans les
couches supérieures.

Il serait important aussi de faire des expériences sur la
température de l'eau à sa surface, au moment de la congélation ; car tout semble indiquer que cette température
peut s'abaisser au-dessous de zéro , sans que la congélation s'opère, soit que l'agitation continuelle des molécules

s'y oppose, soit que d'autres causes encore puissent y concourir.

Si, avant la congélation, la température d'un lac a dû être un instant de 4° 4 dans toute sa profondeur, il est facile de voir qu'après le dégel, le même phénomène doit se reproduire avant que les couches superficielles puissent se réchauffer au-dessus du *maximum*. Ces deux états d'équilibre supposent toutefois que les causes du réchauffement et du refroidissement ne sont pas trop brusques pour que les courans ascendans et descendans puissent s'établir avec régularité.

Dans *les rivières*, la distribution de la chaleur s'accomplit suivant d'autres lois, à cause du mouvement de translation des molécules liquides. Il en résulte en effet un mélange continuel de couches supérieures et inférieures qui tend à établir une température uniforme dans toute la masse ; cependant, comme ce mouvement est différent à la surface et au fond, au milieu du lit et vers les bords, on doit s'attendre à une foule de phénomènes accidentels déterminés par ces circonstances. Parmi ces phénomènes, ceux de la congélation sont les seuls qui aient été observés avec quelque soin. On a constaté, par des expériences décisives, que dans certains cas la congélation commence à la surface, et que dans d'autres cas, au contraire, elle commence au fond.

Quand les rivières *charrient*, on peut dire, en général, que tous ces glaçons, qui se heurtent et qui prennent par le choc des formes arrondies ou anguleuses, ont été primitivement formés à la surface ; quelques-uns se sont détachés des bords, mais les autres n'ont été à leur origine que de petits embryons, de petites parcelles flottantes qui ont pris du volume en vogant sur l'eau.

La formation des premiers n'est pas douteuse, puisqu'on voit les rivages couverts d'une lame de glace qui est sans cesse battue et sans cesse brisée par les flots. C'est là que la congélation commence, parce qu'en général l'eau y est moins profonde, et parce qu'elle est en contact avec un terrain sans cesse refroidi par l'air et par le rayonnement. La glace qui s'y attache se refroidit à son tour par cette double cause, et devient alors, comme le rivage lui-même, un corps froid capable de geler ce qui le touche. Les fragmens, volumineux ou même imperceptibles, qui sont brisés dans cette masse, deviennent flottans par leur légèreté spécifique; ils se refroidissent plus que l'eau, et les gouttes qui viennent tomber sur les bords s'y congèlent à l'instant, parce qu'elles deviennent froides et immobiles.

La formation des glaçons, à la surface même de l'eau, loin des rivages et de tous les corps solides, a été révoquée en doute par quelques physiciens; il est difficile en effet d'en donner une preuve directe, car si l'on trouve au large des fragmens de glace ou même les rudimens qui les forment, on peut toujours supposer qu'ils viennent des bords et qu'ils en ont été détachés par les vagues. Mais on doit convenir cependant que la surface libre des eaux peut être indéfiniment refroidie au dessous de zéro, et qu'ainsi elle doit enfin, malgré le mouvement, donner naissance à des aiguilles de glace qui grossissent ensuite en se refroidissant davantage par le contact de l'air et par le rayonnement.

La formation de la glace au fond même de l'eau a été long-temps contestée; mais d'habiles observateurs en ont recueilli des preuves directes, et il s'agit maintenant d'en expliquer la cause, et non plus d'en nier la possibilité. L'eau agitée des fleuves et des rivières peut sans doute être abaissée de plusieurs degrés au dessous de zéro sans se congeler; et là où la profondeur n'est pas très-grande, toute l'épaisseur de la couche liquide peut participer à cet abaissement de température; les matières solides du fond peuvent à la fin y participer elles-mêmes par leur contact prolongé avec l'eau : mais, vers le fond, le mouvement est moins rapide qu'à la surface. Les inégalités du

sol forment une multitude de petites cellules ou d'espèces
d'abris où l'eau n'est que très-faiblement agitée; alors on
conçoit que la congélation s'y accomplisse , et même
qu'elle s'y accomplisse plutôt qu'à la surface. D'autres
causes peut-être peuvent encore favoriser ce phénomène;
mais le rôle que jouent les surfaces solides refroidies n'est
pas tel que quelques personnes le supposent , car, dans
l'expérience de Fareinheit, par laquelle on abaisse l'eau à
10 ou 12 degrés au dessous de zéro sans qu'elle se gèle,
le liquide touche les parois refroidies de la capsule qui le
contient; et, dans ses points de contact, il n'éprouve pas
plus de congélation que dans les points où la surface est
libre.

Pour que les fleuves et les rivières puissent être conge-
lés dans toute leur largeur, il faut un froid très-vif et
très-soutenu ; cependant, ce phénomène varie avec la
hauteur, la vitesse et la profondeur des eaux. Les historiens rapportent à cet égard des faits qui ne se sont pas
reproduits dans le dernier siècle, mais qui ne doivent pas
pour cela être regardés comme impossibles. Ils disent,
par exemple , que la mer Noire fut entièrement gelée
l'an 400 et l'an 763; que le Nil fut pareillement gelé dans
toute sa largeur en l'an 829. Sans remonter à des époques
aussi reculées, nous citerons ici les froids les plus extraordinaires à partir du dix-septième siècle , en indiquant
approximativement les températures correspondantes.

La flotte vénitienne se trouva prise par les glaces dans
les lagunes de Venise en 1621 (— 20°).

Le port de Marseille fut gelé en 1638 et en 1709
(— 20°).

Charles X, roi de Suède, traversa le Petit-Belt sur la
glace avec toute son armée, son artillerie, ses caissons,
ses bagages, etc., en 1658.

Il paraît que, pour congeler le Rhône, il faut une température qui se soutienne quelque temps à — 18°.

La Tamise fut totalement prise à Londres en 1684, en
1716 et en 1740.

La Seine gèle très-souvent à Paris. Nous rapporterons
quelques observations qui ont été faites sur les températures correspondantes.

Seine gelée en 1740 à — 14° du therm. centig.
1742 à — 10
1744 à — 9
1762 à — 9
1766 à — 9
1767 à — 16
1776 à — 12
1788 à — 13

Ainsi, il faut au moins une température de — 9° pour déterminer la congélation de la Seine.

Lorsqu'une rivière est *prise*, la nappe de glace qui la
couvre augmente rapidement d'épaisseur dans les premiers instans; mais ensuite le froid pénètre de plus en
plus lentement, à cause de l'imparfaite conductibilité de
la glace. Le rayonnement des nuits paraît avoir une grande
influence sur ce phénomène; car on observe quelquefois
les couches très-distinctes qui se sont formées successivement au dessous les unes des autres. Par exemple, dans
l'hiver de 1821, on a compté jusqu'à vingt-une couches
distinctes dans des glaces de 15 pouces d'épaisseur, formées sur les lacs qui environnent New-Heaven (Amérique). Vers le haut, l'épaisseur des couches variait entre
12 et 18 lignes; au bas, vers la surface de l'eau, elles
étaient seulement de 3 à 6 lignes. Cependant, l'on avait
bien constaté que le froid avait été toujours croissant.

La glace peut, comme tous les corps, se dilater par la
chaleur et se contracter par le froid. Il en résulte souvent
de nombreuses fissures qui se froment avec un grand fra-

cas ; quelquefois c'est comme un feu de peloton ; d'autres fois, les coups sont plus terribles que des coups de canon.

Quand les glaces n'ont pas été rompues avant la *débâcle*, elles peuvent trop souvent produire d'effrayans désastres. De tous les moyens qui ont été imaginés pour prévenir ces malheurs, le plus efficace paraît être d'introduire sous la glace de distance en distance des espèces de petites bombes que l'on fait éclater ensuite. L'explosion détermine des fentes nombreuses et les fragmens qui en résultent sont assez petits pour n'être plus redoutables.

650. *De la température des mers et de la formation des glaces polaires.*

Dans ces dernières années, plusieurs habiles navigateurs ont parcouru les mers équatoriales et les mers polaires ; ils ont fait partout sur les températures et sur les phénomènes qui en dépendent de nombreuses séries d'observations, qui sont infiniment précieuses pour la science ; mais c'est dans leurs ouvrages qu'il en faut chercher la discussion détaillée. Nous devons nous borner ici à présenter seulement les conséquences générales auxquelles elles conduisent.

Sur la mer, à de grandes distances des côtes, la température de l'air éprouve en général dans le cours d'une journée des variations bien moindres que sur les continens.

Par exemple, sur les mers équatoriales la différence entre le maximum et le minimum du jour est tout au plus de 1 ou 2°, tandis que sur les continens elle s'élève à 5 ou 6°.

Dans les régions tempérées entre 25 et 50 degrés de latitude, la différence entre le maximum et le minimum du jour reste encore très-petite, elle atteint rarement 2 ou 3°, tandis que sur les continens la différence est très-grande ; à Paris elle s'élève quelquefois à 12 ou 15°.

La température minimum est comme à terre celle du soleil levant ; mais quelques observateurs pensent que le maximum se trouve près de midi au lieu d'être à deux ou trois heures.

Lorsque l'on compare la température de l'air à celle que prend la mer à sa surface on arrive aux résultats suivans :

Entre les tropique, l'air, dans ses plus hautes températures, est, en général, un peu plus chaud que la surface de l'eau, prise aussi dans ses plus hautes températures ; c'est ce que l'on peut voir dans les deux tableaux suivans, qui sont tirés d'une notice de M. Arago. (*Annuaire du bureau de longitude*, 1825).

*Maxima de température de l'atmosphère, observés en pleine mer,
loin des continens.*

	Dates.	Latitude.	Tempér.	Noms des observat.
Océan Atlantique.	1772 14 août.	14°54′ N.	+27,5	Bayley.
Mer du Sud. . . .	1773 16 août.	17,46 S.	+28,9	Id.
Océan Atlantique.	1774 23 mai.	4, 5 N.	+28,3	Id.
Océan Atlantique.	1772 13 août.	14,50 N.	+28,6	Wales.
Océan Atlantique.	1775 22 juin.	11,12 N.	+29,2	Id.
Océan Atlantique.	1785 29 sept.	0, 0	+26,3	Lamanon.
Océan Atlantique.	1788 novemb.	0,58 S.	+27,2	Churruca.
Océan Atlantique.	1791 6 nov.	9,16 N.	+28,4	Dentrecast.
Mer des Moluques.	1792 27 oct.	10,42 S.	+30,6	Id.
Mer des Moluques.	1793 2 août.	0, 3 S.	+29,7	Dentrecast.
Océan Atlantique.	1800 mars.	0,33 S.	+27,7	Perrins.
Mer du Sud. . . .	1803 février.	0,11 N.	+28,0	Humboldt.
Océan Atlantique.	1816 16 mars.	4,21 N.	+27,8	John Davy.
Océan Atlantique.	1816 11 mai.	4,43 N.	+27,5	Lamarche.
Mer de la Sonde. .	1816 20 juin.	5,38 N.	+29,4	Basil Hall.
Mer de la Chine. .	1816 3 juillet.	13,29 N.	+29,1	Id.
Grand-Océan. . .	1816 7 août.	2,10 N.	+28,1	John Davy.
Océan Atlantique.	1816 13 oct.	5,38 S.	+29,1	Lamarche.
Méditerranée. . .	1818 3 août.	39,12 N.	+29,2	Gautier.
Méditerranée. . .	1819 24 juin.	38,46 N.	+29,0	Id.
Mer Noire. . . .	1820 23 juin.	44,42 N.	+29,4	Id.

Maxima de température de la mer à sa surface.

	Latitude.	Longitud. de Paris.	Tempér.	Dates.	Noms des observateurs.
Océan Atlant. .	7° N.	20° ¼ O.	+26°9	1772 23 août.	W. Bayley.
Mer du Sud. .	17 ¼ S.	208 E	+28,9	1773 18 août.	Id.
Océan Atlant. .	4 N.	24 E.	+28,3	1774 23 mai.	Id.
Océan Atlant. .	6 ¾ N.	22 ¦ O.	+28.7	1788 octobre.	Churruca.
Océan Atlant. .	2 S.	29 ¼ O.	+28,6	1803 avril.	Quevedo.
Océan Atlant. .	7 N.	25 ½ O.	+28,8	1803 novem.	Rodman.
Océan Atlant. .	0 ⅔ O.	22 ⅗ O.	+28,2	1804 mars.	Perrins.
Océan Atlant. .	4 N.	21 O.	+28,6	1816 16 mars.	John Davy.
Océan Atlant. .	5 N.	26 O.	+27,5	1816 10 mai.	Lamarche.
Mer de Chine..	13 ½ N.	110 ½ E.	+29,1	1816. 3 juillet.	Basil Hall.
Océan Atlant. .	7 ⅓ N.	24 ½ O.	+27,3	1816 14 juill.	Ch. Baudin.
Mer de Ceylan.	2 ½ N.	75 ¼ E.	+28,9	1816. 9 août.	John Davy.
Océan Atlant. .	10 N.	20 ½ O.	+29,1	1816 18 oct.	Lamarche.
Mer des Indes.	1 N.	91 E.	+29,6	1816 25 nov.	Ch. Baudin.
Au nord de Sumatra. . . .	5 ½ N.	98 E.	+28,9	1817 8 mars.	Basil Hall.

Mais lorsque l'on prend la température de l'air et de l'eau de quatre en quatre heures, comme l'a fait le capitaine Duperrey, et que l'on compare ensuite toutes ces températures, telle qu'elles se sont présentées, on arrive à un résultat inverse, c'est-à-dire qu'en général l'eau est plus chaude que l'air, même entre les tropiques.

Sur 1850 observations faites par cet habile navigateur, entre o et 20° de latitude nord ou sud, pendant son voyage autour du monde, la mer a été 1371 fois plus chaude que l'air, et l'air seulement 479 fois plus chaud que la mer.

Dans des latitudes plus élevées, entre 25 et 50°, l'air n'est que très-rarement plus chaud que la surface de l'eau ; et dans les régions polaires, il est presque sans exemple que l'air se trouve aussi chaud que la mer ; il est toujours plus froid, et ordinairement beaucoup plus froid.

Si nous examinons maintenant les températures absolues de la mer, à la surface et à diverses profondeurs, nous serons conduits aux conséquences suivantes :

1° Entre les tropiques la température diminue avec la profondeur. C'est ce que toutes les expériences confirment; nous citerons seulement les plus frappantes.

Température à la surface.	Temp. à la profondeur indiquée.	Profondeur en brasses.	Nom de l'observateur.
28,33	7,5	1000	Sabine.
30,77	9,7	100	Ross.
22, 8	5,6	1000	Wauchope.

2° Dans les mers polaires la température augmente avec la profondeur. Comme ce fait est très-remarquable, nous avons cru devoir rapporter toutes les observations qui ont été faites à de très-hautes latitudes.

Tableau contenant les résultats de quelques observations faites par les derniers navigateurs sur la température de l'Océan à différentes profondeurs.

POSITION		TEMPÉRATURE			Profondeur en brasses anglaises.	Noms des observateurs.
Latitude.	Longitude.	de l'air.	de l'eau à la surface.	de l'eau à la profond. indiquée.		
80°0′ N.	2°39 E.	4″4	— 1°3	2°4	120	Scoresby.
79,4	2,44	1,1	— 1,7	— 0,5	13	Id.
. . . . .	. . . . .	. . . . .	. . . . .	1,0	37	Id.
. . . . .	. . . . .	. . . . .	. . . . .	1,4	57	Id.
. . . . .	. . . . .	. . . . .	. . . . .	2,2	100	Id.
. . . . .	. . . . .	. . . . .	. . . . .	2,2	400	Id.
79,4	3,18	3,3	— 1,7	2,9	730	Id.
78,2	2,30	2,2	0,0	3,3	761	Id.
78,0	. . . . .	4,7	. . . .	—0,6	118	Lord Mulgrave.
77,4	0,10	—1,1	— 1,7	—1,6	50	Scoresby.
. . . . .	. . . . .	. . . .	. . . .	—0,6	100	Id.
77,15	5,50	—8,8	— 1,6	—1,6	20	Id.
. . . . .	. . . . .	. . . .	. . . .	—1,6	40	Id.
. . . . .	. . . . .	. . . .	. . . .	—1,1	60	Id.
. . . . .	. . . . .	. . . .	. . . .	—1,1	100	Id.
76,34	8,30	—3,8	— 1,1	—0,6	20	Id.
. . . . .	. . . . .	. . . .	. . . .	1,7	40	Id.
. . . . .	. . . . .	. . . .	. . . .	1,1	60	Id.
. . . . .	. . . . .	. . . .	. . . .	1,5	100	Id.
76,16	8,30	—8,8	— 2,0	—1,7	20	Id.
. . . . .	. . . . .	. . . .	. . . .	—2,6	50	Id.
. . . . .	. . . . .	. . . .	. . . .	—1,1	123	Id.
. . . . .	8,60	—11,1	— 1,7	—0,1	50	Id.
. . . . .	. . . . .	. . . .	. . . .	1,0	123	Id.
. . . . .	. . . . .	. . . .	. . . .	0,7	230	Id.
75,28	62,56 O.	. . . .	1,1	0,0	314	Ross.
75,2	107,34	— 0,5	— 1,1	—0,4	94	Parry.
73,37	79,48	. . . .	1,4	0,0	80	Ross.
73,35	91,21	3,8	1,1	1,1	185	Parry.
Winter.	Harbour.	—26,6	— 2,2	—1,1	5	Id.
72,7	21,31 O.	5,5	1,1	—0,6	118	Id.
72,5	78,20	— 0,5	— 0,8	—1,0	110	Id.
72,0	75,20	0,5	0,0	0,1	75	Id.
71,24	75,20	3,3	1,7	0,6	88	Id.
69,0	. . . . .	15,3	. . . .	0,0	673	Lord Mulgrave.
68,25	67,20	1,1	0,00	—0,3	35	Parry.
68,24	65,52	— 0,5	— 0,8	—0,8	170	Id.
. . . . .	65,28	— 1,7	— 1,1	—1,1	318	Id.
68,12	62,25	— 0,8	0,0	0,6	770	Id.
68,19	62,25	1,1	0,0	1,1	146	Id.

3° Dans les mers tempérées, comprises entre 30 et 70 de latitude, la température est d'autant moins décroissante que la latitude devient plus grande, et près du parallèle de 70° elle commence à devenir croissante.

Il existe par conséquent une zone pour laquelle la température est à peu près constante, depuis la superficie jusqu'à une profondeur très-grande.

Après avoir résumé dans les propositions précédentes l'ensemble des observations qui ont été faites jusqu'à présent, il reste à chercher les causes qui peuvent maintenir cette singulière distribution de la chaleur dans la masse mobile des eaux qui remplit le vaste bassin des mers.

On conçoit d'abord pourquoi la surface des eaux ne peut pas être comparée à la surface du sol, ni pour son réchauffement pendant le jour, ni pour son refroidissement pendant la nuit ; ce phénomène dépend de la mobilité du liquide, dont les molécules sont sans cesse mélangées jusqu'à une assez grande profondeur, soit par les courans qui résultent des différentes densités, soit par l'agitation des vagues. Pendant le jour, la couche superficielle s'échauffe moins, parce qu'elle se refroidit par l'évaporation et parce qu'elle est bientôt refoulée par l'agitation ; pendant la nuit elle se refroidit moins, parce qu'elle se contracte en se refroidissant, et son excès de densité la ferait bientôt retomber, si le mouvement des vagues ne venait pas à chaque instant la mélanger aux couches voisines. Ainsi le réchauffement et le refroidissement sont moins sensibles, parce qu'ils se passent l'un et l'autre dans une couche plus ou moins épaisse.

L'air participe lui-même, par son contact perpétuel, à cette uniformité de température que d'autres causes tendent à maintenir à la surface des eaux.

Mais la température des couches profondes de la mer offre de très-grandes difficultés : sous l'équateur, à mille brasses de profondeur, la température est seulement de

6 ou 7°; n'est-il pas impossible que l'eau de ces couches ait pu prendre un tel refroidissement dans ces climats, puisqu'à sa surface l'eau ne tombe jamais à une température plus basse que 20 ou 25"? Vers les pôles, à 700 brasses de profondeur, la température s'élève à 2 ou 3°; n'est-il pas impossible que l'eau de ces couches ait pu prendre un tel réchauffement dans ces contrées, puisqu'à la surface, pendant la saison chaude, quand les navigateurs peuvent sillonner les mers, la température ne s'élève presque jamais au dessus de zéro?

Ces difficultés pourraient être résolues si l'eau de mer avait, comme l'eau douce, un maximum de densité avant son point de congélation; car si ce maximum existait, et qu'il correspondît à peu près à 2° centigrades, on pourrait remarquer qu'à profondeur égale, au dessous de la surface, l'eau des régions polaires éprouve verticalement une pression plus grande que l'eau des régions équatoriales, qu'elle doit par conséquent refouler celle-ci latéralement, pour prendre sa place. De là des courans *inférieurs* plus ou moins rapides apportant sous l'équateur l'eau refroidie des pôles, et comme conséquence nécessaire, des courans *supérieurs* reportant vers les pôles les eaux réchauffées de l'équateur. Mais à une certaine latitude, les eaux superficielles ayant la température maximum de 2 à 3°, au lieu de rester à la surface, s'enfonceraient de plus en plus pour gagner les pôles, et composeraient ainsi ces couches de 2 ou 3° dont l'existence a été reconnue dans les navigations circompolaires.

Mais s'il est vrai, comme les expériences très-soignées de M. Erman fils tendent à l'établir, s'il est vrai que l'eau de mer n'a pas de maximum de densité avant sa congélation, alors il devient très-difficile de donner une explication satisfaisante de la température de 2 ou 3° que l'on observe à de grandes profondeurs dans les mers polaires. On éprouve le double embarras de savoir comment

ces couches ont été réchauffées et comment elles se soutien-
nent au fond, contre les lois de la densité. On pourrait
bien sans doute recourir à d'autres hypothèses : on pourrait dire' que les eaux sont chaudes, parce qu'elles sont
échauffées par le fond de la mer, qui conserve encore la
chaleur propre, qu'il tient de sa profondeur, ou bien
qu'elles sont amenées par des courans impétueux qui sont,
pour le fond des mers, ce qu'est le Gulf-Stream pour leur
surface. Mais au point où en est la science, les faits sont
réputés inexplicables quand ils sont vaguement expliqués.

Les expériences de M. Erman fils ont donc un très-
haut degré d'intérêt, elles remettent en question le vaste
problème de la distribution de la chaleur dans les eaux de
la mer.

L'une des conséquences nécessaires de l'abaissement de
température à la surface des eaux est la formation des glaces éternelles qui couvrent les régions polaires. Ce phénomène est l'un des plus grands que nous présente la nature, et nous devons essayer d'en donner une idée. Nous
emprunterons particulièrement au capitaine Scoresby les
détails dans lesquels nous pouvons entrer à ce sujet ; son
ouvrage a été en quelque sorte écrit sur les lieux ; comme
capitaine baleinier, il a fait douze voyages jusqu'aux plus
hautes latitudes ; et il est à la fois l'un des plus intrépides
marins et l'un des plus habiles observateurs qui aient fréquenté ces mers périlleuses.

Les glaces que l'on rencontre sur les côtes du Spitzberg
et du Groenland ont ordinairement 20 à 25 pieds d'épaisseur. Elles forment souvent des plaines immenses, dont
on n'aperçoit pas les limites du haut des mâts du vaisseau
c'est ce que l'on nomme des *champs de glace*. On peut estimer leur étendue à trois ou quatre cents lieues carrées
Un champ de glacé présente quelquefois une surface parfaitement plane, sur laquelle un carrosse pourrait faire
trente ou quarante lieues sans obstacle ; d'autres fois il es

raboteux et inégal ; on voit d'espace en espace s'élever des éminences ou des colonnes de 20 ou 30 pieds de hauteur qui forment un aspect très-pittoresque : tantôt elles ont la belle couleur bleue verdâtre des plus brillantes topazes, tantôt, recouvertes d'une neige épaisse, elles présentent sur leur sommet et à leur contour les accidens les plus variés.

Les ondulations de l'eau, le mouvement des vagues ou quelque autre cause puissante brisent un champ de glace en un instant, et le réduisent en fragmens de 100 ou 200 mètres carrés. Ces fragmens séparés se heurtent et se dispersent ; mais quelquefois ils sont emportés par un courant rapide. Alors s'ils rencontrent un courant opposé entraînant les énormes débris d'un autre champ de glace, ces montagnes se choquent avec un épouvantable fracas. Un vaisseau qui se trouverait emporté dans la lutte ne pourrait pas plus résister au choc qu'une lame de verre à une balle de mousquet. On a trop d'exemples d'affreux naufrages produits par cette irrésistible puissance. C'est par les courans de cette espèce que la mer s'ouvre aux navigateurs, c'est quand ils ont balayé les glaces que l'on peut, dans certaines directions, aborder jusqu'aux parallèles de 70 à 80 degrés, où les baleines semblent de préférence fixer leur demeure.

Si quelques montagnes de glace sont brisées et comme pulvérisées dans ces terribles rencontres, il y en a d'autres au contraire qui prennent un nouvel accroissement et deviennent plus formidables. Les glaçons soulevés et balancés par les flots retombent les uns sur les autres ; ils se superposent, ils se couvrent de fragmens plus ou moins volumineux, et composent ainsi de véritables montagnes, accidentées de mille manières, qui s'élèvent à 20 ou 30 pieds au dessus des eaux. L'épaisseur qui surnage est en général à la partie submergée comme 1 est à 4 ; ainsi la hauteur totale de ces montagnes est de 100 à 120 pieds. Quelquefois aussi des glaçons de 30 ou 40 mètres de longueur, chargés à leurs deux extrémités, s'enfoncent tout-à-fait sous les eaux à une profondeur assez grande pour que le vaisseau passe au dessus d'eux ; mais l'équipage est alors exposé au plus affreux danger : le moindre choc, la moindre cause peut déranger l'équilibre des poids qui tiennent le glaçon submergé ; alors il s'élèverait avec impétuosité et lancerait le bâtiment dans les airs, ou du moins le ferait chavirer inévitablement.

Dans la baie de Baffin on trouve des montagnes de glace beaucoup plus hautes que dans les mers du Greenland : les navigateurs en ont mesuré qui s'élevaient de plus de 100 pieds au dessus de la surface de l'eau, et qui avaient par conséquent plus de 500 pieds de hauteur totale. On suppose que ces masses effrayantes se forment sur les côtes où elles ferment les vallées qui aboutissent à la mer, et qu'ensuite elles sont détachées soit par la pression des eaux, soit par quelque autre cause. Dans tous ces parages on voit en effet sur les côtes, des montagnes de glace taillées à pic, d'une belle couleur bleue, transparente comme l'azur du ciel, et qui s'élèvent à une hauteur prodigieuse. Dans la *saison du soleil* les eaux coulent du haut de leur crête et forment dans la mer d'immenses cascades, qui sont quelquefois surprises par les gelées. C'est alors un majestueux spectacle, mais les navigateurs le regardent de loin : en un instant ces colonnes, ces arceaux gigantesques suspendus dans les airs se brisent avec un horrible fracas, et s'écroulent dans la mer.

La profondeur des eaux n'est pas très-grande dans les parages qui avoisinent la côte occidentale du Spitzberg. Les baleines en donnent souvent la mesure d'une manière incontestable. Aussitôt qu'elles sont frappées par le harponneur, elles s'enfoncent verticalement sous les eaux avec une incroyable vitesse, emportant le harpon et la ligne ; mais elles reviennent bientôt à la surface pour rendre le dernier soupir, et lorsqu'elles portent l'empreinte de la vase du fond de la mer, on peut juger que la longueur de la ligne qu'elles ont entraînée est la mesure de la profondeur. C'est environ 3 ou 4000 pieds.

Vers le milieu de l'intervalle compris entre le Spitzberg et la côte orientale du Groenland, on n'a pas trouvé de fond à 6 ou 7000 pieds.

Le capitaine Scoresby a vu fréquemment la glace se former en pleine mer à 20 lieues des côtes. Dès que les premiers embryons des cristaux deviennent perceptibles, la mer se calme comme si l'on avait répandu de l'huile à sa surface. Ces cristaux arrivent promptement à la grosseur de 3 ou 4 pouces, et c'est alors qu'ils commencent à s'agglomérer, si le froid continue, pour former des nappes de glace plus ou moins larges, et qui ne tardent pas à avoir 1 pied d'épaisseur.

Dans ces contrées la densité de l'eau de mer est 1,026, en état de repos elle se congèle à — 2°. Les eaux qui ont été concentrées par la gelée peuvent atteindre à une densité de 1,104, alors elles ne gèlent qu'à —10°, et l'on sait que l'eau saturée de sel ne peut se solidifier qu'à —15°.

Le froid des régions polaires est essentiellement lié à l'étendue et à la profondeur des eaux. Si l'on conçoit, par exemple, une mer libre et profonde, sans îles ni hauts-fonds, occupant toute la calotte des cercles polaires, et communiquant aux mers équatoriales par de larges issues, il est évident que les courans supérieurs et inférieurs tendraient à maintenir l'équilibre de température avec plus d'efficacité. Mais si au milieu de cette vaste mer on conçoit des continens ou seulement des hauts-fonds, le refroidissement qui a lieu par le rayonnement pendant la longue absence du soleil devient nécessairement très-intense, puisqu'il se fait sur une surface solide qui ne se renouvelle pas, l'air se refroidit à son tour sur ces plateaux glacés, et c'est ainsi que se produisent ces froids rigoureux qui règnent au pôle boréal.

Le voyage curieux du capitaine Weddel vers le pôle austral semble annoncer que dans ces régions la mer est beaucoup plus vaste et plus profonde que dans les régions boréales, et que même la température y est beaucoup plus douce. Dès qu'on a passé la latitude des nouvelles Orcades et des nouvelles Schetland qui forment une barrière de glace, on arrive dans une mer libre qui paraît se prolonger jusqu'au pôle. De nouveaux voyages nous fourniront bientôt de nouvelles données sur la température de ces climats, et la théorie de la distribution de la chaleur en recevra sans doute de très-grands perfectionnemens.

651. *De l'équilibre de température de la terre.* Après avoir exposé les principaux résultats des expériences sur la température du globe terrestre et de l'atmosphère qui l'enveloppe, il nous reste à indiquer, autant que nous pouvons le faire dans cet ouvrage, les principales causes qui concourent à maintenir, dans toute l'étendue de la terre, la distribution de la chaleur et l'ordre des températures que l'on y observe.

Cette grande question ne peut être étudiée en détail sans le secours des mathématiques : c'est dans les mémoires et les ouvrages que M. Fourier nous a laissés qu'il en faut chercher la solution ; ces travaux sont un des plus beaux monumens de notre époque. On y reconnaît partout la main d'un grand géomètre et l'esprit pénétrant d'un génie élevé. Nous en recommandons particulièrement l'étude à ceux qui s'occupent de la physique mathématique ; car tout ce que nous avons à dire ici se réduit seulement à un examen général des causes qui modifient la température dans les divers climats, suivant les périodes des jours et des saisons.

En discutant tous les faits connus, et en les soumettant au calcul, M. Fourier a été conduit à ces conséquences :

1° Toute la chaleur qui est au dessous de la couche que nous avons appelée couche invariable est une chaleur primitive que le globe de la terre tient de son origine ;

2° Cette chaleur est constante et excessivement grande dans un vaste noyau central; à une certaine distance du centre elle commence à diminuer suivant des lois régulières, jusqu'à la couche de température invariable;

3° Cet équilibre intérieur que nous observons aujourd'hui change avec le temps, et il changera sans cesse jusqu'au moment où toute la chaleur primitive sera complétement dissipée par la surface; mais ces changemens s'accomplissent avec une telle lenteur qu'il faut de longues séries de siècles pour qu'ils deviennent sensibles à nos observations. Ainsi, à 200 ou 300 mètres au dessous du thermomètre des caves de l'Observatoire de Paris, la température est aujourd'hui de 20 ou 22°; elle tombera successivement à 19, à 18, et enfin, à 10 ou 11°; mais il faudra très-long-temps pour que le commencement de cette diminution puisse être observé;

4° Ce flux de chaleur, qui vient des couches profondes pour s'écouler par la surface, ne peut, quelque grand qu'il soit, modifier d'une quantité appréciable ni la température moyenne de la surface elle-même, ni l'ordre des températures qui s'établissent, suivant les saisons, dans toute l'écorce de la terre supérieure à la couche invariable. M. Fourier estime, par exemple, que la température superficielle ne peut pas en être affecté d'un trentième de degré centigrade;

5° Enfin, les climats et l'ordre des saisons dépendent uniquement de la chaleur qui se distribue dans les couches supérieures à la couche invariable; cette chaleur provient uniquement de l'action du soleil; elle est accumulée pendant une partie de l'année, dissipée pendant l'autre, de manière qu'il s'établisse à la fin une exacte compensation.

Tels sont les principes généraux qu'il était nécessaire de rappeler pour comprendre la véritable influence du rayonnement que nous allons maintenant examiner.

Imaginons pour un instant que la terre, suspendue comme elle est au milieu des espaces célestes, ne soit plus chauffée ni par les rayons solaires, ni par aucun autre rayon calorique, et suivons les phénomènes qui en résulteraient.

Toutes les molécules de l'air atmosphérique, douées du pouvoir émissif comme les autres molécules matérielles, rayonneraient leur chaleur dans tous les sens et se refroidiraient de plus en plus ; car leurs pertes ne seraient point réparées. Leur densité augmentant, elles tomberaient vers la terre, tandis que d'autres molécules monteraient pour aller se refroidir à leur tour. Et, si l'on supposait que la surface de la terre ne peut pas partager avec elles la chaleur qui lui reste, il est évident qu'après un temps plus ou moins long, toutes les couches de l'atmosphère seraient arrivées à un degré de refroidissement dont nous n'avons nulle idée.

Un phénomène analogue se produirait sur la terre : les couches de la surface rayonneraient au travers de l'atmosphère ; promptement refroidies par ces pertes non compensées, elles recevraient de la chaleur des couches inférieures, et cette chaleur reçue serait bientôt perdue par la même voie. Ainsi, après quelque temps, ou plutôt après quelques siècles, toute la chaleur du globe de la terre, tant la chaleur centrale et primitive que la chaleur superficielle, et maintenue par le soleil, se trouverait dissipée dans l'espace ; mais cette dissipation serait plus ou moins prompte dans les divers pays, suivant que la surface du sol serait plus ou moins rayonnante, et la conductibilité des couches inférieures plus ou moins parfaite.

Ce qui arrive en supposant que l'atmosphère et la terre ne puissent pas partager leur chaleur arriverait de même en rétablissant cette propriété de communication que l'on ne peut supprimer que par hypothèse ; car l'air pourra bien réchauffer le sol, ou le sol réchauffer l'air ; mais, en définitive, la chaleur totale n'en sera pas moins perdue dans les espaces célestes.

Tout, sur la terre, parviendrait ainsi au *froid absolu*.

Rétablissons maintenant les choses telles qu'elles sont ; supprimons encore pour un instant les rayons solaires qui arrivent à la terre, mais considérons les astres innombrables qui occupent les diverses régions du ciel. Tout nous porte à croire que ces astres si éblouissans de lumière ne sont pas dépourvus de chaleur ; il y a donc probablement une certaine température dans les espaces célestes, et la terre, suspendue au milieu de ces espaces, cesserait de se refroidir lorsqu'elle en aurait pris la température, comme un corps chaud suspendu dans une enceinte quelconque cesse de se refroidir quand il a pris la température de l'enceinte.

Ainsi, abstraction faite de la chaleur solaire, le globe terrestre serait maintenu à un certain degré de chaleur qui a, sans nul doute, une grande influence sur la température des divers climats, et particulièrement sur la température des pôles. Plusieurs indications du calcul et de l'expérience tendent à prouver que cette température des espaces célestes est moindre que 50 ou 60° au dessous de zéro.

Ces considérations nous permettront d'apprécier plus facilement l'action calorifique du soleil sur la terre ; car cette action n'empêche pas que les phénomènes dont nous venons de parler ne se reproduisent à chaque instant ; elle n'empêche pas que la terre ne se refroidisse sans cesse par son rayonnement vers les espaces célestes ; mais elle produit seulement une compensation à ce refroidissement.

Examinons d'abord ce qui se passe sur la terre, dans un pays quelconque, depuis le coucher jusqu'au lever du soleil. La cause du réchauffement n'existant plus, toute la surface du sol est abandonnée au refroidissement spontané

dont nous venons de parler. Si l'air est calme et parfaitement serein, la nuit sera froide, parce que l'air et la terre
perdront par le rayonnement tout ce qu'ils peuvent perdre,
et le perdront sans compensation. Si l'air est calme et brumeux, ou que le ciel soit couvert de nuages, le sol rayonne
encore en vertu de son pouvoir émissif ; mais son calorique
rayonnant est absorbé par l'air : il ne peut plus traverser
l'épaisseur de l'atmosphère pour aller se perdre dans les
espaces célestes ; il en est de même des couches brumeuses
de l'air, alors il s'établit un échange perpétuel de chaleur
entre le sol et les couches inférieures de l'atmosphère, et
cette chaleur ainsi conservée à la terre lui maintient une
température qui ne s'abaisse que très-lentement jusqu'au
soleil levant.

Comme il ne faut qu'un brouillard très-léger pour arrêter la lumière, il ne faut non plus qu'une vapeur à peine
perceptible à l'œil pour arrêter la chaleur rayonnante qui
traverse toujours les corps bien plus difficilement que la
lumière.

Nous avons supposé l'air parfaitement calme, parce
qu'il est évident que le vent modifie les phénomènes : il
a lui-même une température propre, et par son contact
avec les corps il la leur communique d'une manière plus
ou moins complète, suivant qu'il souffle avec plus ou
moins d'impétuosité.

Ces principes sur le rayonnement nocturne conduisent
aux deux conséquences suivantes :

1° Sous des circonstances favorables (c'est-à-dire, par un
temps calme et un ciel serein), la température, à la surface du sol, peut dans les lieux découverts s'abaisser de
plusieurs degrés au dessous de la température des couches
inférieures de l'air ;

2° Le degré d'abaissement de température des corps à
leur surface sera d'autant plus grand qu'ils auront un pouvoir émissif plus grand et une conductibilité moins parfaite.

Ces deux conséquences ont en effet été vérifiées par le docteur Wells, ou plûtôt elles ont été découvertes par lui, à une époque où les principes du rayonnement nocturne n'étaient pas encore bien connus. Le docteur Wells a constaté par l'expérience que les corps très rayonnans peuvent quelquefois s'abaisser de 8 ou 10° au dessous de la température de l'air, depuis le soir jusqu'au matin. Ces observations l'ont conduit à l'explication de la gelée et de la rosée, et de plusieurs autres phénomènes météorologiques, comme nous le verrons dans l'un des chapitres suivans.

Pendant le jour, le rayonnement se continuera comme pendant la nuit, mais les effets seront alors modifiés par une cause puissante. Considérons, par exemple, les phénomènes à partir du mois de janvier, qui est à Paris le mois le plus froid de l'année ; depuis le lever du soleil, si le ciel est serein, l'air et tous les corps commenceront à recevoir une compensation à leur perte ; cette compensation est croissante pendant tout le temps que le soleil s'élève sur l'horison : elle atteint son maximum un peu après midi, puis elle devient décroissante jusqu'au soir, où elle est nulle. Pour l'époque que nous avons choisie, la quantité de chaleur reçue par la présence du soleil sera un peu plus grande que la quantité de chaleur perdue pendant la double durée de sa présence et de son absence. Cet excédant de chaleur acquise pendant le jour sur la chaleur perdue pendant le jour et pendant la nuit va en augmentant jusqu'au mois d'août, qui est en général pour Paris le mois du maximum de chaleur; passé ce terme, le soleil reste encore plus efficace qu'au mois de février ou de mars. Mais comme la surface de la terre est à une température plus haute, elle perd beaucoup plus par le rayonnement; et quoiqu'elle reçoive du soleil une quantité absolue de chaleur plus grande, elle va en se refroidissant; et ce qu'elle perd l'emporte ainsi sur ce qu'elle reçoit jusqu'au mois de janvier suivant.

Dans cet aperçu général de la cause primitive qui détermine la marche des saisons, nous ne tenons aucun compte des causes accidentelles qui peuvent d'un jour à l'autre en modifier les résultats. Le vent, les brouillards, les nuages, la pluie et une foule d'autres circonstances peuvent augmenter ou diminuer les pertes de chaleur qui se seraient faites dans un lieu donné, si l'air eût été calme, et le ciel sans nuages. C'est le concours de ces causes accidentelles qui détermine souvent des changemens brusques de température dans la durée d'un jour, et qui donne des jours chauds dans l'hiver et des jours froids dans l'été. Mais les irrégularités que l'on observe ainsi dans les divers climats ne sont elles-mêmes qu'une sorte de compensation; par exemple, si le vent réchauffe un lieu, il en refroidit un autre : c'est la même quantité de chaleur autrement répartie. L'équilibre de température est maintenant établi : la terre perd exactement chaque année toute la quantité de chaleur qu'elle reçoit du soleil; car si elle en perdait moins, tous les climats deviendraient chaque année plus chauds, et si elle en perdait plus, ils deviendraient chaque année plus froids, ce qui est tout-à-fait contraire à l'expérience des siècles.

Ici se présente un problème d'un très-grand intérêt pour la science : c'est de déterminer avec précision quelle est cette quantité constante de chaleur, qui est versée par le soleil sur le globe de la terre dans le cours d'une année, qui est accumulée en chaque lieu pendant certaines saisons, puis distribuée entre les divers climats, puis enfin perdue par le rayonnement, avec une si admirable régularité qu'il n'en reste pas de trace au commencement de l'année suivante. Ce problème a été résolu par des expériences directes qui semblaient d'abord très-difficiles, et qui sont cependant d'une grande simplicité. Je puis donner ici une idée des principes sur lesquels elles reposent, et des conséquences auxquelles elles conduisent.

L'appareil dont je me suis servi pour ces recherches est représenté dans la figure 356 ; c'est un cylindre à double enveloppe d'environ deux pieds de long sur quatre pouces de diamètre. Tout l'espace G G compris entre les deux enveloppes est rempli de glace pilée. L'extrémité s, qui doit être tournée vers le soleil, porte une espèce de tuyau fermé à un bout avec un verre parallèle v, et portant à l'autre bout un petit diaphragme D, percé d'une ouverture déterminée. L'autre extrémité T porte un thermomètre à boule noircie. Si l'on conçoit un cône qui ait pour sommet le centre de la boule du thermomètre, et pour base l'ouverture du diaphragme D, ce cône prolongé doit précisément envelopper le disque du soleil, c'est-à-dire, que son angle au centre est d'environ 32'. On fait le vide dans l'espace intérieur au moyen du robinet R.

L'appareil est disposé sur le pied d'un télescope, et au moyen d'un petit trou percé dans une plaque additionnelle E, et d'un repère tracé en I sur une plaque d'ivoire, on peut avec exactitude diriger les mouvemens pour que l'axe A A' soit dirigé vers le centre du soleil.

Ces conditions étant remplies, on observe le thermomètre, et l'on soutient l'expérience jusqu'au moment où il atteint son maximum. Comme sa température est zéro, lorsqu'il ne reçoit pas le faisceau de lumière solaire, il est évident que l'effet de la chaleur solaire est mesuré par l'élévation du thermomètre au dessus de o. Cette élévation est dépendante de la hauteur du soleil au dessus de l'horizon. En tenant compte de toutes les corrections qu'il faut faire pour la portion de chaleur qui est absorbée par le verre v, et qui est déterminée par des expériences préalables, on peut évaluer facilement l'effet des rayons solaires sur le thermomètre aux différentes heures de la journée. C'est ce que j'ai fait par de nombreuses séries d'expériences, depuis le lever jusqu'au coucher du soleil

pendant un grand nombre de jours, à diverses époques
de l'année.

Le maximum d'élévation du thermomètre a toujours
lieu à midi ; il est au solstice d'été de 7°,5.

C'est de cette donnée fondamentale et des constantes
qui caractérisent le thermomètre que l'on peut déduire
par le calcul la quantité totale de chaleur que le soleil
verse, par exemple, en 1″ de temps, sur un espace de 1
centimètre carré, ou sur une autre surface quelconque,
et par conséquent, la quantité totale de chaleur qu'il verse
dans le cours d'une année sur tout le globe de la terre.

Il résulte de ces expériences et de ces calculs que cette
quantité de chaleur est égale à celle qui serait nécessaire
pour fondre une couche de glace qui couvrirait toute la
surface de la terre, et qui aurait 14 mètres d'épaisseur.

Telle est donc, en dernier résultat, la quantité totale de
chaleur que notre planète reçoit du soleil dans le cours de
l'année. Une portion est immédiatement perdue tout autour
de la terre par le rayonnement du jour et de la nuit, et c'est
la portion restante qui est absorbée pendant les mois de
température croissante qui pénètre dans le sol, à une certaine profondeur, jusqu'à la couche invariable, et qui remonte peu à peu pendant le mois de température décroissante, pour venir réchauffer la surface et se perdre à son
tour dans les espaces célestes. Nous ne parlons ici que du
mouvement descendant et ascendant de la chaleur, afin de
présenter le phénomène dans toute sa simplicité ; mais l'on
conçoit que, dans toute l'épaisseur de l'écorce terrestre comprise entre la surface du sol et la couche invariable, il existe
un mouvement latéral par lequel une partie de la chaleur
absorbée sous la zône torride et sous les zônes voisines, se
transmet progressivement dans les deux hémisphères,
pour aller se dissiper à la surface des régions polaires. Ce
mouvement latéral concourt puissamment avec les courans de la mer et de l'atmosphère pour tempérer tous les

climats à la surface de la terre ; sans l'influence combinée de ces diverses causes, les belles contrées de l'équateur seraient sans doute inaccessibles à l'homme par leur excessive chaleur, et les hautes latitudes ne seraient pas moins inaccessibles par le froid prodigieux auquel elles seraient exposées.

CHAPITRE II.

DE L'AIR ET DES VENTS.

Des observations barométriques.

652. Les observations barométriques peuvent conduire à la solution de plusieurs problèmes qui ont un très-haut degré d'intérêt; mais il serait facile de s'égarer dans ces recherches, il serait facile de faire une foule d'observations parfaitement exactes et cependant inutiles. Nous devons donc nous attacher ici à indiquer les principales questions que les observateurs se proposent, et à faire connaître les méthodes qu'ils emploient et les résultats auxquels ils sont déjà parvenus. Pour atteindre ce but nous ne pouvons mieux faire que de prendre pour guide un excellent mémoire, dans lequel M. Bouvard a discuté avec un soin scrupuleux toutes les observations barométriques de l'Observatoire royal de Paris.

Dans nos climats on observe le baromètre quatre fois par jour :

à neuf heures du matin ,
à midi,
à trois heures après midi ,
à neuf heures du soir.

L'observation de midi donne la hauteur moyenne du jour , et par suite la hauteur moyenne du mois et de l'année. Les trois autres observations servent à déterminer les *variations horaires* , ou ce que l'on appelle quelquefois la *période barométrique*.

La hauteur moyenne du baromètre dans un lieu ne peut être déterminée que par les moyennes d'un grand nombre d'années.

Nous avons vu (82) que la moyenne de dix années, depuis 1816 à 1825, est pour Paris 755,966. Or les moyennes des années suivantes sont :

$$
\begin{array}{rr}
\text{Pour } 1826. & 757,27 \\
1827. & 756,01 \\
1828. & 756,06 \\
1829. & 755,13.
\end{array}
$$

Il est facile d'en déduire que la hauteur moyenne déterminée par ces quatorze années est exactement 756 millimètres. Et, comme les moyennes extrêmes sont, la plus haute 757,679 (elle appartient à 1825), et la plus basse 754,16 (elle appartient à 1816), dont la différence est 3,52, on en peut conclure que la hauteur moyenne du baromètre à Paris est jusqu'à présent déterminée avec une approximation probable de $\dfrac{3,52}{14}$, ou environ 2 centièmes et demi de millimètre.

La direction des vents a une grande influence sur la hauteur moyenne du baromètre; car en prenant, depuis 1815 jusqu'à 1826 inclusivement, c'est-à-dire pendant cent quarante-quatre mois, les moyennes hauteurs de midi, correspondantes aux différens vents, on arrive aux résultats contenus dans le tableau suivant :

Vents.	Nombre des observations.	Hauteurs à midi.
Sud.	682	752,98
Sud-ouest.. .	727	752,38
Ouest.. . . .	853	756,08
Nord-ouest. .	335	758,67
Nord.. . . .	483	759,76
Nord-est. . .	378	759,89
Est.	324	757,04
Sud-est. . .	231	754,60
Moyenne.		756,42

La plus petite hauteur correspond aux vents du sud, sud-
ouest, et la plus grande aux vents nord, nord-est; la différence s'élève à plus de 7 millimètres. On peut même voir
qu'en prenant la moyenne de deux vents opposés on trouve
une valeur très-rapprochée de la moyenne réelle. Ce résultat de la discussion des observations barométriques qui
embrassent douze années, est extrêmement remarquable.
Il soulève une question importante, et dans chaque localité, les météorologistes ne peuvent apporter trop de soins
à rassembler tous les élémens qui doivent servir à la résoudre. Comme la direction des vents est difficile à apprécier, il conviendrait sans doute de noter particulièrement
les vents bien prononcés, afin de ne pas faire entrer, dans
la discussion, des élémens incertains.

Lorsque après avoir recueilli des matériaux plus complets, on se proposera de rechercher si la hauteur moyenne
du baromètre est la même au niveau de toutes les mers,
on voit que la considération des vents régnans ne pourra
être négligée. Dans certains lieux le vent du sud donnera
la hauteur minimum, comme à Paris; dans d'autres sans
doute il donnera la hauteur maximum, et il sera curieux
de rapprocher ces effets contraires des autres propriétés de
température ou d'humidité que les différens vents possèdent dans les différentes contrées.

Les variations diurnes du baromètre exigent des soins
assidus et des instrumens très-parfaits; elles se déduisent
comme nous l'avons dit des trois observations de neuf
heures du matin, de trois heures et de neuf heures du soir.
Les résultats obtenus par M. Bouvard sont contenus dans le
tableau suivant :

*Hauteurs moyennes annuelles du baromètre pour les différentes
du jour, et variations diurnes moyennes qui s'en déduisent.*

ANNÉES.	à 9 heures du matin.	à 3 heures du soir.	à 9 heures du soir.	PÉRIODE.	PÉRIODE.
	mm	mm	mm	mm	mm
1816	754,359	753,683	754,051	0,676	0,375
1817	756,676	755,914	756,510	0,762	0,597
1818	756,382	755,473	755,961	0,909	0,488
1819	755,343	754,581	754,993	0,762	0,412
1820	756,325	755,611	755,973	0,714	0,362
1821	756,276	755,598	756,068	0,678	0,470
1822	757,728	757,011	757,310	0,717	0,382
1823	755,197	754,493	754,773	0,704	0,280
1824	755,984	755,269	755,569	0,715	0,300
1825	757,966	757,122	757,224	0,844	0,102
1826	757,584	756,756	757,087	0,828	0,331
Moyennes.	756,347	755,591	755,956	0,756	0,373

On voit que la plus petite valeur de la période de neuf
heures du matin à trois heures du soir est plus grande que
la plus grande valeur de la période de trois heures du soir à
neuf heures du soir; et que dans chaque période les différences sont assez petites en passant d'une année à l'autre.
La dernière ligne fait voir le résultat définitif, ou les valeurs moyennes conclues de ces onze années; ainsi, la période de neuf heures du matin à trois heures du soir est
un peu plus grande que *trois quarts* de millimètre, et la

II.   46

période de trois heures du soir à neuf heures du soir un peu plus grande que *un tiers* de millimètre.

Il était curieux de rechercher l'influence des saisons sur ces résultats : et pour y parvenir il suffisait de chercher les valeurs moyennes des périodes pour chacun des mois, pendant les onze années d'observations ; ces moyennes sont contenus dans le tableau suivant.

Hauteurs moyennes du baromètre réunies par mois de même dénomination.

De 1816 à 1827	à 9 heures du matin.	à 3 heures du soir.	à 9 heures du soir.	PÉRIODE.	PÉRIODE.
	mm	mm	mm	mm	mm
Janvier	758,106	757,429	757,690	0,677	0,261
Février.....	758,165	757,236	757,557	0,929	0,3.1
Mars	756,203	755,406	755,823	0,797	0,500
Avril	755,253	754,243	754,780	1,010	0,537
Mai.........	755,253	754,440	754,786	0,813	0,346
Juin	757,307	756,600	756,875	0,707	0,275
Juillet......	756,554	755,817	756,140	0,737	0,323
Août	756,807	755,953	756,271	0,854	0,3.8
Septembre.	756,773	755,972	756,432	0,801	0,460
Octobre	754,772	754,021	754,522	0,751	0,501
Novembre .	755,822	755,277	755,660	0,545	0,383
Décembre..	755,152	754,703	754,950	0,449	0,247
Moyennes.	756,347	755,591	755,950	0,756	0,373

Les conséquences que présente ce tableau sont :

1° Que la période de trois heures du soir à neuf heures du soir n'éprouve que des variations petites et irrégulières dans les différens mois ;

2° Que la période de neuf heures du matin à trois heures du soir éprouve au contraire des variations considérables et dans lesquelles se laisse apercevoir une sorte de régularité ; car la valeur de cette période se maintient constamment moindre pendant les trois mois de novembre, décembre et janvier, constamment plus grand pendant les trois mois de février, mars et avril, et conserve une valeur intermédiaire et variable pendant les six autres mois de l'année.

Il importe de chercher des résultats analogues dans les différens climats.

Enfin la période barométrique est soumise aussi à l'influence du vent ; elle est presque nulle par les vents du sud, et atteint son maximum par les vents du nord.

Outre les deux périodes du matin et du soir dont nous venons de parler, il y a aussi *deux périodes de nuit :* le baromètre descend depuis neuf heures du soir à quatre heures du matin environ, et remonte depuis quatre heures du matin à neuf heures du matin, où il atteint son maximum. Ces périodes ont été constatées et mesurées par M. de Humboldt, dans toute l'Amérique équatoriale. Mais le baromètre n'étant pas régulièrement observé à Paris pendant la nuit, on ne sait pas si ses oscillations sont régulières, et si elles reproduisent dans une certaine proportion les périodes équatoriales.

Tout ce qu'il est donc possible de faire à présent est de comparer les périodes du matin et du soir dans les différens climats ; et même, comme la période du matin a une valeur plus grande, c'est à celle-là que l'on peut s'arrêter pour cette comparaison. Voici les résultats qui ont été publiés sur ce sujet par M. de Humboldt.

Tableau des variations diurnes du baromètre, suivant les latitudes.

OBSERVATEURS.		PÉRIODE DIURNE.
Humboldt et Bon-pland.	Amérique équatoriale, lat. 23° nord à 12° sud, entre 0ᵗ à 1500ᵗ d'élévation..	m 2,55
La Condamine. .	A Quito, au Pérou, à 0° de lat. et à 1492ᵗ au dessus de la mer.	2,82
Duperrey.	A Payta, côtes du Pérou, lat. 5° au niveau de la mer..	3,40
Bussingault et Ri-vero.	Santa-Fé de Bogota, à 4°, 35′ nord, à 1366ᵗ d'élévation.	2,39
Dorta, Freycinet et Erchwege. .	La Guiara, lat. 10° 36′ nord, au bord de la mer.	2,44
	Brésil, Rio-Janeiro, lat. 22°, 54′ sud, et aux Missions des Indiens.	2,34
Léopold de Buch.	Las-Palmas, Canaries, lat. 28° 8′ nord.	1,10
Coutelle.	Au Caire, Egypte, lat. 30° 3′ nord. . .	1,75
Marqué-Victor. .	Toulouse, lat. 43° 34′ nord.	1,20
Gambart. , , . .	Marseille, lat. 43° 18′ nord.	0,72
Billet.. . , , , .	Chambéry, lat. 45°, 34′ nord, 137ᵗ d'élévation.	1,00
Ramond.	Clermont-Ferrand, lat. 45°, 46′ nord, 210ᵗ.	0,94
Herrenscheneider.	Strasbourg, lat. 48°, 34′ nord.	0,80
Bouvard aîné. . .	Paris, Observatoire, lat. 48°, 50′ nord.	0,76
Nell de Bréauté. .	La Chapelle, près Dieppe, lat. 49°, 55′ nord..	0,36
Basse et Sommer.	Kœnisberg, lat. 54°, 42′ nord.	0,20
Parry	lat. 74° nord.	0,00

Ainsi la période du matin, à peu près constante sous l'équateur dans toute la zône des tropiques et jusqu'à la hauteur de 3000 mètres, diminue ensuite rapidement à mesure que la latitude augmente. C'est sans doute dans cette loi de diminution progressive que l'on doit chercher les causes du phénomène lui-même; tout semble indiquer qu'il tient à la température plus encore qu'à la position du soleil.

Dans toutes les observations barométriques, il y a en général deux corrections essentielles à faire, l'une pour les capillarité et l'autre pour la température. Dans les baromètres de M. Gay-Lussac la capillarité est corrigée par l'instrument lui-même, et c'est toujours un avantage; car, malgré tous les calculs, il peut rester de l'incertitude sur la vraie valeur de la dépression capillaire.

Cependant plusieurs météorologistes n'ayant à leur disposition que des baromètres à cuvette et à syphon; nous rapporterons ici pour leur usage une table de la grandeur de corrections qu'il y a à faire suivant le diamètre du tube dans le lieu qui est occupé par le sommet de la colonne.

Dépressions du mercure dans le baromètre, dues à sa capillarité.

Diamètre int. du tube.	Dépressions.	Différences.	Diamètre int. du tube.	Dépressions.	Différences.
mm	mm	mm	mm	mm	mm
21,00	0,028		11,50	0,293	
		0,004			0,037
20,50	0,032		11,00	0,330	
		0,004			0,042
20,00	0,036		10,50	0,372	
		0,005			0,047
19,50	0,041		10,00	0,419	
		0,006			0,054
19,00	0,047		9,50	0,473	
		0,006			0,061
18,50	0,053		9,00	0,534	
		0,007			0,070
18,00	0,060		8,50	0,604	
		0,008			0,080
17,50	0,068		8,00	0,684	
		0,009			0,091
17,00	0,077		7,50	0,775	
		0,010			0,102
16,50	0,087		7,00	0,877	
		0,012			0,118
16,00	0,099		6,50	0,995	
		0,013			0,141
15,50	0,112		6,00	1,136	
		0,015			0,170
15,00	0,127		5,50	1,306	
		0,016			0,201
14,50	0,143		5,00	1,507	
		0,018			0,245
14,00	0,161		4,50	1,752	
		0,020			0,301
13,50	0,181		4,00	2,053	
		0,023			0,362
13,00	0,204		3,50	2,415	
		0,026			0,487
12,50	0,230		3,00	2,902	
		0,030			0,692
12,00	0,260		2,50	3,594	
		0,033			0,985
11,50	0,293		2,00	4,579	

La correction de température dépend à la fois du coefficient de dilatation du mercure et du coefficient de dilatation de l'échelle sur laquelle sont marquées les divisions ; car il est évident que si l'échelle se dilatait précisément autant que le mercure, il n'y aurait pas lieu à correction.

Les échelles sont ordinairement en verre, comme dans le baromètre de M. Gay-Lussac, ou en cuivre, comme dans le baromètre de Fortin.

En adoptant :

$$0,0001802 \text{ pour la dilatation du mercure,}$$
$$0,0000086 \ldots \ldots \ldots \text{ du verre,}$$
$$0,0000172 \ldots \ldots \ldots \text{ du cuivre.}$$

Il est facile de voir que la correction correspondante à chaque degré du thermomètre centigrade sera :

$$0,000172 \text{ pour le baromètre de M. Gay-Lussac,}$$
$$0,000163 \text{ pour les baromètres de M. Fortin.}$$

Par conséquent si l'on représente

par H une hauteur observée,
par T la température correspondante,

la hauteur observée devra être diminuée ou augmentée

de TH.0,000172 dans les baromètres de M. Gay-Lussac,
et de TH.0,000163 dans les baromètres de M. Fortin,

suivant que la température T sera plus grande ou plus petite que zéro.

Dans les observations sédentaires, il suffit de faire les corrections de température sur la moyenne hauteur barométrique du mois, en adoptant pour T la température moyenne de ce même mois.

DES VENTS.

553. On a beaucoup écrit sur les vents ; on a même fait beaucoup d'observations sur leur direction, sur leurs changemens périodiques ou irréguliers : et cependant nous n'aurons ici que très-peu de chose à en dire. C'est un sujet si vaste et si compliqué qu'il a été impossible jusqu'à présent de déduire quelque loi générale de l'ensemble des observations connues. Il faudrait compulser tous les registres météorologiques, examiner pour un même instant l'état des vents sur tous les points du globe et discuter les changemens simultanés qui surviennent dans les instans successifs ; cette tâche immense sort des bornes d'un ouvrage élémentaire ; si elle avait été remplie nous en pourrions profiter pour résumer en peu de paroles les faits généraux auxquels elle doit nécessairement conduire.

On a cru remarquer que dans certains lieux les vents se succèdent dans un ordre déterminé ; mais ces observations, beaucoup plus simples en elles-mêmes puisqu'elles sont plus restreintes, présentent encore trop d'incertitudes pour qu'il nous soit permis de les discuter ici.

Nous nous bornerons à quelques remarques sur la direction des vents et sur les causes générales que l'on peut leur assigner.

Les vents peuvent se propager par *impulsion* et par *aspiration*. Nous désignerons ainsi deux modes opposés qui doivent être soigneusement distingués. Le vent se propage par *impulsion* quand le souffle a lieu dans un sens et la marche progressive dans le même sens ; c'est ce qui arrive au vent qui sort d'un soufflet dans lequel l'air est comprimé ; le vent se propage par *aspiration* quand le souffle a lieu dans un sens et la marche progressive en sens contraire ; c'est ce qui arrive au vent qui entre dans un soufflet où l'air est raréfié ; le souffle a lieu *vers* la buse où la marche progressive du courant a lieu en sens contraire ; car les points les plus éloignés sont ceux qui reçoivent les derniers l'impression.

Ce dernier mode n'est pas aussi rare qu'on le pense ; nous en verrons la preuve dans l'article suivant en parlant des ouragans ; et Wargentin l'avait aussi remarqué sur les vents, dans le nord de l'Europe : quand le vent passe à l'ouest, dit-il, il se fait sentir à Moscou plutôt qu'à Abo, quoique cette dernière ville soit de près de quatre cents lieues plus *occidentale* que Moscou ; et il ne parvient en Suède qu'après avoir préalablement soufflé en Finlande.

Entre toutes les causes que l'on assigne aux vents, l'une des plus puissantes est sans aucun doute la prompte condensation des vapeurs dans le sein de l'atmosphère. On voit quelquefois tomber un pouce d'eau en une heure sur une grande étendue de pays, particulièrement dans les régions équatoriales. Or supposons seulement que cette étendue soit de dix lieues de côté ou de cent lieues carrées ; si la vapeur, qui est nécessaire pour produire un pouce sur cent lieues carrées, était dans l'air à l'état élastique et seulement à 10° de température, elle occuperait un espace cent mille fois plus grand qu'à l'état liquide, c'est-à-dire qu'elle occuperait un espace de cent lieues carrées sur 100000 pouces ou presque 10000 pieds de hauteur. Telles seraient donc les dimensions du vide qui résulterait de cette condensation. A la vérité la vapeur n'est pas à l'état élastique : elle est à l'état vésiculaire ; mais par cela seul qu'elle reste suspendue dans l'atmosphère elle a probablement une densité moindre qu'à l'état liquide, et sa condensation en gouttes de pluie produit encore un vide immense qui ne peut se remplir sans exciter une grande secousse atmosphérique.

DES OURAGANS.

De quelques effets produits par les ouragans.

654. Dans la zône torride et dans tous les climats à hautes températures, les ouragans sont fréquens et se déploient avec une violence prodigieuse ; dans nos climats tempérés ils sont à la fois plus rares et moins violens ; et, dans les régions polaires, les grandes secousses atmosphériques, qui sont du reste assez habituelles, se réduisent, à ce qu'il parait, à des vents de tempête ou seulement à des vents très-forts. Les ouragans occupent en général une grande étendue en largeur et une étendue encore plus grande en longueur : on en pourrait citer qui ont parcouru quatre ou cinq cents lieues avec une intensité presque égale ; ils se propagent comme le vent par un mouvement de translation dans une direction à peu près constante ; ce qui les caractérise, c'est leur vitesse qui est excessive ; elle est quelquefois de plus de vingt lieues à l'heure. Il n'y a point d'agent caché qui soit en jeu dans les ouragans, point de fluide impondérable analogue à l'électricité qui exerce une action directe ; ce n'est, en dernier résultat, que de l'air en mouvement qui agit par sa puissance mécanique : et l'air est si léger, que toute sa puissance semble devoir être extrêmement bornée ; mais la force que les molécules d'air n'ont pas par leur masse, elles la prennent par leur vitesse, et elles deviennent ainsi capables de produire des effets qui paraissent d'abord incroyables, et qui sont cependant conformes aux lois de la mécanique.

Pour donner une juste idée de ces effets nous rapporterons ici quelques-uns des trop fameux désastres causés par l'ouragan qui a dévasté la Guadeloupe le 25 juillet 1825.

Des maisons solidement bâties ont été renversées ; un édifice neuf, élevé aux frais de l'état avec la plus grande solidité, a eu une aile entière complétement rasée.

Le vent avait imprimé aux tuiles une telle vitesse, que plusieurs pénétrèrent dans des magasins à travers des portes épaisses.

Une planche de sapin d'*un mètre* de long, de *deux décimètres et demi* de large et de *vingt-trois millimètres* d'épaisseur, se mouvait dans l'air avec une si grande rapidité, qu'elle traversa d'outre en outre une tige de palmier de *quarante-cinq centimètres* de diamètre.

Une pièce de bois de *vingt centimètres d'équarrissage* et de *quatre à cinq mètres* de long, projetée par le vent sur un chemin ferré, battu et fréquenté, entra dans le sol de *près d'un mètre*.

Une belle grille en fer, établie devant le palais du gouverneur, fut entièrement rompue.

Trois canons de 24 se déplacèrent jusqu'à la rencontre de l'épaulement de la batterie qui les renfermait.

Nous avons choisi de préférence cet exemple parce qu'il est récent et authentique. Un de nos officiers supérieurs les plus distingués, le général du génie Baudrand, aide-de-camp du prince royal, duc d'Orléans, a eu l'occasion de constater sur les lieux l'exactitude de ces faits.

Pour expliquer ces phénomènes, il n'y a qu'une seule difficulté, celle de savoir comment l'air a pu recevoir dans l'atmosphère une si prodigieuse vitesse; car cette vitesse étant donnée, les actions mécaniques les plus étonnantes en deviennent des conséquences nécessaires. C'est du gaz en mouvement qui pousse le boulet hors du canon, et c'est aussi du gaz en mouvement qui lance dans les airs des quartiers de rocher lorsqu'une mine fait son explosion.

De la direction des ouragans. Les ouragans peuvent, comme le vent, se propager par *impulsion* ou par *aspiration*. Ce second mode mérite toute l'attention des météorologistes, parce qu'il fournit une donnée importante sur la cause du mouvement. Nous rapporterons ici divers exemples dans lesquels il a été constaté d'une manière précise.

C'est Franklin qui paraît en avoir le premier fait l'observation. Il rapporte quelque part dans ses lettres (*Letters and Papers on philosophical subjects...*, 36ᵉ lettre), qu'ayant voulu observer une éclipse de lune à Philadelphie, il en fut empêché par un ouragan du *nord-est*, qui se manifesta sur les sept heures du soir, et amena, comme d'ordinaire, des nuages épais qui couvrirent tout le ciel. Il fut surpris quelques jours après d'apprendre qu'à Boston, situé environ quatre cents milles au *nord-est* de Philadelphie, la tempête n'avait commencé qu'à onze heures du soir, long-temps après l'observation des premières phases de l'éclipse; et comparant ensemble les rapports recueillis dans diverses colonies, Franklin observa constamment que cette tempête du nord-est avait eu lieu d'autant plus tard que la station était plus *septentrionale*, et qu'ainsi *le vent soufflait dans un sens et avançait progressivement en sens contraire.*

M. Mitchill a observé deux phénomènes analogues, l'un en février 1802 et l'autre en décembre 1811.

L'ouragan du 21 février 1802 se fit sentir

Latitude nord.

A Charlestown . . 34° 45′, le 21 février, à deux heures
après midi ,

A Washington. . . 38° 55′, à cinq heures du soir,

A New-York. . . . 40° 40′, à dix heures du soir ;

A Albany . . . . . 44° 00′, le 22 février, au point du jour.

Ainsi il avançait *du sud au nord*, et cependant partout le vent soufflait du *nord-est*.

L'ouragan du 23 décembre 1811 se fit sentir

Latitude nord.

Au nord du cap Hatteras 35° 15′, le 23 décembre, à huit heures du soir,

A Washington . . . . 38° 55′, à 10 heures.

A New-York.. ? ? . . . 40° 40′, à minuit ;
A Lyme . . . .   , le 24 décembre, à deux
                                  heures du matin.
A Boston . . . . . . 42° 22′, à quatre heures du matin.

Ainsi il avançait *du sud au nord*, et cependant partout
la tempête se faisait sentir par d'épouvantables bouffées de
vent du nord. A Norfolk le thermomètre descendit de près
de 17° centigrades, dans la seule nuit du 23 au 24 décembre. Des troupeaux et plusieurs individus, surpris en
rase campagne, dans le voisinage de Boston, par ce froid
intense et subit, périrent gelés. Jamais peut-être on ne
compta autant de naufrages sur la côte des Etats-Unis, et
en particulier sur celle de *Long-Island*, en face de New-
York. (*Ann. de phys. et de chim.*, tom. IX, pag. 66.)

Ces phénomènes semblent indiquer, comme Franklin le
supposait, qu'il se fait de temps à autre, au dessus du golfe
du Mexique, une grande raréfaction dans l'atmosphère; soit
que cette raréfaction provienne d'une subite précipitation
de vapeurs, soit qu'elle ait quelque autre cause inconnue.
Dans tous les cas, il est plus facile de concevoir une si
grande vitesse produite dans l'air par aspiration que par
impulsion ; car on ne connaît aucune cause qui puisse
directement repousser l'air avec tant d'impétuosité.

DES TROMBES.

655. Le phénomène des trombes est en même temps le
plus extraordinaire des phénomènes météorologiques, dans
les effets qu'il produit, et le plus incompréhensible dans
ses causes. Pour en donner une juste idée, nous rapporterons textuellement la description de deux trombes qui
ont été observées dans ces derniers temps, l'une entre Boulogne et Saint-Omer, en 1822, l'autre dans les environs
de Trèves en 1829.

Extrait d'un rapport, rédigé par M. Desmarquoy, sur une trombe qui a dévasté plusieurs communes du Pas-de-Calais, le 6 juillet 1822.

« Le 6 juillet 1822, à une heure trente-cinq minutes de l'après-midi, dans la plaine d'Ossonval, village situé à six lieues ouest-sud-ouest de Saint-Omer et à six lieues sud-est de Boulogne, des laboureurs durent quitter leur charrue à cause de l'obscurité et par la crainte d'un orage dont ils étaient menacés. Des nuages, venant de différens points, se rassemblaient rapidement au dessus de la plaine. Bientôt ils n'en formèrent qu'un, qui, seul, couvrait entièrement l'horizon. Un instant après, on vit descendre de ce nuage une vapeur épaisse, ayant la couleur bleuâtre du soufre en combustion : elle formait un cône renversé dont la base s'appuyait sur la nue. La partie inférieure du cône, qui descendait sur la terre, forma bientôt en tournoyant avec une vitesse considérable, une masse oblongue, de 30 pieds environ, détachée du nuage. Elle s'éleva en faisant le bruit d'une bombe de gros calibre qui éclate, laissant sur la terre un enfoncement, en forme de bassin circulaire de 20 à 25 pieds de circonférence, et de 3 à 4 pieds de profondeur à son milieu. A peine éloigné de cent pas du point de départ, et dirigeant sa route de l'ouest à l'est, la trombe franchit la haie d'un manoir, y abat une grange, et donne à la maison, plus solidement bâtie, une secousse que le fermier a comparée à celle d'un tremblement de terre. Elle avait, en franchissant la haie, déchiré et emporté la couronne des arbres les plus forts : vingt-cinq à trente arbres étaient renversés et couchés en sens divers, de manière à prouver que la trombe faisait son chemin en tournoyant. D'autres furent enlevés et accrochés, ainsi que plusieurs couronnes, au sommet des plus grands arbres (de 60 à 70 pieds de haut).

» Après ces premiers effets, la trombe parcourut une distance de deux lieues sans toucher à terre, en emportant de très-grosses branches d'arbres, qu'elle vomissait à droite et à gauche avec bruit ; arrivée à la pointe élevée du bois de Fanquembergue, elle y arracha de nouveau la tête de plusieurs chênes, que l'on vit passer avec elle au dessus du village de Vendôme, situé au pied de la colline, du côté *est* de la forêt.

» La trombe ne fit dans cette commune d'autre ravage que celui d'enlever avec sa racine un sycomore très-gros, dans une prairie appartenant à M. Degroseiller ; l'arbre fut retrouvé à la distance de six cents pas.

» Continuant sa route à la manière d'un boulet qui frappe la terre et se relève en ricochant, la trombe se porta au village d'Audinctnu, où elle abattit la toiture de trois maisons et enleva plusieurs arbres, entre autres cinq ormes de très-grande hauteur, tous cinq sortant d'une même souche.

» Au sortir de la vallée où sont situés ces derniers villages, la trombe s'éleva sur une montagne dite *de Capelle*. Plusieurs paysans, qui y labouraient, virent avec effroi ce phénomène extraordinaire traverser leurs habitations ; ils craignirent bientôt pour eux-mêmes et n'eurent, pour échapper au danger, que le temps de se coucher, en se tenant fortement à leurs instrumens aratoires. Ils remarquèrent avec étonnement que leurs chevaux étaient tristes, mais ne s'effrayèrent pas ; le soc d'une de leurs charrues fut enfoncé dans la terre assez fortement pour résister aux efforts de trois chevaux ; ils employèrent une pioche pour ne pas le casser.

» Ce fut par ces laboureurs, qui étaient placés sur la montagne, de manière à voir la trombe arriver et continuer sa route, que je parvins à connaître à peu près sa forme, sa grandeur et les élémens présumés qui pouvaient entrer dans sa composition. La forme était ovale ; la longueur leur parut de trente pieds environ; l'autre diamètre pouvait en avoir vingt. La trombe tournait dans sa marche de manière à présenter successivement chacune de ses faces à tous les points de l'horizon. Il sortait de temps en temps, de son centre, des globes de feu, et souvent aussi des globes de vapeurs comme soufrées; les uns et les autres rejetaient, dans divers sens, des branches que le météore avait entraînées de très-loin.

» Le bruit qu'il faisait dans sa marche rapide était semblable à celui d'une voiture pesante, courant au galop sur un chemin pavé. On entendait une explosion semblable à celle d'un fusil à chaque sortie d'un globe de feu ou de vapeur; le vent, qui était impétueux, joignait à ce bruit un sifflement terrible. Après avoir déchiré la terre et emporté tout ce qui lui résistait dans un certain point, la trombe s'élevait au dessus du sol, pour aller à une lieue et quelquefois à deux lieues de distance recommencer ses ravages. C'est ainsi qu'en quittant le mont Capelle, et suivant toujours la même direction, elle alla enlever différentes meules de foin et beaucoup d'arbres à Hernin-Saint-Julien, distant d'une lieue de la montagne. De ce village à Witernestre, sur un intervalle de trois lieues, la trombe ne fit aucun ravage marquant; on reconnut seulement sur la montagne qui sépare Hernin d'Étré-Blanche, un sillon de la largeur de trente pas, dans lequel le grain était détruit, dans une étendue de trente arpens de terre, placés au sommet.

» De là elle pénétra dans la vallée de Witernestre et Lambre. Le premier de ces villages, composé de quarante habitations, n'en conserva que huit intactes. Trente-deux maisons, avec leurs granges, furent renversées, et une énorme quantité d'arbres abattus, déchirés et emportés à une grande distance. On remarqua à Witernestre que les pignons et les murs des maisons furent couchés d'une manière divergente de dedans en dehors.

» Le désastre ne fut pas moins considérable à Lambre. Plusieurs personnes distinguèrent parfaitement la marche tournoyante du météore, sa couleur d'un brun soufré et le centre de feu ardent, d'où sortaient des éclats de vapeurs bitumineuses. Les arbres qui entouraient l'église furent cassés et déracinés ; le mur et le toit de la maison du curé enlevés, et dix-huit maisons, la plupart bâties en briques, sapées à leur fondation, avec le phénomène extraordinaire de l'écartement des murs renversés en dehors.

» Une circonstance heureuse, au milieu de ce grand désastre, c'est que personne n'a péri, pas même dans les deux derniers villages ; un seul individu de Witernestre a été grièvement blessé au bras par une poutrelle.

» En quittant Lambre, la trombe se divisa ; une partie se dissipa dans les airs ; l'autre, qui ne paraissait plus qu'un nuage, chassée par un vent impétueux, venant du nord-ouest, se porta sur Lillers, bourg à trois lieues de Lambre, où elle cassa et déracina près de deux cents arbres, dans la belle prairie de M. Desoulers : ensuite elle se dissipa à son tour. A trois heures, le temps était calme, le ciel presque entièrement découvert, et le tonnerre, qui n'avait cessé de se faire entendre de tous les points de l'horizon, finit en même temps que la trombe. La soirée et la nuit suivante furent très-belles. »

Sur une trombe qui a été observée dans les environs de Trèves, le 25 juin 1829 ; décrite par M. le professeur Grossman.

« Vers deux heures de l'après-midi, une lieue au dessous de Trèves, à l'est-nord-est de Ruwer et de Pfalzel, à environ 20° au dessus de l'horizon, un phénomène se montra, qui frappa d'étonnement et mit pendant une demi-heure dans une attente inquiète un grand nombre d'hommes qui étaient occupés au dehors.

» Le ciel , à la suite de la pluie qui venait d'avoir lieu , était encore couvert, lorsque, tout-à-coup , du milieu d'un nuage noir qui s'élevait de l'est-nord-est , une masse lumineuse commença à se mouvoir en sens contraire et à le déchirer violemment. Le nuage prit bientôt, vers le haut, la forme d'une cheminée, de laquelle se serait échappée une fumée d'un gris blanchâtre, assez mélangée par intervalles de jets de flamme , et s'élevant par plusieurs ouvertures avec autant de force (ainsi s'exprimèrent un certain nombre de témoins) que si elle avait été chassée avec la plus grande vivacité par plusieurs soufflets.

» Le météore était arrivé au dessus des vignes de Disburg et vis-à-vis Ruwer, lorsqu'à quelque distance plus au sud sur la rive droite de la Moselle, tout-à-fait en contact avec le sol , un nouveau météore, comme il sembla à plusieurs individus, apparut d'une manière effrayante ; il dispersa des masses de charbon de terre entassées autour d'un arbre , renversa un ouvrier d'un four à chaux, qui se trouvait là, et se précipita à travers la Moselle avec un fracas épouvantable, comme si un grand nombre de pierres se heurtaient ensemble. L'eau s'élança en une haute colonne.

» Roulant avec le même fracas , ce dernier météore, toujours à terre, se dirigea de la Moselle à travers les campagnes de Falzel, laissant des traces évidentes de sa route en zig-zag à travers les champs de blé et de légumes. Une partie des légumes fut entièrement détruite, une autre partie couchée et hachée, le reste enlevé au loin dans les airs.

» Plusieurs femmes, près desquelles passa le météore, s'évanouirent ; d'autres, plus éloignées, se cachèrent, ou s'enfuirent en criant : Tous les champs sont en feu. Deux ouvriers, qui étaient montés sur un arbre, observèrent le météore dans tout son trajet ; un autre eut même la pensée courageuse de le suivre, et cela était facile en marchant d'un pas ordinaire. Mais dans un des zig-zag qu'il décrivait,

le météore l'enveloppa tout à coup. Il se sentit tantôt tiré
en avant, tantôt violemment soulevé; il se pencha en s'ap-
puyant fortement à terre avec ses outils; mais il n'en fut
pas moins jeté à la renverse. Le tourbillon pourtant l'a-
bandonna et continua sa route.

» Il ne se souvient d'aucune impression particulière qui
aurait affecté soit l'odorat, soit le goût, mais seulement d'un
bruit assourdissant. Il affirme qu'il y avait deux courans,
dont l'un s'élevait obliquement, entraînant les tiges et les
épis avec d'autres corps légers; l'autre avait une direction
contraire.

» La route que le météore s'était frayée à travers les
champs avait, suivant différens rapports, de 10 à 18 pas
de largeur, sur une longueur de 2100 pas. Sa forme était
à peu près conique. Sa couleur tantôt gris-blanc ou jaune,
tantôt brun obscur; le plus souvent celle du feu. Le premier météore était en l'air au dessus de celui-ci, à peu
près parallèle, en avant vers le nord; il présenta, pendant environ 18 minutes, une grande masse d'un gris blanchâtre, qui semblait souvent vomir de la fumée rouge
de flamme, et qui, vue à la distance d'environ une demi-
lieue, avait la forme d'un serpent de 140 pas de long, dont
la tête était vers le nord-nord-est, la queue à l'opposite.

» En 8 à 10 minutes de temps, la queue s'était changée
déjà en s'abaissant; au moment où elle allait toucher la
tête, tout le phénomène disparut, et en même temps aussi le
météore inférieur, sans que, ni de la partie élevée en l'air,
ni, comme l'assure un témoin oculaire, de la partie inférieure, il y eût aucune explosion; mais alors une odeur
de soufre très-puante se répandit sur toute la campagne.
Presque aussitôt un orage éclata sur les bois, situés au
nord-nord-ouest du lieu, où s'était montré le météore,
et fut accompagné d'une grêle à grains extraordinairement gros.

» Le soleil ne parut point pendant tout ce temps, à ce

qu'affirment la plupart des spectateurs. Il n'y avait aucun souffle de vent.

» Le météore supérieur fut aperçu de Gutweiler, Cossel, et autre endroits, comme aussi de Trèves ; il paraît être descendu des hauteurs de Hochwald. »

Nous pourrions citer un assez grand nombre d'observations analogues faites sur divers points du globe. On appelle quelquefois *trombes marines* celles qui paraissent soit en pleine mer, soit près des côtes; *trombes d'eau*, celles qui se montrent au dessus des lacs et des rivières ; puis *trombes d'air*, celles qui parcourent la terre avec plus ou moins de rapidité. Mais tout ce que l'on a pu recueillir sur ces différentes trombes, montre avec évidence qu'elles tiennent aux mêmes causes et qu'elles produisent les mêmes effets; c'est une seule et même puissance, qui tantôt s'exerce sur les eaux, pour en soulever des colonnes qui ont quelquefois jusqu'à 1000 ou 2000 pieds de hauteur, tantôt sur le sol, pour fouiller la terre, briser les arbres et enlever tous ces débris jusqu'aux nuages.

Comment cette puissance, quelquefois si prodigieuse, peut-elle prendre naissance au milieu des airs ? C'est une question, il faut le dire, à laquelle la science ne peut faire aucune réponse précise. De toutes les conjectures vagues et hasardées, que l'on peut faire sur l'origine de ce météore, la moins invraisemblable est peut-être celle qui le regarde comme un tourbillon d'une excessive intensité. Mais une discussion sur ce point nous semblerait prématurée; il faut multiplier les observations, et constater avec plus de précision toutes les circonstances de ces phénomènes.

CHAPITRE III.

Des vapeurs et des substances météoriques qui tombent de l'atmosphère.

656. L'air atmosphérique est composé d'oxigène, d'azote et de quelques centièmes d'acide carbonique; ces élémens ont une grande mobilité mécanique, mais en même temps ils ont, en présence les uns des autres, une grande stabilité chimique, et s'ils existaient seuls, ils ne pourraient jamais éprouver de grandes secousses, ni produire des phénomènes météorologiques très-variés. Les seules causes connues qui s'exerceraient alors pour les agiter et pour en troubler l'équilibre seraient le mouvement de rotation de la terre, les vagues soulevées sur les eaux, et les courans excités par la chaleur. Ces causes, quoique puissantes, se réduiraient sans doute à produire quelques brises légères, soit dans les régions équatoriales, soit dans les régions polaires ou tempérées. Ainsi tous les grands phénomènes atmosphériques que nous observons résultent des substances étangères qui peuvent être, ou lentement accumulées, ou soudainement enlevées et suspendues dans les airs. Ces *substances météoriques* doivent donc être étudiées avec une attention particulière dans leur origine, dans leurs propriétés et dans les diverses apparences sous lesquelles elles peuvent se présenter.

Pour simplifier, autant qu'il est possible, une étude qui embrasse tant de questions difficiles, nous adopterons les divisions suivantes. Nous nous occuperons successivement

De l'hygrométrie,

Du serein et de la rosée,

Du givre et de la gelée,
Des brouillards et des nuages,
De la pluie, de la neige, du grésil et du verglas,
Des diverses substances météoriques et des aérolithes.

De l'hygrométrie.

657. *Construction et usage des hygromètres.*

L'hygrométrie a un double but, celui de mesurer la force élastique de la vapeur qui existe dans l'air, et celui de déterminer l'action que les divers corps de la nature peuvent exercer sur cette vapeur. Cette seconde partie offre nécessairement une foule de phénomènes qui ne peuvent être considérés ici que d'une manière générale; ainsi nous nous attacherons particulièrement à la première partie, qui présente une question nette et précise.

Tous les instrumens qui servent à mesurer la force élastique de la vapeur contenue dans l'air se nomment des *hygromètres;* mais parmi ces instrumens il faut distinguer ceux qui donnent immédiatement cette mesure et ceux qui ne la peuvent donner que d'une manière indirecte, et par des déductions plus ou moins incertaines. Les premiers peuvent être appelés *hygromètres de condensation,* parce que tous ceux qui sont connus jusqu'à présent reposent sur la condensation de la vapeur convenablement refroidie; les seconds peuvent être appelés *hygromètres d'absorption*, parce qu'ils reposent tous sur l'absorption de la vapeur au moyen de diverses substances.

658. *Hygromètres de condensation.* Concevons un vase cylindrique en verre, plein d'eau, ayant ses parois parfaitement transparentes, nettes et bien essuyées; supposons qu'il soit placé sur un support ou sur une table dans un lieu dont la température est, par exemple, de 20°, et qu'il ait lui-même cette température. Tout le monde sait que, si l'eau contenue dans ce vase est graduellement refroidie

à 19°, puis à 18° et à 17°, etc., il arrive un instant où la
transparence est tout à coup troublée, et lorsqu'on regarde attentivement, on aperçoit que ce phénomène est dû
à une rosée très-fine qui s'est déposée sur les parois. Si le
point-de-rosée (c'est ainsi que l'on appelle l'instant précis
où la rosée commence à se déposer); si le point-de-rosée a
lieu, par exemple, à 15°, c'est-à-dire, au moment où l'eau
du vase atteint la température de 15°, on en conclura que
la force élastique de la vapeur contenue dans l'air est de
13 millimètres, force élastique maximum pour la température de 15°; s'il a lieu à 12°, on en concluera que la
vapeur a une force élastique de 11 millimètres; à 10°,
une force élastique de 9 millimètres : en un mot, la force
élastique de la vapeur contenue dans l'air est toujours la
force élastique maximum correspondante à la température du point-de-rosée. En effet, la couche de gaz qui enveloppe les parois extérieures du vase se refroidit comme
ces parois elles-mêmes, et tout en se refroidissant par leur
contact, elle conserve son élasticité totale qui est mesurée
par la hauteur du baromètre; mais, il y a plus, les deux
élémens qui composent cette couche de gaz, savoir, l'air
et la vapeur, conservent chacun leur élasticité partielle;
or, à l'instant où cette vapeur commence à se condenser,
elle a évidemment la force élastique maximum correspondante à la température de condensation. Donc, cette force
élastique est celle qu'elle avait avant le refroidissement :
c'est, par conséquent, la force élastique cherchée.

Tel est le principe simple et rigoureux sur lequel repose la construction des hygromètres de condensation.
Tout se réduit à observer exactement la température du
point-de-rosée et à chercher dans les *tables* la force élastique correspondante. Pour rendre ce principe encore
plus facile à comprendre, et pour habituer l'esprit à en
faire l'application, nous reproduirons ici les tables de la
force élastique de la vapeur d'eau, depuis —20 à 40°, qui

sont à peu près les extrêmes de température entre lesquels se font toutes les observations hygrométriques.

Table de la force élastique de la vapeur d'eau depuis — 20° à + 40°.

Température.	Force élast.	Températ.	Force élast.	Températ.	Force élast.
—20	1,3	11	10,1	26	24,4
—15	1,9	12	10,7	27	25,9
—10	2,6	13	11,4	28	27,4
— 5	3,7	14	12,1	29	29,0
0	5,0	15	12,8	30	30,6
1	5,4	16	13,6	31	32,4
2	5,7	17	14,5	32	34,3
3	6,1	18	15,4	33	36,2
4	6,5	19	16,3	34	38,3
5	6,9	20	17,3	35	40,4
6	7,4	21	18,3	36	42,7
7	7,9	22	19,4	37	45,0
8	8,4	23	20,6	38	47,6
9	8,9	24	21,8	39	50,1
10	9,5	25	23,1	40	53,0

Ainsi, la force élastique de la vapeur contenue dans de l'air est 5 millimètres, quand le point-de-rosée est à 0° ; elle est de 9,5 quand il est à 10°, de 17,3 quand il est à 20°, de 30,6 quand il est à 30°, etc. Et ces résultats sont complètement indépendans de la température ambiante ; seulement, si elle est presque égale à la température du point-de-rosée, l'air sera presque *saturé de vapeurs* ou *saturé d'humidité*; et si, au contraire, elle surpasse de beaucoup celle du point-de-rosée, l'air sera très-sec. Prenons un exemple ; supposons que l'on ait fait quatre expériences :

La première, en hiver, par une température de 0° ;

La deuxième, au printemps, par une température de 10° ;

La troisième, en été, par une température de 30°;

La quatrième, en automne, par une température de 20°;

Que l'on ait constamment trouvé le point-de-rosée à 0°, on en devra conclure que, dans ces quatre expériences, l'air atmosphérique contenait la même quantité de vapeur, et que la force élastique de cette vapeur était de 5 millimètres. Mais, tout en contenant la même quantité de vapeur, l'air avait cependant des degrés d'humidité bien différens : dans le premier cas, il était *très-humide* et presque saturé d'humidité ; dans le deuxième cas, il était déjà très-sec ; dans le quatrième cas, excessivement sec ; quant au troisième cas, c'est une sécheresse si grande que jamais peut-être l'on n'en a observé une pareille dans l'atmosphère. C'est ainsi que la comparaison des degrés d'humidité est tout autre chose que la comparaison des quantités de vapeur. En été, par 30° de température, l'air est sec, quand le point-de-rosée est à 15 ou 20°, et, par conséquent, lorsque la quantité de vapeur contenue dans l'air est quatre ou cinq fois plus grande qu'elle n'est en hiver par un temps complètement humide.

Le vase en verre ou en cristal, qui vient de nous servir à démontrer le principe sur lequel reposent tous les hygromètres de condensation, n'est pas lui-même un hygromètre, bien qu'il puisse en tenir lieu. Il était important de lui donner une disposition qui pût en faire un véritable instrument météorologique, c'est-à-dire, un instrument portatif, facile à observer et exact dans ses indications. Ces conditions me semblent à peu près remplies dans les deux hygromètres suivans : l'un est l'*hygromètre à capsule* que j'ai fait construire il y a huit ou dix ans, mais dont je n'ai pas eu occasion de publier la description, bien qu'il ait paru très-commode à quelques observateurs ; l'autre est l'*hygromètre de Daniel*, dont on se sert beaucoup en Angleterre.

L'*hygromètre à capsule* est représenté dans la fig. 357.

Il se compose d'une capsule c c' et d'un thermomètre т т'. La capsule est en plaqué d'or extrèmement mince; elle a 4 ou 5 centimètres de diamètre, et 10 ou 12 millimètres d'élévation; elle porte une petite douille par laquelle on la fixe dans un petit bouchon d'ivoire в в'. Le thermomètre est scellé dans la douille; sa boule т est isolée au milieu de la capsule, et sa tige descend jusqu'au pied р р' de l'instrument. On y laisse un peu d'air pour que la colonne ne se divise pas; ce thermomètre, à la fois très-délicat et très-sensible, s'étend ordinairement depuis 0° à 30°; son échelle н н' est fendue dans sa longueur et porte par derrière une mince feuille d'ivoire translucide, contre laquelle le sommet de la colonne thermométrique devient parfaitement visible et tranchée; c'est l'échelle elle-même qui porte le bouchon et la capsule.

Lorsqu'on veut faire l'expérience, on verse de l'éther sulfurique dans la capsule; la prompte évaporation donne un prompt refroidissement. On suit de l'œil le sommet de la colonne thermométrique, et en même temps on regarde la paroi nette et brillante de la capsule, afin de saisir l'instant précis où elle commence à se ternir; la température correspondante est celle du point-de-rosée. On pourrait écrire sur l'échelle les forces élastiques correspondantes aux divers degrés qu'elle porte.

L'exactitude de cet instrument repose sur l'identité presque parfaite qui existe entre la température de l'éther, celle du thermomètre et celle des parois de la capsule.

On conçoit que la boule du thermomètre doit être toujours complètement enveloppée d'éther.

De toutes les surfaces, celle de l'or brillant m'a paru la plus délicate pour montrer le point-de-rosée.

L'*hygromètre de Daniel* est représenté dans la figure 358. Il se compose d'un tube recourbé en u renversé, et terminé par deux boules, l'une υ en verre noir, et

l'autre n' en verre ordinaire. La boule noire est à moitié
pleine d'éther, et en outre elle contient un très-petit thermomètre, dont la tige et l'échelle sont arrêtées dans l'intérieur du tube т. L'air est complètement chassé de l'appareil.

Pour faire l'expérience, on verse de l'éther sulfurique
sur la boule n' qui est revêtue d'une toile fine, et l'on renouvelle l'opération jusqu'au moment où la rosée se dé-
pose sur la boule noire. On note cet instant et la température précise que marque alors le petit thermomètre intérieur; cette température est celle du point-de-rosée.

Il est inutile de dire que le refroidissement de la boule
noire est produit par la prompte évaporation de l'éther
qu'elle contient, évaporation qui est elle-même produite
par la condensation de l'éther dans l'intérieur de la boule
n de plus en plus refroidie par l'évaporation qui se fait
sur sa surface extérieure. On voit à côté de la figure 358
un petit flacon très-commode pour verser l'éther sur la
boule n, pendant tout le temps que dure l'opération.

Lorsqu'on a déterminé la force élastique de la vapeur
par l'un des moyens précédens, l'on peut facilement trouver le *poids* total qui en est contenu dans un volume donné
d'air; il suffit pour cela de se rappeler que la vapeur qui
existe dans l'air possède exactement les mêmes propriétés de
tension et d'élasticité que la vapeur qui existe dans le vide.

Ainsi, la formule que nous avons donnée (230, page
335) est exactement applicable au cas présent; et le tableau
que nous avons formé (pag. 337, T. I) nous donne dans
la colonne des densités le poids de vapeur d'eau contenue
dans un centimètre cube d'air. Nous le reproduirons ici
en le réduisant aux températures entre lesquelles sont
comprises les observations hygrométriques; mais, pour
le rendre d'une application plus facile, nous exprime-
rons le poids de vapeur contenu dans un *mètre cube* d'air;
ce poids est évalué en grammes.

Tableau des poids de la vapeur qui est contenue dans un mètre cube d'air.

Température du point-de-rosée en degrés centig.	Force élastique correspondante en millimètres.	Poids de la vapeur contenue dans un mètre cube d'air en grammes.
—20	1,3	1,5
—15	1,9	2,1
—10	2,6	2,9
— 5	3,7	4,0
0	5,0	5,4
1	5,4	5,7
2	5,7	6,1
3	6,1	6,5
4	6,5	6,9
5	6,9	7,3
6	7,4	7,7
7	7,9	8,2
8	8,4	8,7
9	8,9	9,2
10	9,5	9,7
11	10,1	10,3
12	10,7	10,9
13	11,4	11,6
14	12,1	12,2
15	12,8	13,0
16	13,6	13,7
17	14,5	14,5
18	15,4	15,3
19	16,3	16,2
20	17,3	17,1
21	18,3	18,1
22	19,4	19,1
23	20,6	20,2
24	21,8	21,3
25	23,1	22,5
26	24,4	23,8
27	25,9	25,1

Température du point de rosée en degrés centig.	Force élastique correspondante en millimètres.	Poids de la vapeur contenue dans un mètre cube d'air en grammes.
28	27,4	26,4
29	29,0	27,9
30	30,6	29,4
31	32,4	31,0
32	34,3	32,6
33	36,2	34,3
34	38,3	36,2
35	40,4	38,1
36	42,7	40,2
37	45,0	42,2
38	47,6	44,4
39	50,1	46,7
40	53,0	49,2

On voit par ce tableau que, entre 0° et 20°, le nombre qui exprime en millimètres la force élastique de la vapeur est aussi celui qui exprime en grammes le poids de vapeur contenue dans un mètre cube d'air. Ainsi, lorsqu'on trouve le point de rosée à 10°, la force élastique de la vapeur est de *neuf millimètres* et *cinq dixièmes;* et le poids de cette vapeur, qui est contenu dans un mètre cube d'air, est de *neuf grammes* et *sept dixièmes.* Il est facile de se rendre compte de cette particularité, en remontant à la formule (230), car elle devient

$$\text{M} = \text{P} . \frac{(1 + 0,068)}{(1 + at.)};$$

M désignant le nombre des grammes d'eau contenus dans un mètre cube d'air;

P, la force élastique de cette vapeur évaluée en millimètres et déterminée par le point de rosée;

t, la température ambiante.

Or, comme le facteur qui multiplie p est toujours très-peu différent de l'unité, on a à très-peu près

$$M = P.$$

65g. *Hygromètres d'absorption.* Il y a un grand nombre de corps qui absorbent, avec plus ou moins d'avidité, la vapeur d'eau qui existe dans l'air, et comme en même temps ils éprouvent quelques changemens dans leurs dimensions, dans leur poids ou dans quelques autres de leurs propriétés, l'on a essayé de prendre ces changemens eux-mêmes pour la mesure des quantités de vapeurs absorbées.

De tous les hygromètres qui sont construits d'après les changemens de dimension que la vapeur produit dans différens corps, nous n'en décrirons qu'un seul, l'*hygromètre à cheveu*, que l'on appelle aussi l'*hygromètre de Saussure*, du nom de son illustre inventeur.

L'*hygromètre à cheveu*, dans sa forme la plus simple, est représenté dans la fig. 35g. Le cheveu est fixé par son extrémité supérieure à une pince p, qui peut éprouver de légers déplacemens au moyen de la vis v et du ressort r; il s'enroule par son extrémité inférieure sur une poulie à deux gorges, dont l'axe porte une aiguille G destinée à parcourir le cadran c.

Dans la seconde gorge de la poulie est enroulé un fil de soie portant un petit contrepoids q destiné à donner au cheveu une tension continuelle et toujours égale.

Voici maintenant le jeu de l'instrument. Quand l'air qui enveloppe le cheveu devient plus humide, le cheveu absorbe une nouvelle quantité d'humidité, il s'allonge, le contrepoids fait tourner la poulie, et l'aiguille marche vers le point H du cadran; au contraire, quand l'air devient plus sec, le cheveu perd une partie de son humidité; il se sèche lui-même, se raccourcit, entraine le contrepoids, fait tourner la poulie, et l'aiguille marche vers le point s du cadran. Ces effets sont très-prompts; il est facile de voir, par exemple, que le souffle de l'haleine détermine un grand mouvement dans l'aiguille.

Les indications que l'on peut tirer de l'hygromètre à cheveu reposent sur les deux principes suivans :

1° Dans la *sécheresse extrême*, le cheveu prend toujours le même degré de raccourcissement, c'est-à-dire que l'aiguille finit toujours par s'arrêter au même point s du cadran, quelle que soit la température ; ce point s est le point de la sécheresse extrême.

2° Dans l'*humidité extrême*, le cheveu prend toujours le même degré d'allongement, c'est-à-dire que l'aiguille finit toujours par s'arrêter au même point h, quelle que soit la température ; ce point h est le point de l'humidité extrême.

Pour le même cheveu, l'intervalle compris entre les points extrêmes s et h est toujours le même, et le mouvement de la pince supérieure p sert à changer un peu la longueur du cheveu, pour amener ces points sur le cadran, si naturellement ils n'y tombaient pas, ce qui pourrait bien arriver.

Nous allons en même temps démontrer ces principes par l'expérience, et faire la graduation de l'instrument. On met l'hygromètre sous une cloche ; on y fait le vide, ou bien on y laisse l'air, mais dans l'un ou l'autre cas on en absorbe toute l'humidité, soit avec l'acide sulfurique concentré, soit avec du chlorure de calcium bien calciné, et l'on observe le point où s'arrête l'aiguille ; ce point est marqué zéro sur le cadran ; c'est le point de sécheresse extrême, car l'expérience répétée plusieurs fois à des températures différentes, donne très-sensiblement le même résultat. Il faut quelquefois plusieurs jours pour que l'aiguille cesse complètement de marcher au sec.

Ensuite on porte l'hygromètre sous une cloche dont on a mouillé les parois avec de l'eau distillée, la cloche elle-même repose sur un plateau au fond duquel on a répandu quelques lignes d'eau, et l'on abandonne l'expérience à elle-même. L'aiguille marche rapidement vers le point 11 ou vers l'humidité, et enfin elle s'arrête ; son point d'arrêt est le même, soit que la température ambiante soit 0°, 10°, 20° ou même 30° ; c'est le point d'humidité extrême. On y marque 100 ; l'arc compris sur le cadran entre 0 et 100 est ensuite divisé en 100 parties égales, et chacune de ces parties est ce que l'on nomme *un degré d'humidité*.

Pour que l'hygromètre soit bien comparable à lui-même, c'est-à-dire pour qu'il marque exactement le même degré dans les mêmes circonstances, il faut que le cheveu ait été choisi avec beaucoup de soin. Pour cela on prend plusieurs cheveux, dont chacun soit égal, uni et homogène autant que possible ; on les soumet à une légère lessive alcaline à peine tiède ; on les sèche ; on les examine de nouveau, et l'on choisit enfin ceux qui paraissent offrir l'homogénéité la plus complète dans toute leur étendue. Malgré ces précautions, il est rare d'obtenir dans ces hygromètres une marche bien constante, et, de plus, ils s'altèrent avec une telle rapidité qu'après un an il est presque indispensable de renouveler le cheveu.

D'après tout ce que nous venons de dire, l'hygromètre à cheveu ne nous donne encore que le moyen de comparer les divers degrés d'humidité ; il nous permet de dire que l'air est à 60, à 80 ou à 100 degrés d'humidité ; mais il ne nous dit rien sur la force électrique de la vapeur que cet air contient, et par conséquent il ne résout pas la question fondamentale qui fait l'objet de l'hygrométrie. Il faudrait pour cela déterminer quelle est la force élastique de la vapeur qui correspond à chacun des degrés de l'hygromètre à cheveu, et cette détermination est très-difficile, parce qu'il est évident que si cet hygromètre marque, par exemple, 80° d'humidité quand la température est zéro, et 80° d'humidité quand la température est de 30°, les forces élastiques correspondantes à cette même indication de l'instrument ne sont certainement pas égales. On est donc obligé de réduire la question , et c'est ce qu'a fait M. Gay-Lussac; il a cherché quelles étaient les forces élastiques de la vapeur correspondante aux divers degrés que marque l'hygromètre à cheveu pour une température déterminée, et il a choisi la température de 10°. Nous rapporterons ici quelques-uns de ses résultats les plus utiles dans les observations météorologiques.

Quand l'hygromètre à cheveu marque 100 degrés, la force élastique de la vapeur est au *maximum*, c'est-à-dire 9,5 millimètres.

Pour 90 degrés , elle est à peu près les $\frac{4}{5}$ de son *maximum*, ou 7,6 millimètres.

Pour 80 degrés , elle est à peu près les $\frac{2}{3}$, ou 6,4 millim.

Pour 70 degrés . . . . la moitié, ou 4,7 mill.

Pour 60 degrés . . . . $\frac{1}{3}$, ou 3,2 millim.

Pour 50 degrés . . . . $\frac{1}{4}$, ou 2,4 millim.

Pour 40 degrés . . . . $\frac{1}{5}$, ou 2 millim.

Pour 30 degrés . . . . . : . . . . $\frac{1}{7}$, ou 1,3 millim.

Il est excessivement rare de voir l'hygromètre tomber à 30".

J'ai rapporté les expressions de la force élastique correspondante aux divers degrés en fraction de la force élastique *maximum*, parce qu'il est bien probable que les nombres obtenus par M. Gay-Lussac pour la température de 10° s'étendent au moins aux températures voisines ; et il est bien probable par conséquent que l'on ne commettrait pas une grande erreur en appliquant ces résultats à la température de 20°, c'est-à-dire que pour cette température les forces élastiques de la vapeur sont sans doute à peu près :

$$\text{les } \frac{4}{5}, \text{ les } \frac{2}{3}, \text{ le } \frac{1}{2}, \text{ le } \frac{1}{3}, \text{ le } \frac{1}{4}, \text{ le } \frac{1}{5} \text{ ou le } \frac{1}{7}$$

de la force élastique *maximum*, 17,3 millimètres, suivant que l'hygromètre à cheveu marque

$$90, \; 80, \; 70, \; 60, \; 50, \; 40 \text{ ou } 30 \text{ degrés.}$$

Malgré le travail important de M. Gay-Lussac sur ce sujet, l'hygromètre à cheveu ne peut donner que des approximations sur la force élastique de la vapeur contenue dans l'air, parce qu'il est par sa nature un instrument trop irrégulier dans sa marche, et soumis à trop d'incertitudes.

Cependant on doit convenir qu'il est peut-être encore le moins inexact des nombreux hygromètres que l'on a construits en prenant pour principe le changement de dimensions causé par l'absorption de la vapeur. Avant de choisir le cheveu, on avait employé une foule de substances organiques : du parchemin, des peaux diversement préparées, des rubans de baleine, etc.; on avait eu recours aussi au changement de volume ou de capacité ; on avait mis du mercure dans des plumes à écrire, dans des vessies de souris, etc., et l'on observait dans un tube étroit les mouvemens d'ascension ou de dépression du mercure, suivant que la capacité devenait plus grande par l'humidité ou plus resserrée par la sécheresse. Mais toutes ces inventions sont maintenant abandonnées.

De tous les hygromètres que l'on a imaginés en prenant pour principe les changemens de poids ou les changemens de propriété produits dans les corps par l'absorption de la vapeur, il n'en est aucun qui ne soit trop inexact pour que nous puissions en recommander l'usage. Les changemens de poids peuvent sans doute être mesurés avec une grande précision, soit avec la balance ordinaire, soit au moyen de la force de torsion des fils de métal ; mais ils sont si petits, que les parcelles de poussière qui sont toujours flottantes dans l'air peuvent produire une grande altération dans les résultats, et de plus, la graduation de ces instrumens pour arriver à la force élastique de la vapeur est excessivement difficile. Ainsi les éponges imprégnées de différens sels, les flocons ou les toiles de coton, les rondelles de papier, et tous les corps analogues qui sont plus légers ou plus lourds, suivant que l'air est plus sec ou plus humide, ne peuvent donner que des indications tout-à-fait infidèles.

Parmi les changemens de propriété, celui qui a été employé le plus souvent pour la construction des hygromètres est la torsion des cordes à boyau ou des cordes de chanvre ou de coton, et la torsion de quelques fibres végétales, comme la barbe de blé ; mais tous ces instrumens paraissent encore plus mauvais que les précédens.

660. Nous avons dit au commencement que l'hygrométrie a aussi pour objet de déterminer les actions que les différens corps peuvent exercer sur la vapeur d'eau. Cette seconde question comprend une foule de phénomènes, dans le détail desquels nous ne pouvons entrer. La plupart des corps organiques ou inorganiques peuvent contenir avec leurs autres élémens une certaine quantité d'eau qui n'est point essentielle à leur nature chimique ; s'ils sont exposés dans un espace parfaitement sec, ils perdent une portion de cette eau accidentelle, et ils en perdent d'autant plus, que la température est plus élevée ; s'ils sont exposés ensuite dans un espace plus ou moins humide, ils en absorbent la vapeur avec plus ou moins d'avidité ; ils la liquéfient ; ils la dispersent dans toute l'étendue de leur

masse, et reprennent ainsi un poids plus ou moins grand et des propriétés plus ou moins analogues à celles qu'ils avaient d'abord. Cet état d'équilibre entre la quantité d'eau que peut retenir un corps et l'humidité de l'atmosphère qui l'entoure repose sur le principe suivant :

Quand l'eau se trouve combinée avec des substances étrangères, elle conserve encore la propriété d'émettre des vapeurs ; mais à température égale, la force élastique de ces vapeurs est toujours moindre que celle des vapeurs qui se forment sur de l'eau pure.

Pour démontrer ce principe fondamental, il suffit de faire passer dans le vide barométrique de l'eau pure et de l'eau tenant en dissolution diverses substances. On obtiendra une dépression de la colonne barométrique, et par conséquent une mesure de la force élastique de la vapeur qui se forme ; mais, à température égale, la dépression sera toujours moindre pour les dissolutions que pour l'eau pure. Par exemple, à 10° de température, M. Gay-Lussac a trouvé les résultats suivans :

Nature des dissolutions.	Densités des dissolutions à 10° cent.	Tension des dissolutions à 10°.
Eau.	1,000	9,5
Muriate de soude. . .	1,096	8,6
Id.	1,163	7,8
Id.	1,205	7,2
Muriate de chaux. .	1,274	6,3
Id.	1,343	4,8
Id.	1,397	3,6
Acide sulfurique. . .	1,493	1,7
Id.	1,541	1,2
Id.	1,702	0,2
Id.	1,848	0,0

Or, si la vapeur qui se forme, par exemple, sur l'eau salée à 10° ne peut atteindre qu'une force élastique de

7 millimètres, qu'arriverait-il si l'on mettait en contact à 10° de l'eau salée avec de la vapeur ayant une force élastique plus grande que 7 millimètres? Ce qui arrive dans ce cas est digne de remarque : l'eau salée absorbe de la vapeur au lieu d'en émettre, et elle en absorbe jusqu'au moment où la force élastique de la vapeur, qui repose sur elle, est réduite à 7 millimètres. On peut démontrer ce résultat en faisant passer un grain de sel dans le baromètre qui contient de l'eau pure et de la vapeur au dessus d'elle ; à mesure que le sel se dissout dans l'eau, le baromètre remonte, c'est-à-dire que la force élastique de la vapeur qui préexistait ne peut plus se soutenir en présence de l'eau salée ; il faut qu'elle retombe à la valeur qu'elle aurait prise en se formant sur l'eau salée elle-même.

Ainsi, tandis que l'eau pure a seulement la propriété d'émettre des vapeurs, une dissolution a la propriété d'*en émettre* ou d'*en absorber*, suivant que la tension de la vapeur qui repose sur elle est plus petite ou plus grande que la tension de la vapeur qui tend à se former.

Ce qui arrive aux dissolutions arrive aux aussi corps solides qui contiennent de l'eau accidentelle, c'est-à-dire de l'eau dont ils peuvent être privés sans que leurs autres élémens se désunissent ; les corps absorbent ou émettent les vapeurs dans l'atmosphère qui les entoure, suivant que la tension des vapeurs déjà existantes dans cette atmosphère est plus grande ou moindre que la tension des vapeurs qui tendent à se former.

Voilà pourquoi les corps hygrométriques, comme le cheveu, arrivent toujours au même degré de saturation quand ils sont plongés dans de l'air qui est lui-même saturé d'humidité ; car la tension de la vapeur qui tend à se former sur ces corps, est toujours moindre que la tension de la vapeur qui existe alors autour d'eux, et il y a absorption jusqu'à saturation.

Ces mêmes principes s'appliquent à un grand nombre

d'opérations industrielles, particulièrement à celles qui ont pour objet de concentrer des dissolutions par la température ambiante, comme il arrive dans les salines ; car en exposant ces dissolutions à l'air, il est bien possible qu'on les étende au lieu de les concentrer ; c'est ce qui aura lieu, par exemple, à 10° de température, si elles ont une densité de 1,205, et si l'hygromètre à cheveu marque 90° d'humidité.

DU SEREIN ET DE LA ROSÉE.

661. *Du serein.* Le serein est une petite pluie fine qui tombe quelquefois sans que l'on aperçoive aucun nuage au ciel. Dans nos climats, ce phénomène se manifeste seulement pendant l'été, et presque toujours au coucher du soleil ; on l'observe surtout dans les vallées ou dans les plaines basses, à une petite distance des lacs et des rivières ; il est beaucoup plus rare dans les lieux élevés. Une pluie sans nuage semble d'abord un phénomène impossible ; mais il suffit d'un instant de réflexion pour en voir la possibilité et même pour en concevoir la cause.

Pendant la chaleur du jour, tous les corps humides donnent une grande quantité de vapeurs, qui se répandent dans l'air sans en troubler la transparence ; supposons, pour un instant, que vers cinq ou six heures de l'après-midi la température de l'air atmosphérique soit, par exemple, de 20°, et que la force élastique de la vapeur qu'il contient soit de 13 millimètres, alors le soleil continuant de s'approcher de l'horizon, la température ambiante s'abaisse de plus en plus, sans que la force élastique de la vapeur éprouve de changement ; et quand cet abaissement arrive à 14 ou 15°, la vapeur ne peut plus exister en totalité, puisqu'elle aurait une force élastique plus grande que le *maximum* qui convient à cette température ; il faut donc qu'elle se condense en partie ; c'est cette condensation qui produit le phénomène du serein. On voit donc qu'il dépend de deux élémens, savoir, de la température ambiante et de la force élastique de la vapeur qui existe dans l'air; et la condition de sa formation est que la température s'abaisse au dessous de celle qui convient à la force élastique de la vapeur.

En déterminant le point de rosée avec un hygromètre, et en suivant avec un thermomètre la loi du refroidissement de l'air, on pourrait prédire à peu près l'instant où le serein doit paraître, et indiquer son intensité.

662. *Rosée.* Tous les phénomènes de la rosée ne sont que des conséquences des lois de l'hygrométrie et des lois du rayonnement nocturne. C'est le docteur Wells qui a le premier découvert et développé ces conséquences dans une série d'expériences ingénieuses qui remontent à peu près à l'année 1800. Son ouvrage sur la rosée fut couronné en 1816 par la Société royale de Londres.

Pendant les nuits calmes et sereines, l'air atmosphérique et tous les corps dispersés sur la surface de la terre se refroidissent par leur rayonnement vers les espaces célestes (pag. 700); mais ce refroidissement est inégal, parce qu'il dépend du pouvoir rayonnant des corps, de leur conductibilité et de leur situation par rapport aux objets circonvoisins. Dans les circonstances les plus favorables, un corps peut tomber à 8 ou 10° au dessous de la température de l'air; c'est ce que le docteur Wells a constaté par un grand nombre d'expériences. Ainsi, pendant une belle nuit d'été, l'observateur qui parcourrait une plaine pour observer avec un thermomètre très-sensible la température du sol et des divers objets dont il est couvert, trouverait infailliblement de très-grandes différences dans ces températures; les couches inférieures de l'air étant, par exemple, à 12°, il trouverait dans quelques endroits le sol ou le gazon à 2 ou 3° seulement, d'autres corps seraient à 5 ou 6°, d'autres à 8 ou 10, et plusieurs seraient sans doute à une température plus haute que celle de l'air. Ce fait fondamental une fois établi, l'explication de la rosée et de tous ses accidens ne présente plus aucune difficulté.

Admettons pour un moment que la force élastique de la vapeur qui existe dans l'air soit de 7 millimètres; comme cette force élastique est le *maximum* correspondant à 5° de température, il est évident que tous les corps terrestres qui sont au dessous de 5° auront condensé les couches de vapeurs qui sont venues en contact avec eux, et qu'ils seront par conséquent plus ou moins couverts de rosée. Au contraire, tous les corps qui ont conservé une température plus haute que 5° resteront parfaitement secs, puisque l'air humide qui les touche n'aura pas été refroidi jusqu'au point où la vapeur est forcée de se condenser.

Ainsi, en dernier résultat, pendant les nuits calmes et sereines, tous les corps terrestres doivent être assimilés à l'hygromètre à capsule ou à l'hygromètre de Daniell, c'est-à-dire que s'ils se refroidissent au dessous du point de rosée, ils se couvrent de vapeurs condensées, et dans le cas contraire, ils restent secs. La seule différence est que les parois des hygromètres se refroidissent par l'évaporation de l'éther, tandis que la surface du sol et tous les corps terrestres se refroidissent par leur rayonnement vers les espaces célestes. Mais ces deux causes différentes produisent ici le même effet, puisque la condensation de la vapeur n'est qu'une conséquence de l'abaissement de température.

Pour étudier en détail tous les phénomènes de la rosée, il suffit donc de rechercher toutes les causes qui peuvent modifier le refroidissement des corps et le rayonnement de la nuit. C'est ce que nous allons essayer de faire d'une manière générale.

Influence de la situation. Pour mieux faire comprendre l'influence de la situation sur le refroidissement nocturne, imaginons qu'au milieu d'une vaste plaine on ait élevé une espèce de tente avec des cadres légers ayant chacun une toise carrée ; ces cadres seront, par exemple, recouverts de toile ou même de papier, quatre seront placés verticalement, et le cinquième placé horizontalement au dessus fermera l'espace. Un corps placé sur le sol au milieu de la tente rayonnera de toutes parts ; mais ses rayons calorifiques, arrêtés par les parois, lui seront renvoyés par elles, et son refroidissement sera très-lent.

Si l'on enlève la cloison supérieure, le corps verra le zénith ; il rayonnera vers les espaces célestes, et son refroidissement deviendra plus rapide.

Si l'on enlève une des parois latérales, le corps *verra* encore une plus grande étendue du ciel, et son refroidissement deviendra encore plus rapide. Il en sera de même à mesure qu'on le découvrira de plus en plus pour qu'il *voie* une étendue du ciel de plus en plus grande.

Les murs, les édifices, les arbres, les collines font sur le rayonnement nocturne un effet analogue à celui des cloisons que nous avons pris pour exemple, et, d'après ce principe, il suffira de voir l'exposition d'un objet pour juger d'avance s'il doit se refroidir plus ou moins qu'un autre objet semblable qui voit le ciel sous un autre aspect.

Influence de la nature des corps. Les surfaces qui ont un grand pouvoir émissif se refroidissent plus promptement que les autres ; mais l'épaisseur des corps, leur conductibilité et l'inclinaison de leurs surfaces sont autant de circonstances qui modifient la vitesse du refroidissement.

Influence du vent. L'agitation de l'air est toujours un obstacle à la formation de la rosée, parce qu'en se renouvelant rapidement à la surface des corps, il leur rend une partie de la chaleur qu'ils perdent par le rayonnement ; aussi, par un grand vent, la température de tous les corps est sensiblement la même que la température de l'air.

Influence des brouillards et des nuages. Quand le ciel

est couvert, l'échange de calorique s'établit entre les nuages et la surface de la terre; la nappe des nuages devient comme la toile des cadres dont nous parlions tout à l'heure; elle empêche que les objets ne rayonnent vers le ciel, et ralentit le refroidissement. On avait remarqué depuis long-temps que les *nuits couvertes* sont toujours moins froides que les *nuits sereines;* le professeur Wilson avait reconnu qu'un thermomètre exposé à l'air libre pendant une nuit alternativement claire et nuageuse s'élève toujours quand l'air s'obscurcit, et retombe dès que les nuages disparaissent (*Transact. philos.,* 1771).

Les brumes ou les brouillards produisent un effet encore plus marqué que les nuages, parce que la chaleur rayonnante qui émane des corps à la température ordinaire n'a pas la propriété de traverser un air qui n'est pas parfaitement transparent.

DU GIVRE ET DE LA GELÉE.

663. Le *givre* ou la *gelée blanche* s'observe dans nos climats pendant les fraîches matinées du printemps et de l'automne. Sa cause est la même que celle de la rosée, car le givre n'est autre chose que de la rosée congelée. Quand le ciel est serein, l'air calme et humide, et que la température de la nuit est seulement de 4 ou 5° au dessus de zéro, certains corps peuvent tomber par le rayonnement à une température plus basse que zéro, et alors les gouttelettes de rosée dont ils se sont d'abord couverts cristallisent en petites aiguilles qui s'entrelacent de mille manières. L'exposition a peut-être plus d'influence encore sur la formation du givre que sur celle de la rosée, parce qu'une fois que les corps sont revêtus d'une couche de rosée suffisamment épaisse, ils ont le même pouvoir rayonnant, et leur refroidissement ultérieur s'accomplit suivant les mêmes lois.

664. Les gelées d'automne, et surtout les gelées de printemps, qui sont quelquefois si funestes aux récoltes, ont aussi pour cause principale l'influence du rayonnement de la nuit. Elles sont accompagnées de givre quand l'air est humide, mais elles peuvent avoir lieu sans aucune apparence de gelée blanche ni même de rosée; il suffit pour cela que l'air soit sec, c'est-à-dire, que la force élastique de la vapeur qu'il contient soit moindre que 2 ou 3 millimètres. Toutes les circonstances qui favorisent la formation de la rosée et du givre sont par conséquent celles qui favorisent la gelée, et réciproquement tous les moyens qui peuvent retarder la formation du givre ou de la rosée peuvent retarder ou même empêcher la gelée. Ainsi une simple gaze étendue au dessus des plantes délicates est très-souvent une précaution suffisante pour les garantir d'un refroidissement meurtrier. La fumée serait un moyen tout aussi efficace. Il ne s'agit pas de réchauffer les plantes que l'on veut conserver, il faut seulement les empêcher de se refroidir par le rayonnement. C'est d'après ce principe qu'il faut, suivant les localités, combiner les moyens de conservation.

Un exemple fera mieux comprendre encore toute l'efficacité du rayonnement pour refroidir les corps pendant la nuit, et c'est dans cette vue que nous indiquerons ici le procédé que l'on a imaginé depuis long-temps pour faire de la glace au Bengale. Voici le compte que M. Williams en a rendu dans le LXXXIII° vol. des *Transactions philosophiques*; la *manufacture* dont il parle occupe trois cents personnes.

Un terrain bien nivelé et d'une étendue convenable est divisé en petits carrés de 4 à 5 pieds de côté, entourés d'un petit rebord de terre de 4 ou 5 pouces de hauteur. Dans ces compartimens, couverts de paille ordinaire ou de cannes à sucre sèches, on place autant de terrines remplies d'eau qu'ils peuvent en contenir. La glace se produit abondamment quand l'air est calme et le ciel serein ; les nuages et le vent empêchent sa formation. M. Williams a reconnu par l'expérience que la température de l'air ambiant est presque toujours de plusieurs degrés au dessus de zéro, et une fois le thermomètre, placé sur la paille à côté des terrines, ne descendit pas au dessous de 5",6, tandis que la glace se formait rapidement et prenait beaucoup d'épaisseur.

On a élevé dans la plaine de Saint-Ouen, auprès de Paris, une fabrique de glace qui repose sur les mêmes principes. Il suffit que la température de l'air descende à 2 ou 3° au dessus de zéro pour que l'on obtienne des lames de glace assez épaisses.

DES BROUILLARDS ET DES NUAGES.

665. Les brouillards se forment dans l'air humide quand la force élastique de la vapeur est plus grande que la force élastique *maximum* correspondante à la température de l'air. La fumée qui s'élève au dessus d'un vase rempli d'eau chaude est un véritable brouillard ; l'air étant, par exemple, à 20°, et l'eau à 60°, la vapeur se forme avec une force élastique de 144 millimètres, qui est celle qui correspond à 60° ; mais comme elle ne peut pas exister avec cette force élastique à une température de 20°, il il faut bien qu'elle se condense en partie jusqu'à ce que sa force élastique soit réduite à 17 millimètres, qui est celle qui correspond à 20° de température. Le brouillard sera donc d'autant plus intense que la température de l'eau sera plus élevée au dessus de la température de l'air, et que l'air sera lui-même plus humide, puisque, s'il était saturé, il faudrait que toute la vapeur nouvelle se condensât à mesure qu'elle arrive.

Les brouillards qui se forment sur la mer, les lacs, les fleuves et les rivières ont précisément la même origine :

plusieurs observateurs se sont assurés, par des experiences directes, qu'au moment de la formation des brouillards la température de l'air est toujours moindre que la température de l'eau. Cependant cette condition, qui est toujours nécessaire, n'est pas toujours suffisante : quand l'air est sec et fort agité, il emporte la vapeur et la disperse à l'instant où elle se forme, sans qu'il en résulte une condensation sensible ; mais quand l'air est calme et déjà humide, la vapeur s'élève lentement, et se condense presque en totalité ; c'est précisément ce qui arrive auprès de toutes les sources pendant l'hiver.

On observe assez souvent des brouillards dans des circonstances qui semblent tout-à-fait différentes. Par exemple, au moment du dégel, quand la température de l'air est très-sensiblement plus haute que la température de l'eau, on voit encore des brouillards très-intenses se former sur les rivières, même quand elles sont encore couvertes de glaces ; mais les apparences seules sont changées : le principe est le même. En effet, dans ce cas l'air chaud est saturé d'humidité, et lorsqu'il vient se mêler à l'air qui a été refroidi par le contact de la glace ou par le contact des autres corps froids, sa vapeur se condense.

C'est la même cause encore qui produit les brouillards sur les rivières pendant l'été, après les pluies d'orage. L'air est plus chaud que la surface de l'eau, mais il est saturé d'humidité, et dès qu'il approche des lieux où la fraîcheur de la rivière se fait sentir, il faut bien que sa vapeur se condense, puisqu'elle se refroidit.

En général, le mélange de deux airs saturés d'humidité et inégalement chauds produit essentiellement du brouillard, parce que la moyenne température qui en résulte est trop basse pour contenir la moyenne force élastique de la vapeur. Par exemple, de l'air saturé d'humidité à 5° se mêle à de l'air saturé d'humidité à 15°. La température moyenne sera 10° ; mais la force élastique qui correspond à 5° est 7 millimètres, celle qui correspond à 15° est 13 millimètres ; la force élastique moyenne est 10 millimètres, qui ne peut exister dans de l'air à 10°, puisque le maximum de force élastique correspondant à cette température est seulement de 9 millimètres.

666. Les *nuages* ne sont autre chose que des amas de brouillards plus ou moins épais, suspendus à diverses hauteurs dans l'atmosphère, quelquefois immobiles, et le plus souvent emportés par des courans d'air ou par des vents impétueux. Tous les brouillards qui se forment à la surface de la terre, dans les lieux humides, au fond des vallées, sur les collines, autour des pics élevés ou des cimes neigeuses, deviennent des nuages lorsqu'ils sont entraînés par les vents sans être dispersés. Mais les nuages peuvent avoir aussi une autre origine : ils peuvent se former directement au milieu des airs, soit par la rencontre de deux vents humides inégalement chauds, soit par la condensation des vapeurs, lorsqu'elles s'élèvent en abondance dans des régions qui sont trop froides pour les contenir à l'état élastique.

On admet, en général, que les vapeurs qui constituent les nuages sont des *vapeurs vésiculaires*, c'est-à-dire, des amas de petits globules remplis d'air humide, tout-à-fait analogues aux bulles de savon. Ces globules se distinguent très-bien à l'œil nu, dans les brouillards qui s'élèvent sur l'eau chaude, et particulièrement sur la surface d'une dissolution noire comme le café. Leur densité est essentiellement plus grande que celle de l'air, à cause de la pellicule liquide qui forme leur enveloppe, et il est assez difficile d'expliquer comment ils peuvent, malgré cet excès de densité, rester suspendus au milieu des airs. M. Gay-Lussac pense que les courans d'air chaud qui s'élèvent incessamment de la terre pendant le jour ont une grande influence pour déterminer l'ascension et maintenir la suspension des nuages. M. Fresnel supposait que la chaleur

solaire, absorbée dans le sein des nuages, en forme des espèces de montgolfières qui s'élèvent à des hauteurs d'autant plus grandes que l'excès de température est plus considérable. Ces deux causes sont sans doute très-efficaces,
mais nous avons jusqu'à présent trop peu de données
sur la véritable constitution des nuages et sur les propriétés des vapeurs ou des élémens divers qui les composent
pour tenter une explication complète de ce phénomène.
Nous ne pourrions, à plus forte raison, présenter que des
conjectures plus ou moins hasardées sur les causes qui
déterminent la forme des nuages, leur étendue, leur élévation, leur couleur et toutes leurs apparences si variées,
dont les météorologistes doivent faire une étude toute
particulière.

DE LA PLUIE, DE LA NEIGE, DU GRÉSIL ET DU VERGLAS.

667. La quantité de pluie qui tombe annuellement sur
un même point de la terre est un élément météorologique
dont la détermination est très-importante. Les instrumens
qui servent à cet usage sont appelés *udomètres* ; quelques
observateurs les nomment *pluvimètres*. La figure 360
représente l'udomètre ordinaire : c'est un cylindre en
cuivre de 6 ou 8 pouces de diamètre ; il se compose d'un
récipient $c\,c'$ et d'un réservoir $s\,s'$. Le récipient porte un
fond conique percé d'une ouverture n ; il s'ajuste à mouvement de baïonnette sur le réservoir $s\,s'$. Au fond de celui-ci s'ouvre un tube coudé $\tau\,\tau'$ qui se relève le long de
la paroi extérieure ; là il reçoit un tube de verre $v\,v'$, qui
est divisé en parties égales et qui sert à indiquer la hauteur
du liquide intérieur. On mesure exactement la surface du
récipient $c\,c'$; on jauge le réservoir $s\,s'$ pour connaître la
quantité de liquide qui correspond aux diverses divisions
du tube $v\,v'$, et il est facile ensuite d'en déduire la *quan-*

lité de pluie, c'est-à-dire, l'*épaisseur de la couche* qu'elle aurait formée dans un vase à fond plat et horizontal.

L'udomètre de l'Observatoire de Paris est représenté dans la figure 360 *bis*. Le récipient est en c c', le réservoir en ss', l'eau tombe du récipient dans le réservoir au moyen du tube T ; un peu au dessous du réservoir est une cuvette cylindrique, jaugée avec soin, et portant sur sa paroi intérieure des divisions qui indiquent en centimètres la hauteur du liquide. Le récipient a 76 centimètres de diamètre et la cuvette 24 centimètres, de telle sorte que sa surface est la dixième partie de celle du récipient. On emploie aussi de petits vases gradués pour mesurer les petites fractions. Cet appareil est exposé au milieu de la cour de l'Observatoire ; il est porté sur une petite charpente en chêne, formant une espèce d'armoire, dans laquelle sont enfermés le réservoir, la cuvette et les vases gradués.

Un appareil semblable est disposé au dessus de la terrasse de l'Observatoire ; son récipient est à 28 mètres au-dessus du récipient de la cour ; il est comme celui-ci parfaitement libre et découvert.

Voici le résultat des observations qui ont été faites depuis 1817, au moyen de ces deux instrumens.

Tableau des quantités de pluie qui ont été recueillies à l'Obser-
vatoire de Paris depuis 1817.

Années.	Dans la cour.	Sur la terrasse.
1817	57 centimètres.	51 centimètres.
1818	52	43
1819	69	62
1820	43	38
1821	65	58
1822	48	42
1823	52	46
1824	65	57
1825	52	47
1826	47	41
1827	58	50
1828	63	59
1829	59	56
Moyenne.	56	50

Ainsi, pour ces treize années, la quantité moyenne de pluie qui tombe annuellement à Paris dans la cour de l'Observatoire est de 56 centimètres, tandis que la quantité moyenne qui tombe sur la terrasse est seulement de 5o centimètres.

Cette différence n'est pas l'effet du hasard, puisqu'elle a lieu chaque année dans le même sens et presque avec la même valeur. Il en résulte ce fait très remarquable, qu'à Paris, la quantité de pluie qui tombe à 28 mètres de hauteur n'est que les $\frac{5}{6}$ à peu près de celle qui tombe sur le sol.

On présume que ce phénomène dépend en grande partie de la condensation que les gouttes de pluie froide determinent dans la vapeur en traversant les couches inférieures de l'atmosphère, et peut-être aussi des brouillards, qui sont toujours plus denses à la surface du sol, et qui déposent une quantité d'eau notable.

Tableau des quantités moyennes de pluie qui ont été recueillies
en différens points du globe.

Cap—Français (Saint-Domingue). .	3o8 centimètres.
La Grenade (Antilles).	284
Tivoli (Saint-Domingue).	273
Carfagnana.	249
Bombay.	2o8
Calcutta.	2o5
Kendal.	156
Gênes.	14o
Charlestown.	13o
Joyeuse.	129
Pise.	124
Milan.	96
Naples.	95
Douvres.	95
Viviers.	92
Lyon.	89
Liverpool.	86
Manchester.	84
Venise.	81
Lille.	76
Utrecht.	73
La Rochelle.	66
Paris.	56
Marseille.	47
Pétersbourg.	46

Les observateurs ne doivent pas seulement s'appliquer
à déterminer les quantités moyennes de pluies, mais encore à constater les moyennes mensuelles parce qu'elles
ont une influence plus directe sur les récoltes.

Les pluies très-abondantes ne méritent pas moins d'attention: c'est dans les circonstances qui les accompagnent
que l'on peut chercher les véritables causes de la forma-

tion de la pluie, et peut-être aussi les principes de la constitution des nuages.

Nous citerons ici quelques faits remarquables sur ce sujet:

A Bombay, il est tombé en un seul jour (le 24 juillet 1819) 6 pouces d'eau ou 16 centimètres. C'est presque le tiers de ce qui tombe à Paris dans le cours d'une année.

A Cayenne, le contre-amiral Roussin a vu tomber le 14 février, en dix heures de temps, plus de 10 pouces d'eau, ou 28 centimètres ; c'est précisément la moitié de ce qui tombe à Paris pendant toute l'année.

A Gênes, par une averse qui était, à ce qu'il paraît, occasionée par une trombe, il est tombé, le 25 octobre 1822, jusqu'à 30 pouces d'eau ou 82 centimètres. C'est l'un des résultats les plus étonnans que l'on puisse citer en ce genre.

668. On ne sait que très-peu de chose sur la formation de la neige ; on ne sait pas si les nuages qui la produisent sont composés de vapeurs vésiculaires ou de parcelles déjà glacées ; on ne sait pas si les flocons se forment directement, ou s'ils prennent leur accroissement en traversant les couches inférieures de l'air ; on n'a pas observé leur température, ni les circonstances qui déterminent leur forme et leur volume.

Les seules observations un peu complètes que l'on possède sur la neige, sont relatives aux diverses formes que peuvent affecter les flocons. Le capitaine Scoresby a eu l'occasion de faire, dans les régions polaires, une foule de recherches intéressantes sur ce sujet ; son ouvrage contient une centaine de figures diverses, parmi lesquelles nous avons choisi celles qui paraissent les plus remarquables, elles sont représentées dans la planche 15, figures 590 à 405.

Kepler et beaucoup d'autres physiciens avaient déjà recueilli des observations analogues.

Le *grésil*, que nous avons occasion d'observer dans nos

climats, presque toutes les années, dans les mois de mars et d'avril, a sans doute une origine analogue à celle de la neige. C'est aussi de l'eau congelée, ou plutôt de petites aiguilles de glace pressées et entrelacées, formant une espèce de pelotte assez compacte, et quelquefois enveloppée d'une couche de véritable glace transparente. On ne sait rien jusqu'à présent sur les causes qui déterminent ce phénomène.

Le verglas est une couche de glace unie, mince et transparente, qui couvre la terre et quelquefois les plantes, les arbres et tous les objets répandus sur le sol. Sa cause est connue; la condition nécessaire à sa production est que l'air soit assez chaud pour donner naissance à de la pluie, et que le sol soit assez froid pour congeler cette pluie à mesure qu'elle tombe. Ainsi le verglas n'est que de la pluie qui se congèle en touchant le sol.

NEIGE ROUGE.

669. *Neige rouge des Alpes, des régions polaires et de la Nouvelle-Shetland du Sud.* Les anciens avaient remarqué que la neige prend quelquefois une teinte rouge, car on trouve dans les œuvres de Pline (liv. ıx, chap. xxxv) un passage dans lequel il est dit que la neige devient rouge en vieillissant : *Ipsa nix vetustate rubescit.* Le fait est à la fois énoncé et expliqué; c'était l'usage des anciens, et, par un hasard assez extraordinaire, il se trouve quelque chose de juste dans cette singulière explication.

Plusieurs observateurs modernes se sont occupés de ce curieux phénomène. De Saussure avait vu de la neige rouge en 1760, sur le Brévern, et en 1778 sur le Saint-Bernard (*Voyage dans les Alpes*). Après en avoir décrit le gisement et toutes les apparences, il suppose que cette coloration de la neige est produite par des poussières végétales. Ramond a trouvé pareillement de la neige rouge dans les Pyrénées. Le capitaine Ross en a trouvé sur les

côtes de la baie Baffin ; les capitaines Parry, Franklin et
Scoresby ont pu en recueillir à des latitudes boréales
beaucoup plus élevées, et enfin des navigateurs en ont
trouvé abondamment dans la Nouvelle-Schetland du Sud,
à 70° de latitude australe.

Les généreux solitaires de l'hospice du Saint-Bernard,
qui se livrent avec un zèle si louable aux observations météorologiques aussi bien qu'aux devoirs pénibles de la charité, ont aussi l'occasion de voir habituellement des neiges
rouges et d'en recueillir pour les soumettre à l'expérience.
C'est par leurs soins que M. de Candolle a pu faire, à Genève, une comparaison directe entre la substance colorante des neiges polaires et des neiges du Saint-Bernard.

Dans les Alpes, la neige rouge se trouve répandue çà
et là, et particulièrement dans les lieux bas ou dans les
petits enfoncemens abrités ; elle ne pénètre pas à plus
de deux ou trois pouces de profondeur, ou pour mieux
dire, les zônes quelquefois profondément ensevelies dans
lesquels on la trouve, n'ont en général que 2 ou 3 pouces
d'épaisseur.

Sur les côtes de la baie de Baffin, le capitaine Ross a
recueilli de la neige rouge sur une vaste colline de 2 ou 3
lieues d'étendue ; le sommet de cette colline était dépouillé
de neige et pouvait avoir environ 200 mètres de hauteur.
Quelques-uns des savans de l'expédition paraissent supposer que la neige rouge se trouvait à 10 ou 12 pieds de
profondeur au-dessous de la surface ; d'autres disent qu'elle
n'avait que quelques pouces d'épaisseur. Cette étrange
discordance laisse quelque incertitude sur un point qui
n'est pas cependant sans intérêt.

Pour analyser ces neiges extraordinaires, on les re-
cueille dans des flacons, et l'on conserve l'eau de fusion
à l'abri du contact de l'air, la substance qui la colore n'é-
prouve pas d'altération sensible avec le temps, car l'eau,
qui est limpide lorsqu'elle est bien reposée, devient rouge

comme la neige toutes les fois qu'on l'agite pour y mêler
le dépôt. C'est au moyen de cette propriété qu'il a été permis de comparer directement les neiges rouges des différentes contrées.

MM. Wollaston, R. Brown, de Candolle, Thénard,
Peschier et Francis Baüer ont soumis à diverses épreuves
cette substance colorante pour en déterminer la nature.
Wollaston a reconnu le premier qu'elle est composée de
petits globules sphériques, dont les diamètres assez variables sont compris entre 1 et 2 centièmes de millimètres;
ces globules ont une enveloppe transparente et se trouvent divisés à l'intérieur en 7 ou 8 cellules remplies d'une
espèce d'huile rouge insoluble dans l'eau. MM. R. Brown
et de Candolle, après avoir vérifié l'existence de ces globules, ont supposé qu'ils étaient de petites plantes appartenant à la famille des algues. MM. Thénard et Peschier
ont aussi reconnu, par l'analyse chimique, que le dépôt
des eaux de neige rouge est de nature végétale.

Enfin, M. Francis Baüer a publié sur ce sujet plusieurs
mémoires qui semblent résoudre la question d'une manière
complète. Ses premières observations sont aussi anciennes
que celles de Wollaston, dont il n'avait pas eu connaissance.
M. Baüer a reconnu aussi l'existence des globules sphériques et leur séparation en plusieurs compartimens; il a
démontré qu'ils sont tout-à-fait les mêmes dans les neiges
de la Nouvelle-Shetland et dans celles de la baie de Baffin;
et il a constaté que ces globules sont de *petits champignons* du genre *uredo*, formant une espèce particulière
qu'il appelle *uredo nivalis*, parce que leur *sol naturel* est
la neige. M. Baüer a été conduit à cette dernière conséquence par une expérience ingénieuse : ayant exposé à l'air
de la matière colorante des neiges, suspendue dans l'eau
de fusion, il s'aperçut d'abord que les globules microsco-
piques *se multipliaient* visiblement; mais les individus
nouveau-nés restaient transparens; il y avait donc dans

l'eau une végétation, mais une végétation incomplète, qui n'arrivait pas à maturité. En substituant de la neige à l'eau, pendant les mois d'hiver, on vit cette végétation se développer avec plus de succès : car le nombre des globules rouges fut à peu près doublé en assez peu de temps, malgré de fréquentes interruptions de froid et de neige.

Ces résultats semblent décisifs, et ils sont à la fois si curieux et si faciles à vérifier, que les observateurs qui sont en position de le faire n'en laisseront pas sans doute échapper l'occasion.

670. *Neiges des glaces flottantes.* Les navigateurs qui ont visité les régions polaires ont observé souvent des neiges rouges sur les glaces flottantes. On aurait pu présumer que cette coloration avait la même origine que celle des neiges continentales ; mais le capitaine Scoresby ayant observé au microscope quelques sédimens de ces neiges flottantes, croit avoir remarqué des mouvemens sensibles et même assez rapides dans les petits corpuscules qui forment la matière colorante. Il y aurait ainsi deux espèces de neige rouge et deux espèces de corps organisés capables de prospérer dans ce sol ingrat, qui semble si peu fait pour la vie organique. Cependant, malgré toute la confiance que doit inspirer le nom de M. Scoresby, ses animacules, tels qu'il les a décrits, ont de si grandes analogies avec les globules de l'*uredo nivalis*, qu'il me semblerait nécessaire de vérifier ces résultats avant de les adopter comme décisifs.

Chutes de poussières et de substances molles, sèches ou humides.

671. Nous rapporterons sous ce titre toutes les indications qui ont été recueillies sur les pluies extraordinaires appelées *pluies de sang*, *pluies de cendres*, *pluies de manne*, etc., et sur les diverses substances météoriques, molles ou pulvérulentes, qui tombent de l'atmosphère.

Pour donner une idée des circonstances qui accompagnent quelquefois ces météores, nous choisirons comme exemple la pluie rouge qui est tombée le 14 mars 1813 dans le royaume de Naples et dans les deux Calabres. M. Sementini a rendu compte de ce phénomène de la manière suivante.

« Le 14 de mars 1813, par un vent d'est qui soufflait depuis deux jours, les habitans de Gérace aperçurent une nuée dense s'avancer de la mer sur le continent. A deux heures après midi, le vent se calma : mais la nuée couvrait déjà les montagnes voisines et commençait à intercepter la lumière du soleil; sa couleur, d'abord d'un rouge pâle, devint ensuite d'un rouge de feu. La ville fut alors plongée dans des ténèbres si épaisses que vers les quatre heures on fut obligé d'allumer des chandelles dans l'intérieur des maisons. Le peuple, effrayé et par l'obscurité et par la couleur de la nuée, courut en foule dans la cathédrale faire des prières publiques. L'obscurité alla toujours en augmentant, et tout le ciel parut de la couleur du fer rouge : le tonnerre commença à gronder, et la mer, quoique éloignée de six milles de la ville, augmentait l'épouvante par ses mugissemens. Alors commencèrent à tomber de grosses gouttes de pluie rougeâtres que quelques-uns regardaient comme des gouttes de sang, et d'autres comme des gouttes de feu. Enfin, aux approches de la nuit, l'air commença à s'éclaircir, la foudre et le tonnerre cessèrent, et le peuple rentra dans sa tranquillité ordinaire.

« Sans commotion populaire et avec quelques différences en plus ou en moins, le même phénomène d'une pluie de poussière rouge eut lieu non-seulement dans les deux Calabres, mais encore dans l'extrémité opposée des Abruzzes.

»Cette poussière a une couleur d'un jaune de cannelle et une saveur terreuse peu marquée; elle est onctueuse au

toucher, tant est grande sa ténuité, quoiqu'on y découvre
à la loupe de petits corps durs ressemblant au pyroxène,
mais qui sont étrangers à la poussière, et qui s'y sont accidentellement mêlés lorsqu'on l'a recueillie sur le terrain.
La chaleur la brunit, puis la rend tout-à-fait noire, et
enfin la rougit si elle devient plus intense. Après l'action
de la chaleur, elle laisse apercevoir, même à l'œil nu, une
multitude de petites lames brillantes qui sont du mica
jaune : elle ne fait plus alors effervescence avec les acides,
et a perdu environ un dixième de son poids. Sa pesanteur
spécifique, lorsqu'elle a été privée de corps durs, est de
2,07 ; elle est composée de :

> Silice 33,0
> Alumine 15,5
> Chaux 11,5
> Chrôme. 1,0
> Fer 14,5
> Acide carbonique. . . 9,0
> ________
> 84,5

» La perte est due à une substance résineuse de couleur
jaunâtre, que l'on obtient en traitant la poudre par l'alcohol et en faisant évaporer à siccité : le poids du résidu
correspondait à très-peu près à la perte éprouvée dans l'a-
nalyse. Cette matière résineuse donne à la poudre la propriété de déflagrer avec le nitre. (*Giorn. di Fisica*, etc.,
decade seconda. I. 28.) »

M. Chlani a dressé un tableau complet de tous les météores de cette espèce qui ont été observés en divers lieux ;
nous le rapporterons ici tel qu'il a été publié dans l'*Annuaire du bureau des longitudes* pour 1826.

« L'an 472 de notre ère (suivant la chronologie de Cal-
visius, Playfair, etc.), le 5 ou 6 novembre. Grande chute

de poussière noire (probablement aux environs de Constantinople); le ciel semblait brûler. *Procope* et *Marcellin* l'ont attribué au Vésuve. *Menæa, Molog. Græc., Zonaras, Cedrenus, Theophanes.*

652. A Constantinople. Pluie de poussière rouge. *Theophanes, Cedrenus, Mathieu Erithr.*

743. Un météore et poussière dans différens endroits. *Theophanes.*

.... Au milieu du neuvième siècle. Poussière rouge et matière semblable au sang coagulé. *Continuat. du Georg. Monachus, Kazwini, El-Mazen.*

869. Pluie rouge pendant trois jours, aux environs de Brixen. *Hadrianus Barlandus.* (Peut-être ce phénomène est-il le même que le précédent.)

929. A Bagdad, rougeur du ciel, et chute de sable rouge. *Quatremère.*

1056. En Arménie, neige rouge. *Matth. Eretz.*

1110. En Arménie, dans la province de Vaspouragan, en hiver, durant une nuit obscure, chute d'un corps enflammé dans le lac de Van. L'eau devint de couleur de sang, et la terre était fendue dans différens endroits. *Matth. Eretz.* (*Notices et extraits de la Bibl.*, T. IX.)

1222 ou 1219. Pluie rouge aux environs de Viterbo. *Biblioth. Italiana*, T. XIX.

1416. Pluie rouge en Bohême. *Spangenberg.*

?.... Dans le même siècle, à Lucerne, chute d'une pierre et d'une masse semblable à du sang coagulé, avec apparition d'un dragon igné (ou météore de feu). *Cysat.*

1501. Pluie de sang dans différens endroits, suivant quelques chroniques.

1543. Pluie rouge en Westphalie. *Suni Commentarii.*

1548, 6 novembre (probablement en Thuringe). Chute d'un globe de feu, avec beaucoup de bruit : on trouva ensuite sur le sol une substance rougeâtre, semblable au sang coagulé. *Spangenberg.*

1557. En Poméranie. Grandes plaques d'une substance semblable au sang coagulé. *Mart. Zeiler*, T. II, epist. 386.

1560. Jour de la Pentecôte; pluie rouge à Emden et à Louvain, etc. *Fromond.*

1560, 24 décembre. A Lillebonne, météore de feu et pluie rouge. *Natalis Comes.*

? 1582, 5 juillet. A Rockhausen, non loin d'Erfort, chute d'une grande quantité d'une substance fibreuse, semblable à des crins humains, à la suite d'une tempête horrible, analogue à celles qu'amènent les tremblemens de terre. *Michel Bapst.*

1586, 3 décembre. A Verde (en Hanovre), chute de beaucoup de matière rouge et noirâtre, avec éclairs et tonnerre (météore de feu et détonation). Cette matière brûlait les planches sur lesquelles elle tombait. *Manuscrit de Salomon*, sénateur à Brême.

1591. A Orléans, à la Madeleine, pluie de sang. *Lemaire* (Ln.).

1618, en août. Chute de pierres, météore de feu et pluie de sang, en Stirie. *De Hammer.*

1623, 12 août, à Strasbourg. Pluie rouge. *Elias Habrecht*, dans un mémoire imprimé à Strasbourg, en 1623.

1637, 6 décembre. Chute de beaucoup de poussière noire dans le golfe de Volo et en Syrie. *Phil. Transact.*, T. I, pag. 377.

1638. Pluie rouge à Tournay.

1643, en janvier. Pluie de sang à Vachingen et à Weinsberg, suivant une *chronique manuscrite de la ville de Heilbroun.*

1645, 23 ou 24 janvier. A Bois-le-Duc.

1640, 6 octobre. Pluie rouge à Bruxelles. *Kronland* et *Wendelinus.*

1652, en mai. Masse visqueuse, à la suite d'un météore

lumineux, entre Sienne et Rome. *Miscell. Acad. nat. curios*, ann. 9, 1690.

? 1665, 23 mars, près Laucha, non loin de Naumburg, il tomba une substance fibreuse, comme de la soie bleue, en grande quantité. *Joh. Prætorius.*

1678, 19 mars. Neige rouge, près de Gênes. *Philos. Trans.*, 1678.

1686, 31 janvier, près de Rauden, en Courlande, et en même temps en Norwége et en Poméranie. Une grande quantité d'une substance membraneuse, friable et noirâtre, semblable à du papier demi-brûlé. *Miscell. Ac. nat. cur.*, ann. 7, *pro ann.* 1688, *in Append.* (M. le baron Théodore de Grotthus a analysé une portion de cette substance, qui avait été conservée dans un cabinet d'histoire naturelle, et y a trouvé de la silice, du fer, de la chaux, du carbone, de la magnésie, une trace de chrôme et de soufre, mais point de nickel.)

1689. Poussière rouge à Venise, etc. *Valisnieri.*

1711, 5 et 6 mai. Pluie à Orsion, en Suède. *Act. Lit. Sueciæ*, 1731.

1718, 24 mars. Chute d'un globe de feu dans l'île de Lethy, aux Indes. On a trouvé ensuite une matière gélatineuse. *Barchewitz.*

1719. Chute de sable dans la mer Atlantique (*lat. sept.* 45°, *longit.* 322° 45′), accompagnée d'un météore lumineux. *Mém. de l'Acad. des Sciences*, 1719, Hist., p. 23. (Il aurait fallu examiner ce sable avec plus d'attention.)

1721, vers le milieu de mars, Stuttgard. Météore et pluie rouge en grande quantité, d'après une notice écrite le 21 mars par un conseiller. *Vischer.*

1737, 21 mai. Chute de terre attirable à l'aimant, sur la mer Adriatique, entre Monopoli et Lissa. *Zanichelli*, dans les *Opusculi di Calogera*, T. XVI.

1744. Pluie rouge à Saint-Pierre-d'Arena, près de Gênes. *Richard.*

1755, 20 octobre, sur l'île de Getland, l'une des Orcades. Poussière noire qui n'était pas venue de l'Hécla. *Philosoph. Transact.*, vol. L.

1755, 13 novembre. Rougeur du ciel et pluie rouge dans différens pays. *Nov. act. nat. cur.*, T. II.

1763, 9 octobre. Pluie rouge à Clèves, à Utrecht, etc. *Mercurio historico y politico de Madrid*, octobre 1764.

1765, 14 novembre. Pluie rouge en Picardie. *Richard*.

1781, en Sicile. Poussière blanche qui n'était pas volcanique. *Gioeni*, *Phil. trans.*, T. LXXII.

1792, 27, 28 et 29 août sans interruption. Pluie d'une substance semblable à de la cendre dans la ville de la Paz, au Pérou. Ce phénomène ne pouvait pas être attribué à un volcan. On avait entendu des explosions, et vu le ciel tout éclairé. La poussière occasiona de grands maux de tête, et donna la fièvre à plusieurs personnes. *Mercurio Peruano*, T. VI, 1792.

1796, 8 mars. On a trouvé en Lusace, après la chute d'un globe de feu, une matière visqueuse. *Ann. de Gilbert*, T. LV.

1803, 5 et 6 mars, en Italie. Chute de poussière rouge, sèche dans quelques lieux et humide dans d'autres. *Opuscoli scelti*, T. XXII.

1811, en juillet, près de Heidelberg. Chute d'une substance gélatineuse à la suite de l'explosion d'un météore lumineux. *Ann. de Gilbert*, T. LXVI.

1813, 13 et 14 mars, en Calabre, Toscane et Frioul. Grande chute de poussière rouge et de neige rouge, avec beaucoup de bruit. Il tomba en même temps des pierres à Cutro, en Calabre. *Bibl. Brit.*, octobre 1813 et avril 1814.

(Sementini a trouvé dans la poussière : silice, 33 ; alumine, 15 1/2 ; chaux, 11 1/4 ; fer, 14 1/2 ; chrôme, 1 ;

carbone, 9. La perte était 15. Il paraît que Sementini n'a pas cherché la magnésie et le nickel.)

1814, 3 et 4 juillet. Grande chute de poussière noire au Canada, avec apparition de feu. L'événement était semblable à celui de 472. *Philos. Mag.*, vol. XLIV.

1814. La nuit du 27 au 28 octobre, dans la vallée d'Onéglia, près de Gênes, pluie rouge. *Giornale di Fisica*, T. I, p. 52.

1814, 5 novembre. On a trouvé dans le Doab, aux Indes, que chaque pierre tombée était dans un petit amas de poussière. *Phil. Mag.*

1815, vers la fin de septembre. La mer, au sud des Indes, était couverte de poussière sur une très-grande étendue, probablement à la suite d'une pareille chute. *Phil. Mag.*, juillet 1816.

1816, 15 avril. Neige rouge dans différens endroits de la partie septentrionale de l'Italie. *Giornale di Fisica*, etc., T. I, 1818, p. 473.

1819, 13 août, à Amherst, en Massachusets. A la suite d'un météore lumineux, il tomba une masse gélatineuse et puante. *Silliman Journal*, II, 335.

1819, 5 septembre, à Studein, en Moravie, dans la juridiction de Teltsch, entre onze heures et midi, le ciel étant serein et tranquille, pluie de petits morceaux de terre provenant d'un petit nuage isolé et très-clair. *Hesperus*, novembre 1819; et *Ann. de Gilb.*, T. LXVIII.

1819, 5 novembre. Pluie rouge en Flandre et en Hollande. *Ann. générales des sciences physiques.* (On a trouvé dans cette pluie du cobalt et de l'acide muriatique.)

1819, en novembre, à Montréal et dans la partie septentrionale des Etats-Unis. Pluie et neige noires, accompagnées d'un obscurcissement du ciel extraordinaire, de secousses comme durant un tremblement de terre, de détonations semblables à des explosions d'artillerie, et d'apparitions ignées, qu'on a prises pour des éclairs très-forts. *Ann. de chimie*, T. XV. Quelques personnes ont attribué le phénomène à l'incendie d'une forêt; mais le bruit, les secousses, etc., montrent que c'était un véritable météore, comme ceux de 472, de 1637, de 1762 et de 1814 (au Canada). Il paraît que les pierres noires et friables tombées à Alais, en 1806, étaient à peu près la même substance dans un état de coagulation plus avancé.

1821, 3 mai, à neuf heures du matin. Pluie rouge dans les environs de Giessen. M. le professeur *Zimmermann* ayant analysé le sédiment brun rougeâtre que cette pluie laissait, y a trouvé du chrôme, de l'oxide de fer, de la silice, de la chaux, du carbone, une trace de magnésie et des parties volatiles, mais point de nickel.

1824, 13 août. Ville de Mendoza, dans la république de Buenos-Ayres. Poussière qui tombait d'un nuage noir. A une distance de 40 lieues, le même nuage se déchargea encore une fois. *Gazette de Buenos-Ayres*, du 1ᵉʳ novembre 1824. »

M. Chladni paraît supposer que la plupart des météores contenus dans le tableau précédent ont la même origine que les aérolithes; mais d'autres physiciens présument que la puissance du vent est bien suffisante pour balayer à la surface de la terre de grands amas de substances diverses, et pour les emporter à de grandes hauteurs dans l'atmosphère. Nous citerons encore un fait assez récent qui vient à l'appui de cette dernière opinion.

En Perse, dans la province de Romoé, non loin du mont Ararath, il est tombé, au mois d'avril 1827, une *pluie de graines* qui a, dans quelques endroits, couvert la terre d'une couche de six pouces d'épaisseur. Les moutons en ont mangé, et ensuite les hommes en ont pris et en ont fait un pain très-passable. M. le comte de Soklen ayant reçu des échantillons de cette graine, et M. de La Ferronnays, notre ambassadeur en Russie, en ayant envoyé à Paris, MM. Desfontaines et Thénard ont pu l'observer et la soumettre à diverses expériences. M. Desfontaines l'a immédiatement reconnue pour un *lichen* appartenant probablement au genre *lecidea*, et l'analyse chimique a aussi constaté son identité avec les *lichens*.

AÉROLITHES.

672. Les *aérolithes* ou *météorites* sont des pierres qui tombent du ciel. Leur origine est encore un mystère. Les uns prétendent que les aérolithes sont lancés par les volcans de la lune jusque dans la sphère d'attraction de la terre; d'autres imaginent qu'ils existent tout formés dans les espaces célestes, qu'ils se meuvent avec une grande vitesse en vertu des actions planétaires, et qu'ils tombent sur notre globe quand son action sur eux devient prédominante; enfin, il y en a qui regardent les aérolithes comme des fragmens de roche que nos volcans ont lancés à une grande hauteur, et qui retombent ensuite après avoir décrit plusieurs révolutions autour de la terre. Si l'origine des aérolithes reste enveloppée de tant d'incertitudes, il est vrai de dire au moins que leur existence est parfaitement constatée en Europe depuis le commencement de notre siècle. Nous emprunterons encore à M. Chladni le catalogue chronologique des aérolithes qui sont tombés en différens lieux; mais nous supprimerons toutes les observations plus ou moins incertaines qui précèdent l'année 1800.

« 1801. Sur l'île des Tonnelliers. *Bory de Saint-Vincent.*

1802, en septembre. Pierres en Écosse. *Monthly Magazine,* octobre 1802.

1803, 26 avril. Pierres aux environs de L'Aigle.

1803, 4 juillet. A East-Norton. *Phil. Mag.* et *Bibl. Brit.*

1803, 8 octobre. Une pierre près d'Apt.

1803, 13 décembre. Près Eggenfelde. *Imhof.*

1804, 5 avril. Près Glasgow. *Ph. Mag.* et *Bib. Brit.*

De 1804 à 1807. A Dordrecht. *Van Beck-Calhoen.*

1805, 25 mars. Pierres à Doroninsk, en Sibérie. *Annales de Gilbert*, T. XXIX et XXXI.

1805, en juin. Pierres à Constantinople. *Kougas-Ingigian.*

1806, 13 mars. A Alais.

1806, 17 mai. Pierre en Hantshire. *Monthly Mag.*

1807, 13 mars. Près Timochin, en Russie. *Annales de Gilbert.*

1807, 14 décembre. Pierres près de Weston, en Connecticut.

1808, 19 avril. A Borgo San-Donino. *Guidotti et Sgagnoni.*

1808, 22 mai. Près Stannern, en Moravie.

1808, 3 septembre. A Lissa, en Bohème. *De Schreibers.*

1809, 17 juin. En mer, près de l'Amérique septentrionale. *Medical. Reposit. et Bibl. Brit.*

1810, 30 janvier. Dans Caswel, en Amérique. *Phil. Mag.* et *Medical. Reposit.*

1810, en juillet. Une grande pierre à Shabad, dans l'Inde. Le météore a causé de grands dégàts. *Phil. Mag.*, T. XXXVII.

1810, en août. Une pierre dans le comté de Tipperary, en Irlande. William Higgins en a publié l'analyse.

1810, 23 novembre. Pierres à Charsonville, près d'Orléans.

1811, 12-13 mars. Une pierre dans la province de Poltawa, en Russie. *Annales de Gilbert*, T. XXXVIII.

1811, 8 juillet. Pierres à Berlanguillas.

1812, 10 avril. Près Toulouse.

1812, 15 avril. Une pierre à Erxleben. *Annales de Gilbert*, T. XL et XLI.

1812, 5 août. A Chantonay. *Brochant.*

1813, 14 mars. Pierres à Cutro, en Calabre, pendant la chute d'une grande quantité de poussière rouge. *Bibl. Britan.*, octobre 1813.

1813, en été. Beaucoup de pierres près Malpas, non loin de Chester. *Thomson, Ann. of Philosophy,* novembre 1813. (La relation ne me paraît pas digne d'une entière confiance, parce qu'elle est anonyme, et surtout parce qu'il n'y a pas eu d'autres notices de cet événement.)

1813, 10 septembre. Pierres près Limerik, en Irlande. *Phil. Mag.* et *Gentlem. Mag.*

1813, 13 décembre, d'après Nordenskiold (*Annales de chimie*, T. XXV, p. 78), ou :

1814, en mars, d'après un rapport communiqué à l'Académie de Pétersbourg. Pierres aux environs de Lontalax et Sawitaipal, non loin de Wiborg, en Finlande. Ces pierres ne contiennent pas de nickel.

..... (M. Murray fait mention dans le *Phil. Mag.*, juillet 1819, page 39, d'une pierre tombée à Pulrose, dans l'île de Man, sans préciser la date; il dit que l'événement est certain, et que la pierre était très-légère et semblable à une scorie. Elle devait donc ressembler aux pierres tombées en Espagne en 1438.)

1814, 3 février. Pierre près Bacharut, en Russie. *Ann. de Gilbert*, T. L.

1814, 5 septembre. Pierre près d'Agen.

1814, 5 novembre. Dans Doab, aux Indes. *Phil. Mag., Bibl. Brit., Journal of sciences.*

1815, 18 février. Une pierre à Duralla, aux Indes. *Philos. Magazine*, août 1820, p. 156.

1815, 3 octobre. A Chassigny, près de Langres. *Pistollet, Ann. de chimie.*

1816. Pierre à Glastonbury, en Sommersetshire. *Phil. Mag.*

1817, entre le 2 et le 3 mai. Probablement des masses sont tombées dans la mer Baltique. Après l'apparition d'un grand météore à Gothembourg, on a vu, à Odensée, une pluie de feu descendre très-rapidement vers le S.-E. *Journaux danois.*

1818, 15 février. Une grande pierre paraît être tombée à Limoges, dans un jardin au sud de la ville. Après l'explosion d'un grand météore, une masse qui tomba fit dans la terre une excavation d'un volume égal à celui d'une grande futaille. *Gazette de France* et *Journal du Commerce*, du 25 février 1818.

(Il aurait fallu, et il serait encore convenable, de déterrer la masse.)

1818, 30 mars. Une pierre près de Zaborzyca, en Volhynie (analysée par M. Laugier. *Ann. du Muséum*, 17e année, 2e cahier.)

1818, 10 août. Une pierre est à Slobotka, dans la province de Smolensk, en Russie. *D'après plusieurs journaux.*

1819, 14 juin. A Jonzac, département de la Charente-Inférieure. Ces pierres ne contiennent pas de nickel.

1819, 13 octobre. Pierres près de Politz, non loin de Géra ou Kostritz, dans la principauté de Reuss. *Ann. de Gilbert*, T. LXIII.

1820, entre le 21 et le 22 mars, dans la nuit, à Vedenburg, en Hongrie. *Hesperus*, T. XXVII, cah. 3.

1820, 12 juillet. Pierres près de Likna, dans le cercle de Dunaborg, province de Witepsk, en Russie. *Théodore Grotthus. Ann. de Gilbert*, T. LXVII.

1821, 15 juin. Pierres près de Juvenas. Elles ne contiennent pas de nickel.

1822, 3 juin. A Angers. *Ann. de chimie.*

1822, 10 septembre. Près Carlstadt, en Suède.

1822, 13 septembre. Près la Baffe, canton d'Épinal, département des Vosges. *Ann. de chimie.*

1823, 7 août. Près Nobleboro, en Amérique. *Silliman's American Journ.*, T. VII.

1824, vers la fin de janvier. Beaucoup de pierres près Arenazzo, dans le territoire de Bologna. Une d'elles, pesant 12 livres, est conservée dans l'Observatoire de Bologne. *Diario di Roma.*

1824, au commencement de février. Grande pierre dans la province d'Irkutsk, en Sibérie. *Quelques journaux.*

1824, 14 octobre. Près Zébrak, cercle de Béraun, en Bohême. La pierre est conservée au Muséum national de Prague.

Nous aurions pu augmenter ce catalogue en y ajoutant plusieurs chutes d'aérolithes qui ont été observées depuis 1824; mais dans la crainte de présenter un travail incomplet, nous aimons mieux attendre que les savans et laborieux auteurs qui s'occupent de ce sujet réunissent tous les documens qui ont été recueillis depuis cette époque.

Les habitans de la Chine, du Japon et des provinces voisines, ont donné une attention particulière au phénomène des aérolithes ; ils ont aussi leur catalogue raisonné de toutes les chutes de pierre; et ce catalogue est bien plus complet que le nôtre, car il remonte au 7me siècle avant Jésus-Christ. M. Abel-Rémusat a publié en 1819 (*Journal de physique*) un mémoire très-intéressant sur ce sujet. Les observations chinoises sont trop remarquables pour que nous n'essayions pas d'en donner une idée en citant quelques exemples.

Quelques observations chinoises sur la chute des aérolithes.

644 ans avant Jésus-Christ, au printemps, à la première lune, le jour ou-chin à la nouvelle lune, cinq pierres tombèrent dans le royaume de Soung (Ho-nan),

211 ans avant Jésus-Christ, la planète mars étant dans le voisinage d'Autarès, une étoile tomba à Toung-kiun, et parvenue à terre, elle se changea en pierre. On grava sur cette pierre six caractères qui signifiaient: *L'empereur va mourir et son empire sera divisé.* L'empereur envoya sur les lieux des officiers pour arrêter et châtier les auteurs de cette supercherie, et fit brûler la pierre.

32 ans avant Jésus-Christ, à la neuvième lune, le jour ou-tseu, un globe de feu sortit de la grande ourse; sa couleur était blanche et sa lumière éclairait la terre. Elle était de forme allongée de 40 pieds de long, et s'agitait comme un serpent. Elle grandit jusqu'à la longueur de 50 ou 60 pieds, et forma des ondulations à l'ouest du cercle de perpétuelle opposition, au nord-ouest du sagittaire; elle se roula ensuite comme un anneau qui ne se joignait pas du côté du nord.

2me année de l'ère chrétienne. A la sixième lune, il tomba deux pierres à Kiu-lou. Depuis le temps de Hoeï-té, on compte onze chutes de pierres, qui toutes furent accompagnées de lumière et d'un bruit comme celui du tonnerre.

310. A la 10e lune, le jour keng-tseu, une étoile de feu tomba avec bruit dans la partie du nord-ouest; on la fit chercher, et l'empereur en reçut des fragmens à Phing-yang.

333. Une étoile tomba à 6 lieues au nord-est de Ye; elle était d'abord d'un rouge noirâtre. Un nuage jaune s'étendait comme un rideau à plusieurs centaines de pieds. On entendit un bruit comme celui du tonnerre. Quand elle tomba à terre elle était brûlante; la poussière se leva jusqu'au ciel. Des laboureurs qui la virent tomber allèrent la chercher; la terre était encore très-chaude. Ils virent une pierre large d'un pied au moins, de couleur noirâtre et assez légère, qui résonnait, quand on la frappait, comme l'instrument appelé king.

1057. A Hoang-licï, en Corée, à la 1re lune, il tomba une pierre avec un grand bruit de tonnerre. Cette pierre ayant été envoyée à la cour, le président de la cour des rites dit qu'il était tombé une pierre dès le temps de Thsin, et qu'on avait observé ce phénomène de temps en temps sous les dynasties de Tsin et de Thang ; qu'ainsi ce n'était pas là une chose extraordinaire et sans exemple, ni qui annonçât rien de fàcheux.

1516. A la 12me lune, le vingt-cinquième jour, à Chun-king-fou, dans la province de Sse-tchhouan, il n'y avait ni vent ni nuage. Tout à coup le tonnerre gronda, et il tomba six pierres ; les plus pesantes étaient de 15 livres et même de 17 livres. Les plus petites pesaient une livre, ou même seulement 10 onces.

Pour compléter ces documens intéressans, nous ajouterons ici le nombre des chutes de pierres qui ont été observées en Chine dans chaque siècle, depuis le 7me siècle avant Jésus-Christ, jusqu'au 16me siècle de notre ère.

Dans le 7me siècle avant Jésus-Christ . .	2
3me	1
2me	1
1er	11
1er siècle après Jésus-Christ . .	4
2me	4
3me	3
4me	11
5me	2
6me	11
7me	11
8me	7
9me	14
10me	11
11me	14
12me	6
13me	1
16me	1

Masses de fer auxquelles on peut attribuer une origine
météorique.

673. Nous rapporterons enfin, d'après M. Chladni, le
tableau des masses de fer natif qui ont été trouvées à la
surface de la terre, et qui sont regardées, par quelques
savans, comme étant de véritables aérolithes tombées dans
des temps très-reculés.

« Les masses de fer, probablement météoriques, se distinguent par la présence du nickel, par leur tissu, par
leur malléabilité et leur gisement isolé. Quelques-unes
de ces masses sont *spongieuses* ou *cellulaires ;* les cavités
se trouvent remplies d'une substance pierreuse, semblable
au péridote. Dans ce nombre il faut ranger :

La masse trouvée par Pallas, en Sibérie, dont les Tar-
tares connaissaient l'origine météorique.

Un morceau trouvé entre Eibenstock et Johanngeor-
genstadt.

Une masse conservée dans le cabinet impérial de Vienne,
provenant peut-être de la Norwége.

Une petite masse, pesant 4 livres, qui se trouve maintenant à Gotha.

D'autres masses sont solides. Le fer consiste alors en
rhomboïdes ou en octaèdres, composés de couches ou
feuilles parallèles.

La seule chute connue de masses de ce genre est celle
qui eut lieu à Agram, en 1751.

Quelques autres masses semblables ont été trouvées :

Sur la rive droite du Sénégal. *Compagnon, Forster,*
Golberry.

Au cap de Bonne-Espérance, *Van Marum* et *de Dan-*
kelmann.

Au Mexique, dans différens endroits. *Sonneschmidt de*
Humboldt. Voy. aussi la *Gazeta de Mexico,* T. I et V.

Au Brésil, dans la province de Bahia. *Wollaston* et *Mornay*.

Dans la juridiction de Saint-Iago del Estero. *Rubin de Celis.*

A Elbogen, en Bohême. *Ann. de Gilbert*, T. XLII et XLIV.

Près de Lénarto, en Hongrie. *Ann. de Gilbert.* T. XLIX.

Près de la rivière Rouge. La masse a été envoyée de la Nouvelle-Orléans à New-York. *American mineralogical Journal*, vol. I. Le colonel Gibbs l'a analysée et y a trouvé du nickel.

(Il y a encore d'autres masses semblables dans le même pays, d'après *The Minerva* de New-York, 1824.)

Aux environs de Bitbourg, non loin de Trèves. (Cette masse pèse 3300 livres ; elle contient du nickel. L'analyse faite par le colonel Gibbs se trouve dans l'*American mineralogical Journal*, vol. I.)

Près de Brahin, en Pologne. (Ces masses, d'après les analyses de M. Laugier, contiennent du nickel et un peu de cobalt.)

Dans la république de Colombie, sur la Cordillière orientale des Andes. *Boussingault* et *Mariano de Rivero*, *Ann. de chimie.* T. XXV.

A quelque distance de la côte septentrionale de la baie de Baffin, dans un endroit nommé Sowallik. Il y a deux masses : l'une paraît être solide, l'autre est pierreuse et mêlée de morceaux de fer, dont les Esquimaux font des espèces de couteaux. *Capitaine Ross.*

Peut-être faut-il ranger dans cette classe une grande masse d'environ 40 pieds de haut, qui se trouve dans la partie orientale de l'Asie, non loin de la source de la rivière Jaune, et dont les Mongols, qui l'appellent *Khadasutsilao*, c'est-à-dire Roche du Pôle, disent qu'elle tomba à la suite d'un météore de feu. *Abel-Rémusat.*

— Il existe des masses d'une *origine problématique*. De ce nombre sont :

Une masse d'Aix-la-Chapelle, qui contient de l'arsenic. *Ann. de Gilbert*. T. XLVIII.

Une masse trouvée dans le Milanais. *Ann. de Gilbert*, T. L.

La masse trouvée à Groskamsdorf, contenant, d'après Klaproth, un peu de plomb et de cuivre.

(Il paraît qu'on l'a fondue, et que les morceaux conservés à Freyberg et à Dresde ne sont que de l'acier fondu qu'on a substitué aux fragmens de la masse primitive.) »

CHAPITRE IV.

De la lumière météorique.

674. Les phénomènes météorologiques qui appartiennent à la lumière sont trop nombreux et trop variés pour que nous puissions les développer en détail dans ces essais. Nous nous occuperons seulement

Du mirage,
De l'arc-en-ciel,
Des halos
Et des parhélies.

MIRAGE.

675. *Mirage observé en Égypte.* Lorsqu'on regarde des objets éloignés, il arrive souvent, dans certaines circonstances, que ces objets donnent plusieurs images, droites, obliques ou renversées, et toujours plus ou moins altérées dans leurs contours. C'est l'apparence de ces images, sans réflecteur visible pour les produire, qui constitue les phénomènes du *mirage*.

Nous donnerons d'abord la description de ces phénomènes tels qu'ils se présentent dans les plaines de l'Egypte.

Le sol de la Basse-Egypte forme une vaste plaine, sur laquelle se répandent les eaux du Nil au temps de l'inondation. Sur les bords du fleuve, et jusqu'à une grande distance vers les déserts, soit à l'orient, soit à l'occident, on aperçoit de loin en loin de petites éminences sur lesquelles s'élèvent les édifices ou les villages. Dans les temps ordinaires, l'air est calme et très-pur. Au lever du soleil, les objets éloignés se distinguent avec une netteté parfaite ;

l'observateur peut embrasser alors un vaste horizon, qui n'a rien de monotone, malgré son uniformité; mais quand la chaleur du jour se fait sentir, quand la terre est échauffée par le soleil, les couches inférieures de l'air participent à la haute température du sol; de nombreux courans s'établissent avec plus ou moins de régularité : il en résulte dans l'air un espèce de tremblement ondulatoire très-sensible à l'œil, et tous les objets éloignés ne donnent plus que des images mal définies, qui semblent se briser et se recomposer à chaque instant. Ce phénomène, qui s'observe aussi dans nos climats pendant les chaleurs de l'été, n'est pas encore le phénomène du mirage : si le vent ne souffle pas, et si les couches d'air, qui reposent sur la plaine, restent parfaitement immobiles pendant qu'elles s'échauffent au contact de la terre, alors le phénomène du mirage se développe dans toute sa magnificence. L'observateur qui regarde au loin distingue encore l'image directe des éminences, des villages et de tous les objets un peu élevés; mais au dessous de ces objets il voit leur image renversée, et cesse par conséquent de voir le sol lui-même sur lequel ils reposent.

Ainsi tous les objets élevés paraissent comme s'ils étaient au milieu d'un lac immense, et l'aspect du ciel vient compléter cette illusion, car on le voit aussi comme on le verrait par réflexion sur la surface d'une eau tranquille. A mesure que l'on avance on découvre le sol et la terre brûlante, au même lieu où l'on croyait voir l'image du ciel ou de quelque autre objet; puis au loin, devant soi, l'on retrouve encore le même tableau sous un autre aspect. Ce phénomène a été souvent observé pendant l'expédition de l'armée française en Egypte. C'était un spectacle bien nouveau pour nos soldats, et en même temps une illusion bien cruelle. Quand ils voyaient au loin, sur les plaines brûlantes, le reflet du ciel, l'image renversée des maisons, des palmiers et de tous les objets de l'horizon, ils ne pouvaient douter que toutes ces images ne fussent réfléchies à quelque distance sur la surface d'un lac. Fatigués par des marches forcées, sous l'ardeur du soleil, dans un air chargé de sable, ils couraient au rivage, mais ce rivage fuyait devant eux : c'était l'air échauffé de la plaine qui prenait l'apparence de l'eau, et qui donnait cette image réfléchie du ciel et de tous les objets élevés de la terre. Témoins de ce phénomène, les savans de l'expédition eurent, comme toute l'armée, un instant d'illusion, mais cet instant fut court : Monge en découvrit sur-le-champ la cause et en développa toutes les circonstances. C'est, comme nous allons le voir, un jeu particulier de la réfraction.

676. *Explication du mirage.* Supposons que A B représente la surface horizontale du sol lorsqu'elle est fortement échauffée par la chaleur solaire (*Fig.* 361), l'expérience prouve que les couches inférieures de l'air ont une densité croissante à mesure que l'air s'élève, qu'à une certaine hauteur cette densité devient à peu près constante, puis qu'elle décroît ensuite, conformément aux lois ordinaires de la constitution de l'atmosphère. Cela posé, concevons un point élevé H, et examinons comment sa lumière doit être modifiée pour arriver à l'œil que nous supposons placé en P; il est évident d'abord que l'œil verra une image directe du point H par les rayons voisins P H; ces rayons, il est vrai, ne viendront pas en lignes absolument droites, puisque entre P et H l'air n'a pas absolument la même densité; mais ils ne pourront éprouver que de légères inflexions, et il en résultera seulement une certaine irrégularité dans les contours de l'image.

Mais parmi les rayons que le point H envoie dans tous les sens, il s'en trouvera qui suivront la route H I K L M N O P, et qui donneront par conséquent dans la direction P O Z une image renversée de l'objet, comme s'il y avait réflexion sur un miroir. En effet, le rayon H I, par exemple, arrivant obliquement pour pénétrer dans la couche c', qui est

moins réfringente que la couche c dans laquelle il se trouve,
doit se réfracter en s'*écartant* de la normale. Par la même
raison, il doit s'écarter aussi de la normale en passant de la
couche c′ dans la couche c″, et s'en écarter encore en passant de celle-ci dans la suivante. Ainsi, l'obliquité augmentant sans cesse, il pourra bien arriver qu'à la fin le rayon
ne puisse plus passer du milieu réfringent où il est dans le
milieu moins réfringent auquel il se présente, alors il sera
forcé de se réfléchir, et continuant sa route vers l'œil, il
arrivera dans la direction MNOP : l'œil verra donc le point
H dans la direction POZ et dans une position à peu près
symétrique du point H, par rapport au plan M V, sur lequel est censé se faire la réflexion.

La marche du rayon est ici tracée en ligne brisée ; mais
comme la densité va croissant par degrés insensibles depuis la surface, on conçoit que le rayon se dévie aussi par
degrés insensibles et qu'il suit une ligne courbe et non une
ligne brisée.

Tel est le principe de l'explication du mirage donnée
par Monge en présence même du phénomène ; elle a été
publiée dans les mémoires de l'Institut d'Egypte.

Voici une expérience qui n'imite le mirage que bien
faiblement, mais qui peut servir cependant à en faire
comprendre l'explication.

cc′, fig. 367, est une caisse de tôle, ayant environ 30
pouces de longueur sur 6 ou 8 pouces, tant en largeur qu'en
hauteur. On la remplit de charbon allumé, on la suspend
à la hauteur de l'œil, et par un rayon visuel qui rase les
bords de la caisse, on regarde une mire un peu éloignée,
telle que M. Alors on voit une image *directe* de la mire
dans la direction PM, puis on voit une image renversée
dans la direction PM′. C'est cette seconde image qui est
analogue aux images renversées du mirage, elle est évidemment produite par la réflexion de la lumière sur les
couches d'air chaud qui avoisinent la paroi de la caisse, et

non pas par une réflexion qui aurait lieu sur la paroi elle-même. Il est indifférent pour le succès de l'expérience que le rayon visuel rase une paroi latérale ou la paroi supérieure.

Wollaston a encore imaginé une autre expérience, par laquelle on produit le mirage dans un liquide. On prend un petit vase en cristal de forme ronde ou carrée, on y superpose, avec tous les soins convenables, deux liquides d'inégale densité qui puissent se combiner lentement près de la couche de superposition : l'eau et l'acide sulfurique, l'eau de l'alcool, l'eau et le sirop de sucre concentré, peuvent très-bien remplir cet objet. Quand la combinaison est opérée bien parallèlement dans une couche d'une épaisseur suffisante, on approche l'œil vis-à-vis cette couche pour regarder une petite mire, disposée sur la paroi opposée, et l'on voit aussi une image droite de cette mire et une image renversée. Cet effet est représenté dans la figure 366.

677. *Phénomènes de mirage observés en différens lieux et dans diverses circonstances.*

À Ramsgate, le docteur Vince a observé un effet remarquable du mirage. Lorsque de Ramsgate on regarde du côté de Douvres, on aperçoit, par un beau temps, les sommets des quatre plus hautes tours du château de Douvres; le reste de l'édifice est caché par une colline dont la crète se trouve à peu près à douze milles de l'observateur; la moitié de cet espace est occupé par la surface de la mer. Le docteur Vince, établi à Ramsgate à peu près à 70 pieds au dessus de la surface de la mer, fut fort surpris, le 6 août 1806, lorsqu'en regardant du côté de Douvres, vers sept heures du soir, il aperçut non-seulement les quatre tours du château, comme à l'ordinaire, mais le château lui-même dans toutes ses parties et jusqu'à sa base. On le voyait, dit-il, aussi distinctement que s'il eût été tout d'une pièce transporté sur la colline du côté de Ramsgate.

Le même physicien a publié beaucoup d'autres observations qu'il a faites du même lieu, et particulièrement en
regardant sur la mer, avec un bon télescope, les vaisseaux
qui s'approchaient ou s'éloignaient de Ramsgate. Nous citerons encore les deux observations suivantes :

Un jour il aperçut un vaisseau qui était précisément à
l'horizon; il se distinguait nettement : mais en même temps
il en vit une image renversée, très-régulière et disposée verticalement au dessus de lui, de telle sorte que le sommet
du mât réel et le sommet du mât de l'image renversée
étaient en coïncidence. (*Fig.* 364.)

Une autre fois, toujours dans le même mois d'août, et
vers le soir, il vit un autre effet : l'image du vaisseau était
encore renversée, mais au dessous de lui. (*Fig.* 365.)

Le capitaine Scoresby a eu l'occasion d'observer un grand
nombre de phénomènes analogues dans les mers du Groën·
land. Dès que le soleil se montre dans ces parages, les
couches d'air qui reposent sur le sol ou sur la surface de
la mer, atteignent promptement une température beaucoup plus haute que les couches d'air qui sont à quelques
pieds de hauteur, et les réfractions extraordinaires se présentent sous les apparences les plus variées et les plus
fantastiques.

MM. Biot et Mathieu ont fait des observations analogues, à Dunkerque, sur les bords de la mer, dans la plage
sablonneuse qui s'étend au pied du ford Risban. M. Biot
en a donné la théorie détaillée dans les mémoires de l'Institut pour 1809; il a fait voir qu'à partir d'un certain point
T, pris à quelque distance au devant de l'observateur O,
fig. 363, on peut concevoir une courbe TCB, telle que
tous les points qui sont au dessous d'elle restent invisibles,
tandis que tous les points qui sont au dessus, jusqu'à une
certaine hauteur, donnent deux images, l'une ordinaire et
directe, l'autre extraordinaire inférieure à sa couche et
renversée. Ainsi un homme qui s'éloigne de l'observateur

en partant du point т, lui offre les apparences successives qui sont représentées sur la figure 363.

MM. Soret et Jurine ont observé sur le lac de Genève, en septembre 1818, à 10 heures du matin, le phénomène remarquable qui est représenté dans la figure 362. La courbe ʌʙᴄ représente la rive orientale du lac ; une barque chargée de tonneaux, ayant ses voiles déployées, était en ᴘ, vis-à-vis la pointe de Belle-Rive, et faisait route pour Genève ; les observateurs l'apercevaient avec un télescope dans la direction ɢᴘ ; ils étaient au bord du lac, au deuxième étage de la maison de Jurine, à une distance d'environ deux lieues. Pendant que la barque prit successivement les positions ǫ, ʀ, s, on vit une image *latérale* très-sensible en ǫ′, ʀ′, s′, qui s'avançait comme la barque elle-même, mais qui semblait s'écarter à gauche de ɢᴘ, tandis que la barque elle-même s'en écartait à droite. Quand le soleil éclairait les voiles, cette image était assez éclatante pour être aperçue à l'œil nu.

La direction des rayons solaires au moment de l'observation est indiquée en ʟʏ.

Il suffit de connaître la position des lieux pour voir à l'instant que c'est un phénomène de *mirage latéral* ; à droite de ɢᴘ, l'air était resté dans l'ombre pendant une partie de la matinée ; à gauche, au contraire, il avait été échauffé par le soleil ; la surface de séparation de l'air chaud et de l'air froid devait être à peu près *verticale* dans une petite étendue au dessus de l'eau ; de part et d'autre de cette couche s'était fait un mélange de densité croissante en allant de gauche à droite ; et là, se produisait, dans les couches verticales, ce qui se produit ordinairement sur le sol dans des couches horizontales.

Ces exemples seront suffisans pour donner une idée des apparences indéfiniment variées ou singulièrement bizarres qui peuvent résulter des réfractions extraordinaires que la lumière éprouve dans des couches d'air dont les

densités changent rapidement. Nous avons supposé que
ces changemens s'accomplissaient dans des couches planes
et régulières, mais l'on conçoit qu'ils pourront souvent,
par une foule de causes, s'accomplir dans des couches
courbes et irrégulières; alors les images produites par le
mirage seront déformées dans tous des sens, tantôt élar-
gies, tantôt allongées outre mesure et quelquefois dispersées comme si l'objet lui-même était brisé en mille
pièces. On ne peut pas douter que le phénomène connu
sous le nom de *Fata Morgana* ne soit un effet du mirage. Il s'observa à Naples, à Reggio et sur les côtes de la
Sicile. A certains momens le peuple se porte en foule sur
le rivage de la mer, pour jouir de ce singulier spectacle :
on voit dans les airs à de grandes distances, des ruines,
des colonnes, des châteaux, des palais, et une foule d'objets qui semblent se déplacer, et qui changent d'aspect à
chaque instant. Toute cette féerie n'est qu'une représenta-
tion de quelques objets terrestres, qui sont invisibles dans
l'état ordinaire de l'atmosphère, et qui deviennent apparens
et mobiles quand les rayons de lumière qu'il envoient se
meuvent en lignes courbes dans les couches d'air d'inégales densités.

ARC-EN-CIEL.

678. *Explication du phénomène de l'Arc-en-ciel.* Tout
le monde a pu remarquer que pour voir un arc-en-ciel il
faut tourner le dos au soleil et regarder une nuée qui se
résout en pluie, et qui en même temps est vivement éclairée par la lumière solaire. Alors l'arc coloré qui se développe dans les airs peut être considéré comme faisant
partie de la base d'un cône, dont le sommet est dans l'œil
de l'observateur, et dont l'axe prolongé par derrière va
passer précisément par le centre du soleil. Il est facile de
s'assurer que cette condition est toujours remplie, soit
pour les beaux arcs-en-ciel que donne la pluie des nuées,

soit pour les arcs-en-ciel bien moins complets dans leur étendue que donne la pluie des cascades ou celle des jets d'eau. Elle indique même la position qu'il faut choisir dans ces derniers cas pour voir briller les couleurs dans toutes les gouttelettes flottantes qui sont formées par la chute de l'eau et ensuite disséminées par le vent.

D'après toutes ces apparences du phénomène, on ne peut douter qu'il ne soit produit par une modification particulière que la lumière solaire éprouve dans les gouttes d'eau. Nous allons voir en effet que les couleurs qu'on aperçoit sont apportées dans l'œil par des rayons qui viennent directement du soleil après avoir été réfractés, réfléchis et décomposés dans ces petites parcelles aqueuses dont la forme est parfaitement sphérique.

Pour prendre une juste idée de la marche des rayons solaires dans un cercle liquide, on peut faire l'expérience suivante :

vv', fig. 368, représente une coupe horizontale du volet de la chambre noire, il est percé d'une très-petite ouverture o. A quelque distance derrière ce volet et à la hauteur de l'ouverture, on dispose un vase de cristal parfaitement cylindrique et rempli d'eau; la figure représente seulement la coupe horizontale de ce vase. Ensuite on fait entrer un rayon solaire dans la direction $o\,i$, et l'on regarde d'en haut sa marche dans l'intérieur de l'eau; ce liquide sera toujours assez peu limpide pour que la trace de la lumière s'y trouve sensiblement marquée. Il sera facile de voir que le rayon parcourt la route i, a, b, c, d, e, f, ..., et qu'à chaque incidence sur la paroi il éprouve à la fois une réflexion et une réfraction; c'est par les réflexions qu'il continue sa route dans le liquide, et par les réfractions qu'il diminue d'intensité en donnant naissance aux faisceaux émergens a', b', c', d', e', f'...., qui sont tous des spectres plus ou moins étalés, comme si le faisceau avait traversé un prisme. Après quatre ou cinq réflexions, ces faisceaux émergens auront encore une intensité sensible.

Ce qui arrive ici se reproduira indubitablement dans une goutte de pluie sphérique, quelque petite qu'elle soit, car le premier plan d'incidence détermine dans cette sphère un grand cercle, dans lequel se mouvra le rayon, comme dans la section du cylindre de l'expérience précédente.

Cela posé, voici la propriété fondamentale sur laquelle repose l'existence de l'arc-en-ciel. Concevons un rayon qui sort après avoir éprouvé une réflexion intérieure en B (*Fig.* 369); sa direction d'émergence EC fera avec sa direction d'incidence SA, un certain angle STE, que nous désignerons par D; c'est ce que l'on appelle la *déviation*. Si l'on désigne par i l'angle d'incidence SAN et son égal OAT, par r l'angle de réfraction OAB et son égal OBA, on aura évidemment :

$$\mathrm{OBA} = \mathrm{BAT} + \mathrm{BTA},$$

ou. . . . . $r = i - r + \dfrac{D}{2},$

d'où. . . . . . . $D = 4r - 2i.$

Or, la propriété dont il s'agit, c'est que cette déviation est susceptible d'un *maximum*. On le démontre par les règles ordinaires du calcul différentiel, en remarquant que les quantités i et r, qui varient ensemble, sont liées entre elles par la relation

$$\mathrm{Sin.}\ i = n\,\mathrm{Sin.}\ r\,;$$

et l'on trouve ainsi que cette valeur maximum de la déviation a lieu pour une incidence i, déterminée par la relation

$$\mathrm{Cos.}\ i = \sqrt{\dfrac{n^2-1}{3}}$$

Admettons ces résultats du calcul, et essayons seulement de faire comprendre comment cette propriété du maximum détermine la production des couleurs. Considérons d'abord de la lumière rouge. Pour cette nuance du spectre, l'indice de réfraction est :

$$n = \frac{108}{81}.$$

En substituant cette valeur dans l'expression précédente de Cos. i, nous en déduirons :

$$i = 59° \ 23' \ 30''.$$

C'est-à-dire que le rayon rouge, qui tombe sous cette incidence, est de tous les rayons rouges incidens celui qui éprouve la déviation maximum; et cette déviation est de $42° \ 1' \ 40''$. Supposons que nous avons tracé sa route, s a b c e (*Fig.* 369), et que nous voulons examiner ensuite la route des deux rayons voisins, qui tombent, l'un avec une obliquité un peu moindre, et l'autre avec une obliquité un peu plus grande. Puisque leurs rayons émergens e' et e'' ont une déviation un peu moindre que celle de e, il est évident qu'ils sont sensiblement parallèles à e ; par conséquent, le petit pinceau composé de ces rayons émergens se propagera sans diminuer d'intensité, et il pourra ainsi produire une vive impression sur l'œil du spectateur. Au contraire, tout autre pinceau émergent, étant composé de rayons qui *divergent*, diminue nécessairement d'intensité en s'éloignant, et devient insensible à la distance où l'œil du spectateur peut le recevoir.

Tel est le principe délicat sur lequel nous allons nous appuyer pour expliquer maintenant avec la plus grande facilité toutes les circonstances que peut présenter l'arc-en-ciel dans sa grandeur, dans sa forme et dans l'arrangement de ses couleurs.

Pour mieux fixer les idées, supposons que les rayons du soleil couchant éclairent une nuée de pluie, et qu'un observateur soit convenablement placé pour regarder la nuée en tournant le dos au soleil (*Fig.* 372). Concevons une ligne droite qui passe par le centre du soleil et par l'œil de l'observateur, qui se prolonge à l'infini vers l'orient ; dans notre supposition, cette ligne sera horizontale. Concevons ensuite une seconde ligne qui coupe la première dans l'œil de l'observateur, et qui fasse avec elle un angle de

$$42^\circ\ 1'\ 40'',$$

et qui se prolonge indéfiniment dans la nuée ; imaginons enfin que cette seconde ligne tourne autour de la première sans cesser de remplir les conditions précédentes, et décrive ainsi une surface conique dont nous avons à considérer seulement la moitié supérieure. Cette ligne, dans chacune de ses positions, rencontrera une foule de gouttes de pluie. Mais arrêtons notre pensée sur celles qu'elle rencontre sous l'angle d'émergence qui donne le maximum de déviation pour la lumière rouge. Soit AUC l'une de ces gouttes ; le pinceau de lumière qu'elle reçoit du centre du soleil est horizontal et parallèle à OH, dans tous les rayons qui le composent. Il y a un certain rayon SA, qui, après avoir été successivement réfracté en A, réfléchi en B, puis réfracté en C, vient sortir dans la direction EC avec la déviation maximum ; car SA étant parallèle à OH, l'angle STE est de

$$42\ 1'\ 40'',$$

comme l'angle EOH.

Donc, dans cette direction, l'observateur apercevra la lumière rouge du spectre.

Ce que nous venons de dire par rapport au centre du soleil s'applique à tous les points du disque de cet astre ; et en répétant la même construction pour chacun d'eux, et particulièrement pour les deux bords opposés, qui sont vus de la terre sous un angle de 30', il est évident que l'observateur, voyant une ligne rouge pour chaque point du soleil, verra pour leur ensemble une bande rouge soustendant à l'œil un angle de 3o', comme le disque du soleil lui-même.

Nous allons maintenant chercher la cause des autres couleurs de l'arc-en-ciel et de leur arrangement.

La lumière violette, par exemple, ayant, dans son passage de l'air dans l'eau, un indice de réfraction de $\frac{109}{81}$, il est évident que, pour elle, le maximum de déviation n'est pas le même que pour la lumière rouge, et qu'il correspond à une autre incidence. En mettant pour n cette valeur $\frac{109}{81}$ dans l'expression précédente,

$$\mathrm{Cos.}\ i \quad \sqrt{\frac{n^2-1}{3}}.$$

on trouve :

$$i = 58°$$

pour le violet

$$\mathrm{D} = 40\ 17'.$$

Ainsi, pour avoir la position de l'arc violet, il faut mener par l'œil de l'observateur une ligne faisant avec o H un angle de 40° 17'; et il est évident d'ailleurs que la bande violette sera vue comme la bande rouge d'une largeur correspondante à 3o'.

Toutes les couleurs intermédiaires du spectre donneront aussi des bandes de même largeur; mais elles seront placées à des hauteurs intermédiaires entre celle du rouge et celle du violet.

Il sera facile de déterminer par le calcul la véritable position de toutes ses bandes, l'étendue dans laquelle elles se superposent, et par conséquent les teintes qui doivent en résulter vers le milieu de l'arc-en-ciel.

On voit donc, comme conséquence définitive de cette discussion, que toutes les couleurs de l'iris sont sur des surfaces coniques plus ou moins ouvertes, ayant toutes pour axe commun la ligne menée par le centre du soleil et par l'œil de l'observateur ; que le cône du violet est à l'intérieur, faisant avec l'axe un angle de $40°\,17'$; que le cône du rouge est à l'extérieur, faisant avec l'axe un angle de $42°\,2'$; que la largeur totale des couleurs occupe par conséquent une étendue de $1°\,45'$.

Newton, qui a donné le premier une explication complète de l'arc-en-ciel, a vérifié tous ces résultats par l'expérience.

Quant à l'étendue de l'arc coloré que l'on aperçoit, il est évident qu'elle dépend de la hauteur du soleil au dessus de l'horizon. Au coucher du soleil, l'arc sera vu à l'orient, et formera une demi-circonférence entière pour l'observateur qui sera dans la plaine ; mais il pourrait former plus d'une demi-circonférence pour l'observateur qui serait au sommet d'une haute montagne sur un pic élevé et d'une petite largeur. Au lever du soleil, les mêmes phénomènes se reproduisent du côté de l'occident. Plus le soleil est élevé sur l'horizon, et moindre est l'étendue de l'arc que l'on aperçoit. Cependant, du haut d'un grand mât d'un vaisseau, le soleil étant directement au zénith, on pourrait voir, à ses pieds, sur la mer, un arc-en-ciel d'une circonférence entière.

Outre l'arc-en-ciel dont nous venons de parler, on observe quelquefois un second arc-en-ciel, que l'on appelle *extérieur*, parce qu'il enveloppe le premier. Il est produit par la lumière qui a éprouvé deux réflexions intérieures, comme on peut le voir dans la figure 371.

S A B C D E est la marche du rayon qui donne l'arc-en-ciel extérieur ; il entre dans la direction S A, et il sort dans la direction D E.

Il est facile de voir que la déviation S T E, que nous appellerons D′, est alors donnée par l'équation

$$D' = 6r - 2i - 180°,$$

et que son maximum correspond à une incidence déterminée par

$$\text{Cos. } i = \sqrt{\frac{n^2 - 1}{8}}.$$

En faisant les calculs pour la lumière rouge et pour la lumière violette, dont les indices de réfraction sont toujours,

$$n = \frac{108}{81} \text{ pour la rouge,}$$

$$n = \frac{109}{81} \text{ pour le violet,}$$

on trouve les résultats suivans :

Rouge $i = 71^\circ\ 50'$, $r = 45\ 27'$, $\text{D}' = -50^\circ\ 59'$.
Violet $i = 71^\circ\ 26'$, $r = 44\ 47'$, $\text{D}' = -54^\circ\ 9'$.

Le signe moins, qui précède les valeurs de D', annonce
que les rayons incidens et émergens se coupent au devant du globule d'eau.

Ainsi, dans le second arc-en-ciel, le rouge est en dedans, et le violet en dehors. Les couleurs sont développées sur une étendue de $3^\circ\ 10'$. C'est une largeur presque triple de celle du premier arc. Enfin l'intervalle
compris entre le rouge intérieur du second arc et le rouge
extérieur du premier est donné par la différence des déviations correspondantes, c'est-à-dire qu'il est égal à

$$50^\circ\ 59' - 42^\circ\ 2' \text{ ou à } 8^\circ\ 57'.$$

Newton avait aussi pris des mesures exactes qui confirment ces résultats.

Il paraît que, dans des circonstances extrêmement favorables, on a quelquefois observé un troisième arc-en-
ciel; mais sa lumière est toujours très-affaiblie, parce
qu'elle a éprouvé un plus grand nombre de réflexions intérieures dans les gouttes de pluie.

La lune peut donner des arcs-en-ciel comme le soleil, surtout quand elle est pleine et qu'elle brille de tout son éclat. Il arrive cependant, même dans ces circonstances, que les couleurs sont toujours très-pâles, lorsqu'on les compare aux couleurs des arcs-en-ciel solaires.

DES HALOS.

679. Les halos sont ces cercles brillans et ordinairement colorés que l'on voit quelquefois autour du disque du soleil ou de la lune; on les appelle aussi des couronnes. L'astre occupe le centre, et l'espace compris entre ses bords et l'intérieur des cercles lumineux forme l'*aire* du halo. Cet espace est d'un gris plus intense ou d'un bleu plus foncé que le reste du ciel, suivant que l'atmosphère est brumeuse ou d'une transparence plus ou moins parfaite.

On a mesuré souvent en divers lieux et à diverses époques le diamètre apparent des halos, et on a toujours trouvé qu'il soustend à l'œil de l'observateur un angle compris entre 45° et 46°. Autour de la lune, le halo est simplement formé d'un cercle lumineux blanc, sans couleurs tranchées, excepté un rouge pâle qui borde quelquefois l'intérieur de ce cercle. Autour du soleil, les couleurs, sans être aussi vives que celles de l'arc-en-ciel, sont en général assez distinctes. Le rouge est en dedans; il paraît tranché, et limite brusquement l'aire du halo; l'indigo et le violet sont en dehors; leur teinte, toujours assez vague, va s'éteindre dans la couleur du ciel.

Dans quelques circonstances, on observe un second halo beaucoup plus grand que le premier, mais concentrique avec lui; son diamètre paraît en général être de 90° ou à peu près; ses couleurs sont très-pâles, et son éclat total est beaucoup moindre que l'éclat du halo intérieur.

Descartes, Huyghens, Mariotte et beaucoup d'autres physiciens ont essayé d'expliquer ce phénomène.

Descartes l'attribue aux rayons transmis au travers de certaines petites étoiles que l'on observe dans la neige, et qui peuvent devenir assez transparentes lorsque la chaleur commence à les fondre. « Ces étoiles, dit-il, sont toujours *renflées* vers leur milieu, et leur *convexité* la plus ordinaire est sans doute celle qui détermine le diamètre de 45°, que prennent les halos. Dans cette hypothèse, les couronnes extérieures seraient produites par des rayons qui auraient traversé deux rangées de petites étoiles convexes.

Huyghens imagine que les halos sont produits par de petits globules transparens, ayant un noyau *opaque*. Ces globules seraient d'eau ou de glace, et le noyau opaque serait de la neige comprimée comme celle du grésil Mais, pour obtenir le diamètre constant de 45°, il faudrait évidemment qu'il y eût toujours un rapport déterminé entre l'épaisseur de la partie opaque et celle de la partie transparente.

Mariotte trouve la cause des halos dans la forme des petites aiguilles transparentes et prismatiques qui composent la neige. Cette dernière hypothèse est la plus vraisemblable, et nous allons essayer de la développer.

En se congelant, l'eau prend des formes cristallines très-régulières, et parmi toutes ces formes, on en rencontre très-souvent dont les faces font entre elles des angles de 60°, et qui constituent par conséquent des prismes de glace dont l'angle réfringent est de 60°. Ces prismes, quand ils existent, sont sans doute tournés dans les airs de toutes les manières possibles, et reçoivent par conséquent les rayons solaires sous toutes les inclinaisons. Or nous avons vu (528) que, dans certaines positions des prismes, la lumière éprouve en les traversant une déviation *minimum* ; cette position est déterminée par la condition que le rayon réfracté fasse un triangle isocèle avec les deux côtés du prisme, ou, ce qui revient au même, que l'angle de réfraction soit égal à la moitié de l'angle réfringent. Comme l'angle réfringent est ici de 60°, l'angle de réfraction devra être de 30°, et par conséquent l'angle d'incidence d'environ 41°. Dans ce cas, la déviation est égale au double de l'angle d'incidence diminuée de l'angle réfringent; ce qui donne ici :

$$2 . 41 - 60 = 82 - 60 = 22° \text{ environ}\,;$$

c'est à peu près le demi-diamètre du halo.

On peut donc concevoir qu'un observateur étant placé en P (*Fig.* 373) lorsque les rayons directs arrivent dans la direction SP, tous les petits prismes de 60° flottans dans les hauteurs de l'atmosphère qui seront convenablement tournés, comme le prisme ACB, réfracteront vers l'œil un petit pinceau très-éclatant, parce qu'il sera composé de rayons sensiblement parallèles à cause de la condition du *minimum*, et le même phénomène se reproduisant dans un cône de 22° tout autour de la ligne SP, menée au centre du soleil, l'observateur verra une couronne ayant 44° de diamètre.

Le rapport de réfraction de la lumière violette étant plus grand que celui de la lumière rouge, on aura pour cette espèce de rayons une déviation plus grande et par conséquent une couronne un peu plus large.

Enfin, le diamètre du soleil, qui est de 30′, contribuera lui-même à donner encore plus de largeur aux bandes colorées.

Cette explication pourrait être mise à une épreuve sévère, s'il était possible de mesurer les diamètres des halos avec la même exactitude que les diamètres des diverses couleurs de l'arc-en-ciel; mais il est malheureusement très-rare que le phénomène se présente avec toute la régularité et toute la netteté qui seraient nécessaires pour en mesurer les dimensions.

Cependant M. Arago a fait un autre genre d'observation qui prouve au moins d'une manière certaine que la lumière des halos est de la lumière réfractée; car en étudiant, par des procédés particuliers, l'état dans lequel se trouve cette lumière par rapport à la polarisation, il a reconnu qu'elle est toujours polarisée par réfraction et non par réflexion.

Le halo extérieur peut être expliqué de bien des manières; mais il y a encore trop d'incertitude sur ses véritables dimensions pour qu'il nous semble permis de hasarder ici une théorie de sa formation.

Il reste sans doute encore beaucoup de recherches intéressantes à faire sur ce phénomène; mais on peut affirmer dès à présent, d'après l'observation de M. Arago, que la condition nécessaire pour qu'il se produise est la présence de particules glacées dans les hautes régions de l'atmosphère. Cette conclusion est d'autant plus importante qu'elle nous fournit une donnée de plus sur la température de l'air à de grandes hauteurs, pendant les diverses saisons de l'année; et l'on peut inviter les observateurs à noter la température ambiante toutes les fois qu'ils auront occasion d'apercevoir des halos, soit autour du soleil, soit autour de la lune. Lors des expériences de M. Arago, la température ambiante était de 15° à l'Observatoire de Paris.

PARHÉLIES OU FAUX-SOLEILS.

680. N'ayant eu aucune occasion d'observer ces phénomènes ni d'en faire une étude particulière, je me contenterai de rapporter ici (d'après M. Biot) la description qui en a été donnée par les témoins oculaires, et l'explication un peu hasardée que l'on doit à Huyghens.

Les parhélies consistent dans l'apparition simultanée de plusieurs soleils, images fantastiques du soleil véritable.

Ces images se montrent toujours sur l'horizon à la même
hauteur que le vrai soleil, et elles sont toujours unies les
unes aux autres par un cercle blanc pareillement horizontal, dont le pôle est au zénith. Ce cercle monte et descend
sur l'horizon en même temps que le vrai soleil, et son
demi-diamètre apparent est toujours égal à la distance de
cet astre au zénith. Les images du soleil qui paraissent sur
ce cercle, du même côté que le soleil véritable, présentent les couleurs de l'arc-en-ciel, et quelquefois le cercle
lui-même est coloré dans la partie qui les avoisine. Au
contraire, les images qui se forment du côté du cercle opposé au soleil sont toujours incolores ; d'où l'on peut con-
jecturer qu'elles sont produites par réflexion, ainsi que le
grand cercle, et les autres par réfraction. En outre, quand
ces phénomènes se produisent, on voit ordinairement autour du soleil une ou plusieurs couronnes circulaires concentriques qui offrent les couleurs de l'arc-en-ciel ; et enfin
on voit quelquefois naître sur ces couronnes mêmes, ou sur
les points du grand cercle, d'autres linéamens d'arcs pareils,
et même des arcs tout entiers. L'apparition de ce météore
la plus complète que l'on connaisse est celle que Hevelius a observée à Dantzick le 20 février 1661. Elle est représentée fig. 374.

Pour concevoir la manière dont ces phénomènes peuvent se produire, il faut, comme l'a fait Huyghens, considérer d'abord ce cercle blanc, horizontal, qui entoure
le zénith, et sur lequel se trouve toujours le vrai soleil.
(*Fig.* 374 *bis.*) La blancheur de ce cercle, uniformément
constatée dans toutes les observations de ce genre, indique
qu'il est produit par réflexion ; alors le problème se réduit
à ceci : Supposant un nombre infini de corpuscules suspendus dans l'air, quelle forme faut-il leur attribuer pour
que les rayons solaires réfléchis sur leurs surfaces forment
toujours avec l'horizon le même angle que les rayons incidens dont ils dérivent ? Il est évident que cette condition

ne peut être remplie qu'en donnant aux corpuscules la forme de petits cylindres verticaux; et en effet, si l'on suppose que le soleil éclaire une infinité de pareils cylindres, il en résultera nécessairement un cercle blanc horizontal qui aura son pôle au zénith, et dont le demi-diamètre sera le complément de la hauteur du soleil sur l'horizon. Maintenant, pour satisfaire au phénomène des soleils colorés qui paraissent de part et d'autre du soleil véritable, il suffit de supposer ces cylindres formés d'une partie extérieure transparente et d'un noyau cylindrique opaque; car alors, par une réfraction latérale, opérée perpendiculairement à leur axe, ils produiront un effet analogue à celui des globules de grêle dans les couronnes, et avec plus d'éclat encore, à cause de leur forme allongée et du parallélisme de leur disposition, d'où résulteront les apparences des soleils colorés. Enfin, si l'on suppose, comme il est très-vraisemblable, que les extrémités de ces cylindres soient l'une et l'autre arrondies, ils produiront dans ce sens les effets résultans de la sphéricité, et de là pourront naître les couronnes colorées concentriques au soleil véritable. Or Descartes assure, dans le livre des météores, qu'il a quelquefois observé de pareils cylindres de grêle renfermant un noyau intérieur neigeux, opaque, et pareillement cylindrique. Enfin Huyghens a pour ainsi dire imité cette formation par l'expérience, en plaçant à diverses distances angulaires de son œil et du soleil un cylindre de verre mince rempli d'eau, avec un noyau cylindrique opaque dans l'intérieur, et il a vu se réaliser ainsi, par l'expérience, tous les phénomènes que le calcul lui avait indiqués. Il a également montré comment ces calculs représentaient avec fidélité les circonstances caractéristiques du phénomène. Mais pour atteindre les derniers détails de l'observation d'Hevelius, il lui a fallu distribuer dans l'atmosphère, sous beaucoup de positions diverses, les corpuscules cylindriques et globulaires qu'il

avait imaginés. Cette complication, qui paraît inhérente à
ce genre de phénomènes, ne doit pas être une raison de
rejeter l'idée d'Huygheus, mais plutôt un encouragement
à observer exactement leurs apparences, pour pouvoir les
lui comparer. La loi de la double réfraction, si long-temps
méconnue, nous a appris qu'il ne fallait pas traiter légèrement les spéculations d'un génie si élevé, et Newton lui-
même paraît les avoir adoptées dans cette circonstance,
puisqu'en parlant des parhélies dans son Optique, il renvoie
à l'explication d'Huygheus.

CHAPITRE V.

De l'électricité atmosphérique.

681. *Première découverte sur l'électricité atmosphérique.* Otto de Guericke, bourgmestre de Magdebourg, et célèbre inventeur de la machine pneumatique, fut le premier qui découvrit quelque apparence de lumière électrique. Le docteur Wall, presque à la même époque, en excitant l'électricité sur un grand cylindre d'ambre, observa une étincelle plus vive et un bruit beaucoup plus fort; et, chose digne de remarque, cette première étincelle produite par la main des hommes fut à l'instant comparée aux éclats de la foudre : cette lumière et ce craquement, dit Wall dans son Mémoire (*Trans. philos.*), paraissent en quelque façon représenter le tonnerre et l'éclair. L'analogie était frappante, il ne fallait que de l'imagination pour la saisir : mais pour en démontrer la vérité, pour trouver dans un phénomène si petit, les causes et les lois du plus grand phénomène de la nature, il fallait une série de preuves que l'on ne pouvait attendre que d'un génie supérieur. Cependant plusieurs physiciens cherchaient ces preuves dans des rapprochemens plus ou moins ingénieux ; les uns remarquaient que l'étincelle est *crochue* comme l'éclair, d'autres pensaient que le tonnerre est entre les mains de la nature ce que l'électricité est entre les nôtres : « J'avoue que cette idée me plairait beaucoup, disait l'abbé Nollet, si elle était bien soutenue; et, pour la soutenir, combien de raisons spécieuses, etc. » Enfin tout se passait en raisonnemens qui ne pouvaient rien conclure, parce qu'en physique c'est l'expérience seule

qui doit donner ses conclusions. Pendant que l'on raison-
nait ainsi en Europe et dans tout l'ancien monde savant
sur cette grande question, l'on expérimentait en Amérique, chez un peuple nouveau à peine connu dans les
sciences, et ces expériences s'attaquaient directement à la
foudre. Franklin trouvait le moyen de la faire descendre
du ciel pour l'interroger elle-même sur son origine. Après
avoir fait plusieurs découvertes électriques, particulièrement sur la bouteille de Leyde et sur le pouvoir des pointes, Franklin eut la pensée hardie d'aller chercher l'électricité au sein des nuages ; il avait conclu de quelques expériences décisives qu'une tige de métal pointue, élevée à
une grande hauteur, au sommet d'un édifice, devait
recevoir l'électricité des nuées orageuses. Il attendait avec
une grande anxiété la construction d'un clocher que l'on
devait à cette époque élever à Philadelphie ; mais lassé
d'attendre et impatient d'exécuter une expérience qui devait lever tous les doutes, il eut recours à un autre moyen
plus expéditif et non moins sûr pour les résultats. Comme
il ne s'agissait que de porter un corps dans la région du
tonnerre, c'est-à-dire à une assez grande hauteur dans les
airs, Franklin imagina que le cerf-volant, dont s'amusent
les enfans, pouvait lui servir aussi bien qu'aucun clocher
que ce pût être. Il prépara donc deux bâtons en croix,
un mouchoir de soie, une corde d'une longueur convenable, et profitant du premier orage, il s'en fut dans les
champs tenter l'expérience. Une seule personne l'accom-
pagnait ; c'était son fils : craignant le ridicule dont on ne
manque pas de couvrir les essais infructueux, comme il
le dit avec ingénuité, il n'avait voulu mettre personne
dans sa confidence.

Le cerf-volant était lancé. Un nuage qui promettait
beaucoup n'avait produit aucun effet ; d'autres nuages s'a-
vançaient, et l'on peut juger de l'inquiétude avec laquelle
ils étaient attendus. Tout paraissait tranquille, ou ne

voyait aucune étincelle, aucun signe électrique ; à la fin cependant quelques filamens de la corde commençaient à se soulever comme s'ils eussent été repoussés ; un petit bruissement se fit entendre : encouragé par ces apparences électriques, Franklin présente le doigt à l'extrémité de la corde et voit paraître à l'instant une vive étincelle qui fut bientôt suivie de plusieurs autres. Ainsi, pour la première fois, le génie de l'homme fut se jouer avec la foudre et surprendre le secret de son existence.

L'expérience de Franklin eut lieu en juin 1752 ; elle fut répétée dans tous les pays savans et partout avec le même succès. Un magistrat français, De Romas, assesseur au présidial de Nérac, profitant de la première pensée de Franklin, qui avait été publiée en France, avait imaginé aussi de substituer le cerf-volant aux barres élevées ; et dès le mois de juin 1753, avant d'avoir connaissance des résultats de Franklin, il avait obtenu des signes électriques très-énergiques, parce qu'il avait eu l'heureuse idée de mettre un fil de métal dans toute la longueur de la corde (*Mém. des savans étrangers*, tom. II). Plus tard, en 1757, De Romas repéta de nouveau ces expériences pendant un orage, et cette fois il obtint des étincelles d'une grandeur surprenante. « Imaginez-vous de voir, dit-il, des lames de feu de 9 ou 10 pieds de longueur et d'un pouce de grosseur qui faisaient autant ou plus de bruit que des coups de pistolet. En moins d'une heure j'eus certainement trente lames de cette dimension, sans compter mille autres de 7 pieds et au dessous (*Savans étrang.*, tom. IV). »

Malgré toutes les précautions bien entendues que prenait cet habile expérimentateur, il fut une fois renversé par la violence du choc.

Ces résultats démontrent d'une manière assez éclatante que la foudre n'est en effet qu'une étincelle électrique.

Les cerfs-volans qui ont servi à prouver cette identité peuvent servir à beaucoup d'autres expériences qu'il serait bon de tenter maintenant pour l'avancement de la science. Cependant leur usage ne peut jamais être assez ordinaire pour qu'il convienne d'en donner ici la description.

682. *De l'électricité pendant les orages.* En étudiant l'état électrique des nuages qui passent successivement au dessus d'un cerf-volant, on reconnaît par expérience qu'ils sont chargés, les uns d'électricité vitrée, les autres d'électricité resineuse, et il s'en trouve qui sont à l'état naturel. Bien que nous ne sachions rien sur l'arrangement de l'électricité dans l'intérieur des nuages et à leur superficie, nous pouvons cependant conclure avec certitude qu'ils se repoussent quand ils ont la même électricité, et qu'ils s'attirent quand ils ont des électricités contraires. Ces attractions et ces répulsions entrent sans doute pour quelque chose dans les mouvemens extraordinaires que l'on observe dans le ciel au moment des orages : le vent n'est plus alors la seule puissance qui emporte les nuages ; son influence est modifiée par les actions électriques qui s'exercent avec plus ou moins d'énergie sur ces amas considérables de vapeurs: aussi les voit-on s'approcher rapidement ou s'éloigner comme s'ils étaient poussés en sens contraire, ou tournoyer sur eux-mêmes, comme si le vent qui les emporte n'était lui-même qu'un vaste tourbillon. C'est au milieu de cette agitation générale de l'atmosphère que l'on voit briller l'éclair et que l'on entend retentir les éclats du tonnerré. Essayons de rendre compte de ces deux phénomènes, de la lumière et du bruit.

On voit quelquefois l'éclair fendre la nue et sillonner une grande étendue du ciel ; lorsque, du haut des montagnes, on observe ce phénomène à ses pieds, on peut mieux juger encore de l'espace qu'il occupe, et tous les observateurs s'accordent à dire qu'ils ont vu des éclairs qui avaient certainement plus d'une lieue de longueur. On sait aussi que les mêmes nuages suspendus dans les mêmes régions du ciel peuvent donner successivement plusieurs éclairs ;

ainsi pour reprendre leur état naturel ils se comportent autrement que les corps conducteurs électrisés. Enfin tout le monde sait que la trace de l'éclair est presque toujours une courbe en zig-zag, dont les plis sont plus ou moins développés ou plus ou moins rapprochés. Ces trois phénomènes, de la forme de l'éclair, de ses apparitions répétées et de sa longueur ne peuvent pas être complètement expliqués dans l'état actuel de la science.

La forme en zig-zag est commune à l'éclair et à l'étincelle : il suffirait d'une seule explication pour les deux cas ; mais j'avoue qu'à ma connaissance il n'y a rien de satisfaisant sur ce sujet.

Les amas de vapeur qui constituent les nuages ne sont pas des corps conducteurs comme des masses métalliques ; et sans savoir comment l'électricité se distribue et se met en équilibre sur ces conducteurs imparfaits qui ont souvent plusieurs lieues de superficie, il est évident qu'il ne suffirait pas de les mettre un instant en contact avec le sol pour les décharger complètement ; et il est impossible par conséquent qu'une seule étincelle les remette à l'état naturel. Ainsi au sein du même nuage on verra nécessairement briller plusieurs éclairs.

La longueur de l'éclair paraît être aussi une conséquence de l'imparfaite conductibilité des nuages et de la mobilité de leurs parties constituantes. Pour se rendre compte de ce phénomène il ne faut pas comparer l'électricité des nuages à celle d'une batterie électrique. Ici, lorsque les deux électricités dissimulées font effort pour se rejoindre, elles ne peuvent jamais franchir qu'un très-petit espace : par exemple, la plus forte charge de la plus forte batterie ne part pas à 3 ou 4 centimètres. Et il est facile d'en voir la raison : tant que les points qui se rapprochent pour fermer le circuit entre l'intérieur et l'extérieur de la batterie restent un peu éloignés, les électricités ne s'y présentent jamais qu'en très-faible partie, parce qu'elles sont retenues dans

l'intérieur des jarres par leur attraction mutuelle au travers
de l'épaisseur du verre. Il faut donc comparer l'électricité
des nuages aux électricités qui sont *libres* sur la surface
des corps plus ou moins conducteurs. Nos meilleurs machines peuvent donner l'étincelle à 30 ou 36 pouces au travers d'un air très-sec ; mais si l'on met quelques poussières
métalliques sur une étoffe de laine ou de soie, on pourra
faire partir l'étincelle à une distance plus grande. Si nous
avions à notre disposition des machines assez puissantes
pour qu'un léger brouillard autour de leurs conducteurs
ne diminuât pas sensiblement leur tension, il est évident
que les particules conductrices suspendues dans l'air feraient le même effet que les parcelles métalliques dans l'expérience précédente. Il me semble donc que pour expliquer la longueur de l'éclair, il faut concevoir que, sur la
route que l'éclair va prendre, les parcelles de vapeur et
peut-être même les parcelles d'air se trouvent déjà électrisées par les influences contraires des électricités qui tendent à se précipiter l'une vers l'autre ; et qu'à un instant
donné l'équilibre est à la fin rompu sans qu'il y ait transport de fluide de l'un des nuages sur l'autre, mais seulement
transport successif ou vibration successive de couche en
couche sur toute l'étendue que parcourt l'éclair.

Le bruit du tonnerre, dans tous ses éclats et ses roulemens formidables, n'est pas plus difficile à expliquer que
le craquement de la plus petite étincelle. C'est la vibration
de l'air ébranlé avec plus ou moins d'intensité. Quand la
décharge d'une batterie passe au travers d'une masse liquide, elle la refoule et la projette dans tous les sens ;
quand la décharge d'une simple bouteille de Leyde passe
au travers d'un gaz, tout le fluide est ébranlé et il y a augmentation de volume, comme on peut le voir avec le thermomètre de Kinnersley. Ces données suffisent pour expliquer le bruit de l'étincelle et celui du tonnerre ; on peut
toutefois en tirer deux explications, dont une seule me

semble bonne. On peut dire que le fluide électrique s'ouvre un passage au travers de la matière, comme ferait un projectile en vertu de son impénétrabilité, et qu'ensuite l'air rentre dans le vide formé par le passage instantané du fluide et produit un son comme dans l'expérience du crève-vessie. Suivons, par la pensée, le sillon de l'éclair; imaginons un tube de verre qui en parcoure tous les replis, qui soit vide d'air et qui occupe exactement toute la trace du fluide; admettons enfin qu'à un instant donné ce tube soit rompu dans toute son étendue; le bruit qui en résultera sera le bruit du tonnerre. C'est cette explication qui me semble mauvaise, parce que, d'une part, le passage d'un boulet de canon dans les airs devrait produire un bruit analogue, et l'on n'entend cependant qu'une espèce de sifflement que le soldat le plus timide n'a jamais comparé au bruit du tonnerre; d'une autre part toutes les expériences indiquent d'une manière positive que jamais le fluide électrique n'éprouve un mouvement de translation analogue à celui des projectiles de matière pondérable. Nous avons déjà insisté sur ce point (377 et 402), qui nous semble fondamental; et les principes que nous avons adoptés sur le passage de l'électricité au travers des corps bons ou mauvais conducteurs, vont nous fournir une autre explication du bruit du tonnerre qui nous semble de tout point en harmonie avec les faits. Quand l'étincelle part entre deux corps, il y a décomposition et recomposition d'électricité entre toutes les couches où elle parait, et par conséquent vibration plus ou moins violente dans leur matière pondérable; c'est un espèce de déchirement ou de brusque séparation, comme on le voit dans l'expérience du perce-carte. C'est cette vibration qui fait le bruit en se propageant ensuite dans toute la masse environnante.

Concevons d'après cela le sillon d'un éclair d'une lieue d'étendue ou seulement de 3400 mètres, pour mieux fixer les idées. La lumière brille au même instant dans toute cette étendue : donc c'est au même instant que le bruit est excité dans toutes les couches. Mais le son se propage lentement : il ne parcourt que 340 mètres en 1″; par conséquent pour un observateur qui serait placé sur la ligne de l'éclair à 340 mètres de l'une de ses extrémités, il y aurait d'abord éclat de lumière, puis silence absolu pendant 1″; alors le bruit commence à l'atteindre ; et, ce qu'il entend, c'est la vibration qui a été excitée dans la couche la plus voisine de lui ; le bruit des autres couches arrive à la suite, se succède sans interruption et doit durer 10″ dans l'hypothèse que nous avons faite, puisque l'autre extrémité de l'éclair est à 3400 mètres. Ainsi c'est la longueur de l'éclair qui détermine la durée du bruit ; et pour un observateur qui serait sous la ligne de l'éclair, à peu près vers son milieu, le même coup de tonnerre aurait des roulemens moitié moins prolongés que pour un observateur qui serait vers l'une des extrémités de l'éclair : celui-ci n'entendrait qu'un coup, tandis que le premier pourrait croire qu'il entend deux coups à la fois, l'un à droite et l'autre à gauche, car le bruit lui viendrait des deux côtés.

Autant il s'écoule de secondes ou de battemens du pouls entre l'apparition de l'éclair et la première impression du bruit, autant de fois il a 340 mètres de distance entre l'observateur et le point de la trace de l'éclair qui se trouve le plus voisin de lui ; quand on a vu l'éclair, tout l'effet du tonnerre est produit ; le reste n'est plus que du bruit.

Les mêmes principes nous expliquent encore les éclats déchirans, les roulemens prolongés et toutes les périodes de cette redoutable harmonie, qu'un seul coup de tonnerre fait entendre. Dans le trajet de l'éclair, toutes les couches vibrantes ne reçoivent pas la même impulsion, parce qu'elles ne sont ni à la même température ni au même état de sécheresse ou d'humidité, ni par conséquent sous la même influence électrique. Ainsi la première impression du son ne sera pas toujours la plus intense, bien qu'elle vienne du lieu le plus rapproché, et dans une si grande étendue il est impossible que le son ne se renfle pas à plusieurs reprises.

Ces notions suffisent pour faire comprendre ce que le bruit du tonnerre est en lui-même; mais il peut arriver souvent que les forêts, les vallées, les montagnes, ou même les nuages forment des échos pour le répéter.

683. *Des effets du tonnerre lorsqu'il tombe sur la terre.* Le tonnerre *tombe* quand l'éclair jaillit entre un nuage et les corps placés à la surface de la terre; on dit alors que ces corps sont *foudroyés.* Dans le langage de la science ce mot n'emporte pas nécessairement une idée de destruction, parce que la foudre ne détruit pas inévitablement tout ce qu'elle frappe. Autrefois on discutait beaucoup sur la question de savoir si la foudre tombe du ciel, ou si elle s'élève de la terre vers les nuages; c'était une sorte de dilemme auquel on croyait ne pouvoir échapper; mais ce que nous avons dit précédemment montre d'une manière assez évidente que jamais la foudre ne tombe et que jamais elle ne s'élève; car il n'y a jamais translation du fluide électrique de l'un à l'autre des deux points extrêmes de l'éclair. Cependant, pour nous conformer à l'usage, nous dirons que le tonnerre tombe, en nous souvenant toutefois du sens qu'il faut attacher à cette expression.

Concevons un nuage orageux, qui soit, par exemple, chargé d'électricité vitrée; son élévation au dessus du sol sera, comme à l'ordinaire, comprise entre 2000 mètres et 6000 mètres; il aura une forme quelconque, une épaisseur et une étendue considérables. Supposons d'abord que ce nuage soit au dessus de la mer ou d'un grand lac. Par son influence, il décompose les électricités naturelles de la masse liquide, repousse le fluide vitré dans la profondeur du sol, et attire le fluide résineux à la surface des eaux. L'accumulation de ce fluide peut y être assez grande pour qu'il y ait soulèvement sensible; et alors on voit une grande

vague ou une montagne liquide qui s'élève et qui reste
suspendue aussi long-temps que dure l'action électrique.
Mais ce phénomène peut se terminer de trois manières :
1° S'il n'y a aucune explosion dans le nuage orageux, il
s'éloigne avec plus ou moins de rapidité ; l'intensité de son
action diminue à mesure que la distance augmente, le
fluide résineux, moins attiré, repasse peu à peu dans le
sol, et toute la masse des eaux retombe à l'état naturel.
2° S'il y a une explosion entre le nuage orageux et quelque
autre nuage voisin, ou même entre le nuage orageux et
quelque autre point de la terre, éloigné de la surface liquide que nous considérons en ce moment, il est évident
que le nuage, déchargé subitement par cette explosion,
cessera subitement son action sur la surface des eaux qu'il
avait soulevées, et le liquide, forcé de reprendre à l'instant son état naturel, retombera sur lui-même avec violence, son électricité résineuse se précipitant dans les profondeur de l'eau et du sol pour se recombiner avec la vitrée dont elle avait été séparée. Dans ce cas l'eau est *foudroyée* par *le choc en retour*, dont nous avons déjà parlé
(360) ; elle est foudroyée sans que la foudre tombe, c'est-
à-dire sans qu'il y ait explosion entre elle et le nuage orageux. 3° Si le nuage orageux est assez près, assez volumineux ou assez fortement électrisé, pour que l'étincelle
parte entre un point de sa surface et la surface des eaux
qu'il avait électrisée par influence, alors l'eau est *foudroyée directement*, ou, comme on le dit ordinairement,
le tonnerre tombe dans l'eau. Cette explosion produit en
général plus d'effervescence et de bouillonnement dans les
eaux que le choc en retour ; une telle secousse n'a pas lieu
entre les fluides électriques sans qu'il y ait une violente
action mécanique dans ses élémens pondérables. Chacun
de ces effets, que nous décrivons longuement, peut être
produit en un instant, et même il ne faut qu'un instant
pour les produire successivement.

Après avoir pris pour exemple une masse mobile, homogène, et d'une égale conductibilité électrique dans toutes ses parties, il nous sera facile de comprendre l'effet du nuage orageux sur une vaste plaine composée d'élémens hétérogènes et diversement conducteurs. Les électricités naturelles du sol seront encore décomposées par influence; le fluide vitré sera encore refoulé, et le fluide résineux attiré et accumulé vers la partie supérieure du sol. Mais, dans le cas présent, il ne faut pas nous arrêter à la superficie ; il faut pénétrer par la pensée dans toutes les couches qui constituent le sol, jusqu'à une assez grande profondeur, démêler les bons et les mauvais conducteurs, et reconnaître enfin leur forme, leur étendue et leur arrangement. Toutes ces circonstances ont une part plus ou moins marquée dans le phénomène. Il est évident, par exemple, que, s'il y avait à quelques pieds au dessous du sol une couche métallique d'une grande étendue, l'action du nuage serait plus énergique, la quantité d'électricité accumulée beaucoup plus grande, et l'étincelle partirait plus tôt; alors la croûte supérieure du sol serait percée par la foudre en un ou plusieurs points, comme la carte ou le carreau de verre dans nos expériences avec les batteries. Cette comparaison suffit pour nous faire comprendre que, dans les vastes plaings, la nature du sol, son état de sécheresse ou d'humidité, et la conductibilité des masses plus ou moins volumineuses que ses couches peuvent contenir, sont des élémens qui déterminent l'explosion de la foudre et les effets extraordinaires qu'elle produit. Dans ce cas le nuage orageux peut encore n'exercer qu'une action par influence, foudroyer par le choc en retour ou foudroyer directement.

Il ne parat pas que le premier mode d'action puisse jamais produire aucun phénomène apparent; il n'y a jamais de secousses quand les électricités sont décomposées lentement et lentement recomposées ; il paraît cependant que ces changemens d'équilibre électrique peuvent être senti par les êtres organisés, et particulièrement par les malades affectés de quelques maladies nerveuses. Il faudrait des observations plus précises et plus multipliées sur ce sujet.

Le choc en retour est toujours moins violent que le choc direct. On n'a pas d'exemple à ma connaissance qu'il ait produit quelque combustion : mais il paraît certain que les hommes et les animaux peuvent être frappés de mort par le choc en retour ; on n'observe alors ni trace de brûlure, ni plaie, ni fracture.

C'est par le choc direct que la foudre produit ses plus terribles effets. Quand elle tombe sur le sol, elle y marque son passage par un ou plusieurs trous plus ou moins profonds : la terre en est remuée, fouillée et arrachée.

Si quelques petites éminences s'élèvent sur les plaines, elles sont frappées plus tôt parce qu'elles sont plus rapprochées du nuage ; par la même raison toute élévation au dessus du sol est plus exposée aux coups de la foudre ; quelques pieds de hauteur de plus suffisent pour déterminer l'explosion ; c'est pourquoi les animaux sont souvent frappés au milieu des plaines ; mais, toutes choses égales d'ailleurs, ceux qui sont sur un sol mauvais conducteur courent moins de dangers que ceux qui seraient sur un sol bon conducteur.

Considérons enfin l'action du nuage orageux lorsqu'il passe au dessus de quelques objets élevés, comme des arbres ou des édifices. Si ces objets étaient non conducteurs, leur présence n'aurait aucune influence ; le nuage n'exercerait son action que sur le sol ; mais, comme ils sont plus ou moins conducteurs, leur électricité est décomposée, et elle l'est en raison de leur conductibilité, de leur forme et de leur élévation. Les arbres, à cause de leur nature et surtout à cause de l'humidité qu'ils contiennent, sont en général d'assez bons conducteurs ; et leur cime, toujours plus ou moins rapprochée du nuage, reçoit par conséquent une grande accumulation de fluide. C'est par cette raison que les arbres *attirent* la foudre, et les plus hauts sont frappés les premiers. On doit donc pendant les orages redouter l'approche d'un arbre et même l'approche d'un buisson, surtout au milieu des plaines; car si la foudre éclate, c'est l'arbre ou le buisson qui sera frappé. Dans les pays couverts, le danger n'est pas le même : il est toujours certain que si le tonnerre tombe, il tombera sur un arbre; mais au moins il ne tombera pas sur tous : cependant pour chercher un abri au moment du danger, le plus habile observateur serait fort embarrassé du choix, et ce qu'il aurait de mieux à faire serait sans doute d'éviter les arbres et de se coucher par terre.

Les édifices sont en général composés de métal, de pierre et de bois, qui reçoivent de la part du nuage orageux des actions très-différentes à cause de leurs différentes conductibilité s. Mais quand la foudre éclate, on conçoit qu'elle frappe de préférence tous les meilleurs conducteurs; il importe peu qu'ils soient à découvert ou qu'ils se trouvent enveloppés dans l'intérieur de quelques massifs moins bons conducteurs; l'action par influence n'est empêchée par aucun obstacle; elle se fait sentir sur un clou, au milieu d'une masse de pierres, comme sur une girouette exposée au nuage; c'est ce principe qui explique une foule de phénomènes, d'abord incompréhensibles, que l'on observe dans les explosions de la foudre. Cette puissance semble agir avec une sorte de discernement; elle semble fuir ou respecter un objet qui se trouve sur son passage pour en aller frapper un autre qui est loin et caché; tous les accidens plus ou moins merveilleux que l'on rapporte à cet égard ne présenteront sans doute aucun embarras à l'observateur qui aura bien saisi les principes de la conductibilité et de l'électric ité par influence.

Après avoir indiqué les principales causes qui déterminent l'explosion de la foudre à la surface de la terre, nous essaierons d'examiner en général les effets qu'elle produit. Nous distinguerons ici comme dans les phénomènes des piles et des batteries, les effets mécaniques, les effets physiques et les effets chimiques.

Les effets mécaniques de la foudre sont d'une incroyable intensité : quand le tonnerre tombe dans un appartement, il arrive presque toujours que des meubles ou des ustensiles sont déplacés ou renversés; on a vu souvent des pièces de métal arrachées de leurs scellemens et transportées au loin ; les arbres sont quelquefois fendus et brisés , mais ordinairement ils sont marqués de la cime jusqu'au pied par un sillon de plusieurs pouces de large et de plusieurs pouces de profondeur; alors l'écorce et les fibres arrachées sont lancées à une grande distance. Au pied de l'arbre on voit souvent le trou par lequel les fluides se sont répandus dans le sol ; enfin, ce qui paraîtra sans doute encore plus surprenant, un observateur affirme que par un coup de tonnerre un petit mur de briques de plusieurs toises de longueur a été arraché de ses fondations et transporté tout d'une pièce à plusieurs toises de distance. De tels effets ne peuvent être expliqués par les lois ordinaires des attractions électriques, et nous avons indiqué (387) un principe nouveau qui semble en donner la solution.

Les *effets physiques* sont plus analogues à ceux que nous pouvons produire avec nos batteries ; ils se réduisent à une élévation de température plus ou moins grande. Quand le tonnerre tombe sur des toits de chaume, sur des meules de fourrage, sur des charpentes sèches , ou même dans certains cas sur des arbres verts, il carbonise les parties qu'il frappe, et trop souvent même il y met le feu et produit des incendies. Je dois ajouter cependant que dans tous les arbres frappés de la foudre que j'ai eu occasion d'observer, il ne s'en est trouvé qu'un très-petit nombre qui offrissent des traces de carbonisation. Les métaux, comme meilleurs conducteurs, sont toujours fortement échauffés par le passage de la foudre; souvent même ils sont fondus ou volatilisés. Ainsi, il n'est pas rare de voir, dans une maison foudroyée, tous les cordons de sonnette reduits en fumée. Ces effets sont connus de tout le monde, mais on devrait en profiter dans la pratique; on devrait prendre garde que dans les fermes ou dans les maisons qui ne sont pas protégées par des paratonnerres, il ne faut qu'une pièce de métal maladroitement placée, pour que le tonnerre en tombant détermine un incendie.

Les *effets chimiques* sont incomparablement plus intenses que ceux que nous pouvons produire avec nos batteries. Les coups redoublés de la foudre sur les sommets élevés des hautes montagnes laissent des traces de fusion très-sensibles. De Saussure en a observé sur la cime du Mont-Blanc, dans l'amphibole schisteux; Ramond, sur le pic du Midi, dans le schiste micacé; près de la cime du Mont-Perdu, sur un calcaire fétide mêlé de sablon quartzeux; et enfin au Puy-de-Dôme, dans une espèce de porphyre qui compose la *Roche sanadaire*; enfin MM. de Humboldt et Bonpland ont vu, sur la plus haute cime du volcan de Toluca, la surface du rocher vitrifiée sur un étendue de plus de deux pieds carrés; il y avait même en plusieurs endroits des trous dont l'intérieur offrait la même croûte vitreuse.

Voici un autre phénomène de fusion bien plus remarquable, qui a été observé et décrit avec beaucoup de soin par le docteur Withering (*Trans. phil.*, 1790; et *Ann. de Phys. et de Chim.*, tom. XIX, pag. 295).

Le 3 septembre 1789, le tonnerre tomba sur un chène dans le parc du comte d'Aylesford, et tua un homme qui avait cherché un abri sous cet arbre. Le bâton que ce malheureux portait à la main et qui lui servait d'appui, fut, suivant toute apparence, la principale voie que suivit le fluide électrique, puisque le sol dans le point auquel le bâton aboutissait était percé d'un trou de 5 pouces de profondeur et 2 1/2 de diamètre. Ce trou, examiné peu d'instans après sa formation par M. Withering, ne renfermait que quelques racines brûlées du gazon. Là auraient probablement fini les observations si lord Aylesford ne s'était déterminé à faire construire une petite pyramide, dans le lieu même de l'événement, avec une inscription destinée à détourner les passans de chercher, en temps d'orage, un abri sous des arbres. Mais en creusant pour les fondations, on trouva que le sol, dans la direction du trou, avait été noirci jusqu'à la profondeur de 10 pouces. Deux pouces plus bas le terrain quartzeux offrait des traces évidentes de fusion. Les échantillons, adressés à la Société royale avec le Mémoire du docteur Withering, se composaient :

1° D'une pierre quarzeuze dont un des angles avait été complétement fondu ;

2° D'un bloc de sable agglutiné par la chaleur ; car il n'y avait aucune matière calcaire entre les grains. Dans cette masse existait une partie creuse, où la fusion avait été si parfaite que la matière quartzeuse, après avoir coulé tout du long de la cavité, présentait dans le fond une forme globuleuse ;

3° De plusieurs pièces plus petites, mais toutes également trouées.

Enfin nous devons citer encore comme un effet chimique de la foudre ces tubes singuliers qui ont été découverts dans les plaines sablonneuses de la Silésie, de la Prusse orientale, du Cumberland, et même du Brésil près de Bahia. On les appelle *tubes fulminaires*, et tout nous porte à croire qu'ils sont bien nommés.

Ces tubes ont, en général, 2 pouces de diamètre extérieur, quelques lignes de diamètre intérieur, et jusqu'à 20 ou 30 pieds de longueur ; leur surface intérieure est un verre parfait, uni et très-brillant, semblable à l'opale vitreuse ; leur surface extérieure est rugueuse, pleine d'aspérités, et forme une espèce de croûte revêtue de grains de quartz agglutinés comme s'ils avaient éprouvé un commencement de fusion. On les trouve enfoncés dans le sable, tantôt verticalement, tantôt obliquement; quelquefois ils se terminent à leur extrémité inférieure par plusieurs branches semblables à des racines qui deviennent de plus en plus pointues; elles ont jusqu'à 1 pied de longueur. Le docteur Fiedler, qui a fait beaucoup d'observations sur ce sujet intéressant (*Annalen der Physik*, GILDERT, t. LV et LXI), remarque qu'à une certaine profondeur au dessous de ces plaines de sable, il y a des nappes d'eau, et il considère les tubes fulminaires comme produits par le passage de la foudre, depuis la surface du sol jusqu'au liquide où elle doit être neutralisée. Toutes les circonstances jusqu'à présent observées concourent en effet à faire adopter cette origine des tubes fulminaires.

Si nous avons examiné séparément ces trois effets, ce n'est pas, comme on le pense bien, qu'ils ne soient en général simultanés dans la plupart des explosions; il y a toujours froissement des parties, élévation de température et par conséquent combinaison chimique si les élémens voisins sont disposés à s'unir ou à se séparer sous ces influences.

Par exemple, quand des corps organisés sont foudroyés, c'est toujours la chaleur et la violence mécanique qui sont les phénomènes les plus apparens. J'ai vu deux malheureux, frappés du même coup de foudre, au milieu d'un champ; l'un était mort sur le coup, l'autre eut à souffrir encore quelques heures; leurs vêtemens étaient en combustion, de profondes brûlures marquaient le passage des fluides, et le premier avait toute la partie osseuse de la tête brisée comme elle aurait pu l'être par cent coups de massue. Ces effets effrayans sont ceux qui se reproduisent avec plus ou moins d'intensité dans tous les malheurs de cette espèce qui ont été observés, et dont tous les secours de la science **ne peuvent affranchir l'humanité.**

Pour donner une idée plus complète des terribles effets de la foudre, nous rapporterons ici une relation des malheurs arrivés à *Châteauneuf-les-Moustiers*, le 11 juillet 1819. Cette relation fut adressée à l'Académie des sciences par M. Trancalye, vicaire-général de Digne.

« Il y a un village appelé Châteauneuf, dans l'arrondissement de Digne, département des Basses-Alpes, au sudest, et limitrophe de la petite ville de Moustiers, connue par une manufacture de faïence, dont l'émail et la qualité justifient la préférence qu'on lui accorde sur toutes celles du royaume. Il est situé au sommet et à l'extrémité de l'une des premières montagnes des Alpes qui forment un amphithéâtre sur Moustiers. Il consiste en quatorze maisons réunies au presbytère et à l'église paroissiale, sur une éminence coupée par les angles de deux autres montagnes, l'une au levant et l'autre au couchant. L'intervalle qui sépare le village de la montagne du levant est si étroit et si profond, que l'aspect en est effrayant. Cent cinq habitations sont dispersées en hameaux, presque tous sur le penchant de la montagne du levant, et forment une population de cinq cents âmes.

» Le 11 juillet 1819, jour de dimanche, M. Salomé, curé de Moustiers et commissaire épiscopal, alla à Châteauneuf pour y installer un nouveau recteur. Vers les dix heures et demie, on se rendit en procession de la maison curiale à l'église. Le temps était beau. On remarquait seulement quelques gros nuages. La messe fut commencée par le nouveau recteur.

» Un jeune homme de dix-huit ans, qui avait accompagné M. le curé de Moustiers, chantait l'épître, lorsqu'on entendit trois détonations de tonnerre qui se succédèrent avec la rapidité de l'éclair. Le missel lui fut enlevé des mains et mis en pièces ; il se sentit lui-même serré étroitement au corps par la flamme, qui le prit de suite au cou. Alors, par un mouvement involontaire, ce jeune homme, qui avait d'abord jeté de grands cris, ferma la bouche, fut renversé, roulé sur les personnes rassemblées dans l'église, qui toutes avaient été terrassées et jetées ainsi hors la porte. Revenu à lui, sa première idée fut de rentrer dans l'église, pour se rendre auprès de M. le curé de Moustiers, qu'il trouva asphyxié et sans connaissance. Ce jeune homme fixa sur ce respectable et infortuné pasteur l'attention et les soins de ceux qui, légèrement blessés, pouvaient donner des secours. On le releva ; on éteignit la flamme de son surplis, et par le moyen du vinaigre on le rappela à la vie environ deux heures après son étourdissement. Il vomit beaucoup de sang. Il assure n'avoir pas entendu le tonnerre, et n'avoir rien su de ce qui se passait. On le porta au presbytère. Le fluide électrique avait touché fortement la partie supérieure du galon d'or de son étole, coulé jusqu'au bas, enlevé un de ses souliers qu'il porta à l'extrémité de l'église, et brisé la boucle de métal. Le siège sur lequel il était assis fut brisé.

» Le surlendemain, M. le curé fut transporté dans son presbytère, à Moustiers, pour être pansé de ses blessures, qui n'ont été cicatrisées que deux mois après. Il avait une escarre de plusieurs travers de doigt à l'épaule droite ; une autre s'étendant du milieu postérieur du bras du même côté jusqu'à la partie moyenne et extérieure de l'avant-bras ; une troisième escarre, profonde, partait de la partie moyenne et postérieure du bras gauche, et allait jusqu'à la partie moyenne de l'avant-bras du même côté ; une quatrième plus superficielle et moins étendue au côté externe de la partie inférieure de la cuisse gauche, et une cinquième sur la lèvre supérieure jusqu'au nez. Il a été fatigué d'une insomnie absolue pendant près de deux mois ; il a eu les bras paralysés, et souffre des différentes variations de l'atmosphère.

» Un jeune enfant fut enlevé des bras de sa mère et porté à six pas plus loin. On ne le rappela à la vie qu'en lui faisant respirer le grand air. Tout le monde avait les jambes paralysées. Toutes les femmes, échevelées, offraient un spectacle horrible. L'église fut remplie d'une fumée noire et épaisse. On ne pouvait distinguer les objets qu'à la faveur des flammes des parties de vêtemens allumés par la foudre.

» Huit personnes restèrent sur la place; une fille de dix-neuf ans fut transportée sans connaissance à sa maison, et expira le lendemain matin, en proie aux douleurs les plus horribles, à en juger par ses hurlemens, de sorte que le nombre des personnes mortes est de neuf; celui des blessés est de quatre-vingt deux.

» Le prêtre célébrant ne fut point atteint de la foudre, sans doute parce qu'il avait un ornement en soie.

» Tous les chiens qui étaient dans l'église furent trouvés morts dans l'attitude qu'ils avaient auparavant.

» Quoiqu'on ne puisse pas suivre de l'œil toutes les opérations subtiles du fluide électrique, on peut quelquefois en juger par les effets.

» Une femme, qui était dans une cabane, à la montagne de Barbin, au couchant de Châteauneuf, vit tomber successivement trois masses de feu, qui semblaient devoir réduire ce village en cendres.

» Il paraît que la foudre frappa d'abord la croix du clocher, qu'on trouva plantée dans la fente d'un rocher, à une distance de 16 mètres. Le feu électrique pénétra ensuite dans l'église par une brèche qu'il fit à la voûte, à la distance d'un demi-mètre de celle par où passe la corde d'une cloche; la chaire fut écrasée. On trouva dans l'église une excavation d'un demi-mètre de diamètre, prolongée sous les fondemens du mur jusque sur le pavé de la rue, et une autre qui rentrait sous les fondemens d'une écurie qui est en dessous, et où l'on trouva morts cinq moutons et une jument.

» M. Dupelloux, préfet du département, a donné des

preuves de sa sollicitude et de son humanité en faisant distribuer des secours en tout genre aux pauvres habitans qui avaient été victimes de cet événement malheureux. »

684. *De l'origine de l'électricité atmosphérique et de la formation des nuages orageux*. La question de l'origine de l'électricité atmosphérique est peut-être de toutes les grandes questions dont s'occupe la météorologie, celle qui a donné naissance au plus grand nombre de dissertations et d'hypothèses plus ou moins singuliers. D'habiles observateurs ont essayé de la résoudre par la voie de l'expérience ; De Saussure et Volta s'en sont occupé avec ce zèle et cette rare sagacité qu'ils portaient dans tous leurs travaux , et s'ils ne sont pas parvenus à des résultats décissifs, s'ils n'ont pas mis au jour la vérité , ils ont du moins indiqué où il fallait la chercher. J'ai repris , en 1825, la question au point où ils l'avaient conduite, et j'ai découvert deux grandes sources d'électricité qui sont les deux principales causes de l'électricité atmosphérique. On pourra voir tout le détail des expériences dans deux mémoires qui ont été publiés (*Ann. de Phys. et de Chim.*, 1827). Nous essaierons seulement d'en donner ici un extrait.

Électricité produite par la végétation. Les gaz dégagent de l'électricité lorsqu'ils se combinent, soit entre eux, soit avec les corps solides ou liquides ; et dans ces combinaisons, l'oxigène dégage toujours l'électricité positive et le corps combustible , quel qu'il soit , l'électricité négative. Cette proposition générale a été démontrée par un grand nombre d'expériences, entre lesquelles je rapporterai seulement les suivantes, parce qu'elles sont très-faciles à répéter.

Charbon. Un cylindre de charbon est disposé comme on le voit dans la figure 386 ; sa base inférieure communique au sol, sa base supérieure est enflammée ; l'acide carbonique qui se forme et qui s'élève vient frapper contre une plaque de laiton établie en communication avec le plateau supérieur du condensateur; le plateau inférieur communique au sol. Après quelques instans, les communications sont rompues, les plateaux séparés et les lames divergent par l'électricité négative; donc en se formant l'acide carbonique est électrisé positivement.

Pour faire l'expérience inverse, on dispose le cylindre de charbon comme dans la figure 387, en prenant soin que sa base touche bien la plaque de laiton; alors les lames sont électrisées positivement; donc en brûlant, le charbon prend l'électricité négative.

On peut favoriser l'expérience en activant la combustion avec un tube et une vessie remplie d'oxigène, mais il faut dans tous les cas maintenir la combustion dans la base supérieure et empêcher qu'elle ne gagne les parois latérales.

Hydrogène. Une flamme verticale d'hydrogène est approchée d'une petite spirale en platine (*Fig.* 388), qui communique au plateau supérieur du condensateur; l'autre plateau communique au sol; les lames divergent par l'électricité négative, donc la *partie extérieure* de la flamme est électrisée positivement. On peut même remarquer que la spirale prend l'électricité positive à 8 ou 10 millimètres de distance de la flamme.

Pour faire l'expérience inverse, on dispose la spirale comme dans la figure 389, alors elle prend l'électricité négative, donc la partie intérieure de la flamme est électrisée négativement. Il est bon que le tube, à l'extrémité duquel on allume le gaz, soit en verre, et pour la seconde expérience il est souvent nécessaire de presser la vessie plus vivement, afin que la spirale soit bien enveloppée par les couches de la flamme qui sont en combustion.

Ces expériences ont été faites sur beaucoup d'autres corps, et tous les résultats démontrent la proposition générale que nous avons énoncée. On peut même en conclure qu'un seul gramme de charbon, en passant à l'état d'acide carbonique, dégage assez d'électricité pour charger une forte bouteille de Leyde. La végétation est accompagnée de combinaisons gazeuses tout-à-fait analogues aux précédentes, et il était naturel de supposer qu'elle ne peut s'accomplir sans dégagemens d'électricité. Cependant, pour une conclusion aussi importante, il m'a semblé nécessaire de recourir à des expériences directes.

Douze capsules en verre, et vernies extérieurement, ont été disposées sur un plateau verni dans un petit appartement où l'on avait répandu de la chaux vive pour faire une atmosphère sèche et peu conductrice de l'électricité. On a mis dans les capsules de la terre végétale et des graines qui devaient germer rapidement ; on les a fait communiquer entre elles par des fils métalliques (*Fig.* 385) : la première communiquait au plateau inférieur du condensateur ; le plateau supérieur communiquait au sol ; et l'expérience était abandonnée à elle-même ; on essayait deux ou trois fois par jour l'état électrique du condensateur.

C'est par ces expériences directes qu'il a été constaté que dans l'acte de la végétation il se dégage de l'électricité, et que sur une surface en pleine végétation de 100 mètres carrés il se dégage en un jour plus d'électricité vitrée qu'il n'en faudrait pour charger la plus forte batterie.

Électricité produite par l'évaporation. L'eau *pure* évaporée lentement ou rapidement ne donne jamais le moindre signe d'électricité ; tous les autres changemens d'état que j'ai eu occasion d'étudier m'ont conduit au même résultat, et la première conséquence de mes recherches est que les changemens d'état, quels qu'ils soient, ne sont jamais accompagnés de dégagement d'électricité.

Mais quand l'évaporation n'est pas seulement un changement d'état, quand les molécules liquides en se vaporisant doivent se séparer de quelques élémens hétérogènes auxquels elles sont chimiquement agrégées; alors cette séparation chimique dégage de l'électricité, les élémens hétérogènes prennent l'un des fluides, et la vapeur s'élève avec le fluide contraire. Parmi les expériences qui ont été faites pour démontrer ce principe nouveau, nous citerons les suivantes.

Un creuset de platine parfaitement net est porté successivement à diverses températures depuis 4o ou 5o°, jusqu'au rouge ou même au rouge-blanc. Dans l'un de ces états, on le pose sur un disque ou dans un anneau qui communique immédiatement avec le plateau supérieur du condensateur; le plateau inférieur communique au sol; et tout étant à l'état naturel on projette dans le creuset, au moyen d'une pipette, quelques gouttes d'une faible dissolution de chaux de strontiane ou de barite; l'évaporation se fait, elle est lente ou rapide, suivant la température du creuset; mais dans tous les cas, le condensateur se charge d'électricité. Cette charge est quelquefois si grande qu'on l'observe sans faire communiquer le condensateur au sol; les lames d'or sont projetées vivement jusqu'aux parois de la cloche.

C'est par des expériences analogues qu'il a été démontré:

1° Que jamais un liquide pur ne donne de l'électricité en changeant d'état;

2° Que les solutions faibles ou concentrées des alcalis solides, tels que la strontiane, la chaux, la barite, etc., donnent de l'électricité par la ségrégation chimique qui accompagne l'évaporation. La vapeur d'eau prend l'électricité résineuse et l'alcali l'électricité vitrée;

3° Que les solutions faibles ou concentrées des gaz, des acides et de la plupart des sels donnent pareillement de l'électricité par la ségrégation chimique qui accompagne l'évaporation; mais pour ces corps c'est au contraire la vapeur d'eau qui prend l'électricité vitrée, et la solution prend l'électricité résineuse.

La conséquence de ces résultats se présente d'elle-même. De toutes les évaporations qui s'accomplissent sans cesse dans la nature, soit sur les continens, soit sur les mers, il n'en est aucune qui ne doive produire de l'électricité, car il n'en est aucun qui ne soit accompagné d'une ségrégation chimique.

Ainsi la végétation et l'évaporation, voilà les deux grandes sources de l'électricité atmosphérique. Ces causes, plus au moins actives en chaque lieu, en chaque contrée, suivant les périodes des saisons, sont en même temps constantes tout autour du globe dans le cours d'une année. Ces périodes locales et cette constance universelle qui se montrent dans les causes, se reproduisent aussi dans les effets. Dans les divers climats, il y a diverses saisons pour les orages, mais dans toute l'étendue de l'atmosphère, il se détruit chaque année par les explosions de la foudre une certaine quantité d'électricité qui reste à peu près la même; c'est donc cette quantité constante d'électricité qui est aussi reproduite chaque année.

L'acide carbonique et les vapeurs en se mêlant à l'air répandent et dispersent, dans toute l'étendue de l'atmosphère, les fluides électriques, qu'ils ont pour un instant empruntés à la terre. Ainsi toutes les régions atmosphériques sont dans un état électrique habituel, mais cet état varie d'une région à l'autre : ici c'est l'électricité vitrée qui domine, là c'est l'électricité résineuse; à côté se trouve peut-être une région presque sans tension électrique ou à l'état naturel.

Les observations constatent en effet cet état électrique habituel de l'atmosphère. En 1753, pendant une sécheresse de six semaines, depuis la mi-septembre à la fin d'octobre, Lemonnier observa chaque jour de l'électricité dans l'atmosphère, et cependant la sérénité du ciel fut à peine troublée par quelques nuages durant tout cet intervalle. Les expériences de De Saussure, Erman, Volta, et d'un

grand nombre d'habiles physiciens confirment ce résultat.
On croit même, et c'est une opinion assez généralement
adoptée, on croit que sous un ciel serein l'électricité de
l'air est plus ordinairement positive, et qu'elle augmente
d'intensité à mesure que l'on s'élève. Les diverses séries
d'expériences que j'ai eu occasion de faire ne conduisent
pas à une conséquence aussi absolue ; c'est un sujet de recherches très-intéressant pour les météorologistes. Il se
pourrait bien au reste que l'air serein fût électrisé positivement dans certaines saisons, et négativement dans d'autres, et peut-être aussi cet état électrique n'est-il pas le
même dans tous les climats.

Les appareils nécessaires à ces recherches ne sont ni
dispendieux ni embarrassans : un petit électroscope suffit
pour indiquer les fortes charges. On peut l'armer d'une
pointe ou même d'une baguette assez longue, au bout de
laquelle on met un morceau d'amadou enflammé. Lorsque
cet instrument ne donne aucun signe d'électricité, il n'en
faudrait pas conclure que l'air est à l'état neutre ; mais il
faut alors employer un condensateur plus ou moins sensible ; l'un de ses plateaux communique au sol pendant l'expérience, et l'autre communique par un fil de métal à une
baguette isolée ou même à une longue perche, à l'extrémité de laquelle on allume de l'amadou ou une mèche
soufrée. Dans ce cas, il faut avoir soin de ne pas prendre
pour de l'électricité de l'air celle qui serait développée
par la combustion. Enfin, pour prouver que l'électricité
va en croissant à mesure que l'on s'élève, il ne suffit pas
d'obtenir de plus fortes charges à mesure que le sommet de
la perche s'élève plus haut ; il y a plusieurs autres considérations dont il faut tenir compte, mais dans le détail
desquelles nous ne pouvons entrer ici.

D'après ces données, il est facile de comprendre comment se forment les nuages orageux, et comment ils
prennent les uns l'électricité positive, les autres l'électri-

cité négative. Toutes les vapeurs, en si prodigieuse quantité, qui se réunissent pour composer un nuage, y portent nécessairement leur propre électricité. Ainsi la même quantité de fluide électrique, qui était disséminée dans une immense étendue de l'atmosphère, se trouve concentrée dans l'espace occupé par le nuage. Là elle acquiert par conséquent une tension beaucoup plus grande. Si cette vapeur est électrisée positivement, le nuage sera positif, et il sera négatif si la vapeur est elle-même négative.

Les nuages orageux ne se forment pour l'ordinaire que dans certaines saisons de l'année, et de préférence en certains lieux, parce que l'état électrique de l'air n'a pas la même intensité dans tous les lieux et dans toutes les saisons; et en cet état la vapeur concourt puissamment à produire ces phénomènes, car elle peut acquérir des tensions bien différentes aux diverses températures, et par conséquent former des amas ou des nuages dont la constitution est très-différente, soit pour la conductibilité, soit pour les autres propriétés électriques. Mais, il faut l'avouer, si le principe de la formation des nuages orageux ne présente pas de difficultés, les applications en présentent, parce que nous n'avons pas assez de données sur la formation des nuages elle-même.

685. *Des paratonnerres.* Les paratonnerres se composent d'une tige métallique pointue qui s'élève dans les airs, et d'un conducteur qui descend de l'extrémité inférieure de la tige jusqu'au sol. Les conditions nécessaires pour qu'ils puissent produire leur effet sont : 1° que la pointe de la tige soit bien aiguë; 2° que le conducteur communique parfaitement au sol; 3° que depuis la pointe jusqu'à l'extrémité inférieure du conducteur il n'y ait aucune solution de continuité; 4° que toutes les parties de l'appareil aient des dimensions convenables.

Pour mieux comprendre ce qu'il y a d'essentiel dans

chacune de ces conditions, supposons pour un instant
qu'elles soient remplies, et examinons l'effet du paratonnerre sur un nuage orageux qui passe au dessus de lui.
Les électricités naturelles de la tige et du conducteur seront décomposées; celle de même nom sera repoussée
dans le sol où elle pourra se répandre librement, puisque
le conducteur communique parfaitement au sol; celle de
nom contraire sera attirée au sommet de la tige, et là elle
pourra s'écouler dans l'air par l'extrémité de la pointe;
ainsi les deux fluides opposés n'éprouvant nul obstacle à leur
circulation dans toute l'étendue de la conduite et nul obstacle à leur écoulement, l'un dans le sol et l'autre dans l'air, il
est évident que l'accumulation d'électricité sur le paratonnerre sera nulle et par conséquent l'explosion impossible.
Pendant que le paratonnerre est ainsi en activité, pendant
qu'il est traversé par des torrens de fluide électrique, on peut
en approcher, on peut même le toucher ou le serrer avec la
main sans aucun danger; là où il n'y a point de tension électrique il n'y a point de commotion à craindre. Non-seulement sous les conditions que nous avons admises la foudre ne peut pas tomber sur le paratonnerre, mais nous
verrons dans un instant qu'elle ne peut pas tomber à une
certaine distance autour de lui; il a une sphère d'activité
qui est respectée par le tonnerre.

Supposons maintenant que l'une ou l'autre des trois premières conditions ne soit pas remplie, que l'extrémité
de la pointe soit émoussée, que le conducteur communique mal au sol, ou qu'il y ait quelque solution de continuité dans la conduite; alors il est évident non-seulement
que l'accumulation de l'électricité est possible sur le paratonnerre, mais qu'elle est inévitable; c'est un conducteur
qui se charge et qui peut recevoir une énorme quantité d'é-
lectricité; si on en approche, on en peut tirer des étincelles, tantôt faibles, tantôt fortes, quelquefois fou-
droyantes.

Il y aura danger, mais le danger sera différent suivant les cas. Si c'est la pointe seulement qui est émoussée, et que le tonnerre tombe, il frappera la tige, en pourra fondre l'extrémité, mais en général il suivra le conducteur et ne fera aucun ravage dans l'édifice.

Si c'est la conduite qui offre des solutions de continuité ou qui communique mal avec le sol, le tonnerre pourra encore tomber et fondre une longueur plus ou moins grande de la tige, mais il est presque certain qu'il se portera aussi latéralement sur tous les corps conducteurs voisins, et qu'il pourra exercer sa destruction comme si le paratonnere n'existait pas.

Mais il y a plus, un paratonnerre qui présente ces défauts est extrêmement dangereux, même quand le tonnerre ne tombe pas ; car du moment que l'accumulation de l'électricité sur la conduite est devenue assez grande, le fluide tend à se porter latéralement sur tous les corps conducteurs voisins, et l'étincelle qui en résulte peut les foudroyer ou les enflammer. On en peut citer un déplorable exemple. En 1753, lorsque De Romas faisait en France les belles expériences dont nous avons parlé, Richmann, de l'académie de Saint-Pétersbourg, et très-habile professeur de physique expérimentale, fut tué subitement par une étincelle à quelque distance d'un paratonnerre qui descendait dans sa maison, et dont il avait interrompu la conduite pour étudier les effets de l'électricité des nuages. Sokolow, graveur de l'académie, vit l'étincelle sortir du conducteur et frapper Richmann au front ; elle était, dit-il, grosse comme le poing.

Après avoir indiqué les conditions sous lesquelles un paratonnerre est efficace, et les dangers qu'il y a à négliger ces conditions, il nous reste à faire voir comment on peut les remplir dans la pratique. M. Gay-Lussac, d'après la demande du ministre de l'intérieur et de l'académie des sciences, a publié sur ce sujet une instruction qui ne laisse rien à désirer : tout ce qui est relatif aux effets des paratonnerres et aux détails de leur construction s'y trouve développé avec une clarté parfaite. Nous regrettons de ne pouvoir ici reproduire cet ouvrage dans son ensemble, mais nous devons nous borner à en tirer les données essentielles.

La tige d'un paratonnerre a environ 27 pieds de longueur; elle se compose habituellement de trois pièces ajoutées bout à bout, savoir :

    Une barre de fer de. . . . 25 pieds ;
    Une baguette de laiton de. . 22 pouces ;
    Une aiguille de platine de. . 2 pouces.

Leur ensemble forme un cône ou une pyramide qui s'émincit régulièrement jusqu'au sommet, et dont la base a 2 pouces de diamètre (fig. 375).

L'aiguille de platine est soudée à la baguette de laiton avec de la soudure d'argent, et l'on enveloppe encore la jonction avec un petit manchon de cuivre m (fig. 377).

La baguette de laiton se réunit à la barre de fer au moyen d'un goujon c qui entre à vis dans toutes deux (fig. 375). Ce goujon est ensuite fixé dans chacune par deux goupilles à angle droit.

La barre de fer est quelquefois composée de deux parties pour la facilité du transport ; alors ces deux parties s'emboîtent exactement par un tenon pyramidal de 7 à 8 pouces de longueur ; une clavette c qui les traverse, les maintient fortement unies.

Pour ajuster la tige au dessus du bâtiment, on perce le toit, et on la fixe avec des brides ou des étriers solides, soit contre un poinçon, soit contre le faîtage, soit contre le faîtage et un lien r, r et r. (fig. 380). On ne doit s'occuper qu'à lui donner de la solidité, et à empêcher l'eau de s'infiltrer ; il n'y a aucune précaution à prendre qui soit relative aux effets de l'électricité.

Au bas de la tige, à trois pouces du toit, on soude une embase BB', destinée à rejeter l'eau.

Un peu au dessus de l'embase, dans une longueur de 2 pouces, la tige est cylindrique et parfaitement rodée pour recevoir un collier LL' brisé à charnière (fig. 376), qui doit unir la tige au conducteur.

Le conducteur est une barre de fer carrée de 7 à 8 lignes de côté, qui se fixe au collier LL', au moyen du boulon NN', et qui descend ensuite jusqu'au sol; les diverses pièces qui le composent sont assemblées comme on le voit dans la fig. 378. Quelquefois au lieu d'une barre de fer on emploie un câble en fil de fer d'une longueur convenable, et alors il s'ajuste au collier, comme on le voit fig. 379.

Pour que le poids du conducteur ne porte aucun dommage à la couverture, on le fixe sur des pates de 10 en 10 pieds de distance, et à peu près à 5 ou 6 pouces d'élévation; l'une de ces pates est représentée en perspective dans la fig. 381, et en coupe dans la fig. 382. Arrivé à la corniche, on le courbe convenablement pour qu'il en prenne le contour sans le toucher, puis on l'applique contre le mur; on peut l'y fixer avec des crampons de distance en distance, et on l'amène jusqu'au sol. C'est alors qu'il faut redoubler de soins et de précautions, car c'est de la perfection, de la conductibilité que l'on va établir entre le conducteur et le sol que dépend toute l'efficacité du paratonnerre.

Si l'on a à sa disposition un puits qui ne tarisse pas, ou, si avec une tarrière on peut faire un trou jusqu'à la profondeur où l'eau est permanente, il suffira d'y faire arriver le conducteur, en le divisant en plusieurs branches ou racines. Pour multiplier le contact on mènera le conducteur au puits ou au trou par des tranchées creusées dans la terre, que l'on remplira ensuite avec de la braise de boulanger. On aura de cette manière le double avantage de préserver le fer de la rouille et de le mettre déjà en contact avec cette braise qui est un très-bon conducteur.

Lorsque l'on n'aura pas d'eau, il faudra chercher au moins un lieu humide et y mener le conducteur par une longue tranchée, dans laquelle il sera bien enveloppé de braise. On pourra même alors, pour plus de sécurité, former des tranchées perpendiculaires à la première et plus ou moins longues, dans lesquelles on fera passer des ramifications du conducteur. La fig. 383 représente une de ces tranchées, dans laquelle on a construit un canal en briques contenant la braise.

S'il est facile de comprendre que la foudre ne peut pas tomber sur un paratonnerre construit d'après ces principes, il n'est pas moins facile de comprendre qu'elle ne peut pas non plus tomber autour de lui jusqu'à une certaine distance. Le fluide qui sort en abondance par la pointe du paratonnerre se répand dans l'air environnant, et, emporté par la force d'attraction que le nuage orageux exerce sur lui, il arrive au nuage lui-même et neutralise *en partie* l'électricité contraire dont il est chargé. Ainsi, dès qu'un nuage orageux se trouve assez près du paratonnerre pour agir par influence sur lui et sur les corps conducteurs qui en sont voisins, sa puissance est à l'instant diminuée par l'arrivée du fluide contraire, qui sort en plus ou moins grande abondance de l'extrémité de la tige. Ensuite, à mesure qu'il approche, sa puissance décomposante devient plus énergique, mais en même temps il reçoit de la tige une plus grande quantité d'électricité contraire. Le paratonnerre est donc une arme qui devient plus efficace à mesure que le danger devient plus pressant. Son efficacité n'est pas cependant sans conditions : par exemple, si le paratonnerre était dominé par des corps voisins plus élevés que lui, le nuage orageux exercerait sur ces corps une action plus grande que sur le paratonnerre, et l'explosion pourrait s'ensuivre. Si la tige du paratonnerre était environnée de corps très-bons conducteurs, de charpentes en fer, ou de couvertures métalliques d'une grande étenduc, ces corps conducteurs, quoique placés plus bas que la tige, éprouveraient cependant une grande décomposition dans leurs électricités naturelles, et par cela même ils pourraient être frappés de la foudre. Le seul remède qui se présente pour les protéger consiste à les mettre en bonne communication avec la conduite du paratonnerre; car, au moyen de cette communication, les deux fluides contraires pourront s'écouler à mesure qu'ils seront décomposés: celui qui est repoussé s'écoulera dans le sol par la conduite elle-même, celui qui est attiré gagnera le sommet de la tige, et pourra s'écouler librement vers le nuage par l'extrémité de la pointe. Cette théorie si simple condamne comme dangereuse l'invention de quelques praticiens, qui se sont imaginé que sur les édifices à charpente métallique il fallait soigneusement isoler de cette charpente et la tige et toute la conduite du paratonnerre. Heureusement les moyens qu'ils emploient pour obtenir cet isolement sont trop imparfaits pour remplir leur but; et s'ils n'arrivent pas à faire une chose dangereuse, ils font au moins une chose inutile. La théorie veut que l'on fasse précisément le contraire, c'est-à-dire que l'on mette en communication avec le paratonnerre tous les bons conducteurs d'une grande étendue qu'il doit protéger. Avec ces précautions, l'expérience a appris qu'une tige de 27 pieds protége tout ce qui est autour d'elle dans un cercle de 60 pieds de rayon; ainsi le cercle protégé a un rayon à peu près double de la tige.

686. *De la grêle.* La grêle est en même temps l'un des fléaux les plus redoutables pour les propriétés agricoles, et l'un des phénomènes les plus embarrassans pour les météorologistes. Nous essaierons d'abord de rapporter toutes les observations précises qui ont été faites sur la grêle elle-même et sur les circonstances qui l'accompagnent, puis ensuite nous exposerons les hypothèses les moins improbables qui ont été faites pour expliquer sa formation. Nous profi-

terons d'un article très-intéressant que M. Arago a publié sur ce sujet dans l'*Annuaire du bureau des longitudes*, pour 1828.

La grosseur la plus ordinaire des grêlons est à peu près celle d'une noisette; il en tombe souvent de plus petits, auxquels on fait peu d'attention, parce qu'en général ils sont peu dangereux; mais il en tombe trop souvent de beaucoup plus volumineux qui brisent et qui ravagent tout ce qu'ils frappent à la surface de la terre. Nous laisserons de côté les récits des historiens et des chroniqueurs; nous n'admettrons pas avec eux que l'on a vu, sous le règne de Charlemagne, des grêlons de 15 pieds de long sur 6 pieds de large et 11 pieds d'épaisseur, ou que l'on en a vu, sous le règne de Tippo-Saëb, qui étaient gros comme des éléphans; si, chronologiquement, ces exagérations ne remontent pas aux temps fabuleux, on peut bien dire qu'elles y remontent scientifiquement; mais tout en restant dans la limite des faits bien observés, nous trouverons encore sur les dimensions de la grêle des résultats assez étonnans. Ceux que nous allons rapporter peuvent être considérés comme tout-à-fait authentiques. Leur exactitude est garantie par des physiciens connus.

Halley rapporte que le 9 avril 1697 il tomba, dans le Fhistshire, des grêlons qui pesaient 5 onces.

Robert Taylor a mesuré, le 4 mai 1697, dans le Hartfordshire, des grêlons dont le contour était de 14 pouces; c'est 4 pouces de diamètre.

Parent a vu, le 15 mai 1703, à Illiers, dans le Perche, des grêlons gros comme le poing.

Montignot ramassa, le 11 juillet 1753, à Toul, des grêlons de 3 pouces de diamètre.

Volta assure que, dans la nuit du 19 au 20 août 1787, parmi les énormes grêlons qui ravagèrent la ville de Côme et ses environs, l'on en trouva qui pesaient 9 onces.

M. Tessier rapporte que le 13 juillet 1788, dans cet

orage épouvantable qui traversa la France et les Pays-Bas, il se trouvait des grêlons de 8 onces.

Le docteur Noggerath dit que le 7 mai 1822 il tomba à Bonn des grêlons qui pesaient 12 à 13 onces.

Ces témoignages sont sans doute suffisans pour établir comme un fait incontestable qu'il est tombé dans différens pays des grêlons pesant plus d'une demi-livre.

La forme des grêlons est très-variable; ils sont en général arrondis, quelquefois aplatis, et dans le nombre on en trouve très-souvent qui sont anguleux ou qui offrent à leur surface des protubérances ou des saillies remarquables.

Les observations sur la structure intérieure de la grêle sont d'une très-haute importance, parce qu'elles peuvent conduire aux causes qui déterminent les progrès de la congélation; mais ce qu'elles ont appris jusqu'à présent se réduit aux remarques suivantes:

Vers le centre des grêlons on trouve en général une espèce de noyau opaque, assez semblable à cette neige plus ou moins spongieuse qui compose le grésil.

Autour du noyau on ne distingue ordinairement qu'une masse congelée plus ou moins épaisse et très-sensiblement diaphane.

Quelquefois on reconnaît, dans cette masse, des couches distinctes et pourtant transparentes. D'autres fois on peut y compter plusieurs alternatives de couches diaphanes et opaques; cette circonstance mérite toute l'attention des observateurs.

Enfin, l'on trouve des grêlons qui ont une structure *rayonnante* à partir du centre, et quelquefois cette structure remarquable enveloppe la structure intérieure, qui est visiblement concentrique; c'est à M. Deleros que l'on doit cette observation intéressante; il eut occasion de la faire le 4 juillet 1819, dans un orage de nuit, qui répandit la désolation sur plusieurs départemens de l'ouest de la France.

Le docteur Eversman rapporte qu'en 1825, dans un

orage terrible qui couvrit Ordenbourg et ses environs, on recueillit plusieurs grêlons dont le centre ou le noyau était une espèce de pyrite de forme quadrangulaire ; le docteur John de Berlin a eu à sa disposition deux échantillons de ces pyrites, dont il a dû faire l'analyse. On ne devrait rien négliger de ce qui peut donner de l'authenticité à de tels faits.

Il m'a semblé depuis long-temps qu'il serait très-important de déterminer la température de la grêle à l'instant où elle tombe ; j'ai eu occasion de faire seulement deux observations de cette espèce, qui m'ont donné une température comprise entre 3 et 4° au dessous de zéro.

Après ces remarques sur les dimensions, la forme et la structure des grêlons, nous allons rapporter ce que l'on sait des diverses cirsonstances qui accompagnent ou qui précèdent la chute du fléau.

La grêle précède ordinairement les pluies d'orage ; elle les accompagne quelquefois ; jamais, ou presque jamais, elle ne les suit, surtout quand ces pluies ont quelque durée.

Elle tombe toujours pendant très-peu de temps, souvent pendant quelques minutes, rarement pendant un quart d'heure.

La quantité de glace qui tombe des nuages en si peu de temps est prodigieuse ; la terre en est quelquefois couverte d'une couche de plusieurs pouces d'épaisseur.

Nous ne dirons rien ici des désastres qu'elle cause ; c'est comme une mitraille qui tombe du ciel ; elle agit par son poids et par l'impulsion qu'elle a reçue du vent ; car il paraît bien certain qu'elle ne reçoit aucune impulsion étrangère. On peut juger des désastres que produisent sur la terre des grêlons d'une demi-livre ou du moins de plusieurs onces, animés d'une vitesse qui peut être presque aussi grande que la vitesse du vent.

La grêle tombe, à ce qu'il paraît, plus ordinairement pendant le jour que pendant la nuit.

Les nuages qui la portent semblent avoir beaucoup d'é-
tendue et beaucoup de profondeur, car ils répandent, en
général, une grande obscurité : on croit avoir remarqué
qu'ils ont une couleur particulière grise ou roussâtre, et
qu'en même temps leur surface inférieure présente d'é-
normes protubérances, et leur bord des déchirures multipliées.

Plusieurs observateurs pensent que ces nuages sont en
général très-peu élevés ; mais les raisons qu'ils en donnent
ne me semblent pas décisives : souvent les habitans des hautes
collines voient au dessous d'eux les nuages qui courrent
de grêle le fond des vallées ; dans ce cas, il n'y a nul doute :
les nuages sont peu élevés ; on a même ainsi une mesure
exacte de leur hauteur ; mais, dans d'autres cas, il me semble
difficile de juger de leur position, comme on le fait quelquefois par le temps qui s'écoule entre l'apparition de l'é-
clair et l'arrivée du bruit du tonnerre ; car l'explosion
peut avoir lieu au dessous des nuages qui portent la grêle,
et même on peut dire que cela arrive très-souvent, à cause
de ces petits *nuages messagers* qu'on observe presque toujours au moment de l'orage, et qui passent avec une
grande rapidité sous les nuages principaux.

S'il y a de l'incertitude sur ce point, il ne paraît pas
qu'il y en ait sur un autre phénomène qui *précède* la chute
de la grêle de quelques instans, et quelquefois même de
plusieurs minutes : c'est un *bruissement* particulier que
l'on entend dans les airs, et que l'on compare au bruit
que feraient des sacs de noix qui seraient vivement et violemment entrechoqués.

Enfin la grêle est *toujours* accompagnée de phénomènes
électriques : tantôt le tonnerre se fait entendre avant le
bruissement dont nous venons de parler, tantôt il se fait
entendre en même temps ou même pendant que les grêlons dévastent la terre par leur chute précipitée.

Pour donner maintenant une idée de l'étendue du ciel

et de la terre que ce terrible fléau peut occuper, et de la vitesse avec laquelle il peut se propager, nous rapporterons ici quelques détails sur le fameux orage qui a traversé la France et la Hollande, le 13 juillet 1788. Cet orage est sans doute le plus désastreux, le plus effrayant qui ait jamais été vu dans nos climats ; et c'est peut-être aussi celui qui a été le mieux observé. Sur la proposition de M. Tessier, l'Académie nomma des commissaires chargés de faire un rapport sur ce qu'ils pourraient en apprendre, et c'est dans ce rapport rédigé avec un rare talent par M. Tessier, que nous puisons les détails suivans (*Mém. de l'Académie des sciences*, 1790, pag. 263).

L'orage s'est propagé *simultanément* sur deux bandes à peu près parallèles, l'une orientale et l'autre occidentale.

La première est la plus étroite : sa plus grande largeur est de cinq lieues, sa plus petite d'une demi-lieue, sa largeur moyenne deux lieues et un quart.

La seconde est la plus large : sa plus grande largeur est de cinq lieues, la plus petite de trois lieues, et sa largeur moyenne de quatre lieues.

Elles étaient séparées par une bande qui reçut seulement une pluie abondante : sa plus grande largeur était de sept lieues et demi, sa plus petite trois lieues, et sa largeur moyenne cinq lieues et un quart.

A l'orient de la bande orientale et à l'occident de la bande occidentale, il y eut aussi beaucoup de pluie, mais dans une largeur qui n'a pas été déterminée.

Ces bandes sont un peu ondulées, mais leur direction générale court du sud-ouest au nord-est. Une ligne droite tirée d'Amboise à Malines forme à peu près le milieu de la bande orientale, et une autre ligne droite tirée de l'embouchure de l'Indre dans la Loire jusqu'à Gand, forme à peu près le milieu de la bande occidentale.

Sur cette longueur, qui est de plus de cent lieues pour

chaque bande, il n'y eut aucune interruption dans l'orage ; et même d'après des renseignemens précis on peut conclure qu'il couvrit encore plus de cinquante lieues au sud et cinquante lieues au nord, ce qui donne à chaque bande une longuer totale de plus de deux cents lieues ; la lieue est de 2300 toises.

Dans cette immense étendue, tous les points ne furent pas frappés à la fois ; mais on reconnut par la comparaison des heures que l'orage avait une marche très-rapide, depuis les Pyrénées, où il semble avoir pris naissance, jusque dans la Baltique, où l'on en perdit la trace.

Sa vitesse était de seize lieues et demie à l'heure. On peut même constater qu'elle fut à peu près la même sur la bande orientale et sur la bande occidentale, comme on en peut juger par le tableau suivant.

Bande occidentale.

Grêle à   6 h. 1/2 du matin, à Loches en Tourraine.
     à   7 h. 1/2 auprès de Chartres.
     à   8 h.   à Rambouillet.
     à   8 h. 1/2 à Pontoise.
     à   9 h.   à Clermont en Beauvoisis.
     à 11 h.   à Douai.
     à 12 h. 1/2 à Courtray.
     à   1 h. 1/4 à Flessingue.

Bande orientale.

Grêle à   7 h. 1/2 du matin à Artenai, près d'Orléans.
     à   8 h.   à Andonville, en Beauce.
     à   8 h. 1/2 au faubourg Saint-Antoine, à Paris.
     à   9 h. 1/2 à Créspy, en Valois.
     à 11 h.   à Château-Cambresis.
     à   2 h. 1/2 à Utrecht.

On voit que le nuage de la bande orientale avait un peu d'avance sur celui de la bande occidentale,

Dans chaque lieue la grêle ne tomba que pendant 7 à 8 minutes.

Les grêlons n'avaient pas tous la même forme; les uns étaient ronds, les autres longs et armés de pointes; les plus gros pesaient 8 onces.

Le nombre des paroisses dévastées fut en France de *mille trente-neuf*; le dommage qu'elles éprouvèrent fut, par une enquête officielle, évalué à 24,690,000 de francs.

Ce phénomène est parmi tous les phénomènes connus l'exemple le plus prodigieux, et des puissances qui agissent pour rassembler la vapeur d'eau et pour la maintenir suspendue dans les airs, et des puissances qui agissent pour produire au milieu des chaleurs de l'été un refroidissement subit dans diverses région de l'atmosphère.

Après avoir fait connaître ce que l'on sait des effets de la grêle et de leur intensité, nous essaierons maintenant de présenter en peu de mots les opinions qui ont été émises sur leurs causes. Pour expliquer la grêle, il n'y a que deux difficultés, mais elles sont grandes, et nous pouvons le dire d'avance, elles restent au dessus de tous les efforts qui ont été faits pour les résoudre.

Il s'agit de savoir d'abord comment se produit le froid qui congèle l'eau, et ensuite comment un grêlon qui a acquis assez de volume pour tomber par son poids, reste encore suspendu dans les airs pendant tout le temps qu'il lui faut encore pour arriver à un volume de 12 à 15 pouces de circonférence.

Sur la première question, Volta avait pensé que les rayons solaires, en frappant la surface supérieure d'un nuage très-dense, sont absorbés presque en totalité, qu'il en résulte une très-rapide évaporation, et que c'est cette évaporation qui produit assez de froid pour congeler l'eau. Mais l'on pouvait dire, et c'est, je crois, M. Bellani qui l'a dit le premier, on pouvait dire que quand un liquide s'évapore par la chaleur, soit par la chaleur reçue au contact, soit par la chaleur rayonnante, son évaporation ne peut devenir plus rapide qn'à la condition que sa température devienne plus haute, ou en d'autres termes, qu'un liquide ne peut pas à la fois recevoir plus de chaleur, et par cette chaleur elle-même se refroidir davantage sans qu'il intervienne une autre cause.

Si l'on expose, par exemple, deux feuilles de papier également humides, l'une à l'ombre et l'autre au soleil, celle-ci sans doute séchera plus vite : elle aura une évaporation plus grande, mais aussi elle s'échauffera davantage. L'opinion de Volta, malgré l'autorité d'un si grand nom, ne semble pouvoir être soutenue ni par le raisonnement ni par l'expérience.

On a dit ensuite, mais très-vaguement, que le froid est produit par le vent. Cette idée mérite considération. Nous avons vu qu'il y a en effet des vents qui sont toujours accompagnés d'un refroidissement plus ou moins grand ; ce sont ceux que nous avons caractérisés en les appelant *vents d'aspiration*. Le fait prouve qu'ils peuvent produire sur la terre un abaissement de 17°, et il n'y a aucun doute que dans les régions élevées ils ne puissent produire un refroidissement plus grand. Les météorologistes doivent donc porter leur attention sur ce point, afin de constater si les vents qui portent les nuées de grêle sont ou ne sont pas des vents d'aspiration. Si le froid qui porte les grêlons n'a pas cette origine, la difficulté reste entière : il faut chercher d'autres voies pour la résoudre.

Sur la seconde question, Volta avait proposé une théorie qui a eu une grande célébrité, et qui est en effet très-ingénieuse. En admettant que les noyaux des grêlons soient formés, et qu'il existe un froid suffisant pour les grossir, Volta supose que deux vastes nuages chargés d'électricité contraires soient disposés l'un au dessus de l'autre, alors les grêlons, encore très-petits, tombant sur le nuages inférieur, y éprouveront deux effets : 1° en pénétrant à une

certaine profondeur, ils se couvriront d'une nouvelle
couche de glace, parce que la température est très-basse ;
2° ils s'électriseront de l'électricité même du nuage, et seront *repoussés* par lui en même temps qu'ils seront *attirés*
par le nuage supérieur. Ainsi, remontant contre leur
propre poids, ils arriveront au nuage supérieur, où ils
éprouveront deux effets analogues, puis retombant de
nouveau dans le nuage inférieur, ils seront de nouveau
repoussés dans le nuage supérieur, et pourront ainsi *faire
la navette* un très-grand nombre de fois, exactement comme
le représente l'expérience que nous avons rapportée (370).
Mais bientôt, soit que les grêlons deviennent trop lourds,
soit que les nuages perdent leur électricité, où se trouvent
emportés par le vent à des distances trop grandes, la cause
qui maintient la grêle suspendue au milieu des airs sera
insuffisante, et on la verra tomber instantanément presque
en masse.

Volta essayait même d'indiquer les causes qui peuvent
déterminer la formation de deux nuages superposés et
chargés des électricités contraires ; il la trouvait : 1° dans
la propriété qu'il attribuait aux rayons solaires de déterminer une prompte évaporation ; 2° dans la propriété qu'il
attribuait aux vapeurs de s'électriser négativement en se
formant, et positivement en se condensant ; d'après ces
hypothèses, il concevait qu'au dessus d'un gros nuage
frappé par le soleil, s'élève une colonne de vapeur élastique chargée de la même électricité que le nuage, et que
cette vapeur une fois arrivée à une région assez haute et
par conséquent assez froide pour se condenser, se condense
en effet pour former un nouveau nuage chargé d'électricité
contraire. Ces hypothèses sont inadmissibles, mais comme
il est constant, par le fait, que les nuages orageux sont
tantôt positifs ou tantôt négatifs, et comme le mouvement
de *va et vient* des grêlons repose seulement sur ce fait,
il reste à examiner s'il est possible en lui-même. Or, on a

fait beaucoup d'objection contre cette possibilité : plusieurs sont mal fondées, mais les deux suivantes me semblent d'un grand poids.

1° Comment se peut-il qu'une puissance électrique qui n'exerce pas son action d'une manière *brusque et instantanée* soit capable d'enlever un bloc de glace d'une demi-livre ? Comment se fait-il que l'étincelle ne parte pas entre ce bloc et le nuage (387) ? Tout semble indiquer qu'il faudrait pour cela des propriétés électriques différentes des propriétés connues.

2° Si les deux nuages superposés sont fortement électrisés comme ils doivent l'être pour enlever des masses pesantes, et si les grêlons font la navette dans l'espace qui les sépare, comment se fait-il que l'électricité ne s'écoule pas subitement d'un nuage sur l'autre ? Les grêlons ne forment-ils pas entre les nuages une espèce de chaîne de communication qui favorise à un haut degré l'explosion de l'éclair, comme on le voit dans l'expérience elle-même que l'on fait pour imiter la grêle avec des balles de sureau ?

Si ces objections ne détruisent pas la théorie de Volta, elles peuvent du moins la mettre en doute, et prévenir les observateurs qu'il y a encore quelque chose à chercher pour avoir sur ce point toute la vérité.

A côté de la théorie de Volta s'en présente une autre : on peut supposer que le refroidissement étant produit par le vent, c'est aussi la puissance du vent qui entraîne les grêlons horizontalement ou au moins très-obliquement dans l'atmosphère ; qu'ils parcourent ainsi quinze ou vingt lieues, et qu'ils n'ont pas besoin d'être suspendus bien long-temps au milieu des nuages très-denses et très-refroidis pour atteindre le volume énorme qu'ils ont quelquefois. Ainsi ce serait une même cause qui déterminerait la formation et l'accroissement de la grêle. Quand à l'électricité qui accompagne toujours ce phénomène, elle serait une effet et non pas une cause : il est impossible que l'accumulation de vapeur qui est nécessaire pour engendrer la grêle puisse se faire sans un grand dégagement d'électricité, puisque tous les nuages qui viennent se condenser au foyer même où se forme la grêle, y viennent avec une électricité positive ou négative qui acquiert une grande tension par la condensation.

On voit donc, en dernier résultat, que le phénomène de la grêle est encore enveloppé d'une grande obscurité, et qu'il faut encore de bonnes et nombreuses observations pour l'expliquer dans tous ses détails.

Nous pourrions nous dispenser de parler ici de l'invention des paragrêles, car assurément ce n'est pas une invention scientifique; mais puisqu'on en a fait quelque bruit dans ces derniers années, il ne sera pas tout-à-fait hors de propos de dire en quoi ils consistent. On prend une perche de 20 ou 30 pieds de haut, on l'arme d'une pointe de cuivre ou de fer à l'une de ses extrémités, et on la fiche en terre verticalement par son autre extrémité; ordinairement un fil de métal ou une corde de paille descend depuis la pointe jusqu'à la base de la perche. Voilà ce que l'on appelle un paragrêle; on en met quelques milliers de distance en distance au milieu des campagnes, et l'on suppose que la grêle ne pourra ni se former dans le ciel ni dévaster la terre. Voyons ce que la science nous apprend sur les effets que peuvent produire de tels instrumens.

Tous les faits connus sur la météorologie électrique nous conduisent à cette conséquence, qu'il est fort douteux que l'électricité des nuages soit la cause de la grêle, et même qu'il est fort douteux que l'électricité des nuages soit une condition sans laquelle la grêle ne puisse pas avoir lieu. Tous les faits connus sur les propriétés des conducteurs nous conduisent encore à cette autre conséquence, que des instrumens construits comme les paragrêles sont d'une impuissance absolue pour neutraliser l'électricité des nuages, en supposant même qu'ils fussent répandus partout, qu'ils couvrissent toute l'étendue des plaines et des montagnes, toute l'étendue des continens et des mers. Après cela, si quelqu'un vient avec ces instrumens proposer de garantir, contre les atteintes de la grêle, la propriété d'une commune ou même d'une province, il est évident qu'il n'a pas consulté les résultats de la science ; car il aurait pu faire le raisonnement suivant : si l'électricité est la cause de la grêle, les paragrêles ne peuvent rien pour l'empêcher, et si l'électricité n'est pas la cause de la grêle, les paragrêles ne servent à rien.

C'est dans ce sens qu'il est permis de dire que l'invention des paragrêles n'est pas une invention scientifique.

Cependant il faut reconnaître le zèle désintéressé avec lequel plusieurs personnes estimables se sont empressées d'élever des paragrêles et d'en couvrir de vastes cantons. Si leur entreprise n'a pas été conseillée par la science, elle a été conseillée par un sentiment généreux, par le désir d'être utile ; et certes, lorsqu'on voit des pays dévastés, lorsqu'on voit la misère et les malheurs qui suivent les ravages de la grêle, on est bien vivement porté à tout tenter contre ce fléau pour en affranchir l'humanité. Le hasard a souvent produit de grandes choses ; des entreprises qu'un savant n'aurait ni faites ni proposées ont plus d'une fois été couronnées de succès, et tout ce que nous pouvons souhaiter ici, c'est que l'entreprise des paragrêles soit du nombre.

CHAPITRE VI.

De l'équateur magnétique et de l'influence des aurores sur l'aiguille aimantée.

687. LE magnétisme de la terre donne naissance à un grand nombre de phénomènes différens dont nous avons donné une première idée en parlant du magnétisme (liv. III, chap. 2). Mon intention avait été d'abord de rapporter ici toutes les observations relatives à ces phénomènes et de les discuter en détail, pour compléter, autant que possible, la partie de mon ouvrage qui comprend les élémens de météorologie ; mais ce travail a pris beaucoup trop d'étendue ; il m'a été impossible de le renfermer dans les limites que comporte un traité élémentaire. Me trouvant ainsi dans l'obligation de faire un choix, il m'a semblé convenable de donner la préférence aux questions qui se rapportent à l'équateur magnétique et aux aurores boréales. Ces questions sont en même temps les plus intéressantes et celles sur lesquelles on a recueilli jusqu'à ce jour les données les plus satisfaisantes et les plus décisives.

De l'équateur magnétique. — L'équateur magnétique est la ligne *sans inclinaison* ; nous avons déjà indiqué (299) que cette ligne irrégulière fait le tour de la terre en restant toujours dans la zône équatoriale ; elle coupe l'équateur terrestre en plusieurs points, et ne paraît pas s'en écarter au nord et au sud de plus de 15 ou 16 degrés. La *planche* 16 représente la trace de l'équateur magnétique ; c'est une carte qui a été dressée avec des soins

infinis et une très-grande exactitude par le capitaine Duperrey, commandant de l'expédition dans le voyage autour du monde, fait par ordre du gouvernement, pendant
les années 1822, 1823, 1824 et 1825. On peut suivre sur
cette carte la route du bâtiment que commandait M. Duperrey, et voir les points où les observations ont été faites,
soit pendant les relâches, soit pendant la traversée. Pour
faciliter cet examen, nous rapporterons dans les trois tableaux suivans les résultats directs des observations qui ont
servi à déterminer les divers points de l'équateur magnétique : le tableau n° 1 contient les observations de M. Duperrey; les tableaux n° 2 et n° 3 contiennent quelques observations du capitaine Sabine et de M. Jules de Blosseville.

Le signe $+$ indique que l'*extrémité nord* de l'aiguille
était *au dessous* de la ligne horizontale, c'est-à-dire que
l'inclinaison était observée au nord de l'équateur magnétique.

Le signe $-$ indique, au contraire, que l'*extrémité nord*
de l'aiguille était *au dessus* de la ligne horizontale et qu'en
conséquence l'inclinaison était observée au sud de l'équateur magnétique.

TABLEAU

Position de l'équateur magnétique, conclue des observations de la corvette de S. M. *la Coquille*, pendant les années 1822, l'expédition.

NOTA. Les relâches de l'expédition sont comprises entre deux lignes parallèles.

PARAGE où les inclinaisons ont été observées.	DATES.	POSITION DU LIEU DES OBSERVATIONS.	
		Latitude.	Longitude.
	1822.		
Océan atlantique équi-noxial.	23 Sept.	1°.18'.14" N.	25°. 1'.40" O.
	24	0 .13 .30	25 .18 .23
	25	1 .40 . 9	25 .37 .56
	26	2 .47 .37	25 .49 .52
	27	4 .34 .52	26 . 4 . 7
	28	6 .20 .19	26 .14 .32
	1 Oct.	11 .13 .56	26 .23 .56
	1	11 .42 .31	26 .32 .14
	2	12 .55 .12	27 . 4 .17
Passé au sud de l'équateur magnétique.	2	13 .24 .40	27 .12 .55
	3	14 .42 .30	27 .49 .57
	4	16 .43 .10	28 .15 . 5
Océan atlantique austral.	5	19 .30 .29	29 .14 .52
	7	21 .11 .27	32 .49 . 4
	13	25 .33 .12	44 . 3 .46
	15	27 .18 . 0	48 .52 .30
Santa Catharina.	9-20 Nov.	27 .25 .32	51 . 0 .40
	1823.		
Grand Océan équinoxial.	21 Févr.	19 .42 .42	79 . 1 .30
	22	16 .51 .58	79 . 4 .50
En vue de l'île San-Gallan.	23	14 . 6 .18	79 . 6 .28
	24	13 . 0 . 0	79 .15 .18
Callao.	3 Mars.	12 . 3 .10	79 .36 .50
	5	11 .17 .54	80 .50 .36
	6	10 . 5 .21	81 .45 .50
	7	8 .63 .53 S.	82 .47 .29
	8	7 .43 . 7	83 .46 .34
Passé au nord de l'équateur magnétique.	8	6 .50 .43	83 .45 .27
Payta.	13-18	5 . 6 . 4	83 .32 .28

N° I.

l'inclinaison de l'aiguille aimantée, faites, dans la campagne de
1823, 1824 et 1825; par *L. I. Duperrey*, commandant de

DÉCLINAISON.	INCLINAISON moyenne.	LATITUDE magnétique.	POSITION GÉOGRAPHIQUE de l'équateur magnétique.	
			Latitude.	Longitude.
12°.57' N. O.	+ 23°.49',5	12 .27 0" N.	10°.49'.46"S.	22°.12'.55"O.
13 .40	+ 19 .41 ,9	10 . 8 .56	10 . 7 .38	23 . 4 .21
12 .45	+ 18 .35 ,1	9 .32 .37	10 .58 .39	23 .31 . 4
11 .30	+ 18 .13 ,6	9 .21 . 0	11 .57 .21	23 .57 .34
12 30	+ 15 .15 ,5	7 .46 . 0	12 . 9 .49	24 .22 .16
11 .30	+ 11 . 7 ,0	5 .36 .40	11 .50 .13	25 . 6 .35
8 . 0	+ 2 . 9 ,4	1 . 4 .43	12 .18 . 1	26 .14 .44
8 . 0	+ 1 .37 ,3	0 .48 .40	12 .30 .43	26 .25 .20
8 . 0	— 0 .11 ,0	0 . 5 .30S.	12 .49 .45	27 . 5 . 4
8 . 0	— 0 .51 ,3	0 .25 .40	12 .59 .16	27 .16 .34
9 . 0	— 3 .13 ,2	1 .36 .41	13 . 7 . 1	28 . 5 .30
8 . 0	— 6 .28 ,8	3 .15 . 1	13 .30 . 3	28 .43 . 3
7 .56	— 11 . 1 ,2	5 .33 .41	14 . 0 . 0	30 . 2 .46
3 .20	— 12 .42 ,0	6 .25 .44	14 .46 .22	33 .12 .38
5 .10 N. E.	— 20 .25 ,5	10 .32 .50	15 . 2 .56	43 . 4 . 8
6 .30	— 23 . 7 ,2	12 . 3 . 0	15 .19 .39	47 .24 .49
6 .26,2	— 22 .53 ,6	11 .55 .20	15 .34 .42	49 .32 .40
9 .47	— 20 .11 ,5	10 .31. 15	9 .20 .28	77 .10 .48
9 .16	— 14 .50 ,2	7 .31 .40	9 .26 .12	77 .50 .26
9 .33	— 9 .54 ,6	4 .59 .32	9 .10 .55	78 .25 .52
8 . 2	— 8 .25 ,6	4 .14 .11	8 .48 .18	78 .39 .17
9 .30	— 8 .33 ,3	4 .18 . 5	7 .45 .37	78 .54 .14
8 .37	— 7 . 5 ,0	3 .33 .46	7 .46 .26	80 .18 .54
8 .32	— 4 . 7 ,6	2 . 3 .58	8 . 2 .45	81 .27 .14
7 .42	— 2 .19 ,3	1 . 9 .40	7 .44 .50	82 .38 . 5
8 .23	— 0 . 1 ,4	0 . 0 .42	7 .42 .26	83 .46 .28
8 .23	+ 1 .50 ,8	0 .55 .25	7 .45 .32	83 .53 .37
8 .55,6	+ 4 . 5 ,7	2 . 3 . 0N.	7 . 7 .35	83 .51 .39

PARAGE où les inclinaisons ont été observées.	DATES.	POSITION DU LIEU DES OBSERVATIONS.	
		Latitude.	Longitude.
	1823.		
Passé au S. de l'équateur magnétique.	24	6°.22'.46" S.	86°. 3'.23" O.
	25	7 .32 .11	87 .25 .36
	2	18 . 8 .52	100 . 2 . 0
	4	17 .36 .12	104 .39 .50
	6	17 .16 .29	108 .29 . 0
	9	16 .51 . 0	115 .54 .21
	12	16 .51 . 6	125 .30 .30
	15	16 .53 .23	132 . 8 .30
En vue de l'île Clermont-Tonnerre.	Avril. 21	18 .38 .41	137 .57 .56
Taïti.	Nov. 9-12	17 .29 .21	151 .49 .18
En vue des îles de Santa-Cruz.	3	10 .22 . 0	162 .27 . 4 E.
	6	7 .50 . 0	157 . 6 . 4
	Août. 8	5 .16 .40	153 .40 . 4
Port Praslin.	15-19	4 .49 .48	150 .28 .29
En vue des îles Schouten et de la Nouvelle-Guinée.	23	3 .37 .40	148 .34 .41
	27	3 . 5 . 0	141 .41 .43
	29	1 .37 .16	137 .52 .26
	30	0 .20 . 0	135 .59 .15
	31	0 . 4 .36 N.	133 .46 .17
	Sept. 2	0 . 2 .30	131 . 8 .30
Havre d'Offak	8-11	0 . 1 .47 S.	128 .22 .39
Caïeli.	29	3 .22 .33	124 .46 . 0
Amboine.	Oct. 11-12	3 .41 .41	125 .50 . 5
	1824.		
	6	8 .45 .15	175 . 3 .58
	7	7 .30 .41	174 .24 .35
En vue des îles Cocal et Saint-Augustin.	9	6 .22 .18	173 .42 .25
Grand Océan équinoxial.	Mai. 11	4 . 0 .45	173 .18 .54
	13	2 .57 .17	172 .54 .51
	15	1 .45 .22	172 .47 . 0
En vue des îles Gilbert.	15	1 .43 . 0	172 .46 .58

DÉCLINAISON.	INCLINAISON moyenne.	LATITUDE magnétique.	POSITION GÉOGRAPHIQUE de l'équateur magnétique.	
			Latitude.	Longitude.
10°.48' N. E.	— 0°.51',3	0 .25 .39 S.	5°.57'.34"S.	85°.58'.33"O.
10 .47	— 3 .50 ,7	1 .55 .11	5 .56 .51	87 .11 .28
8 . 0	— 27 .36 ,3	14 .39 . 7	4 . 3 .31	98 . 9 . 6
7 . 6	— 27 .14 ,0	14 .25 .52	2 .57 . 8	102 .48 .38
6 .15	— 27 .46 ,9	14 .45 .27	2 .36 .19	106 .50 .48
5 .23	— 27 .29 ,8	14 35 .15	2 .19 .37	114 .31 .14
5 .38	— 27 .35 ,8	14 .38 .50	2 .16 .31	124 .13 . 7
5 .50	— 27 .42 ,7	14 .42 .56	2 .15 . 0	130 .37 .42
4 .51	— 30 .12 ,5	16 .30 .50	2 .11 .25	136 .32 . 2
6 .40,4	— 30 . 3 ,0	16 . 8 . 0	1 .28 . 5	149 .55 .24
7 .12	— 25 .37 ,0	13 .28 .54	3 . 0 .32N	164 . 9 .16 E.
7 .39	— 31 .55 ,9	11 .22 .57	3 .26 .52	158 .37 .16
6 .36	— 20 . 8 ,2	10 .33 .20	5 . 2 .32	154 .52 . 6
6 .48,5	— 20 .40 ,1	10 .40 .50	5 .46 .42	151 .44 .43
5 . 0	— 17 .28 ,0	7 .56 .30	5 .26 .47	159 .15 .32
5 .12	— 17 .57 ,1	9 .12 . 6	6 . 4 .50	142 .33 .51
2 .10	— 16 .16 ,6	8 .18 .20	6 .40 .43	138 .11 .18
2 . 0	— 12 .41 ,5	6 .25 30	6 . 5 .16	136 .12 .48
1 . 0	— 12 .21 ,1	6 .14 .54	6 .18 .35	133 .52 .50
2 .50	— 13 .50 ,1	7 . 1 .20	7 . 3 .29	131 .29 .21
1 . 1,7	— 13 .34 ,3	6 .33 . 0	6 .51 . 9	128 .30 . 4
0 . 31,8	— 20 . 8 ,4	10 .23 .30	7 . 0 .55	124 .51 .47
0 .28,0	— 20 .32 ,3	10 .36 .40	6 .58 .58	125 .55 .18
10 .32	— 16 .34 ,2	8 .27 .42	0 .26 · 6 S.	176 .36 .58
8 .30	— 15 .11 ,3	7 .43 .50	0 . 8 . 3 N.	175 .33 .10
8 . 5	— 12 .25 ,1	6 .17 . 0	0 . 9 . 3 S.	174 .35 .31
9 . 0	— 10 . 9 ,3	5 . 7 . 5	1 . 2 .33 N.	174 . 6 .46
7 .45	— 6 .28 ,1	3 .40 .40	0 .41 .12	173 .24 .35
7 .45	— 3 .35 ,0	1 .47 .26	0 . 1 .13	173 . 1 .31
7 .45	— 3 .13 ,7	1 .36 .56	0 . 6. 57 S.	173 . 0 . 4

PARAGE où les inclinaisons ont été observées.	DATES.	POSITION DU LIEU DES OBSERVATIONS.	
		Latitude.	Longitude.
En vue de l'île Hall. Passé au N. de l'équateur magnétique.	1824. 16 Mai.	0°.40'. 0" S.	171°.58' .46" E.
	17	0 .11 .22 N.	171 . 3 . 4
	18	0 .52 .55	170 .38 .48
	19	1 .32 .48	170 .25 .54
	24	3 .39 .19	169 .38 .55
	29	6 .36 . 0	166 .18 .32
	1 Juin.	5 . 4 . 8	164 . 4 .58
Oualan (îles Carolines).	6-7	5 .21 .25	160 .40 .42
En vue de l'île Hogaleu.	20	8 .39 .49	154 .23 .21
	22	8 .15 .53	151 .46 .18
	23	7 .31 .58	150 .47 . 9
	23	7 .25 . 0	150 .38 .22
	24	7 .27 . 0	150 .48 . 7
	27	7 .13 .10	149 .13 .20
	4 Juillet.	6 .48 .37	143 . 2 .36
	4	6 .50 .38	144 .59 . 7
Passé au sud de l'équateur magnétique.	7	6 .20 .56	144 . 7 .19
	13	0 .40 .11	141 .35 .57
Doreri.	29-30	0 .51 .50 S.	131 .45 . 7
Mer de Java.	23 Août.	6 .11 . 0	119 .39 . 3
Sourabaya.	8-9 Sept.	7 .12 .31	110 .23 . 2
Océan atlantique équi-noxial.	14	5 .30 .28	105 .43 .17
	29 Déc.	20 .23 . 8	2 .28 .50 O.
Ile Sainte-Hélène.	1825. 9-12 Janv.	15 .55 . 0	8 . 2 .55
Passé au N. de l'équateur magnétique.	14	13 . 6 .25	11 . 9 .28
	15	10 .46 .51	12 .49 .12
	16	9 .43 .48	14 .13 .31
	17	8 .16 . 0	15 .44 .20
Ile de l'Ascension.	23-24	7 .55 .10	15 .44 .26

DÉCLINAISON.	INCLINAISON moyenne.	LATITUDE magnétique.	POSITION GÉOGRAPHIQUE de l'équateur magnétique.	
			Latitude.	Longitude.
7°.45'N. E.	— 3°. 4' ,1	1°.32' .7"S.	0°.51'.16"N.	172°.11'.11"E.
8 . 2	— 2 .20 ,5	1 . 1 .16	1 .12 . 2	171 .11 .38
8 .40	— 0 .31 ,5	0 .15 .45	1 . 8 .29	170 .41 .10
10 .15	+ 1 .12 ,5	0 .36 .15N.	0 .57 . 8	170 .19 .27
8 . 1	+ 4 .43 ,3	2 .21 .53	1 .18 .49	169 .19 . 5
8 .15	+ 6 .11 ,1	3 . 6 . 5	3 .31 .51	165 .50 .44
10 . 0	+ 3 .24 ,1	1 .42 . 8	3 .23 .33	163 .47 .14
9 .20,4	+ 3 .10 ,5	1 .35 .20	3 .47 .20	160 .25 .10
7 .30	+ 5 .21 ,7	2 .41 .12	5 .58 .59	154 . 2 . 9
5 .38	+ 3 .49 ,3	1 .54 .47	6 .21 .40	151 .35 . 0
4 . 0	+ 1 .52 ,5	0 .56 .16	6 .35 .50	150 .43 .13
4 .10	+ 1 .33 ,7	0 .46 .51	6 .38 .17	150 .34 .58
5 . 0	+ 1 .41 ,0	0 .50 .31	6 .36 .41	150 .43 .43
5 .43	+ 1 .11 ,2	0 .35 .36	6 .37 .45	149 . 9 .49
3 .30	+ 0 . 3 ,7	0 . 1 .51	6 .46 .46	145 . 2 .30
3 ,30	+ 0 .16 ,2	0 . 8 . 6	6 .42 .33	144 . 8 .37
3 . 0	— 2 . 0 ,0	0 . 9 .46S.	7 .20 .52	144 .10 .27
0 .53	— 12 .13 ,9	6 .11 .15	6 .51 .23	141 .41 .40
1 .35,6	— 14 .35 ,6	7 .25 . 0	6 .33 . 0	131 .57 .30
1 . 0	— 24 . 2 ,1	12 .34 .10	6 .23 . 3	119 .22 .13
0 .10,4 N.O.	— 26 .38 ,6	14 . 5 . 0	6 .52 .29	110 .25 .35
3 . 0	— 23 .41 ,8	12 .22 .40	6 .51 .10	106 .22 .21
21 .50	— 25 .43 ,7	13 .32 .50	7 .31 . 2S.	7 .39 . 90.
19 .34,5	— 15 . 3 ,2	7 .39 .30	8 .42 . 4	10 .40 .16
18 .45	— 8 .47 ,3	4 .25 .12	8 .57 .17	12 .35 .31
18 .40	— 3 . 4 ,5	1 .32 .19	9 .19 .24	13 .19 .15
18 .20	+ 0 . 1 ,9	0 . 0 .57N.	9 .44 .42	14 .13 .13
17 . 0	+ 2 .12 ,8	1 . 9 .26	9 .22 .24	15 .23 .44
16 .52,3	+ 1 .58 ,2	0 .59 . 0	8 .51 .37	16 .27 .10

TABLEAU

Position de quelques points de l'équateur magnétique, conclue
dans l'Océan atlantique pendant l'année

PARAGE où les inclinaisons ont été observées.	DATES.	POSITION DU LIEU DES OBSERVATIONS.	
		Latitude.	Longitude.
Ile San Thomé.	1822. Mai.	0°.24'.41" N.	4°.24'.24" E.
Ile de l'Ascension.	Juin.	7 .55 .10 S.	16 .44 .26 O.
Bahia.	Juillet.	12 .59 .21	40 .53 .23
Maranham.	Août.	2 .31 .43	46 .41 .48

TABLEAU

Position de quelques points de l'équateur magnétique, conclue
dans la mer des Indes, pendant les années 1827 et 1828,

PARAGE où les inclinaisons ont été observées.	DATES.	POSITION DU LIEU DES OBSERVATIONS.	
		Latitude.	Longitude.
Calcutta.	1827.	22°.33'.46" N.	86°. 0'.35" E.
Chandernagor.	id.	22 .51 .30	85 .53 .30
Karical.	1828.	10 .55 . 0	77 .33 . 0
Trinquemalay.	id.	8 .31 .51	78 .51 .10
Jaffnapatam.	id.	9 .10 . 0	77 .40 .53
Arépo.	id.	8 .48 .15	77 .31 . 0
Changani.	id.	9 .46 .35	77 .36 . 0
Batavia.	id.	6 . 9 . 0 S.	104 .26 .45
Ile Kniper.	id.	6 . 2 .15	104 .21 .15
Pondichéry.	id.	11 .55 .40 N.	77 .32 .25

N° II.

des observations de l'inclinaison de l'aiguille aimantée, faites
1822, par le capitaine *Edwards Sabine*.

DÉCLINAISON.	INCLINAISON moyenne.	LATITUDE magnétique.	POSITION GÉOGRAPHIQUE de l'équateur magnétique.	
			Latitude.	Longitude.
» »	— 0°. 4' ,0	0°. 2'. 0"S.	0°.26'.41"N.	4°.24'. 4"E.
16°.52' N. O.	+ 5 .10 ,0	2 .35 . 2N.	10 .23 .50 S.	15 .58 .44 O.
2 . 0	+ 4 .12 ,0	2 . 6 .10	15 . 5 .26	40 .48 .52
1 .37 N. E.	+ 23 . 6 ,0	12 . 2 .30	14 .34 . 0	46 .54 .30

N° III.

des observations de l'inclinaison de l'aiguille aimantée, faites
par M. *Jules de Blosseville*, officier de la marine royale.

DÉCLINAISON.	INCLINAISON moyenne.	LATITUDE magnétique.	POSITION GÉOGRAPHIQUE de l'équateur magnétique.	
			Latitude.	Longitude.
2°.38' ,1 N. E.	+ 26°.32' ,9	14°.1'.35"N.	8°.33' .2"N.	85°.20'.32"E.
2 .39 ,9	+ 26 .47 ,0	14 . 9 .54	8 .42 .30	85 .17 . 0
1 .14 ,0	+ 1 .51 ,5	0 .55 .45	9 .59 .16	77 .31 .45
1 . 8 ,0	— 2 .38 ,6	1 .19. 21 S.	9 .51 .11	78 .52 .44
1 .16 ,0	— 0 .39 ,8	0 .19 .53	9 .59 .52	77 .41 .20
1 .16 ,0	— 2 .17 ,6	1 . 8 .49	9 .57 . 1	77 .32 .12
1 .16 ,0	— 0 .36 ,6	0 .18 .17	10 . 4 .52	77 .36 .24
0 .31 ,1	— 25 .55 ,8	13 .39 .50	7 .30 .48	104 .34 . 6
0 .31 ,1	— 25 .32 ,7	13 .26 .24	7 .24 . 7	104 .28 .29
1 .13 ,0	+ 3 .43 ,1	1 .51 .39 N	10 . 4 . 3	77 .29 .55

Avant d'indiquer comment l'on a obtenu les divers nombres de ces tableaux, nous ferons remarquer que l'équateur magnétique ne coupe l'équateur terrestre qu'en deux seuls points qui sont presque diamétralement opposés, l'un se trouvant près de l'île Saint-Thomé, non loin du méridien de Paris, et l'autre à peu près entre les îles Carolines et les îles Sandwich, à environ 180° de longitude. Ces points, si importans pour la théorie du magnétisme terrestre, se nomment *les nœuds* de l'équateur magnétique; leur position précise est pour le premier 5° 20′ de longitude orientale, et pour le second 185° 30′ de longitude occidentale. Entre les nœuds, à l'occident du méridien de Paris, l'équateur magnétique est dans l'hémisphère austral; il y prend des latitudes rapidement croissantes en traversant l'océan Atlantique, s'approche de l'île Saint-Hélène, repasse au delà de l'île de l'Ascension qu'il laisse au nord, et vient pénétrer dans le continent d'Amérique sur la côte du Brésil à 15° de latitude près de Saint-George-dos-Ilheos; à mesure qu'il avance dans les terres, il prend encore des latitudes australes un peu croissantes jusqu'à Cuaybas, latitude 16°, qui paraît être la limite de son excursion vers le sud; ensuite il se rapproche de l'équateur terrestre, et vient sortir du continent sur la côte du Pérou, près de Truxillo, à 8° seulement de latitude australe; à partir de là, sa marche paraît beaucoup plus régulière dans le grand Océan équinoxial; il se rapproche graduellement de l'équateur terrestre jusqu'au second nœud. Là il passe dans l'hémisphère boréal, où sa marche n'est connue, par des observations récentes, que dans une très-petite portion de son cours, depuis le nœud jusqu'à Bornéo, par M. Duperrey, et de Bornéo à la pointe de Ceylan, par M. de Blosseville. On ne sait rien sur la véritable direction qu'il prend dans l'intérieur de l'Afrique; mais quelques observations plus anciennes semblent indiquer qu'il s'étend assez régulièrement depuis le détroit de Bab-el-Mandeb, à l'entrée de la mer Rouge, jusqu'à l'île

Saint-Thomé où le capitaine Sabine fixe son premier nœud.

Nous allons indiquer maintenant les méthodes que l'on emploie pour déterminer la trace de l'équateur magnétique sur la terre, et pour assigner les longitudes et les latitudes géographiques de ses divers points.

1°. A chaque station soit sur terre, soit à la mer, on détermine la longitude et la latitude géographiques, et ensuite on observe la déclinaison et l'inclinaison comme nous l'avons indiqué (livre III, chap. 2); seulement, à la mer, on est souvent obligé de se contenter d'une seule observation d'inclinaison.

2°. Quand l'inclinaison obtenue dans une station donnée ne dépasse pas 5o degrés, l'on admet que la moitié de la tangente de cette inclinaison est égale à la tangente de *la latitude magnétique*. Ainsi, en désignant par i l'inclinaison et par m la latitude magnétique, on admet que ces deux angles i et m sont liés entre eux par la relation

$$\text{Tang. } m = \frac{\text{tang. } i}{2}.$$

Ce qui permet de calculer m quand on a observé i.

La *latitude magnétique* d'une station est comptée sur le méridien magnétique de cette station; c'est l'arc de ce méridien compris entre la station elle-même et l'équateur magétique.

Ayant donc calculé m par la formule précédente au moyen de la valeur i de l'inclinaison observée, connaissant d'ailleurs la déclinaison du lieu ou la trace du méridien magnétique, il suffit de compter sur ce méridien, en le prolongeant vers l'équateur magnétique, un arc qui soit égal à la valeur de m. L'autre extrémité de cet arc sera le point correspondant de l'équateur magnétique. Il est facile de voir à présent comment l'on pourra en déterminer la longitude et la latitude géographiques.

Les lignes ponctués que l'on voit sur la carte, entre l'é-

quateur magnétique et la route de la corvette *la Coquille*,
sont précisément les latitudes magnétiques qui ont servi à
trouver divers points de l'équateur magnétique ; et elles sont
par conséquent aussi les directions de la déclinaison pour
chaque point correspondant de la route. On voit que les
déclinaisons sont occidentales dans l'Océan atlantique ;
qu'elle deviennent orientales près de Rio de Janeiro,
et qu'elles continuent d'être orientales jusque dans la mer
de Java où elles commencent à être très-faibles.

Cette construction graphique de l'équateur magétique
nous explique les irrégularités apparentes et les directions
anguleuses qu'il semble affecter dans l'Océan atlantique,
sur la côte occidentale de l'Amérique, et surtout près du
deuxième nœud au milieu des iles Carolines. On voit que
de petites erreurs dans l'inclinaison et dans la déclinaison
d'un lieu peuvent concourir à déplacer sensiblement le
point de l'équateur magnétique correspondant, et l'on
conçoit combien ces erreurs sont faciles à commettre, ou
plutôt combien elles sont inévitables dans les observations
qui sont faites à la mer. Cependant les habiles observateurs
parviennent à atténuer ces erreurs : pour s'en assurer il
suffit de comparer les quatre points A, B, C et D de l'équateur magnétique qui ont été déterminés par les observations du capitaine Sabine, dans l'Océan atlantique, A au
nord de l'ile Saint-Thomé, B au sud de l'ile de l'Ascension,
C auprès de la côte occidentale de l'Amérique et D dans
l'intérieur de ce continent; on sera frappé des petites différences qui existent entre les positions de ces points et
celles qui ont été déterminées dans les mêmes parages par
le capitaine Duperrey.

Le plus sûr moyen de figurer exactement l'équateur magnétique, tel qu'il est aujourd'hui sur le globe, serait, sans
contredit, d'en suivre la trace sur les continens et sur les
mers. Des voyages scientifiques entrepris uniquement dans
ce but pourraient seuls résoudre cette grande question ;

et l'on peut espérer que le gouvernement français ne tardera pas à en offrir les moyens à nos savans voyageurs.

Wilke est le premier physicien qui se soit occupé de déterminer la trace de l'équateur magnétique (*Mém. de Stockholm*, 1768) avec les observations très-imparfaites que l'on avait à cette époque ; il trouva que l'équateur magnétique était un grand cercle de la sphère terrestre, incliné de 12° sur l'équateur.

M. de Humboldt détermina un grand nombre de points nouveaux dans son célèbre voyage en Amérique. Ces points sont rapportés sur la carte planche 16 ; on les a marqués du signe $+$; ils sont compris entre l'île Gallego et la côte occidentale de l'Amérique. C'est en discutant ces observations que MM. de Humboldt et Biot reconnurent d'abord l'inexactitude du cercle indiqué par Wilke, et parvinrent à une relation entre l'inclinaison et la latitude magnétique ; cette relation, qui se présentait sous une forme compliquée, fut bientôt après simplifiée par Bowdich, Molveïde et Kraft (*Mém. de Pétersbourg*, 1809), et réduite à la forme que nous avons indiquée :

$$\text{Tang. } m = \frac{\text{tang. } i}{2}$$

Cette relation est tout-à-fait empirique ; on a reconnu en discutant les observations qu'elle les représente assez fidèlement lorsque l'inclinaison ne dépasse pas une trentaine de degrés. La difficulté qui se présente pour trouver une formule qui s'étende à de plus grandes inclinaisons et à de plus grandes latitudes magnétiques résulte sans doute des grandes variations de la déclinaison et par conséquent des cercles très-diversement inclinés sur lesquels il faudrait compter les latitudes magnétiques.

Hansteen en 1819 construisit un autre équateur magnétique (planche 7 du grand Atlas magnétique) ; mais, par une faute de signe dans l'inclinaison observée par Cook à

l'île de Noël, le 1ᵉʳ janvier 1778, Hansteen fut conduit à
une courbe très-irrégulière et très-inexacte pour la plus
grande partie de l'Océan pacifique ; il a depuis corrigé cette
erreur dans les annales de Gilbert.

M. Morlet a aussi présenté à l'Institut deux mémoires sur
ce sujet ; dans le premier il a construit l'équateur magnétique en discutant des observations de Cook, Bayly d'Al-
rimpe, Lacaille, etc. ; dans le second, il construit l'équateur
magnétique d'après les observations de MM. Duperrey et
Sabine ; et il arrive à cette conséquence qu'il avait déjà indiquée, savoir : que l'équateur magnétique a un mouvement de translation d'orient en occident. Mais l'on doit remarquer que c'est depuis un petit nombre d'années seulement
que l'on sait observer l'inclinaison avec exactitude, et que
toutes les observations antérieures au commencement de ce
siècle sont très-probablement affectées de quelque cause
d'erreur, dépendant non pas de l'habileté de l'observateur,
mais de l'imperfection de l'instrument lui-même et de l'imperfection des procédés d'observation. Les conséquences
que l'on pourrait tirer, en comparant l'équateur actuel à
cet équateur fondé sur d'anciennes observations, portent
donc avec elle une très-grande incertitude. C'est pour cette
raison qu'il serait si important d'avoir enfin pour notre époque une carte exacte et complète de l'équateur magnétique ; cette carte pourrait seule servir de point de départ
pour des discussions qui ont un si haut degré d'intérêt dans
la science, et qui pourraient aussi avoir leur utilité dans la
navigation.

688. *Des aurores boréales et de leur rapport avec l'aiguille aimantée.*

Le phénomène des aurores boréales est assez rare dans
nos climats, mais il devient plus fréquent à mesure que l'on
s'avance vers le nord, et dans les hautes latitudes ses apparences sont si régulières et si permanentes que l'on peut
dire avec raison que l'aurore boréale est le soleil des ré-

gions polaires. Les voyageurs qui ont visité ces parages, ou
même les habitans du nord de l'Écosse, de la Norwège,
de la Laponie, et des contrées septentrionales de l'Asie et
de l'Amérique, racontent en effet que les aurores boréales
répandent au loin une éclatante lumière, colorée des plus
vives nuances, qu'une vaste étendue du ciel semble être en
feu et que la terre elle-même en est resplendissante. Ce phénomène n'est pas rapide et passager comme la lumière de
l'éclair; il se montre toujours pendant plusieurs heures, et
souvent même il persiste pendant toute la durée des longues nuits de ces climats; son éclat cependant n'est pas
calme et invariable comme celui des astres; on le compare
à des flammes immenses qui se déploient dans les hautes
régions du ciel, qui s'agitent dans tous les sens, se heurtent, s'éteignent et se raniment avec une prodigieuse rapidité. Un si grand spectacle qui imprime à la fois tant de ter-
reur et d'admiration à ceux qui le contemplent, ne pouvait
manquer d'attirer l'attention des physiciens; on a tenté depuis long-temps de découvrir les conditions sous lesquelles
l'aurore boréale prend le plus vif éclat et les apparences les
plus complètes, et de remonter, autant que les données le
permettent, à la véritable cause de ce phénomène. Nous allons essayer de donner une analyse de ce que la science a
pu recueillir sur ce vaste sujet.

Il parait que l'aurore boréale ne peut se développer
complètement que quand le ciel est sans nuages, ou du
moins quand il ne présente que ces vapeurs plus ou moins
légères, que l'on voit en général à l'horizon et qui ne s'é-
lèvent jamais à une grande hauteur.

Si l'aurore boréale doit paraitre, on commence, après
la chute du jour, à distinguer une lueur confuse vers
le nord; bientôt des jets de lumière s'élèvent au dessus de
l'horizon; ils sont larges diffus et irréguliers; on remarque en général qu'ils tendent vers le zénith. Après ces
pparences, déjà très-variées, qui sont comme le prélude

du phénomène, on voit à de grandes distances deux vastes
colonnes de feu, l'une à l'occident et l'autre à l'orient, qui
montent lentement au dessus de l'horizon et qui parviennent
à une grande hauteur; pendant qu'elles s'élèvent avec des
vitesses inégales et variables, elles changent sans cesse de
couleur et d'aspect; des traits de feu plus vifs ou plus
sombres en sillonnent la longueur ou les enveloppent tor-
tueusement; leur éclat passe du jaune au vert foncé ou au
pourpre étincelant. Enfin, les sommets de ces deux colonnes éblouissantes s'inclinent, se penchent l'un vers l'autre et se réunissent pour former un arc ou plutôt une voûte
de feu d'une immense étendue. Quand l'arc est formé il se
soutient majestueusement dans le ciel pendant des heures
entières; l'espace qu'il enferme est en général assez sombre, mais d'instans en instans il est traversé par des lueurs
diffuses et diversement colorées. Au contraire, dans l'arc
lui-même on voit incessamment des traits de feu d'un vif
éclat qui s'élancent au dehors, sillonnent le ciel verticalement comme des fusées étincelantes, passent au delà du
zénith et vont se concentrer dans un petit espace à peu près
circulaire que l'on appelle *la couronne* de l'aurore boréale.
Dès que la couronne est formée le phénomène est complet,
l'aurore a déployé dans le ciel tous les plis de sa robe de
feu, on peut la contempler dans toute sa majesté. Après
quelques heures, ou d'autres fois après quelques instans
la lumière s'affaiblit peu à peu, les fusées ou les jets deviennent moins vifs et moins fréquens, la couronne s'efface,
l'arc devient languissant, et enfin l'on n'aperçoit plus que
des lueurs incertaines qui se déplacent lentement et qui
s'éteignent.

Telle est, au rapport des voyageurs, l'apparence de l'aurore boréale quand elle se montre dans sa plus grande
magnificence; mais soit que l'état du ciel ou les circonstances amosphériques ne soient pas toujours favorables,
soit que les conditions elles-mêmes qui déterminent le phé-

nomène ne soient pas toujours satisfaites en même temps, il arrive très-rarement que l'on puisse observer une aurore boréale complète, même dans les régions septentrionales. Tantôt la couronne ne se forme que d'une manière vague et incertaine, tantôt l'arc est incomplet ou multiple dans quelques points, tantôt enfin l'on aperçoit des nuages qui interceptent la lumière, qui se colorent sur leurs bords ou dans leur épaisseur et qui altèrent par mille accidens plus ou moins remarquables la forme régulière de l'aurore boréale. Alors on distingue encore vers le nord une lumière extraordinaire, mais le phénomène est confus et mal défini. On conçoit qu'il puisse offrir mille apparences plus ou moins étonnantes.

Nous avons décrit l'aurore boréale, comme si l'observateur la voyait vers le nord; mais il arrive souvent dans les hautes latitudes septentrionales que l'observateur voit l'aurore vers le sud par rapport à la station où il se trouve.

Nous n'avons parlé que de l'aurore boréale de l'hémisphère boréal; mais on a observé un phénomène tout-à-fait semblable dans l'hémisphère austral, et il n'y a aucun doute que vers le pôle sud de la terre il ne se produise aussi des aurores boréales ou si l'on veut des *aurores australes*.

Voici maintenant les rapports qui semblent exister entre les aurores boréales et le magnétisme.

1°. Le sommet de l'arc de l'aurore boréale se trouve toujours sur le méridien magnétique du lieu de l'observation; ou du moins il ne semble pas s'en écarter d'une manière sensible.

2°. La couronne de l'aurore boréale se trouve toujours sur le prolongement de l'aiguille d'inclinaison du lieu de l'observation. Aussi à Paris, si l'on observait une aurore boréale complète, la couronne irait se former vers le sud à 50° environ au delà du zénith, dans un plan vertical incliné de 22° au méridien terrestre.

Ces relations remarquables ont été indiquées depuis long-temps ; mais il ne serait pas sans intérêt pour la science de les vérifier par des observations exactes, car il semble à peu près impossible qu'elles se confirment avec la même précision pour tous les observateurs qui regardent une même aurore boréale.

5°. L'aurore boréale dérange de leurs positions ordinaires l'aiguille d'inclinaison et l'aiguille de déclinaison, et elle produit ces dérangemens même dans les lieux d'où elle ne peut être vue. Ainsi les aurores boréales polaires, qui ne peuvent en aucune manière être vues à Paris, affectent les aiguilles horizontales et verticales de l'observatoire de Paris. En général, dès le matin du jour où l'aurore boréale doit se montrer dans quelques régions des pôles, l'aiguille de déclinaison de Paris se dévie à l'occident, et le soir elle se dévie à l'orient. Ces déviations s'élèvent souvent à 12 ou 15 minutes. C'est à M. Arago que l'on doit cette observation fondamentale ; il l'avait annoncée dès l'année 1825 ; depuis cette époque il tient un registre exact des dérangemens qu'éprouvent les aiguilles de l'Observatoire, et il compare ensuite les instans de ces dérangemens avec les observations d'aurores boréales qui sont faites aux États-Unis, en Écosse, en Norwège ou sur les différentes mers polaires par les navigateurs. On peut voir les résultats de ces comparaisons dans les numéros de décembre des *Annales de physique et de chimie* ; on est frappé de la coïncidence parfaite qui existe entre l'apparition de l'aurore boréale dans quelques points du nord et le dérangement de l'aiguille de Paris ; tellement que l'on est forcé de conclure avec M. Arago, que le dérangement de l'aiguille de Paris est un moyen sûr de prédire les aurores boréales qui se font voir aux Lapons aux Groenlandais et à tous les habitans des régions polaires. M. Arago a essayé de voir si les *aurores australes* dérangent l'aiguille de Paris ; mais jusqu'à présent les aurores australes dont on lui a communi-

qué les époques coïncidaient avec quelques aurores boréales; ainsi il n'y avait pas moyen de décider si les dérangemens de l'aiguille venaient du pôle nord ou du pôle
sud.

A l'exemple de M. Arago, plusieurs observateurs en
Écosse, en Allemagne, en Russie, et même en Chine, suivent les mouvemens de l'aiguille aimantée, et l'on peut
espérer que dans peu d'années nous aurons des résultats
précieux sur cette grande question.

Je voudrais pouvoir indiquer maintenant la cause des
aurores boréales; mais la science ne possède à cet égard
que des aperçus bien vagues : on sait à peine si les aurores boréales sont un phénomène atmosphérique. Voici
cependant ce que l'on a pu recueillir sur ce sujet.

La plupart des voyageurs qui ont visité les régions septentrionales pour observer les aurores boréales ont voulu
s'assurer si ce phénomène est accompagné de quelque bruit
perceptible. Presque tous s'accordent à déclarer qu'ils n'ont
jamais pu entendre de bruit, même pendant les aurores boréales les plus éclatantes; mais en même temps ils ajoutent
qu'ils ont recueilli parmi les habitans de ces contrées des
témoignages irrécusables sur ce fait, et qu'ils sont obligés de
croire que souvent les aurores boréales sont accompagnées
d'un bruit ou d'un bruissement plus ou moins distinct,
qu'ils ne peuvent comparer, d'après le récit unanime qu'on
leur en a fait, qu'à des pétillemens semblables à ceux de
l'étincelle électrique.

Si le fait du bruit de l'aurore boréale était constaté,
seulement pour quelques cas particuliers, on pourrait conclure avec certitude que ce phénomène est produit dans
l'atmosphère, car, hors de l'atmosphère, il n'y a point de
bruit.

D'autres observateurs ont essayé de mesurer directement
la hauteur des aurores boréales. Une série d'observations
assez complète a été entreprise sur ce sujet pendant l'un

des voyages du capitaine Franklin par le lieutenant Robert Hood et le Dr Richardson.

Le premier de ces observateurs était établi à *Cumberland-House* :

Latitude. . . . . . . 55° 56′ 4″;
Longitude. . . . . . 102° 16′ 41″ ouest;
Déclinaison. . . . . 17° 17′ 51″ est;
Inclinaison. . . . . 85° 12′ 50″.

Le second à *Basquiau-Hill* ou dans les environs. Plusieurs observations simultanées ont donné six à sept milles anglais d'élévation au dessus de la terre pour les points de l'aurore boréale qui étaient observés. Il en résulterait donc que le phénomène serait produit dans l'atmosphère et même à une assez petite hauteur au dessus de l'horizon. Il y a cependant une observation de M. Dalton qui ne s'accorderait pas avec cette conséquence. M. Dalton a calculé les dimensions d'une aurore boréale très-remarquable qui fut vue à la fois, le 29 mars 1826, entre 8 et 10 heures du soir, à Manchester, à Édimbourg et dans d'autres lieux. L'illustre savant de Manchester trouve que le sommet de l'arc de cette aurore boréale s'élevait à 100 milles anglais (environ 33 lieues), que la largeur de l'arc était de 3 lieues, et que son amplitude de l'est à l'ouest était de 167 lieues. (*Ann. de phys. et de chim.* t. 36, pag. 404, et *Trans. philosoph.*)

Ainsi des deux moyens qui se présentent pour reconnaître si l'aurore boréale est dans l'atmosphère, aucun n'a encore fourni jusqu'à présent des données incontestables.

On peut bien présumer que l'électricité atmosphérique répandue dans les hautes régions de l'air est la vraie cause des aurores boréales, comme le physicien Canton l'avait annoncé dès que l'on eut connaissance des phénomènes que présente le fluide électrique dans l'air dilaté. Mais il serait prématuré de discuter cette supposition ou de chercher à la développer avant que l'on ne soit parvenu par des observations décisives à démontrer que le phénomène des aurores boréales est véritablement un phénomène atmosphérique.

FIN DE LA DEUXIÈME PARTIE DU DEUXIÈME ET DERNIER VOLUME.

DEUXIÈME PARTIE.

Page 392, lig. 20, L G L', *lisez* L C L'.
    415,   2, s p, *lisez* L P.
    468,   17, des, *lisez* de.
    478,   17 et 18, dans la en disposant un écran plaque, *lisez* dans la plaque en disposant un écran.
    527,   6, $\sin^2 \lambda = 0°$, *lisez* $\sin^2 \lambda = 0$
    530,   4, naturel, *lisez* naturelle.
    567,   16, KK', *lisez* K'K'
    569,   6, $\frac{2}{7}$, *lisez* $\frac{7}{2}$
    589,   5, dispenser, *lisez* disperser.
    592,   19, Fig. 1000, *lisez* Fig. 335.
    595,   20, du gaz, *lisez* des gaz.
    635,   7, saious, *lisez* saisons.
    635,   18, peuvent éprouver, *lisez* peut éprouver.
    646,   31, conductrices et rayonnantes, *lisez* conductrice et rayonnante.
    655,   20, et de celle, *lisez* et celle.
    Id.,   34, moine, *lisez* moins.
    656,   22, décisive, *ajoutez* de préférence.
    664,   3, 100°, *lisez* 300°.
    Id.,   9, caloriques, *lisez* calorifiques.
    Id.,   18, 100°, *lisez* 300°.
    674,   9, le tiennent, *lisez* les tiennent.
    678,   27, 4° 4, *lisez* 4°, 1
    679,   6, température maximum, *lisez* température du maximum de densité.
    Id.,   16 et 17, à une température plus haute, *lisez* à un degré plus élevé.
    680,   4, 4° 4, *lisez* 4°, 1.
    683,   33, froment, *lisez* forment.
    695,   20, — 15°, *lisez* — 20°.
    697,   24, affecté, *lisez* affectée.
    698,   4, calorique, *lisez* calorifique.
    700,   16, vapeur, *lisez* vapeur vésiculaire (666).
    701,   12, les effets, *lisez* ses effets.
    704,   23, le mois, *lisez* les mois.
    709,   7, différentes, *ajoutez* heures.
    713,   5, les capillarités, *lisez* la capillarité.
    Id.,   13, de corrections, *lisez* des corrections.
    714,   3, dilatation de l'échelle, *lisez* dilatation linéaire de l'échelle.
    715,   33, où, *lisez* et.
    728,   2, quelques centièmes d'acide carbonique, *lisez* quelques dix millièmes d'acide carbonique.
    731,   34, 1°0, *lisez* 10°.
    731,   2, 2°0, *lisez* 3°°.

Page 732.   16, 3oo. *lisez* 3o°.
Id. ,   14, tranchée, *lisez* tranché.
734, lig. 15, de l'éther, *lisez* de la vapeur d'éther.
Id. ,   16 et 19, B, *lisez* B'.
736,   20, contenue, *lisez* contenu.
739,   27, électrique, *lisez* élastique.
764,   27, Chlani, *lisez* Chladni.
785,   10, de l'alcool, *lisez* et l'alcool.
788,   11, s'observa, *lisez* s'observe.
791,   16, E' et E'', *lisez* e et é.
793,   15, 4o 17', *lisez* 4o° 17'.
795,   7, la rouge. *lisez* le rouge.
Id.,   18, triple, *lisez* double.
800;   18, mêmes, *lisez* même.
808,   4, meilleurs, *lisez* meilleures.
810,   23, il a, *lisez* il y a.
812,   21, (365), *lisez* (336).
813,   32, paral, *lisez* paraît.
816,   33, j'ai en, *lisez* j'ai eu.
823,   10, singuliers, *lisez* singulières.
827,   5, aucun qui ne soit accompagné, *lisez* aucune qui ne soit ac‑
                  compagnée.
Id.,   9, au moins, *lisez* ou moins.
837,   51, Delcros, *lisez* Delcros.
842,   14, région, *lisez* régions.
843,   32, supose ; *lisez* suppose.
Id.,   34, nuages, *lisez* nuage.
844,   13, où, *lisez* ou
Id. ,   33, ou, *lisez* et.
845,   33, Quand à, *lisez* Quant a.
846,   14, derniers, *lisez* dernières.

TABLE

DES MATIÈRES

CONTENUES DANS LA SECONDE PARTIE DU DEUXIÈME
VOLUME.

SUITE DU LIVRE HUITIÈME.

LIVRE HUITIÈME. — Seconde partie.

ÉLÉMENS DE MÉTÉOROLOGIE.

LIVRE NEUVIÈME.

FIN DE LA TABLE DE LA SECONDE PARTIE DU DEUXIÈME
ET DERNIER VOLUME.

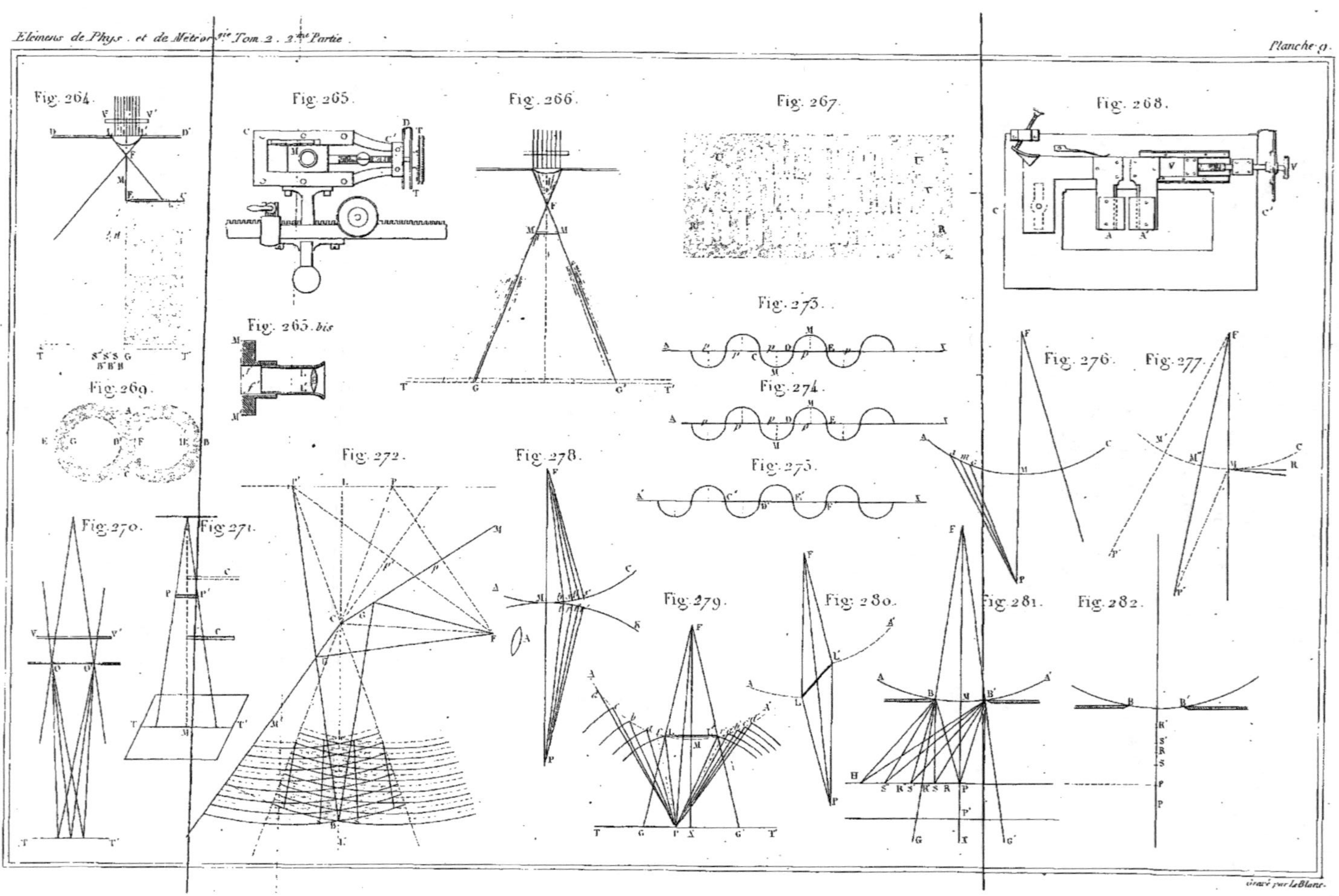

Fig. 264.
Fig. 265.
Fig. 265. bis
Fig. 266.
Fig. 267.
Fig. 268.
Fig. 269.
Fig. 270.
Fig. 271.
Fig. 272.
Fig. 273.
Fig. 274.
Fig. 275.
Fig. 276.
Fig. 277.
Fig. 278.
Fig. 279.
Fig. 280.
Fig. 281.
Fig. 282.

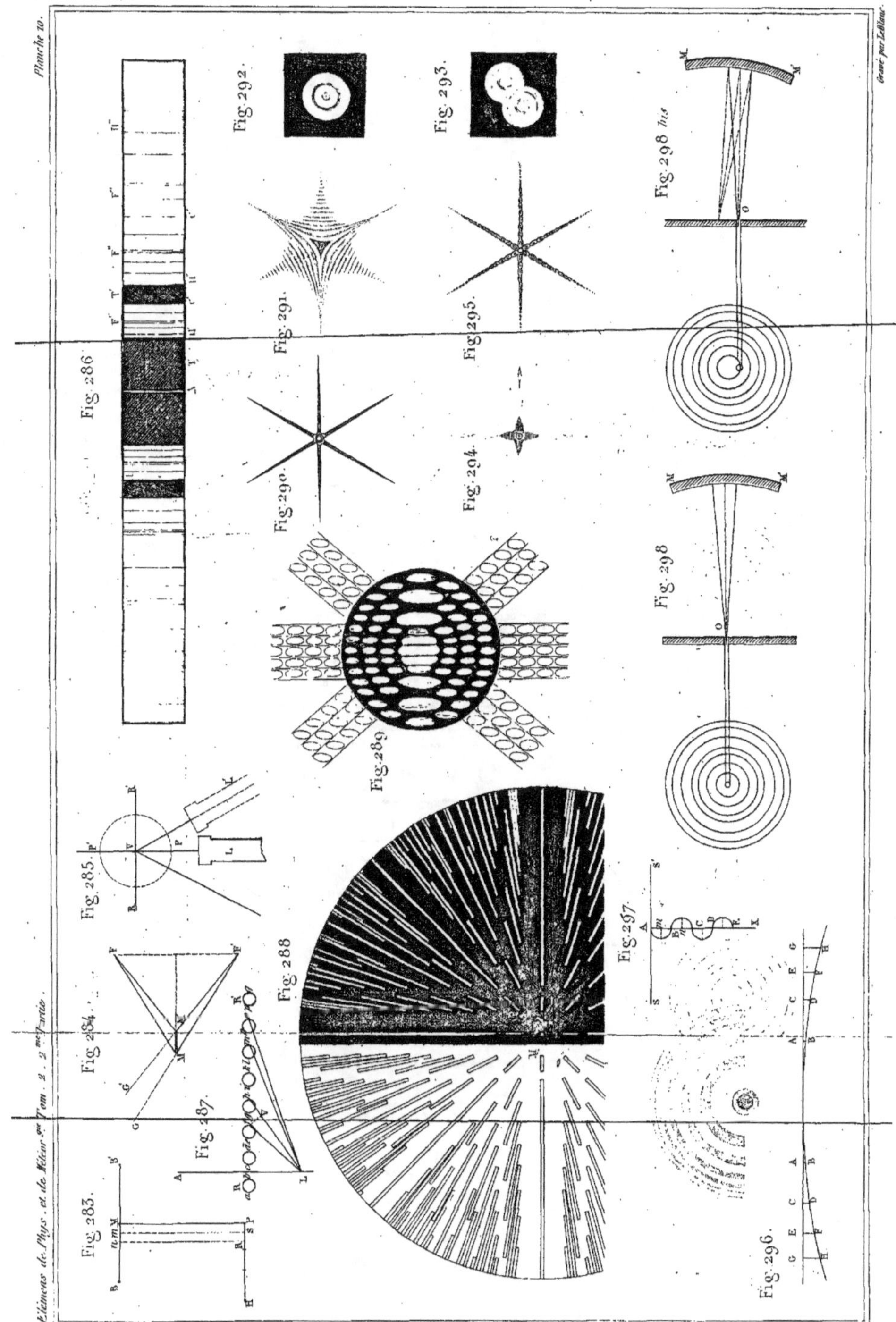

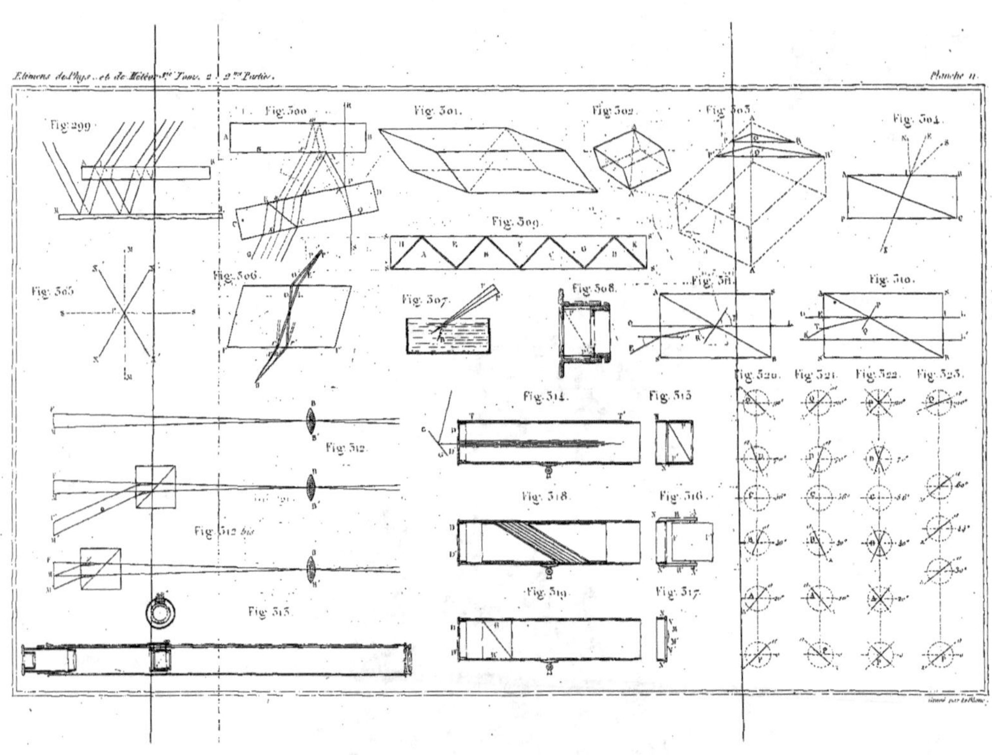
Fig. 299.
Fig. 300.
Fig. 301.
Fig. 302.
Fig. 303.
Fig. 304.
Fig. 305.
Fig. 306.
Fig. 307.
Fig. 308.
Fig. 309.
Fig. 310.
Fig. 311.
Fig. 312.
Fig. 312 bis.
Fig. 313.
Fig. 314.
Fig. 315.
Fig. 316.
Fig. 317.
Fig. 318.
Fig. 319.
Fig. 320.
Fig. 321.
Fig. 322.
Fig. 323.

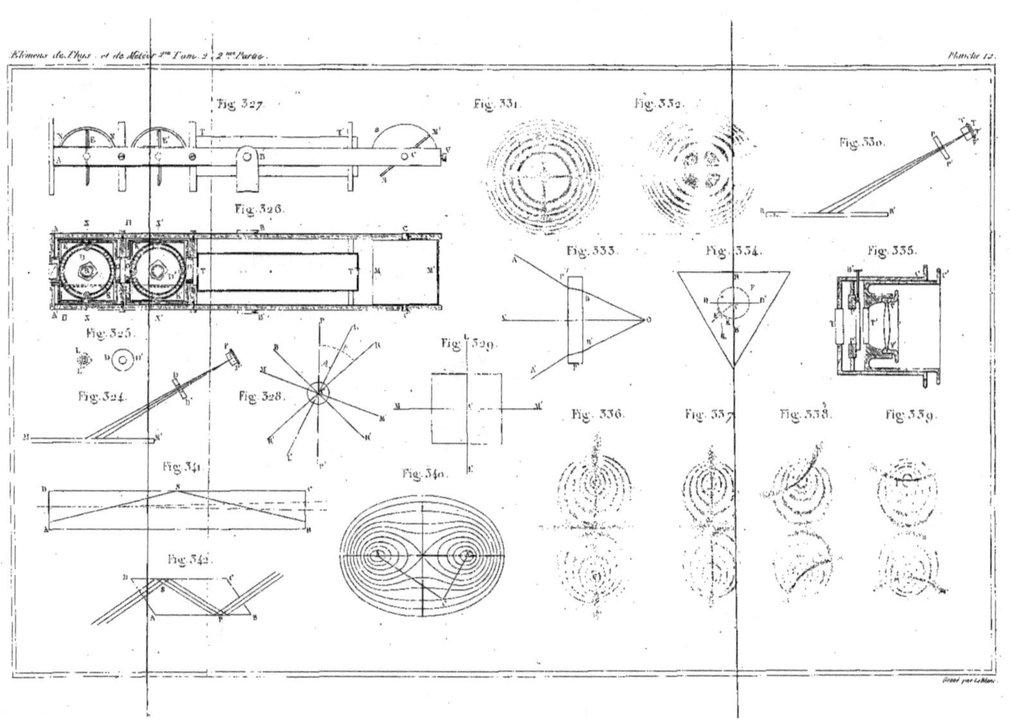
Fig. 327.
Fig. 331.
Fig. 332.
Fig. 330.
Fig. 326.
Fig. 333.
Fig. 334.
Fig. 335.
Fig. 325.
Fig. 329.
Fig. 324.
Fig. 328.
Fig. 336.
Fig. 337.
Fig. 338.
Fig. 339.
Fig. 341.
Fig. 340.
Fig. 342.

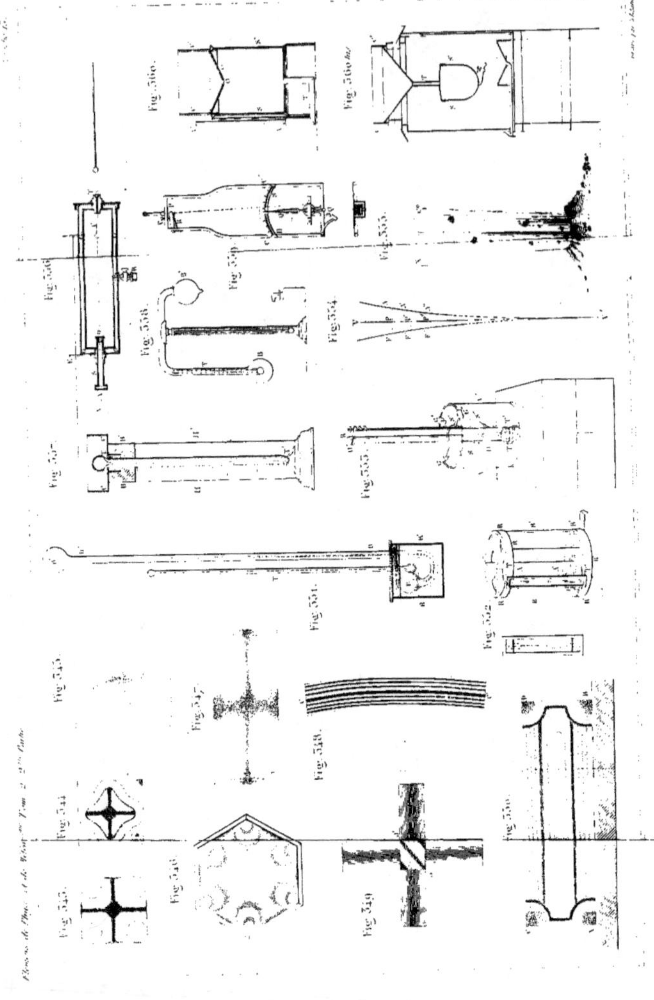

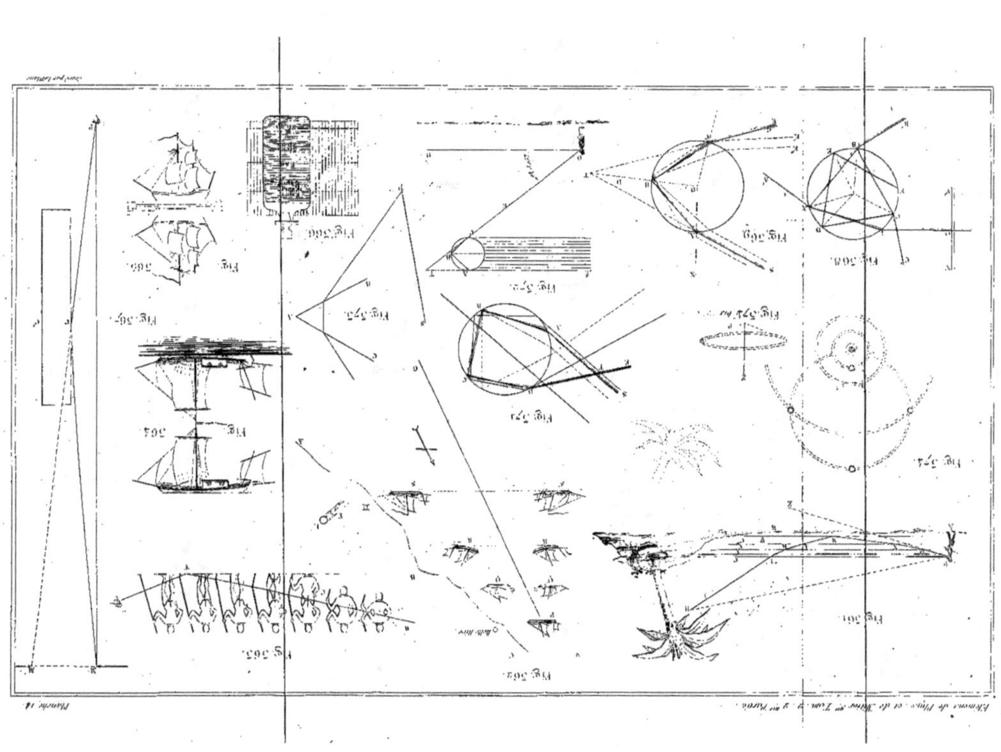

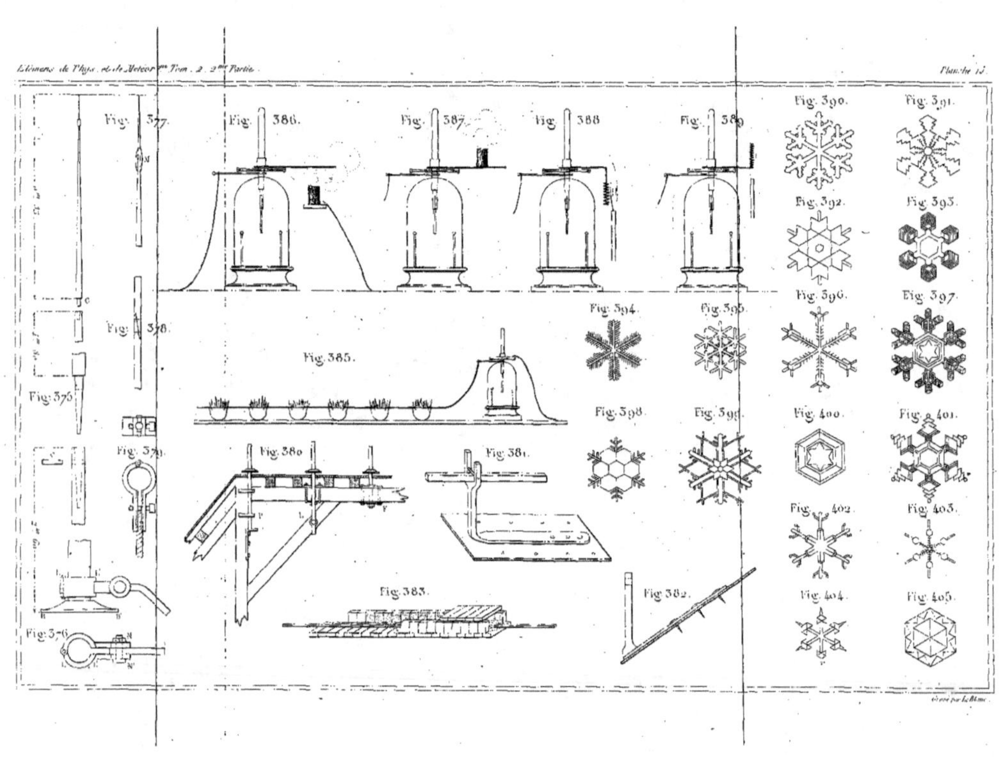

Fig. 377.
Fig. 386.
Fig. 387.
Fig. 388.
Fig. 389.
Fig. 390.
Fig. 391.
Fig. 392.
Fig. 393.
Fig. 378.
Fig. 385.
Fig. 394.
Fig. 395.
Fig. 396.
Fig. 397.
Fig. 375.
Fig. 398.
Fig. 399.
Fig. 400.
Fig. 401.
Fig. 379.
Fig. 380.
Fig. 381.
Fig. 402.
Fig. 403.
Fig. 376.
Fig. 383.
Fig. 382.
Fig. 404.
Fig. 405.

CONFIGURATION DE L'ÉQUATEUR MAGNÉTIQUE
conclue des observations de l'inclinaison de l'aiguille aimantée faites dans la campagne de la corvette de S. M. la Coquille pendant les années 1822 1823 1824 et 1825
PAR M. L. I. DUPERREY COMMANDANT DE L'EXPÉDITION.
GRAND OCEAN
NOUVELLE HOLLANDE
OCEAN
INDIEN
ATLANTIQUE

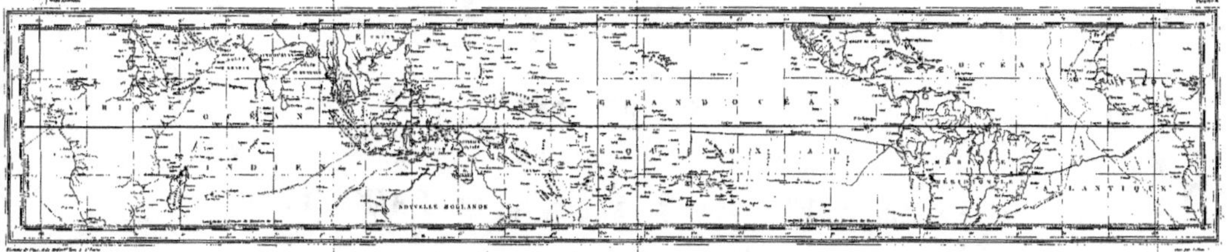

CATALOGUE
DES LIVRES

DE

MÉDECINE,	BOTANIQUE,
CHIRURGIE,	PHYSIQUE,
ANATOMIE,	CHIMIE,
PHYSIOLOGIE,	PHARMACIE,
HISTOIRE NATURELLE,	ART VÉTÉRINAIRE.

QUI SE TROUVENT

Chez **BÉCHET** Jᵉ, LIBRAIRE DE LA FACULTÉ
DE MÉDECINE DE PARIS,

Place de l'École de Médecine, Nº 4.

A PARIS.

SEPTEMBRE 1834.

Sous presse pour paraître incessamment.

TRAITÉ de l'art des accouchemens , des maladies des femmes en couches et des enfans nouveau-nés, QUATRE VOLUMES IN-8° ; par M. P. DUBOIS , professeur de clinique d'accouchemens à la Faculté de médecine de Paris, professeur et chirurgien en chef à l'hospice de la Maternité, etc. Chacun des traités se vendra séparement.

DICTIONNAIRE historique de la médecine ancienne et moderne, etc.; par M. DEZEIMERIS. 4ᵉ partie.

TRAITÉ de Chimie appliquée aux arts ; par M. DUMAS, membre de l'Institut, professeur de chimie à la Faculté des sciences , etc. Tom. VIᵉ.

OEUVRES CHIRURGICALES complètes de sir ASTLEY COOPER , traduites de l'anglais et enrichies de notes; par MM. G. RICHELOT et E. CHASSAIGNAC. 1 fort vol. , grand in-8'.

* CODE DE POLICE moderne, ou Dictionnaire analytique et raisonné des lois, ordonnances, réglemens, instructions, etc., concernant la police judiciaire et administrative en France, etc.; par MM. A. TREBUCHET, avocat à la cour royale de Paris, chef de bureau des établissemens insalubres à la préfecture de police, etc. ; E. LABAT, archiviste de la préfecture, et M. D. ELOUIN, ancien magistrat, etc. 2 forts vol. in-8°.

HISTOIRE PHYSIOLOGIQUE des plantes d'Europe ; par M. VAU CHER , professeur à l'Académie de Genève. 4 volumes in-8.°

TRAITÉ THÉORIQUE et PRATIQUE DES MALADIES VÉNÉRIENNES. 1 fort vol. in-8., par M. A. CAZENAVE. docteur en médecine, ancien interne de l'hôpital St-Louis, etc.

CATALOGUE
DES LIVRES

DE

MÉDECINE,	BOTANIQUE,
CHIRURGIE,	PHYSIQUE,
ANATOMIE,	CHIMIE,
PHYSIOLOGIE,	PHARMACIE,
HISTOIRE NATURELLE,	ART VÉTÉRINAIRE.

QUI SE TROUVENT

CHEZ **BÉCHET** Jᵉ, LIBRAIRE DE LA FACULTÉ
DE MÉDECINE DE PARIS,

Place de l'École de Médecine, Nᵒ 4.

A PARIS.

SEPTEMBRE 1834.

Catalogue.

LIVRES DE FONDS.

Nota. Les articles qui sont à la suite de chaque ouvrage ont été pris dans divers Journaux de médecine où ces ouvrages ont été analysés.

ABRÉGÉ ÉLÉMENTAIRE DE CHIMIE, considérée comm science accessoire à l'étude de la médecine, de la pharmacie et de l'histoire naturelle; par J.-L. LASSAIGNE, professeur de Chimie à l'École royale vétérinaire d'Alfort, membre de la Société de Chimie et de Pharmacie de Paris, etc., etc. 2 vol. in-8. accompagnés d'un atlas de 7 grandes planches représentant les principaux appareils de chimie, et de 15 tableaux synoptiques où sont figurés avec leurs couleurs naturelles, les précipités formés par les réactifs dans les solutions des sels métalliques employés dans la médecine. *Paris*, 1829. br. 16 f.

Ces tableaux rendus fidèlement pourront être consultés avec avantage dans plusieurs circonstances, ils retraceront toujours aux yeux les teintes si variables et si difficiles à décrire qui se manifestent en mettant ces corps en contact avec les réactifs; ils représenteront à tout moment, aux élèves, les effets dont ils auront été témoins dans les cours qu'ils ont suivis, et pourront les guider dans les recherches où il s'agirait de prononcer sur la nature d'une préparation métallique.

L'ouvrage est enfin terminé par l'exposé de quelques principes analytiques, à l'aide desquels on peut reconnaître méthodiquement la plupart des préparations chimiques usitées en médecine.

ABRÉGÉ PRATIQUE DES MALADIES DE LA PEAU, d'après les auteurs les plus estimés, et surtout d'après les documens puisés dans les leçons cliniques de M. le docteur BIETT, médecin de l'hôpital St-Louis; par M. A. CAZENAVE et H.-E. SCHEDEL, docteurs en médecine, anciens internes de l'hôpital St-Louis, etc. etc. Un fort vol. 8° 2e édit. fig. coloriées. *Paris*, 1833. 8 f.

Cet ouvrage est d'un grand secours à tous les praticiens éloignés de la capitale qui ont besoin d'apprendre à bien connaître une des parties les plus intéressantes de l'art, d'approfondir les règles relatives au traitement des maladies cutanées, qui sont si nombreuses et si variées. On ne saurait étudier ces maladies avec fruit à l'aide d'une traduction plus ou moins fidèle de l'ouvrage de Batemann, qui n'est lui-même qu'un traité incomplet, et qui renferme des erreurs. Le prix du célèbre ouvrage de M. Alibert, est trop élevé pour être à la portée de tout le monde. Il fallait donc un livre essentiellement pratique, qui, dépouillé de tous détails inutiles, présentât les faits d'une maniere succinte, mais exacte d'après l'ordre le plus généralement suivi : ce sont ces conditions que réunit l'Abrégé pratique de MM. Cazenave et Schedel. Ajouter que cet ouvrage est publié sous les auspices de M. le docteur BIETT, c'est offrir au public toutes les garanties possibles.

ADDITIONS AU TRAITÉ DE L'ANÉVRYSME; par SCARPA ; trad. de l'italien par OLLIVIER, D.-M. *Paris*, 1821, in-8. br.

1 f. 60 c.

AGENDA MÉDICAL pour l'an 1834, contenant les noms et l'adresse des Docteurs en Médecine de la Faculté de Paris et de l'Académie royale de médecine, un Code manuel des lois et régiemens relatifs à l'exercice de la médecine; suivi d'un formulaire pratique dans lequel on a réuni avec soin les formules des nouveaux médicamens les plus usités, in-18. rel. en mouton maroq.   3 fr. 25 c.

Maroquin.   4 50

Idem à secret.   5

ANATOMIE des FORMES EXTÉRIEURES à l'usage des Peintres, Sculpteurs et Dessinateurs, etc. ; par M. GERDY, professeur de pathologie externe à la Faculté de médecine de Paris, chirurgien en second à l'hôpital St-Louis, etc.; etc. 1 vol in-8. accompagné de trois planches au trait, plus un atlas grand in-fol. *Paris*, 1829.   10 f.

L'ouvrage de M. Gerdy donne successivement la description des formes extérieures et leur explication anatomique; l'exposition des différences que présentent ces formes suivant les âges, les sexes, les tempéramens, les climats, le repos, les mouvemens ou les passions qui les modifient; enfin la description des os et de leurs articulations, des muscles, des veines superficielles, du tissu cellulaire sous cutané, de quelques autres parties qui font saillie à l'extérieur, et de la peau qui les enveloppe toutes. Cet excellent traité n'est pas seulement utile aux artistes qui se livrent à la peinture et à la sculpture, mais il renferme encore une foule de documens précieux qui intéressent directement les médecins praticiens et les étudians qui s'occupent soit d'anatomie, soit de chirurgie.

ARCHIVES GÉNÉRALES DE MÉDECINE; journal publié par une Société de Médecins, composée de Membres de l'Académie royale de Médecine, de professeurs, de médecins et de chirurgiens des hôpitaux civils et militaires, etc. Années 1823, 1824 et 1825, ensemble 9 forts vol. in-8°.   80 f.

L'année 1826 et les suivantes jusqu'en 1832, séparément. 26 f.

ART (1er) de DOSER LES MÉDICAMENS tant anciens que nouveaux, selon les différens âges, c'est-à-dire de 1 an à 1 an 1/2, de 1 an 1/2 à 3 ans, de 3 ans à 7, de 7 à 14, de 14 à 20, de 20 à 60, ou Dictionnaire de posologie médicale en tableaux synoptiques; par MM. BRICHETEAU, doct.-médecin, CHEVALLIER, pharmacien chimiste, et COTTEREAU, docteur en médecine, agrégé près la Faculté de médecine de Paris, etc. 1 fort vol. in-18. Paris. 1829. 5 fr.

L'étude de la matière médicale n'est pas, il s'en faut bien, du nombre de celles auxquelles les élèves se livrent avec le plus d'ardeur; et dans cette branche des connaissances médicales, il est un point extrêmement négligé : ce point, c'est la posologie, ou connaissance des doses auxquelles chaque médicament doit être administré selon les différens âges. D'ailleurs, les notions de cette espèce n'ayant rien qui intéresse bien vivement l'esprit ou qui puisse frapper fortement l'attention, s'effacent de la mémoire avec une incroyable facilité. Rien ne peut donc être plus utile, puisque la connaissance de la posologie est indispensable, que de la présenter isolée et sous une forme qui fixe exclusivement l'attention du lecteur; cette remarque suffit pour faire sentir tout l'avantage qu'on peut retirer de *l'art de doser les médicamens*. Le livre de MM. Bricheteau, Chevallier et Cottereau est tel qu'on devait l'attendre d'hommes également instruits dans la pharmacologie, la pharmacie et la thérapeutique.

ART de PRÉPARER LES CHLORURES DÉSINFECTANS, les chlorures de chaux, de potasse et de soude; suivi de détails sur les moyens d'apprécier la valeur réelle de ces produits, sur leur application aux arts, à l'hygiène publique, à la désinfection des ateliers, des salles des hôpitaux, des fosses d'aisance, à la préparation de divers médicamens et au traitement de diverses maladies, etc. etc.; terminé par des considérations sur le chlore et sur son emploi dans diverses circonstances pour combattre la phthisie; par A. CHEVALLIER, pharmacien-chimiste, professeur particulier de chimie médicale et pharmaceutique, membre adjoint de l'académie royale des sciences de Bordeaux, des sociétés de chimie médicale et de pharmacie de Paris, etc., etc. in-8° fig. *Paris*, 1829. 5 fr.

Parmi les nombreux produits qui sont dus à la chimie, il n'en est pas dont les applications soient aussi nombreuses et en même temps aussi intéressantes que celles des chlorures d'oxides; cependant tout ce qui avait été écrit à ce sujet était disséminé dans les mille recueils scientifiques qui existent tant en France qu'à l'étranger. M. Chevalier a conçu l'heureuse idée de réunir tous ces documens épars, et il s'est acquitté de la tâche qu'il s'est imposée avec tout le talent dont il a fait preuve dans les ouvrages qu'il a précédemment publiés. Son livre a reçu un nouveau degré d'intérêt de l'addition des recherches entreprises dans ces derniers temps sur les propriétés thérapeutiques du chlore, et en particulier de celles de M. le docteur Cottereau sur l'application de ce corps gazeux au traitement de l'affection tuberculeuse des poumons.

ART de PRÉVENIR LE CANCER AU SEIN CHEZ LES FEMMES qui
touchent à leur époque critique ou qui peuvent craindre cette
funeste maladie, à la suite d'un dépôt laiteux ou d'une contu-
sion, etc. ; par L.-J.-M. ROBERT, docteur en médecine, médecin en chef du Lycée impérial de Marseille, etc., etc. in-8.
br.   7 f.

ART (l') de PROCRÉER LES SEXES A VOLONTÉ, ou Histoire
physiologique de la Génération humaine, etc., vie édit. avec
des notes additionnelles pour mettre cet ouvrage à la hauteur
des connaissances modernes ; par J.-A. MILLOT, bachelier ès-
sciences, membre des ci-devant collége et Académie royale de
chirurgie de Montpellier et de Paris. *Paris*, 1828. 1 vol. in-8 ,
orné de 15 grav.   7 f.

ART de PROLONGER LA VIE HUMAINE ; par M. HUFELAND ;
docteur en médecine et professeur à l'Université de Jéna ; trad.
sur la seconde et dernière édition allemande, 1 vol in-8   4 f.

B.

BROUSSAIS (M.) réfuté par lui-même, ou Lettre à M. le docteur
Broussais ; par M. MARTIN d'AUBAGNE , D.-M. *Paris*, 1825,
in-8.   5 f.

Nommer M. Martin d'Aubagne , c'est rappeller à l'esprit les
travaux importans que l'auteur a consignés dans le Recueil des
Mémoires de la Société médicale d'émulation, et les prix remportés
dans plusieurs académies.

C.

CHIMIE des GENS DU MONDE ; par SAMUEL PARKES ; ouvrage trad. de l'angl. sur la neuvième édition par M. RIFFAULT,
ex-régisseur général des poudres et salpêtres , membre de la lé-
gion-d'honneur, etc. 2 vol. in-8. *Paris* , 1828.   10 f.

Les traités de chimie ne nous manquent pas , et il serait impossible de trouver mieux en ce genre que ceux de Thénard,
Thompson, Berzélius, Orfila, Lassaigne, etc. ; mais les principaux
traités sont spécialement destinés aux personnes qui veulent faire
de la chimie l'objet spécial de leurs études et qui doivent en
aborder toutes les difficultés sans en laisser aucune de côté. Il
fallait donc autre chose pour les gens du monde qui n'ont pour
but en parcourant un livre de ce genre que d'y trouver l'explication des phénomènes nombreux qui se passent journellement
sous leurs yeux. C'est ce qu'a senti l'auteur Anglais, et ce qu'il
a fait avec un succès dont neuf éditions rapidement enlevées donnent une preuve convaincante. M. Riffaut a donc rendu un véritable service à la société en faisant passer dans notre langue l'ouvrage de M. Parkes, et l'accueil favorable qu'a reçu partout sa
traduction, prouve le haut intérêt qui s'attache à sa lecture.

*CODE PHARMACEUTIQUE, ou Pharmacopée française, rédigé eu latin par MM. LEROUX, VAUQUELIN, DEYEUX, JUSSIEU, RICHARD, PERCY, HALLÉ, HENRI, VALLÉE, BOUILLON-LAGRANGE et CHÉRADAME ; publié, conformément à l'Ordonnance royale du 8 août 1816, par la Faculté de médecine de Paris, et traduit par A. J.-L. JOURDAN, docteur en médecine de la Faculté de médecine de Paris. Deuxième édition, revue, corrigée et augmentée, 1º d'un grand nombre de *Formules*, extraites des *Pharmacopées légales* de Londres, Dublin, Édimbourg, Madrid, Lisbonne, Vienne, Genève, etc. ; 2º de beaucoup d'autres *Formules* extraites de *nouveaux ouvrages de pharmacie* publiés depuis le *Codex* ; 3º d'un *Tableau des principaux réactifs* ; par A.-D.-A. FÉE, pharmacien, professeur à l'hôpital militaire d'instruction de Lille, membre de l'Académie royale de méd., de la Société de pharmacie de Paris, de celle d'Histoire nouvelle de chimie médicale de la même ville, des Sociétés Linnéennes de Lyon et de Caen, des Sociétés académiques d'Orléans, Lille, Nancy, etc., etc. 1 vol. in-8.   7 fr.

CODE ADMINISTRATIF des établissemens dangereux, insalubres ou incommodes, par Ad. Trébuchet, avocat à la Cour royale de Paris, membre de la commission centrale de salubrité, chef du bureau des établissemens insalubres, à la préfecture de police. *Paris*, Paris, 1832, 1 vol. in-8.   5 fr.

CODEX MEDICAMENTARIUS, sive Pharmacopæa gallica, jussu regi optimi et ex mandato summi rerum internarum regni administri editus à Facultate medicâ Parisiensi. 1 vol. in 4º, 1818,   6 f.

Le Gouvernement vient de rendre cet ouvrage au commerce, qui en était privé depuis long-temps.

Il est bon de rappeler ici que d'après une ordonnance du Roi, il est enjoint à tous les Pharmaciens de s'y conformer pour la préparation des médicamens et leur formule.

COLLECTION D'OBSERVATIONS CLINIQUES ; par MARC ANTOINE PETIT, docteur en Médecine de la ci-devant université de Montpellier, ancien chirurgien en chef de l'Hôtel-Dieu de Lyon, etc., etc. *Lyon*, 1815. in-8. br.   6 f.

CONSULTI MEDICI ; par PASTA. in-4. br.   6 f.

COUP-D'OEIL sur la REVOLUTION et sur la REFORME de la MÉDECINE ; par M. CABANIS ; membre du Sénat conservateur, de l'Institut national de la France, professeur à la Faculté de médecine, etc. *Paris*, 1804, in-8. br.   6 f.

Cet ouvrage n'est pas seulement un résumé de tous les systèmes qui ont régné tour-à-tour en médecine, un exposé de toutes les modifications que chaque doctrine nouvelle a nécessitées dans le traitement des maladies, il renferme aussi des vues très-sages sur la réforme dont l'art de guérir est encore susceptible de nos jours ; il indique des moyens de perfectionnement dictés par un esprit juste et habitué à réflechir.

C'est en même temps une histoire critique de la médecine, et un livre destiné à assurer les progrès de cette science.

COURS de BOTANIQUE et de PHYSIOLOGIE VÉGÉTALE ; par M. HANIN, doct. en méd. de la Faculté de Paris. 1 vol. in-8° de 800 pages. *Paris*, 1811. 6 f.

L'étude des plantes, cette partie de l'histoire naturelle qui a tant d'attraits, qui est si agréable, si curieuse, n'intéresse pas seulement le médecin, elle est encore fort utile à l'agriculteur et à celui qui s'occupe d'économie publique. En effet si l'un doit avoir une connaissance exacte des végétaux considérés comme substances nutritives et médicamenteuses, les autres n'ont pas moins d'intérêt à les bien connaître, soit pour les cultiver avantageusement, soit pour faire prospérer les espèces ou apprécier les différens produits qu'elles peuvent fournir aux arts.

Si l'on ajoute que cette étude, si facile d'ailleurs, serait pour les gens du monde, pour les femmes surtout, une source intarissable de plaisirs toujours nouveaux, de jouissances inaltérables, on est surpris qu'elle ne soit pas plus généralement cultivée.

Le livre du docteur HANIN sur cette matière, est un des meilleurs ouvrages élémentaires que nous ayons; il est très-propre à guider nos premiers pas, à nous initier dans les secrets de la végétation.

COURS ÉLÉMENTAIRE D'HYGIENE ; par M. ROSTAN, professeur de médecine clinique à la Faculté de médecine de Paris, etc. 2me édition, revue, corrigée et augmentée. *Paris*, 1828, 2 v. in-8. 14 f.

La lecture de cet ouvrage peut être regardée comme une introduction nécessaire à l'étude de la pathologie. Elle peut aussi se recommander aux personnes qui, étrangères à la médecine, cherchent sagement dans les livres sur cette science, plutôt des préceptes propres à les préserver des maladies, que des moyens pour s'en guérir ; aux personnes avides d'instruction qui veulent connaître l'influence des divers corps de la nature sur l'homme.

L'ouvrage de M. Rostan se distingue autant par la profondeur et la justesse des pensées que par la grace et l'élégance du style, de tous ceux qui ont été publiés sur le même sujet, et qui laissaient depuis long-temps désirer qu'un médecin physiologiste et praticien à la fois s'en emparât de nouveau. Une nouvelle division, fondée sur la division même des fonctions de l'économie animale, présente sous le jour le plus naturel et le plus lumineux, les diverses modifications qu'éprouve l'exercice de chacune de ces fonctions, et les causes nombreuses de ces modifications.

L'auteur a su mettre à profit dans son ouvrage les savantes leçons de M. le professeur Hallé, et diminue par là les regrets de ne pas posséder un ouvrage sur l'hygiène, que cet homme célèbre avait professée avec tant d'éclat.

COURS THÉORIQUE et PRATIQUE d'ACCOUCHEMENS, par CAPURON, professeur d'accouchemens. 4e édit., revue, corrigée et augmentée. *Paris*, 1828. 8 fr.

D.

DE CURANDIS HOMINUM MORBIS EPITOME ; par FRANK. Libri vi. De Retentionibus. *Viennæ*, 1820.

Ce volume est le complément de l'*Épitome* de Frank, édition d'Allemagne, et se vend séparément.　　　　　　9 f.

DE CURANDIS HOMINUM MORBIS EPITOME ; par P. FRANK, *Mediolani*, 8 vol. in-8.　　　　　　27 f.

DÉFENSE des MÉDECINS FRANÇAIS contre le Dr BROUSSAIS. etc. ; par AUTHENAC. *Paris*, 1821, 1.re, 2.e et 3.e livraisons.　　　　　　15 f.

DEI SENSI, TRATTATO in supplem; all'anatomia compilato sulle altre opere dello stesso e di parimenti celebri autore del Cav. D. V. MANTOVANI; par SOEMMERING. 8 vol. 8.º *Firenze*, 1823.　　　　　　35 f.

DÉMONSTRATIONS (Nouv.) d'ACCOUCHEMENS, avec des planches en taille-douce, accompagnées d'un texte raisonné, propre à en faciliter l'explication, par J.-P. MAYGRIER, docteur en médecine de la Faculté de Paris, professeur d'anatomie, d'accouchemens, de maladies des femmes, etc., etc. 20 livraisons format in-fol.; chaque livraison est ornée de 4 magnifiq. planches gravées en taille-douce, formant un fort volume in-f.º Paris, 1827.

Fig. noires,　　　　　　　　　　　　　　80 f.

—- coloriées,　　　　　　　　　　　　160 f.

Le même ouvrage en espagnol,　　　　　　60 f.

Le portrait de l'Auteur, qui est d'une parfaite ressemblance, se vend séparément,　　　　　　2 f.

Possesseur des nombreuses et utiles observations que peut fournir sur l'art des accouchemens une pratique aussi étendue qu'heureuse ; imbu des notions d'une saine théorie, que donne surtout la longue habitude du professorat; instruit dans les diverses branches de l'art de guérir, et surtout en anatomie; capable de rattacher la science, dont il pose ici les bases, à d'autres principes que ceux admis par le commun des accoucheurs, l'auteur de l'ouvrage que nous annonçons n'a point voulu, à l'exemple de la plupart de ceux qui ont beaucoup vu, devenir seulement un praticien habile : il a prétendu faire jouir des fruits de sa savante expérience, ses contemporains et la postérité, et le résultat de ses travaux est un véritable monument aussi utile que bien exécuté.

Les quatre-vingts planches qui décorent le livre de M. Maygrier, tout en faisant honneur au crayon léger et gracieux de M. Chazal, et au burin flexible et moelleux de MM. Coutant, Forestier et

10

Conché fils, artistes déjà renommés par leurs nombreuses et belles productions, frappent d'abord la vue, et, avant même qu'on ait eu le temps de parcourir le texte, décèlent, par leur parfaite exactitude, les soins que l'auteur a mis à les faire exécuter, les peines qu'il a dû se donner pour les placer à l'abri de la critique. La plupart d'entre elles peuvent passer pour des modeles dans leur genre, et il est difficile d'en citer quelques-unes de préférence aux autres.

Quant au texte, il se recommande par sa clarté et par sa concision. Nous devons faire connaître avec quelque exactitude la marche que l'auteur a suivie pour sa rédaction; l'importance du sujet et la manière dont il est traité nous en font un devoir.

Tout ce qui concerne l'histoire du bassin de la femme, considéré dans ses rapports avec la science pratique des accouchemens, la description de cette cavité osseuse, ses divisions, ses dimensions, ses nombreuses et diverses articulations, ses difformités, les moyens de constater ses vices durant la vie, constituent, en tête du livre, une introduction obligée, et que complète l'examen des parties extérieures et intérieures de la génération chez la femme, du vagin, de l'utérus et de ses annexes et des notions sur les usages de cet appareil organique.

Viennent ensuite des détails sur le fœtus et ses dépendances, sur le développement de ses membranes et sur sa propre évolution, sur le placenta et le cordon ombilical, sur l'histoire expérimentale et physiologique de la grossesse; des préceptes sur la manière de pratiquer le toucher et le ballottement; le tableau des phénomènes de l'accouchement naturel par la tête, par les pieds et par les fesses; celui des manœuvres simples à exécuter dans ces divers cas; des considérations sur la présentation du fœtus par le dos, le thorax, le ventre, les hanches, les épaules, le bras, etc; l'exposé des principes de la manœuvre, composée ou expérimentale; l'histoire de la symphyséotomie et de l'hystérotomie; des réflexions sur le procédé des anciens, sur celui de Baudelocque, sur celui de Lauverjat; celle des opérations qui se pratiquent sur l'enfant mort; celle de l'allaitement, et la description des instrumens relatifs à la pratique des accouchemens.

(Extrait des Archives de Médecine. Septembre 1827).

DENTISTE OBSERVATEUR (Le), ou moyens, 1° de connaître par *la seule inspection des dents*, la nature constitutive du tempérament; ainsi que quelques affections de l'âme; avec des recherches et observations sur les causes des maladies qui attaquent les dents depuis l'état du fœtus jusqu'à l'âge de puberté, etc. 2° de garantir de souffrances cruelles, et même de la mort, un grand nombre d'enfans; par MAHON, chirurgien-dentiste, reçu au ci-devant Collége de Paris. 1 vol. in-12, br.

1 fr. 50 c.

DESCRIPTION FIGURÉE de l'OEIL HUMAIN, traduite de l'ouvrage de Samuel-Thomas SOEMMERING, intitulé : *Icones oculi hu-*

mani ; par DEMOURS. 1 vol. in-4. orné de 13 planches en
noir et coloriées.   27 1.

DES OFFICIERS DE SANTÉ et de Jurys-Médicaux chargés de leur
réception ; par M. le baron RICHERAND, professeur à la Faculté de médecine de Paris, etc. in-8. 1834.   1 fr. 25 c.

DES POLYPES et de leur traitement, etc.; par GERDY, professeur de pathologie externe à la Faculté de Paris. Paris,
1833. in o. br.   3 f.

DES PREMIERS SECOURS à administrer dans les maladies et accidens qui menacent promptement la vie ; par J.-F.-A. TROUS-
SEL, docteur en méd. de la Faculté de Paris, médecin du
10e arrondissement, etc. 1 vol. in-12.   3 f. 50

Ouvrage contenant l'indication précise des soins à donner
dans les cas d'empoisonnement, de mort apparente, d'asphyxie,
de coup de sang et d'apoplexie, de blessures, de plaies enveni-
mées, d'hémorragies, de brûlures et de corps étrangers introduits
dans les ouvertures naturelles ; terminé par l'énumération des secours à donner dans quelques affections graves des femmes en-
ceintes et des enfans nouveau-nés, et par l'indication de la conduite que doit tenir le médecin, quand il est appelé pour un cas
de médecine légale.

DICTIONNAIRE de Médecine en 21 vol. in-8. par MM. ADELON,
prof. à la Fac. de méd. de Paris; BÉCLARD, prof. d'anatomie à la
même Faculté; BIETT, médecin à l'hôp. St-Louis, pour les maladies
cutanées; BRESCHET, chef des travaux anatomiques près la Fac.
de médecine, chirurgien de l'Hôtel-Dieu; CHOMEL, professeur à
la Faculté de médecine de Paris, médecin à l'hôpital de la Charité;
H. CLOQUET, Professeur à la Faculté de médecine; J. CLO-
QUET, agrégé près la Faculté de médecine, Chirurgien de l'hôpital Saint-Louis; COUTANCEAU, professeur à l'hôpital militaire
du Val-de-Grace; DESORMEAUX, professeur d'accouchemens à
la Faculté de médecine de Paris; FERRUS, médecin de l'hospice
de Bicètre, pour les aliénés; GEORGET, médecin adjoint de la
maison de santé de M. Esquirol, pour les aliénés; GUERSENT,
médecin de l'hôpital des Enfans; LAGNEAU, docteur-médecin ;
LANDRÉ-BEAUVAIS, doyen de la Faculté de médecine de Paris;
MARC, médecin légiste; MARJOLIN, professeur à la Faculté de
médecine, chirurgien en chef de l'hôpital Beaujon; MURAT,
chirurgien en chef de l'hospice de Bicètre; OLLIVIER (d'Angers)
docteur en médecine ; ORFILA, professeur de chimie à la Faculté de médecine; PELLETIER, professeur à l'École de pharmacie; RAIGE-DELORME, docteur en médecine ; RAYER, docteur en médecine ; RICHARD, professeur de botanique et agrégé
près la Faculté de médecine; ROCHOUX, agrégé près la Faculté

de médecine; ROSTAN, professeur de médecine clinique, médecin de l'hospice de la Salpétrière; ROUX, professeur de pathologie externe à la Faculté de médecine, chirurgien de l'hôpital de la Charité; et RULLIER, agrégé près la Faculté de médecine de Paris, médecin de l'hôpital de la Charité, etc. *Paris*, 1821-1828. **Prix br.** 136 fr. 50 c.

DICTIONNAIRE DE MÉDECINE, ou Répertoire général des sciences médicales considérées sous les rapports théoriques et pratiques ; par MM. ADELON, ·BÉCLARD, BIETT, BLACHE, BRESCHET, CALMEIL, CAZENAVE, CHOMEL, H. CLOQUET, J. CLOQUET, COUTANCEAU, DALMAS; DANCE, DESORMEAUX, DEZEIMERIS, P. DUBOIS, FERRUS, GEORGET, GERDY, GUERSENT, ITARD, LAGNEAU, LANDRÉ-BEAUVAIS, LAUGIER, LITTRÉ, LOUIS, MARC, MARJOLIN, MURAT, OLLIVIER, ORFILA, OUDET, PELLETIER, PRAVAZ, RAIGE-DELORME, REYNAUD, RICHARD, ROCHOUX, ROSTAN, ROUX, RULLIER, SOUBEIRAN, TROUSSEAU, VELPEAU, VILLERMÉ. 2ᵉ ÉDIT. ENTIÈREMENT REFONDUE ET CONSIDÉRABLEMENT AUGMENTÉE.

Condition de la Souscription.

Cette seconde édition du Dictionnaire de Médecine, en raison des additions faites aux articles de médecine et de chirurgie pratique et des parties toutes nouvelles qui y seront traitées , et particulièrement de la Bibliographie, se composera de 25 volumes. Les volumes de 560 à 600 p. chacun, seront publiés au nombre de 5 par année.

Le prix pour les souscripteurs est fixé à 6 fr. pour Paris, et 8 fr. franc de port par la poste, pour les départemens. — Les non souscripteurs payeront chaque volume 8 fr. , et 10 fr. par la poste.

Cette augmentation aura lieu incessamment.

Les sept premiers volumes sont en vente.

DICTIONNAIRE des DROGUES simples et composées, ou Dictionnaire d'Histoire naturelle médicale, de pharmacologie et de chimie pharmaceutique ; par MM. A. CHEVALLIER, pharmacien-chimiste, professeur particulier de chimie médicale et pharmaceutique, membre-adjoint de l'acad. roy. de méd., membre de l'académie royale des sciences de Bordeaux, des Sociétés de chimie médicale et de pharmacie de Paris, etc., etc.

A. RICHARD, professeur à la Faculté de médecine de Paris, membre de l'acad. royale de médecine, des Sociétés d'hist. naturelle et de chimie médicale de Paris, etc., etc.

Par J. A. GUILLEMIN, membre de la Société d'histoire naturelle de Paris. *Paris*, 1827-28-29. 5 vol. in-8. fig.   34 fr.

Cet ouvrage réunit toutes les connaissances relatives à la pharmacie. La botanique, l'histoire naturelle, la chimie, y sont traitées avec le plus grand soin; la description des instrumens, des procédés est succincte, mais faite avec clarté et précision; les formules, tirées des meilleurs auteurs, y sont rapportées avec exactitude. Chaque produit est traité de la manière suivante : 1° sa nomenclature; 2° l'historique de sa découverte; 3° sa description; 4° son mode de préparation; 5° ses usages; 6° s'il est vénéneux, les moyens les plus propres à le faire reconnaître; 7° les antidotes à lui opposer lors de son introduction dans l'économie animale; 8° les résultats des analyses faites par les chimistes français et étrangers; 9° les doses auxquelles on administre ce produit employé comme agent thérapeutique. D'après l'un des rédacteurs du *Journal de Chimie médicale*, M. Robinet, *cet ouvrage est exécuté avec tant de zèle, qu'on trouve dans le corps des deux premiers volumes des faits dont la découverte date à peine de quelques jours.*

DICTIONNAIRE élémentaire et raisonné des termes de BOTANIQUE, contenant l'étymologie et la définition de tous les termes employés pour désigner les diverses organes des végétaux, leurs modifications, leurs fonctions et leurs maladies; avec l'indication des mots qui doivent être préférés ou rejetés, par M. Achille RICHARD, professeur de botanique et de physiologie végétale à la Faculté de Médecine de Paris. Un vol. in-8°, à 2 colonnes, d'environ 40 feuilles. *Sous presse.*

La botanique est peut-être de toutes les sciences naturelles, celle où le besoin d'un dictionnaire explicatif des termes qui composent son langage, se fasse le plus vivement sentir. Il est peu de sciences en effet où les termes techniques soient plus multipliés, et aient autant varié suivant les opinions théoriques, quelquefois même suivant le caprice des auteurs qui ont écrit sur cette partie de l'histoire naturelle. Pendant plusieurs années, M. Richard s'est occupé de réunir les matériaux de cet ouvrage, et pour lui donner un degré d'utilité qui manque à tous les autres livres du même genre, il aura le soin, non seulement de donner une définition exacte de tous les mots qui ont été proposés par les divers auteurs, mais il assignera ceux qui doivent être préférés pour désigner chaque organe, soit à cause de leur antériorité, soit à cause de leur euphonie ou leur précision, en présentant les autres comme de simples synonymes. Ce travail long et difficile aura l'avantage de mettre sous les yeux du lecteur tous les noms par lesquels un même organe aura été désigné par les différens auteurs.

Ce dictionnaire paraîtra au mois d'avril prochain.

DICTIONNAIRE HISTORIQUE DE LA MÉDECINE ANCIENNE ET MODERNE, ou Précis de l'Histoire générale, technologique et littéraire de la Médecine; suivi de la Bibliographie médicale du XIX.e siècle, et d'un Répertoire bibliographique par ordre de matières; par M. Dezeimeris, docteur en médecine, bibliothécaire adjoint à la Faculté de méd de Paris. 5 vol. in-8.° de 800 pages.

Le texte est semblable à celui du Dictionnaire de médecine, et

14

la Bibliographie imprimée sur deux colonnes est en plus petit caractère. Chaque volume sera divise en deux parties : les trois premières
parties ont paru ; les autres paraîtront de trois mois en trois mois,
à partir du 1er septembre prochain sans aucune interruption. Le
prix de chaque livraison est de 3 francs 50 c. pour les souscripteurs et de 6 f. pour les non-souscripteurs.

Un choix judicieux parmi les milliers de noms d'auteurs qui sur-
chargent la légende médicale, et qui sont bien loin de tous mériter
les honneurs de la biographie ; du tact, de la mesure et une juste
sévérité dans l'esprit qui a présidé à l'exclusion de tous les écrits
inutiles qui, de tous temps, ont pullulé davantage que les bons ;
des jugemens impartiaux, concis et pourtant complets sur les hommes et sur leurs travaux ; enfin, une manière large dans les aperçus
historiques sur les diverses branches de la science, telles sont les
qualités qui le distinguent et qui placent ce dictionnaire au rang des
meilleures publications de notre époque.

Cet ouvrage ne peut manquer d'obtenir un brillant succès : indispensable à tous les médecins qui veulent écrire, il deviendra bientôt nécessaire à ceux-mêmes qui se livrent exclusivement à la pratique de l'art. Peut-être même sera-ce à ces derniers qu'il rendra le
plus de services : n'ayant que peu de temps à consacrer à leurs lectures, ils trouveront là tout ce qu'il leur importe de savoir sur les théories et *les doctrines pensées*, et surtout un guide sûr pour les diriger
dans le choix des livres qu'ils auront à consulter sur chaque maladie.

DICTIONNAIRE DE POSOLOGIE. (*Voy.* Art de doser les médicamens, etc., etc.)

DISSERTATION ACADÉMIQUE SUR LE CANCER, qui a remporté
le prix double de l'Acad. des Sciences, etc. ; par PEYRILHE,
professeur royal au Collège de chirurgie de Paris, conseiller du
Comité de l'académie royale de chirurgie, etc. etc. 1 f. 50 c.

DU GALVANISME APPLIQUÉ A LA MÉDECINE, et de son efficacité dans le traitement des affections nerveuses, de l'asthme,
des paralysies, des douleurs rhumatismales, des maladies
chroniques en général, etc., etc., avec des notes sur quelques
remèdes auxiliaires ; par LA BEAUME ; ouvrage traduit de
l'anglais par M. FABRÉ-PALAPRAT, docteur en méd. *Paris*.
1828 ; un vol. in-8.   6 fr.

DU DEGRÉ de CERTITUDE EN MÉDECINE ; par CABANIS.
3.e édit. *Paris* 1819, in-8.º br.   2 f.

Cabanis rassemble ici tous les argumens les plus plausibles, tous
les raisonnemens les plus spécieux qui aient jamais été opposés à la
certitude de la médecine, et, après les avoir présentés dans toute
leur force, avec tout leur poids, il les combat avec les seules armes
de la raison, il les détruit par le seul pouvoir d'une bonne logique ;
et c'est toujours avec une sage retenue qu'il justifie son art des
reproches que lui ont adressés les ignorans et les gens de mauvaise
foi : il cherche moins à les confondre qu'à les éclairer.

DU GÉNIE d'HIPPOCRATE et de son influence sur l'art de guérir, etc. ; par DES-ALLEURS. *Paris*, 1824, in-8. br.   4 f.

L'auteur quoique jeune encore, généralement regardé comme un des plus habiles praticiens de Rouen, n'a pas tardé à reconnaître et à prouver que les principes hippocratiques sont quelquefois préférables aux systèmes dont on a trop souvent embarrassé la science.

*DUMAS. Traité de Chimie appliquée aux arts. Cet ouvrage formera 6 vol. in-8 de 700 à 800 pages, chaque volume sera accompagné d'un atlas de pl. in-4. gravées en taille-douce, au nombre de 14 à 16.

Les tomes I, II, III, IV et V sont en vente ; le VIe est sous presse. Prix de chaque volume et atlas,   12 fr. 50 c.

Cet ouvrage, dont on a déjà publié deux traductions en Allemagne, est destiné à exercer une grande influence sur l'éducation industrielle. Il est fait avec conscience et scrupule. L'auteur cherche à réunir l'exactitude, la clarté et la profondeur. Il réussit presque toujours quand il cherche à populariser les idées les plus élevées, et qu'il veut en montrer l'application aux phénomènes les plus communs de l'industrie.

Le premier volume renferme un précis de philosophie chimique ; l'histoire des corps non métalliques et de leurs combinaisons. On y remarque l'extraction du soufre, la fabrication des principaux acides. Le volume est terminé par l'histoire détaillée des combustibles et la description des appareils d'éclairage.

Le second volume renferme l'histoire des alcalis, celle des terres et celle de leurs combinaisons. Les applications qui en découlent sont fort nombreuses. Ainsi la préparation de l'alun, du sel marin, du nitre, de la soude, forment des chapitres étendus et tout-à-fait neufs. Il en est de même de la fabrication des mortiers, de celle de la poudre qui offrent des détails tout-à-fait nouveaux, et un ensemble de discussion qui ne se retrouve nulle autre part.

Le troisième volume comprend l'histoire de tous les métaux, celle de leurs combinaisons, et une foule de recettes d'analyse applicable aux matières de l'industrie. Les articles bronze, laiton, étamage, essais d'argent ; l'article fer surtout seront remarqués par les idées qui s'y trouvent énoncées. Jamais on n'a réuni, groupé, discuté autant de faits et d'idées relativement à chacun des métaux.

L'auteur a rendu un service immense en cherchant à populariser la méthode d'analyse courante. On ne peut que l'engager à persévérer dans cette voie.

E.

ÉLÉMENS d'ANATOMIE GÉNÉRALE, ou Description de tous les genres d'organes qui composent le corps humain ; par M. BÉCLARD, professeur d'anatomie à la Faculté de médecine de Paris, chirurgien en chef de l'hôpital de la Pitié, membre titulaire de l'académie royale de médecine, etc. 1 volume in-8. de plus de 600 pages, 2me édition accompagnée d'une notice historique sur la vie et les travaux de l'auteur, par M. le docteur OLLIVIER d'Angers, ornée d'un portrait gravé d'après le buste de David, *Paris* 1827.   9 f.

ÉLÉMENS de MÉDECINE ; par BROWN ; traduits de l'original latin, avec des additions et notes de l'auteur, d'après la traduction anglaise, et avec la table de LINCHE, par FOUQUIER, D.-M. *Paris*, 1805, in-8. br.   5 f. 50 c.

ÉLÉMENS d'HISTOIRE NATURELLE MÉDICALE, contenant la

description, l'histoire et les propriétés des alimens, des médicamens et des poisons tirés des règnes végétal et animal, la
description et la figure des vers intestinaux de l'homme ; pré-
cédés d'une classification générale des êtres de la nature, par
RICHARD, membre de l'Institut, professeur de botanique à la
Faculté de médecine de Paris ; membre-adjoint de l'Académie
royale de médecine, membre de la Société philomatique et de
la société d'histoire naturelle de Paris, etc. 2ᵐᵉ édit. 2 forts vol.
in-8. ornés de 8 planches dont 3 coloriées. *Paris*, 1831.   18 fr.

La première édition de cet ouvrage a paru sous le titre de *Botanique médicale*. L'auteur, dans cette seconde édition, a tellement
modifié son plan primitif, qu'il a cru devoir en changer le titre
et substituer au premier celui d'**Élémens d'histoire naturelle médicale**. En effet, cette deuxième édition renferme des considérations générales sur l'histoire naturelle, la classification générale
des corps que cette science embrasse, et les caractères des classes
établies dans le règne animal. La première partie est consacrée
à la zoologie médicale, la deuxième à la botanique. Dans la première, l'auteur expose les caractères généraux des animaux observés dans toutes leurs modifications et passe ensuite à l'histoire
spéciale de ceux qui fournissent quelque produit utile à la médecine, à l'économie domestique ou aux arts. Cette partie est terminée par l'histoire et la description des vers intestinaux de
l'homme. La deuxième partie comprend la botanique médicale
proprement dite, c'est-à-dire la description détaillée et les usages
de tous les végétaux employés à titre de médicamens, d'alimens,
ou de poisons.

Cette deuxième édition singulièrement améliorée, ne peut manquer de continuer à être le manuel indispensable de tous les
élèves en médecine et en pharmacie, qui veulent acquérir des notions exactes sur l'une des branches de leurs études.

ÉLÉMENS de **PATHOLOGIE** générale et de **PHYSIOLOGIE** patholo
gique, par L. CAILLOT, docteur en médecine, ancien médecin en chef des armées navales et de la marine, de la Société et
de la Faculté de Paris, etc., etc., etc. *Paris*, 1819, 2 vol. in-8.
br.   12 f.

Aucun ouvrage ne prouve mieux que celui-ci les progrès que la
théorie médicale a faits de nos jours. On y trouve exposés avec autant de clarté que de bonne foi, les principes véritables de la
pathologie générale, de celle qui est basée sur la physiologie,
puisqu'en effet les maladies auxquelles nous sommes sujets ne sont
autre chose que le dérangement des fonctions dont la régularité
constitue l'état de santé.

L'auteur n'a posé, pour dogmes fondamentaux, que ceux qui
sont suffisamment constatés. Il n'a montré un attachement aveugle
pour aucun système particulier ; mais il a su, en homme habile,
profiter des découvertes nouvelles, des opinions les plus modernes.

Ce livre, réellement remarquable, tant sous le rapport de la

conception des plans que sous celui de l'exécution, n'est pas assez
généralement connu. Les élèves ne trouveront peut-être nulle autre
part autant de moyens d'instruction, un guide aussi sûr pour
diriger leurs études médicales.

ÉLÉMENS de PHYSIQUE expérimentale et de MÉTÉOROLOGIE,
par C.-S.-M.-M.-R. POUILLET, professeur de physique à la
Faculté des sciences et à l'École Polytechnique. Membre de
la Société philomatique, du Conseil de la Société d'Encouragement etc.

OUVRAGE ADOPTÉ PAR LE CONSEIL ROYAL DE L'INSTRUC-
TION PUBLIQUE POUR L'ENSEIGNEMENT DANS LES ÉTA-
BLISSEMENS DE L'UNIVERSITÉ.

Les *Élémens de Physique et de Météorologie* se composent de
deux volumes in-8°, ayant chacun cinquante feuilles d'impression, et quinze planches en taille-douce.

Chaque volume a deux parties.

La première partie contient les Notions préliminaires, la Pesanteur et la Chaleur.

La deuxième : l'Attraction moléculaire, le Magnétisme, l'Électricité, le Galvanisme, l'Électro-Magnétisme et le Magnétisme
en mouvement.

La troisième : l'Acoustique et tous les phénomènes de la lumière jusqu'à la Polarisation.

Enfin la quatrième partie qui vient de paraître et qui termine
l'ouvrage contient la Polarisation de la Lumière et les Élémens de
la Météorologie.

L'auteur a pensé qu'il était nécessaire de faire entrer la Météorologie dans un cours complet de Physique Élémentaire, et de la
traiter séparément. On y trouvera les résultats de ses recherches
sur la Température de la Terre, sur la Chaleur Solaire et sur l'origine et la distribution de l'Électricité atmosphérique.

RICHARD, membre de l'Institut, professeur de botanique et
d'histoire naturelle médicale à la Faculté de Médecine de
Paris. Nouveaux Élémens de botanique et de physiologie
végétale. 5.ᵉ édit. revue, corrigée et augmentée des caractères
des familles naturelles des plantes, ornée de 166 planches
intercalées dans le texte, représentant les principales modifications des organes des végétaux, etc. Paris, 1833. 1 fort vol.
in-8° papier satiné. OUVRAGE ADOPTÉ PAR LE CONSEIL
ROYAL DE L'INSTRUCTION PUBLIQUE POUR L'ENSEIGNE-
MENT DANS TOUS LES ÉTABLISSEMENS DE L'UNIVERSITÉ.

9 f.

M. Richard s'est efforcé de simplifier les élémens de la botanique; il en a élagué les vaines hypothèses et les détails fasti-
dieux. Comme cet ouvrage est principalement destiné à ceux qui
veulent se livrer à l'art de guérir, l'auteur ne leur a présenté que

les notions de cette science qui leur étaient à peu-près indispensables. Son travail consiste ; 1.º dans la connaissance des organes
des végétaux ; 2.º dans les modifications que peuvent éprouver ces
organes ; 3.º dans le choix d'un système. Cette méthode simple et
facile est la meilleure que l'on puisse suivre ; elle est le fruit de l'observation : employée penda... cinq ans par M. Richard, à l'école
pratique, elle attirait un nombre considérable d'élèves. C'est le
plus bel éloge que l'on en puisse faire.

ELÉMENS de PHYSIQUE EXPÉRIMENTALE, de chimie et de mi-
néralogie, suivis d'un abrégé d'astronomie, par JACOTOT,
proviseur du Lycée, et professeur d'anatomie à Dijon, etc.
2.e édit. totalement refondue et augmentée de plus d'un tiers.
Paris, 1805; 2 vol. in-8° et atlas in-4°.   15 f.

NOUVEAUX ÉLÉMENS DE PHYSIOLOGIE, par M. le baron
RICHERAND, professeur à la Faculté de médecine de Paris,
dixième édition, revue, corrigée et augmentée par l'auteur,
et par M. BÉRARD, professeur de Physiologie à la même Faculté. 3 volumes in-8°. Prix :   20 fr.

Les *Nouveaux élémens de Physiologie* de M. le professeur Richerand ont acquis une célébrité trop grande et trop justement
méritée pour avoir besoin des éloges obligés de toute réimpression
nouvelle. Annoncer une dixième édition de cet ouvrage, n'est-ce
pas d'ailleurs en proclamer l'excellence? N'est-ce pas là sa re-
commandation la pius honorable? Cependant la physiologie a été
enrichie, depuis plusieurs années, de découvertes nombreuses et
importantes ; le désir de faire connaître la plupart des travaux
que les savans, tant français qu'étrangers, ont accomplis, a nécessité la création d'un troisième volume. Plusieurs théories
anciennes, qui n'étaient plus en rapport avec les connaissances
actuelles, ont été modifiées. Voici, au reste, les principales additions qui ont été faites à l'ouvrage :

Le chapitre de la digestion renferme une description plus étendue des alimens, de la faim ; une analyse plus exacte de la salive,
d'après MM. Tiedemann et Gmelin, Leuret et Lassaigne; une
histoire complète des sucs gastriques, d'après les travaux des
physiologistes précités et ceux de MM. Prout, Stevens, Bos-
tock, etc., travaux d'après lesquels il est aujourd'hui permis
d'expliquer les célèbres expériences de Spallanzani sur les diges-
tions artificielles, et les résultats si variés des auteurs qui les ont
répétées; les recherches intéressantes de l'influence du pneumo-
gastrique sur la chimification, faites par MM. Leuret et Lassaigne,
Magendie, Milne-Edwards, Vavasseur, Clarke, Brodie, Séd'llot,
Fourcade; quelques additions au mécanisme du vomissement,
d'après MM. Graves et Stockel, Béclard, Gerdy, etc.

Le chapitre de l'absorption a été entièrement refondu ; il comprend l'historique de cette fonction, la description des diverses
espèces d'absorption soit normales, soit éventuelles, la théorie
de M. Dutrochet sur l'endosmose, l'opinion de MM. Tiedemann et

Gmelin sur la rate, considérée comme un ganglion lymphatique, etc.

Le chapitre de la circulation contient, 1.° des additions nombreuses à la description du sang, tirées des travaux de MM. Denis, Raspail, Donné, Lecamus, Barruel, Collard de Martigny; 2.° les opinions de MM. Despine, Pigeaux, sur le système des battemens du cœur; les expériences de M. Poiseuille sur la force de ses contractions; celles de MM. Brodie, Treviranus, Flourens, Brachet, sur le principe de ses mouvemens; 3.° les recherches curieuses de plusieurs Allemands, Dollinger, Wedmeyer, Bonordeu, Kaltenbrunner, Walther, Kook, sur la circulation capillaire; celles de MM. Magendie, Barry, Bérard aîné, sur l'influence des mouvemens de la respiration sur le cours du sang, etc.

Le chapitre de la respiration est enrichi de l'exposition du système des nerfs respiratoires, d'après M. Ch. Bell, de nouvelles expériences sur les usages du nerf pneumo-gastrique.

La calorification renferme le résultat des observations faites par M. Edwards, sur la faculté de calorification dont sont doués les jeunes animaux à sang chaud; selon qu'ils naissent avec les paupières collées ou libres, la pupille fermée ou non par la membrane pupillaire, etc.

Le chapitre des sécrétions renferme la découverte des canaux excréteurs de la sueur, par M. Eichorn, et les recherches de M. Chossat, sous le rapport de la composition de l'urine avec le régime alimentaire.

Le chapitre de la nutrition contient une discussion importante sur l'analogie qui existe entre la composition du sang et celle de chacun de nos tissus, sur la force de reproduction de nos organes, d'après les travaux de Homes, Blumenbach, Béclard, Elliottson, etc.

Les fonctions des organes des sens ont été décrites d'une manière beaucoup plus étendue; les découvertes modernes de MM. Esser, Savart, Buchanan, sur les usages de diverses parties de l'oreille, celles de M. Desmoulins, etc., pour l'œil, de Ch. Bell, Elliottson, sur la peau, etc., ont été mises à profit. — Il en a été de même des travaux de MM. Rolando, Flourens, Bouillaud, Foville, et Pinel-Grand-Champ, Gall, Berlinghieri, etc., sur les fonctions des différentes parties de l'axe cérébro-spinal.

Le chapitre de la voix renferme les théories de MM. Cuvier, Dutrochet, Magendie, Malgaigne, Savart, etc., sur la phonation.

Nous ne pousserons pas plus loin ces citations; elles suffisent pour donner une idée des découvertes dont cette nouvelle édition est enrichie.

ÉLÉMENS (Nouveaux) de THÉRAPEUTIQUE et de MATIÈRE MÉDICALE , par M. le baron ALIBERT , chevalier de plusieurs Ordres, professeur de matière médicale et de thérapeutique à la Faculté de médecine de Paris, médecin en chef de l'hôpital Saint-Louis. 5.ᵉ édit. revue, corrigée et considérablement augmentée. 3 forts vol. in-8. *Paris*, 1826.   25 fr.

L'auteur de cet ouvrage est le premier qui ait amené une ré-

forme salutaire dans cette partie essentielle de l'art de guérir.
C'est lui qui, le premier, a appelé la physiologie au secours de la
thérapeutique, a appuyé les bases fondamentales de celle-ci sur la
doctrine des forces vitales, et a montré la nécessité d'avoir égard
aux causes des maladies pour l'administration des remèdes. On
lui doit encore d'avoir substitué à une foule d'expressions barba-
res et surannées un langage clair et précis.

Ce livre n'est pas moins nécessaire aux nombreux élèves qui
suivent les cours que son auteur fait à l'École de Médecine, et
qui ont besoin de bien se pénétrer de sa méthode, qu'à tous les
praticiens qui aiment à se rappeler souvent les vérités d'une science
qui est le but unique de toutes leurs études, de toutes leurs
veilles, ou, pour mieux dire, le complément de leur art.

La cinquième édition se recommande particulièrement, par les
additions importantes que l'auteur a jugées nécessaires et auxquelles ont concouru plusieurs chimistes et botanistes célèbres de
la capitale, et notamment MM. Clarion, Pelletier, Caventou, etc.

ÉLÉMENS de BOTANIQUE médicale et hygiénique à l'usage des
Élèves vétérinaires ; par F. J.-J. RIGOT, chef des travaux anatomiques à l'École vétérinaire d'Alfort, *Paris*, 1831, 1 vol. in-8°
br. 4 fr.

ÉLOGES historiques de ROUSSEL, SPALLANZANI et GALVANI,
composés pour la Société Médicale de Paris, par ALIBERT,
chevalier de plusieurs Ordres, professeur de matière médicale
etc. ; suivis d'un discours sur les rapports de la médecine avec
les sciences physiques et morales. *Paris*, 1806, 1 vol. in-8. 6 f.

Ces trois éloges sont trois chefs-d'œuvre. L'auteur y a fait
preuve de connaissances littéraires très-étendues ; il a donné à
toutes ses pensées, de la lumière, du coloris et de l'expression. Il a
su, avec un art admirable, saisir les traits caractéristiques de chacun des personnages qu'il a peints ; il a répandu sur ses tableaux
tout le charme d'un style élégant, harmonieux, et rempli d'images de la plus grande beauté.

M. Alibert a une manière d'envisager le panégyrique qui n'appartient qu'à un esprit supérieur ; il évoque pour ainsi dire, le
mort de sa tombe, et nous le montre tel qu'on l'a rencontré dans
la société, avec toute sa physionomie, toutes les couleurs de son
esprit, toutes les dispositions de son ame.

ERREURS (des) POPULAIRES relatives à la médecine ; par M. le
baron RICHERAND, professeur à la Faculté de médecine de
Paris, chirurgien en chef de l'hôpital St-Louis, chirurgien-
consultant du Roi, chevalier de ses Ordres, etc., etc. 2.e édit.
Paris, 1812, in-8. br. 6 f.

Quoique l'on ne croie pas aujourd'hui ni aux sorciers, ni à la vertu des amulettes, il est encore un très-grand nombre d'erreurs, de préjugés dont les gens du monde, et peut-être aussi quelques médecins, ont de la peine à se défaire, et qui ne sont pas seulement ridicules, mais presque toujours plus ou moins dangereux.

Il appartenait à un médecin éclairé, à un véritable philosophe, et surtout à un écrivain aussi sévère qu'élégant, de combattre ces hypothèses absurdes, qui, reçues et transmises d'âge en âge, finissent par acquérir un certain degré d'autorité, et deviennent funestes à l'humanité.

ESSAI sur le POULS, par Henri FOUQUET, professeur honoraire de l'école de médecine de Montpellier, etc. nouv. édition. *Montpellier*, 1818. in-8. fig. br. 4 . 5o c.

ESSAI sur les VÉSICATOIRES, par H. FOUQUET, professeur, etc., nouv. édit. *Montpellier*. 1818 in-8. fig. br. 1 f. 5o c.

ESSAI sur la NUTRITION du FOETUS, par LOBSTEIN. *Strasbourg*, 1802, in-8 fig br. 6 f.

ESSAI sur la FIÈVRE BILIOSO-ADYNAMIQUE des grands ANIMAUX, par VIBAMOND. *Paris*, 1824, in-8. 1 f.

EXAMEN MÉDICAL des SYMPATHIES ou EXPÉRIENCE physiologique sur la valeur de ce mot, par LAMBERT. vol. in-12. 2f.

EXAMEN MÉDICAL des procès criminels des nommés Léger, Feldtmann, Lecouffe, Jean-Pierre et Papavoine, dans lesquels l'aliénation mentale a été alléguée comme moyen de défense, suivi de quelques considérations médico-légales sur la liberté morale ; par le doct. GEORGET, membre de l'Académie royale de médecine, etc. 1 vol. in-8. ; br. 3 f. 5o c.

EXPOSITION précise de la NOUVELLE DOCTRINE MÉDICALE ITALIENNE, ou Considérations pathologico-pratiques sur l'inflammation et la fièvre continue ; par TOMMASINI, professeur de clinique interne à l'université de Bologne ; traduit de l'italien par J. T. L. *Paris*, 1821, 1 vol in-8.° 5 f.

L'importance de la question qui occupe aujourd'hui le monde médical sur la nature de l'inflammation et l'essentialité des fièvres , rend cet ouvrage utile aux médecins qui suivent de bonne foi les progrès de la science médicale et qui s'efforcent d'en reculer les bornes par leurs recherches pratiques basées sur l'observation la plus rigoureuse et éclairées par les notices de l'anatomie pathologique.

EXPOSITION d'un cas remarquable de maladie cancéreuse avec oblitération de l'aorte et réflexions en réponses aux explications données à ce sujet par M. Broussais ; par VELPEAU. *Paris*, 1825, in-8° br. 2 f.

F.

FORMULAIRE de POCHE ; par M. RICHARD, membre de
l'Institut, professeur à la Faculté de médecine de Paris, etc.,
etc. 6.ᵉ édition, augmentée d'un grand nombre de formules
nouvelles et des substances alcalines végétales ; telles que la
quinine, la morphine, l'émétine, la strychnine, l'iode, etc.,
et d'un tableau de tous les contre-poisons en général, des préparations et de l'emploi de plusieurs nouveaux médicamens.
Paris, 1834. 1 vol. in-32. Imprimé sur papier vélin. 2 f. 50 c.

D'après toutes les réformes introduites depuis plusieurs années
dans l'administration des médicamens, nous ne devons plus attacher autant d'importance aux formulaires qui se distinguent par
le nombre des recettes. Le petit ouvrage de M. Richard, à l'abri de
ce reproche, n'offre réellement au médecin qu'un tableau bien
coordonné des formules les plus accréditées par l'expérience et
dont l'usage est presque devenu spécifique.

G.

GUIDE pour l'étude de la Clinique médicale, ou Précis de Sé-
méiotique, etc. ; par DANCE, agrégé à la Faculté de médecine
de Paris, etc. un fort vol. in-18. *Paris*, 1834.   4 fr.

GYMNASTIQUE MÉDICALE, ou l'Exercice appliqué aux organes
de l'homme, d'après la loi de la physiologie, de l'hygiène et de
la thérapeutique, etc , par CH. LONDE, docteur en médecine de la Faculté de Paris, membre de la Faculté de médecine-pratique, etc., etc. *Paris* 1821, in-8.   4 f. 50 c.

H.

HERBIER de la FRANCE, Dictionnaire de botanique; histoire
des champignons et des plantes vénéneuses et suspectes de la
France ; par BULLIARD. *Paris*, 1780 1793, 7 vol. in-folio, fig.
coloriées. Il n'en reste plus que 25 exemplaires, parfaitement
complets. Cartonné à la Bradel.   350 fr.
   Relié en basane, filet.   400 fr.
   Et en feuilles.   300 fr.

HIPPOCRATIS APHORISMI. Gr. et lat. ; edente LEFEBVRE DE
VILLEBRUNE ; 1779, in-12, br.   2 fr.

HISTOIRE de la CHIRURGIE depuis son origine jusqu'à nos jours,
par PEYRILHE. Paris, 1780. in-4. br.   10 f.

HISTOIRE des MARAIS, et des MALADIES causées par les émana-
tions des eaux stagnantes ; par MONFALCON, médecin de
l'Hôtel-Dieu de Lyon, membre du conseil de salubrité du département du Rhône, etc., etc.

Ouvrage qui a obtenu le grand prix mis au concours par la
Société Royale des Sciences, etc. 2ᵉ édition, revue, corrigée et
considérablement augmentée, *Paris*, 1826 in-8.°   7 f. 50 c.

HISTOIRE NATURELLE et MEDICALE des différentes espèces
d'ipécacuanha du commerce ; par RICHARD., membre de
l'Institut, professeur à la Faculté de Médecine. 1 vol. in-4.
fig.   3 f. 50 c.

HISTOIRE des PROGRÈS RÉCENS DE LA CHIRURGIE ; par
M. le baron RICHERAND, chirurgien en chef de l'hôpital
Saint-Louis, professeur d'opérations de chirurgie à la Faculté
de médecine de Paris, etc. *Paris*, 1825. in-8. br.   6 f.

HISTOIRE d'une RESECTION DES COTES et de la PLÈVRE ; par
RICHERAND. *Paris*, 1818, in-8.   1 f. 50 c.

Cette opération, la plus hardie peut-être qui ait jamais été pratiquée, dont les fastes de l'art n'offrent aucun exemple, et qui a été
suivie d'un succès complet, est un beau témoignage en faveur de la
supériorité de la chirurgie française, et fait preuve non-seulement
de l'habileté, mais encore du génie de celui qui l'a conçue et exé-
cutée.

On lira donc avec le plus grand intérêt cette petite brochure,
où l'auteur a émis quelques idées nouvelles sur le traitement de
l'hydropisie du péricarde.

HISTOIRE de la MEDECINE depuis son origine jusqu'au 19ᵉ
siècle ; par Kurt SPRENGEL ; trad. par JOURDAN, doct.
en médecine de la Faculté de Paris. *Paris* 1815 et 1820, 9 vol.
in-8. br.   40 f.

Il est de ces ouvrages, dans les sciences, qui réunissent tant d'o-
pinions diverses, qui enlèvent tant de suffrages, qu'on ne saurait
rien dire de nouveau pour en faire l'éloge. Tout le monde ne sait-
il pas en effet, que l'auteur, le plus savant bibliographe médical
qui ait paru, nous a donné l'histoire la plus complète de la médecine, enrichie des beautés du style et des faits les plus curieux ?
Vouloir connaître la médecine depuis son origine jusqu'à nos
jours, sans suivre pas à pas *Sprengel*, c'est vouloir étudier les maladies de la peau sans Alibert ; la médecine sans Pinel ; la chirurgie
sans Boyer et Richerand ; les poisons sans Orfila.

I.

INDUCTIONS physiologiques et pathologiques sur les différentes espéces d'excitabilité et d'excitement ; par L. ROLANDO, professeur d'anatomie en l'université royale de Turin, médecin par quartier du Roi de Sardaigne, etc : trad. de l'ital. par A.-J.-L. JOURDAN ; et F.-J. BOISSEAU, docteur en médecine de la Faculté de Paris. *Paris*, 1822, in-8. br.   4 f.

Afin de faire mieux sentir au lecteur l'importance du traité du grand physiologiste, M. Rolando, les traducteurs présentent dans leur introduction un exposé rapide des idées fondamentales de *Brown*, de *Bordeu*, de *Bichat* et de M. *Broussais*, et indiquent d'une manière claire et concise, l'état actuel de la théorie et de la pratique médicales en France. A la suite de l'ouvrage se trouvent quatre tableaux, dont le premier indique les différentes espéces d'excitabilité et d'excitement, et les trois suivans, les tableaux physiologiques et pathologiques, 1.º du système nerveux ; 2.º de l'appareil alimentaire ; 3.º du système vasculaire.

INSTITUTIONES MÉDICÆ ; par SPRENGEL. *Mediolani*, 1816, 11 vol. in-8 broc.   35 fr.

J.

JOURNAL UNIVERSEL DES SCIENCES MÉDICALES, par MM. BOISSEAU, BROUSSAIS, CHAUSSIER, DUPUYTREN ; etc. Collection complète depuis l'origine du journal, en 1816, jusques et compris l'année 1821, 6 années formant 24 vol. in-8. plus la table analytique et alphabétique des matières.

Chaque année séparée, composée de 12 cahiers ou 4 vol. in-8.   5 f.

Un cahier séparé.   2 f.

La table.   2 f.

Possesseur du petit nombre de collections complètes restantes de ce journal, nous nous empressons de l'offrir à un prix trésmodéré, pour donner la facilité aux abonnés de se compléter à peu de frais, ce qui sans doute déterminera un grand nombre de gens de l'art à se procurer un recueil qui doit être considéré comme offrant le tableau le plus complet des progrès de la médecine en France depuis sept ans.

L.

LEÇONS de MÉDECINE LEGALE; par M. ORFILA, professeur et doyen à la Faculté de médecine de Paris, professeur de mé-

decine légale à l'ancienne Faculté, président des jurys médicinaux, médecin par quartier du Roi, membre de l'Acad. roy. de
méd., etc. 2ᵉ édit. revue, corrigée et augmentée. *Paris*, 1828.
3 forts vol. in-8°. br. et Atlas (*Le 3ᵉ vol. contient les poisons*)
24 f. 50 c.
L'Atlas composé de 26 planches, dont 7 coloriées, se vend separé-
ment. 4 f.

Sans attacher beaucoup d'importance aux diverses classifica-
tions proposées jusqu'à ce jour pour décrire les objets dont se compose l'étude de la médecine légale, M. le professeur Orfila, dans
l'ouvrage remarquable qu'il vient de publier, s'est contenté, sous
le titre de Leçons, de nous donner une solution complète des diverses questions médico-légales dont le recueil forme en entier une
science devenue si importante aujourd'hui.

Après avoir indiqué d'une manière générale les règles qui doivent servir de base à la rédaction des rapports, des certificats et
des consultations médico-légales, ainsi que les parties qui composent chacun de ces actes, il traite successivement des âges dans les
diverses périodes de la vie, de l'identité, de la défloration, du viol,
du mariage, de la grossesse, de l'accouchement, des naissances
tardives et précoces, de la superfétation, de l'infanticide, de l'a-
vortement, de l'exposition, de la substitution, de la suppression
et de la supposition de part, de la viabilité du fœtus, de la pater-
nité et de la maternité, des maladies simulées, imputées, des qualités intellectuelles et morales, de la mort, de la survie, de l'asphyxie, des blessures et de l'empoisonnement.

LETTRES A UN MEDECIN de PROVINCE, ou Exposition critique de la doctrine médicale de M. Broussais; par MIQUEL,
membre de l'Académie royale de médecine, des sociétés de
médecine et pharmacie de Paris, etc., etc. 2.ᵉ édition *Paris*.
1826. in-8. br. 7 f. 50 c.

L'ONANISME, dissertation sur les maladies produites par la mas-
turbation, nouvelle édition considérablement augmentée; par
TISSOT. *Paris*, 1826, in-12 br. 1 f. 50 c.

M.

MALADIES (des) des FEMMES EN COUCHES ; par WEST. docteur en médecine, ancien interne de première classe des hôpitaux de Paris, et de la Maison d'accouchement, etc., etc.
Paris, 1825, in-8° 2 f.

MANUEL de CHIMIE MEDICALE; par JULIA-FONTENELLE,
professeur de chimie médicale, commissaire-examinateur de

la marine pour le service de santé, etc., etc. 1 vol.in-12 de
600 pages, *Paris*, 1824.   6 f. 50 c.

Dans un volume de 600 pages, M. Julia a rassemblé tout ce
qu'il importe à un médecin de connaître en Chimie. Il s'est surtout
attaché à développer tout ce qui peut contribuer à faciliter l'étude
de la chimie médicale: aussi les articles *calorique*, *électricité*, *eaux
minérales*, *etc.*, y sont présentés avec beaucoup d'ordre et de développement.

Cet ouvrage est un de ceux qui sont le plus au courant des découvertes modernes, et dont ne peuvent se passer MM. les élèves
qui se préparent aux 3.e et 4.e examens.

MANUEL D'ANATOMIE DESCRIPTIVE DU CORPS HUMAIN, représentée en planches lithographiées; par JULES CLOQUET,
chirurgien en chef de l'hôpital St-Antoine, professeur à la
Faculté de médecine, etc., etc. *Paris*, 1826-1831. 56 livraisons. In-4°. fig. noires.   210 f.
Figures coloriées,   392 f.

(*Voir l'annonce suivante.*)

J'ai l'honneur de prévenir MM. les médecins et élèves que je
viens d'acheter à M. J. CLOQUET, professeur à la Faculté de Médecine, etc.; le restant de l'édition de son MANUEL D'ANATO-
MIE DESCRIPTIVE en 56 livraisons in-4°, à des conditions qui me
permettent de fixer le prix de la livraison, figures noires, à 2 f.
25 cent. au lieu de 3 f. 75 cent.; et les figures coloriées à 5 fr.
au lieu de 7.

Un grand nombre d'élèves m'ayant témoigné le désir de se
procurer cet ouvrage par souscription en retirant une ou plusieurs livraisons par mois, je m'empresse de me rendre à leur
vœu et de leur annoncer qu'une souscription vient d'être ouverte à cet effet chez moi. MM. les Elèves pourront se faire ins-
crire et retirer le nombre de livraisons qui leur conviendra.

MANUEL (Nouveau) D'ANATOMIE DESCRIPTIVE, d'après les
cours de MM. Béclard, Bérard, Blandin, Breschet, Cruveilhier, Hipp. et J. Cloquet, Gerdy, Lisfranc et Velpeau. *Paris*,
1 vol. in-18 br. et satiné.   5 f. 50 c.

MANUEL de l'OCULISTE, ou Dictionnaire ophthalmologique,
par DE WENZEL, médecin oculiste. *Paris* 1818. 2 vol. in-8°,
avec 24 planches en taille-douce.   12 f.

MANUEL du PHARMACIEN, ou Précis élémentaire de Pharmacie,
etc.; par CHEVALLIER, pharmacien chimiste; et IDT, pharmacien. 2 forts vol. in-8°, 2me édit. considérablement augmentée. Prix,   14 fr.
Le second volume contient les formules et les planches.

Les auteurs ont, dans cette édition, apporté tous les changemens que nécessitaient les progrès des sciences pharmaceutiques. Pour répondre au désir des pharmaciens, ils y ont ajouté un très-grand nombre de formules ; sans adopter la nouvelle nomenclature pharmaceutique ils ont fait connaître, 1° la nomenclature de M. Chérau et ses modifications, 2° celle donnée tout récemment par M. Béral.

Tous les pharmaciens et médecins doivent lire avec attention cet ouvrage utile pour la pratique. La clarté, la précision et l'abondance des matières contenues dans son cadre, font de cet ouvrage un excellent Traité de Pharmacie qui sera toujours consulté avec fruit.

MANUEL MÉDICO-CHIRURGICAL ; ou Élém. de médecine et de chirurgie pratique ; par AUTHENAC. 2.ᵉ édit., augmentée d'un Traité complet des fièvres, et d'un Tableau des différentes classes des médicamens. *Paris*, 1821, 2 vol. in-8. br.

De tous les médecins qui se sont occupés à nous donner des abrégés sur diverses parties de la médecine, M. le docteur Authenac est celui qui a le mieux réussi à réunir sous un moindre volume et d'une manière complète, l'étude des élémens de la pathologie médicale et chirurgicale.

Les élèves'en servent avec beaucoup d'avantage pour se préparer aux second et cinquième examens, il devient tous les jours d'une utilité indispensable aux hommes de l'art auxquels une pratique très-multipliée ne permet pas de consulter un grand nombre d'ouvrages.

— *Id*. Atlas médico-chirurgical, *Paris*, 1814, in-fol. br. 5 f.

MANUEL POPULAIRE DE SANTÉ à l'usage des personnes qui vivent à la campagne, ou Instructions sommaires sur les maladies qui régnent le plus souvent et les moyens les plus simples de les traiter ; suivies de notions chirurgicales et pharmaceutiques ; par MARIE DE SAINT-URSIN, docteur en médecine, ancien premier médecin de l'armée du nord, et Inspecteur général du service de santé des armées, etc., etc., etc. 1 vol. in-8. *Paris*, 1818. 5 f.

Cet ouvrage est suivi d'une Synonymie des anciennes mesures de capacité avec les nouvelles.

MÉDECINE EXPECTANTE, contenant les maladies fébriles, les maladies inflammatoires et la matière médicale, par VITET. *Lyon*, 1803. 6 vol. in-8. 36 f.

MÉDECINE OPÉRATOIRE, par R.-B. SABATIER, chirurgien en chef de l'Hôtel-des-Invalides, professeur à la Faculté de médecine de Paris, nouvelle édition faite sous les yeux de M. le baron DUPUYTREN , chirurgien en chef de l'Hôtel-DIEU, professeur à la Faculté de médecine de Paris :

Par L. J. SANSON, chirurgien en second à l'Hôtel-Dieu, docteur en chirurgie et agrégé à la Faculté de médecine de Paris. etc. , et J.-L. BEGIN , docteur en médecine, chirurgien en second à l'hôpital militaire du Val-de-Grâce. *Paris*, 1832, 4 vol. in-8.   28 f.

La médecine opératoire de Sabatier, ouvrage extrêmement recommandable, laissait, sous quelques points de vue, beaucoup à désirer. MM. Begin et Sanson, sous la direction de M. le Baron Dupuytren, en en donnant une nouvelle édition, ont pensé que des généralités sur les opérations et les pansemens seraient d'une grande utilité, non-seulement pour les élèves, mais encore pour les praticiens ; en indiquant les nouveaux procédés, et l'emploi de ces procédés, ils ont placé cet ouvrage au niveau de la science, et l'ont rendu indispensable aux élèves, et en général à toutes les personnes qui s'occupent de l'art de guérir.

MÉMOIRES et PRIX de l'Acad. Royale de chirurgie, nouv. édit. entièrement conforme à l'édition originale. Elle se distingue des précédentes par des notes qui indiquent les progrès de la science depuis la publication de l'ouvrage. On a donné à celle que nous annonçons tous les soins possibles pour qu'elle soit très-correcte ; et pour rendre les recherches plus faciles, on a placé à la fin du dernier volume une table alphabétique des noms des auteurs, ainsi qu'une table des matières qui sont traitées dans cette collection justement renommée.

« L'histoire, si glorieuse pour la chirurgie, a dit M. le professeur Richerand, est renfermée toute entière dans le recueil des Mémoires et des Prix de l'Académie Royale de chirurgie, livre indispensable, et dont on ne saurait trop constamment méditer les diverses portions. »

Prix br. 45 f. ; rel. en 10 vol. 58 f. ; cartonné à la Bradel 54 f. ; broché satiné   48 f.

MÉMOIRE sur l'existence et la disposition des VOIES LACRYMALES DANS LES SERPENS ; par J. CLOQUET, chirur. en chef à l'hôpital St.-Antoine, etc., etc., etc. *Paris*, 1821, in-4. fig. br.   2 f.

MÉMOIRE sur les FRACTURES PAR CONTRE-COUP de la MACHOIRE SUPERIEURE , par Jules CLOQUET. *Paris*, 1820, in-8. fig. br.   1 f. 50 c.

Le nom de M. Jules Cloquet devient si recommandable par ses travaux en anatomie, en physiologie, en chirurgie, qu'on ne saurait trop faire l'éloge des écrits qui sortent de sa plume.

MEMORIA sulla legatura delle principali arterie degli arti con una appendice all'opera sull'aneurisma, par SCARPA. *Pavia*, 1817, in-4.   9 f.

MOYENS (Des) de PARVENIR A LA VESSIE PAR LE RECTUM ;
par H.-J. SANSON, docteur en chirurgie de la Faculté de
Paris, chirurgien en second de l'Hôtel-Dieu, etc. ; suivis d'un
Mémoire sur la méthode d'extraire la pierre de la vessie uri-
naire ; par A.-V. BERLINGHIERI, professeur de clinique chirurgicale à l'Université impériale et royale de Pise, etc. *Paris*,
1821, in-8. fig. br.   3 f. 50 c.

N.

NOSOGRAPHIE et THÉRAPEUTIQUE chirurg., par M. le baron
RICHERAND, chirurgien en chef de l'hôpital Saint.-Louis,
professeur d'opérations de chirurgie à la Faculté de médecine
de Paris, etc. *5e* édit. *Paris*, 1821, 4 vol. in-8 fig. br.   28 f.

On vendra *séparément* les figures pour les personnes qui ont les
précédentes éditions de la Nosographie, ou tout autre ouvrage du
même genre.   5 f.

Cet ouvrage, qui jouit d'une si grande renommée, est en effet
un des meilleurs livres classiques que nous ayons. L'auteur y a rassemblé un grand nombre d'idées nouvelles, qui sont exposées avec
une rare sagacité, développées et soutenues avec une excellente dia-
lectique. Il a prouvé, jusqu'à l'évidence, qu'il est absurde de vouloir distinguer les maladies qui affectent le corps humain, en internes et externes, et que la chirurgie est le complément de l'art
de guérir, plutôt qu'une science à part, étrangère au médecin
proprement dit.

Sa classification des affections pathologiques en lésions physiques, organiques et vitales, est tout-à-fait lumineuse et basée à la
fois sur la nature, l'expérience et la raison, c'est-à-dire qu'elle sera
toujours vraie, toujours neuve.

Ses descriptions sont faites avec autant de clarté que de méthode, ses préceptes thérapeutiques basés non pas sur de vaines
théories, mais sur la connaissance exacte des lois de l'organisme,
et ses procédés opératoires tracés avec un talent éminemment
pratique.

Les gravures qui sont jointes à cette cinquième édition, et à
l'aide desquelles on peut facilement juger de quelle manière il faut
s'y prendre pour procéder à telle ou telle opération, du lieu où elle
doit être pratiquée de préférence, et enfin la route que parcourt
l'instrument, ajoutent encore à l'utilité d'un ouvrage aussi important, et qui a placé son auteur au premier rang parmi les maîtres
de l'art.

NOSOGRAPHIE MÉDICALE, ou élémens de médecine-prat., etc.
par AUTHENAC. Tome 1.er. *Paris* 1824, in-8. br.   8 f. 50 c.
Première livraison du 2e vol.,   3 f. 10 c.

Il y aura 2 livraisons à paraître pour former le 2e vol. et dernier
de l'ouvrage.

Quoique les ouvrages de M. Authenac soient très-répandus, nous ne saurions assez les recommander, parce qu'il est peu de médecins qui aient écrit avec autant de candeur, n'ayant pour but que l'intérêt de la science. Personne mieux que lui n'a combattu l'esprit de système qui bouleverse tout, et éloigne de la médecine hippocratique à laquelle l'auteur doit la réputation qu'il s'est faite à Châteaudun, où il exerce avec une habileté remarquable.

NOSOLOGIE NATURELLE, ou les maladies du corps humain distribuées par familles, par ALIBERT. Cet ouvrage sera composé de 2 vol. grand in-4., sur papier vélin satiné, avec fig. magnifiquement coloriées. Chaque vol. sera de 110 fr. pour les souscripteurs, et de 130 fr. pour les non souscripteurs.

Le 2.e vol. de cet important ouvrage, qui a été adopté comme classique dans plusieurs universités de l'Europe, est sous presse.

NOTICE sur la MALADIE QUI RÈGNE ÉPIZOOTIQUEMENT sur les CHEVAUX, par GIRARD. 3e édit. *Paris*, 1825, in-8. 1 f. 50 c.

NOUVEAU TRAITÉ sur les Hémorrhagies de l'utérus; d'Édouard RIGBY et de STEWART-DUNCAN, avec 124 Observations tirées de la pratique des deux auteurs ; traduit de l'angl. accompagné de notes ; par Mme veuve BOIVIN, etc. *Paris*, 1813. 1 vol. in-8°. br. 6 f. 50 c.

O.

OBSERVATIONS sur les AFFECTIONS CATARRHALES en général ; par CABANIS. 2.e édition. *Paris*, 1813, in-8. br. 2 f.

Les catarrhes, ou inflammations des membranes muqueuses, forment une grande partie des affections auxquelles notre corps est sujet. Ils attaquent l'homme dans tous les âges, et à toutes les époques de la vie.

Si le plus ordinairement ces maladies se terminent par la guérison, il n'est pas rare qu'elles deviennent funestes, soit à cause de la violence de leurs symptômes, soit par leur passage à l'état chronique.

Une bonne monographie sur les catarrhes est donc un livre éminemment utile, un véritable bienfait pour l'humanité? Tout le monde lira celui-ci avec le plus grand intérêt ; les vieillards sur-tout, qui sont les plus exposés aux affections catarrhales, et principalement à celles du poumon, y trouveront des conseils aussi sages qu'utiles, non-seulement pour guérir, mais encore pour prévenir un mal dont ils sont si fréquemment atteints.

OBSERVATIONS sur la nature et le traitement des MALADIES DU FOIE ; par M. le baron PORTAL, premier médecin du Roi, etc. *Paris*, 1813, in-4°. 10 f.

Parmi les nombreux et bons ouvrages dont le professeur Portal, le patriarche de la médecine française, a enrichi la science, il faut distinguer entre autres celui-ci. C'est là qu'on apprendra à bien connaître les maladies du foie, à ne plus les confondre avec d'autres affections dont les symptômes sont plus ou moins semblables, et à leur opposer un traitement, sinon toujours efficace, du moins constamment rationnel. Il n'est pas un praticien qui ne veuille avoir dans sa bibliothèque cet excellent traité et ne désire en posséder un du même genre sur toutes les maladies.

OEUVRES CHIRURGICALES d'Astley COOPER ; trad. de l'angl. par G. BERTRAND. *Paris*, 1822, 2 vol. in-8. fig. br.   14 f.

On ne peut réellement parler de chirurgie anglaise, sans prononcer le nom d'Astley Cooper ; c'est donc un véritable service rendu à la science que de mettre à la portée de tout le monde les OEuvres d'un chirurgien Anglais qui n'a pas peu contribué aux progrès de cette partie de l'art de guérir, chez nos voisins.

OEUVRES COMPLETES de BORDEU, méd. de la Fac. de Paris, contenant des Recherches sur les glandes, les crises, le pouls, les écrouelles, la colique métallique, l'Histoire de la médecine, le tissu muqueux, les maladies chroniques et les articulations des os de la face, l'analyse médicale du sang, etc., précédées d'une Notice sur sa vie et sur ses ouvrages, par M. le chevalier RICHERAND, professeur à la Faculté de Médecine de Paris, etc., et terminées par une Table alphabétique des matières. *Paris*, 1818, 2 vol. in-8. br. imprimés par Crapelet.   14 f.

Le plus bel éloge que l'on puisse faire des ouvrages de Bordeu, c'est de dire qu'ils ont été pour les Vicq-d'Azyr, les Barthez, les Bichat, les Halié, les Richerand, les Alibert, les Broussais et autres médecins célèbres, une source féconde d'idées sublimes qui, développées par eux, ont exercé une influence immense sur l'art de guérir, et sont devenues autant de vérités fondamentales, autant de principes immuables, desquels il n'est plus permis de s'écarter dans l'étude de la science.

Mais tout ce qu'a publié cet illustre auteur était épars, en forme de mémoires, dont plusieurs même manquaient au commerce, lorsque M. le professeur Richerand eut l'heureuse pensée de les réunir en un corps d'ouvrage qui forme deux volumes, à la tête desquels il a placé une notice sur la vie et les œuvres de Bordeu ; notice qui est écrite avec cette chaleur, cette élégance qui est propre à l'auteur des Elémens de physiologie. C'est donc à lui que tous ceux qui se destinent à la médecine ou la pratiquent déjà, doivent l'avantage inappréciable de pouvoir méditer, consulter les productions d'un physiologiste profond, d'un excellent anatomiste, d'un praticien habile, d'un homme de génie enfin, à qui l'Ecole de Paris doit son illustration, et l'art de guérir son perfectionnement.

OEUVRES DIVERSES de médecine-pratique de PUJOL, avec additions par M. F. G. BOISSEAU. *Paris*, 1823, 4 vol. in-8. 15 f.

Cet ouvrage, quoique ancien, méritait de fixer l'attention des médecins modernes par rapport au rapprochement qui existe. avec les principes de la nouvelle doctrine physiologique. M. le docteur Boisseau , en le faisant connaître de nouveau , n'a eu d'autre intention que celle de faire mieux apprécier par les élèves et les praticiens les nouvelles découvertes du professeur Broussais , et de rendre à un ancien médecin toute la part de gloire qu'il mérite à nos yeux.

OEUVRES de VICQ-D'AZYR , recueillies et publiées par MOREAU. *Paris* , 1805 , 6 vol. in-8. et atlas br. 48 f.

OEUVRES de médecine pratique par Th. SYDENHAM. Nouvelle édit., revue et augmentée de notes par M. BAUMES , professeur à la Faculté de médecine de Montpellier. 2 vol. in 8. 12 fr.

OPERA omnia medicorum græcorum, opera quæ extant , per GALIEN. Editionem curavit D. Carolus Gottlob KUHN. *Lipsiæ* , 1821-1826, tomes 1 à 12. 240 f.

P.

PHYSIOLOGIE des PASSIONS , ou nouvelle Doctrine des sentimens moraux par M. le baron ALIBERT , chevalier de plusieurs Ordres , professeur de matière médicale et de thérapeutique à la Faculté de médecine , médecin en chef de l'hôpital Saint-Louis. 2e édit. 2 vol. in-8°. imprimés sur papier fin, ornés de 14 belles gravures. *Paris*, 1827. 16 fr.

La plupart des philosophes modernes appliquant aux sciences morales l'esprit de système qu'on admire avec raison dans les sciences exactes , ont cherché à établir sur un fait unique tous les phénomènes du cœur humain. C'est ainsi que La Rochefoucauld croyait trouver dans l'amour-propre, le principe de toutes nos actions ; Hobbes et Helvétius le plaçaient dans l'intérêt personnel ; le docteur Hutcheson , à l'exemple des platoniciens, explique tout par la bienveillance ; Adam Smith attribue tout à la sympathie.

L'auteur de la Physiologie des Passions a reconnu , dans l'économie animale, quatre instincts primitifs, ou lois fondamentales qui régissent tous les corps vivans , et dout il fait découler toutes les passions, ou si l'on veut tous les états de l'ame affectée ; ces quatre instincts sont : *l'instinct de conservation, l'instinct d'imitation , l'instinct de relation , et l'instinct de reproduction.*

Ainsi ; l'ouvrage est divisé en quatre sections, dont les deux premières forment le premier volume, et les deux autres le second.

Première section. L'instinct de conservation est sans contredit le premier dont la nature ait gratifié l'homme , et tous les êtres qui partagent avec lui le bienfait de la vie ; il prédomine chez l'enfant qui se porte par un mouvement naturel, vers le sein de sa nourrice ; il se manifeste chez le sauvage, dont l'industrie étonne souvent l'homme civilisé ; il se montre chez les animaux, et quelquefois avec une supériorité capable d'humilier notre superbe raison ; il se fait admirer jusques dans les plantes dont plusieurs donnent des signes frappans de prévoyance et de sensibilité. C'est donc une loi générale de la nature, et une loi immuable qu'atteste de mille manières le spectacle de l'univers.

L'auteur fait voir quelles passions naissent de cet instinct de conservation ; il en trace le caractère et les effets, avec une habileté remarquable ; l'égoïsme, l'avarice, l'orgueil, sont considérés sous un rapport nouveau ; le courage est présenté comme le plus noble produit de cet instinct, soit qu'il enflamme l'ardeur guerrière, ou qu'il inspire le zèle religieux, soit qu'il soutienne le zèle du magistrat dans ses devoirs, ou le philosophe dans sa résignation.

Le charme des récits vient quelquefois se mêler à des observations pleines d'intérêt, les anime, et les met en quelque sorte en action. Ici par exemple, on trouve l'histoire de ce *pauvre Pierre*, que la nature seule avait fait éloquent et philosophe, et qui, dans l'asile du malheur, prêchait à ses compagnons la résignation et le stoïcisme, avec un succès dont les témoins étaient émerveillés, et dont la célébrité franchissant cette triste enceinte, s'est répandue jusques dans les brillans salons de la capitale.

L'auteur de la Physiologie des passions s'est livré assez fréquemment à l'attrait des épisodes ; mais il en a varié les formes, et les a toujours parfaitement adaptés au sujet. C'est ainsi que dans cette première partie, un excellent article sur l'intempérance considérée dans ses divers rapports avec l'instinct de conservation, est encore développé et embelli par un dialogue entre Épicure et Pythagore, où les doctrines de ces deux philosophes sont très-bien exposées ; cette manière empruntée aux sages de l'antiquité qui conversaient avec leurs disciples, est peut-être la plus ingénieuse, et la plus utile pour répandre l'instruction.

Deuxième section. Après avoir prouvé que l'instinct d'imitation est une loi primordiale du système sensible, qu'elle influe sur l'économie et le perfectionnement des corps vivans, que tous les êtres y sont soumis, qu'elle est inhérente à leur organisation, l'auteur nous fait connaître les merveilleux phénomènes de cette loi d'imitation, chez les individus, chez les peuples, et dans le monde entier qui ne paraît à ses yeux qu'un grand et magnifique spectacle d'imitation mutuelle.

Cette faculté se développe chez l'homme avec tant de facilité et de promptitude, elle dirige si habituellement ses actions morales et intellectuelles, que quelques métaphysiciens l'ont regardée comme un véritable sens moral.

C'est d'elle que sont nées l'émulation, si utile aux progrès de l'esprit humain, à la gloire des nations, au perfectionnement de l'ordre social ; l'ambition qui produit les événemens les plus glorieux, et les plus épouvantables catastrophes ; l'envie qui s'afflige de tous les biens et se réjouit de tous les maux, passion également funeste à ceux qui l'éprouvent, et à ceux qui en sont l'objet.

Les tableaux que présente cette seconde section, sont animés par deux épisodes, dont l'un a pour titre la *Servante romaine*, et l'autre le *Nouveau Diogène*, ou le *Fou ambitieux*.

Troisième section. L'instinct de relation est cette loi qui détermine les hommes à se réunir en société; elle est dans la nature qui nous a faits sociables, parce qu'elle nous a faits faibles et dépendans; notre bonheur est donc attaché à ce penchant qui nous fait mettre en commun nos besoins, nos moyens, nos affections, lie notre intérêt à l'intérêt général, et dispose nos cœurs à l'humanité. On a dit avec raison que le méchant seul pouvait s'éloigner de la société cependant cette aversion se manifeste quelquefois dans des cœurs vertueux; alors il faut la considérer comme une maladie.

L'instinct de relation produit sans doute des passions haineuses, le mépris, la vengeance, l'amour de la guerre si féconde en malheurs; mais par une compensation bien avantageuse, nous lui devons aussi la bienveillance, l'estime, l'amitié, l'admiration, la pitié; en traitant de cette dernière affection qui honore la grandeur, adoucit toutes les infortunes, se mêle à nos plaisirs, et s'associe aux bienfaits de la religion, notre auteur amène un épisode fort intéressant : c'est le tableau touchant et animé de la peste qui désola Ville-Franche de l'Aveyron, en 1628; il nous montre la pitié opérant plus de prodiges que tous les secours de l'art; il consacre à la publique admiration, la conduite héroïque de son illustre compatriote le magistrat Pomairols.

Quatrième et dernière section. L'instinct de reproduction est relatif à la conservation de notre espèce: c'est encore une loi primordiale du système sensible; le développement de cette loi conduit l'auteur à de hautes considérations sur les moyens employés par la nature pour assurer la perpétuité de ses œuvres, sur l'étonnante variété de ses modes de reproduction, et sur les mystères que sa sagesse interdit à notre pénétration. Car ce sujet ne présente que des faits épars, et désespère souvent notre téméraire curiosité.

Le but moral de cet ouvrage, sur lequel tout est dirigé dans les différentes parties qui le composent, a inspiré une foule de détails précieux, peu susceptibles d'analyse, et qu'on trouvera avec plaisir dans les chapitres sur l'amour conjugal, l'amour maternel, l'amour paternel, l'amour filial, dont les titres annoncent assez l'importance.

On lira surtout avec le plus grand intérêt l'épisode philosophique qui termine si agréablement l'ouvrage; c'est le banquet de Plutarque avec sa famille; le tableau des mœurs domestiques est peint ici avec tout le charme de son antique simplicité.

PHYSIOLOGIE d'HIPPOCRATE, par DELAVAUD : extraite de ses œuvres. *Paris*, 1802, in-8.   5 f.

PHYSIOLOGIE POSITIVE, par FODERÉ. *Avignon*, 1806, 3 vol. in-8. br.   12 f.

PHYSIOLOGIE VÉGÉTALE, ou EXPOSITION des forces et des fonctions vitales des végétaux, etc.; par M. DECANDOLLE, professeur d'histoire naturelle, président de la Société des arts de Genève, etc., etc. 3 vol. in-8. *Paris*, 1832.   20

PORTRAIT de BECLARD, sur grand papier in-folio,   2 f.

PORTRAIT de BECLARD, en petit in-8. avec la notice historique par M. le docteur OLLIVIER d'Angers.   1 f. 75 c.

POLICE JUDICIAIRE PHARMACO-CHIMIQUE , par REMER , docteur en médecine, professeur à l'université de Kœnigsberg , directeur de l'Institut chimique. *Paris* , 1816, in-8. br.   6 f. 50 c.

Non-seulement le médecin doit avoir une connaissance parfaite de la nature des alimens dont les hommes font un usage journalier, afin de pouvoir leur indiquer ceux qui conviennent à leurs dispositions , ou qui sont contraires à leur tempérament , mais encore il ne doit rien ignorer de ce qui a rapport à la sophistication, à l'altération dont ces substances sont susceptibles , afin d'être à même de prévenir ou de combattre les accidens auxquels leur ingestion dans l'estomac peut donner lieu.

Le docteur Remer a traité ce sujet avec beaucoup de talent , et son ouvrage a eu un très-grand succès en Allemagne. Ses traducteurs, MM. Bouillon-Lagrange et Vogel , en y ajoutant des notes , l'ont encore rendu plus utile aux médecins , et surtout aux pharmaciens , qui y puiseront des sages instructions sur la meilleure manière de préparer les remèdes et de les conserver.

PRECIS sur les EAUX MINÉRALES de FRANCE les plus usitées , par M. le baron ALIBERT , chevalier de plusieurs Ordres, professeur de matière médicale et de thérapeutique à la Faculté de médecine de Paris , médecin en chef de l'hôpital St-Louis. 1 fort vol. in-8. Paris 1826.   8 f.

PRECIS ANALYTIQUE du CROUP, de l'ANGINE COUENNEUSE et du traitement qui convient à ces deux maladies, par J. BRICHETEAU, médecin du 4e dispensaire, membre-adjoint de l'Acad. roy. de médecine, etc,, etc. , etc. ; précédé du rapport sur les mémoires envoyés au Concours sur le croup, établi par le gouvernement en 1807, par ROYER-COLLARD, professeur à la Faculté de médecine, et médecin en chef de la Maison des aliénés de Charenton, etc. *Paris*, 1826 , in-8e   5 f.

PRECIS théorique et pratique sur les MALADIES de la PEAU, par M. le baron ALIBERT, chevalier de plusieurs Ordres, professeur à la Faculté de médecine de Paris, médecin en chef à l'hôp. St-Louis, etc. 2.e édit. *Paris*, 1822, 2 vol. in-8, br. 14 fr.

Cet ouvrage a été publié dans l'intérêt des élèves et de quelques médecins qui ne pourraient pas se procurer celui qui paraît par livraisons, et qui est d'un prix assez élevé. Il ne sera pas seulement d'une grande utilité à ceux qui veulent suivre les cours de M. Alibert, mais encore à tous les praticiens éloignés de la capitale, qui ont besoin d'apprendre à bien connaître une des parties les plus intéressantes de leur art, d'approfondir les régles relatives au traitement des maladies cutanées, qui sont si nombreuses et si variees.

PRECIS de MÉDECINE OPERATOIRE , par LISFRANC, chirurgien en chef de l'hospice de la Pitié, agrégé à la Faculté de médecine, membre de l'acad. roy. de méd. dé Paris. 2 vol. in-8 °, avec un atlas. *Sous presse.*

56

L'Auteur fait abstraction, dans cet ouvrage, de toute espèce d'érudition inutile au Praticien : il réunit, dans les deux volumes, les méthodes et les procédés opératoires nouveaux et usités, compare leurs avantages et leurs inconvéniens, et indique le choix qu'il croit que l'on en doit faire. M. Lisfranc, dont les mémoires ont montré une si grande exactitude dans la description du Manuel opératoire, a toujours eu soin de faire précéder la description des opérations par l'anatomie chirurgicale des parties. Les travaux d'Organogénesie de M. Serres ont fourni à l'Auteur ces vues toutes nouvelles, dont on peut juger par les travaux que M. Lisfranc a déjà publiés. La chirurgie ministrante, ou petite chirurgie, est traitée dans l'ouvrage que nous annonçons, avec tous les soins minutieux qu'elle exigeait. Les Praticiens y trouveront aussi des vues pathologiques très-importantes. MM. Ziegler et Amblard, prosecteurs de M. Lisfranc, ont été chargés de la confection des dessins qui formeront un atlas volumineux : il serait inutile de parler de leur exactitude garantie par la connaissance exacte qu'ont des parties ces deux Aides distingués.

PLAN D'ÉTUDES MÉDICALES, ou GUIDE DE L'ÉLÈVE EN MÉDECINE, contenant des renseignemens sur les formalités à remplir sur les cours, les hôpitaux, l'internat aux écoles pratiques, la direction à donner aux études, depuis la première inscription jusqu'au grade de docteur en médecine ou en chirurgie, une notice bibliographique, etc., etc.; par M. M**, docteur en médecine, ancien interne des hôpitaux. 1 vol. in-18. *Paris*, 1837.

2 f. 50 c.

R.

RAPPORTS du PHYSIQUE et du MORAL de l'HOMME, par CABANIS. 4° ed. revue et augmentée de notes par E. Fariset, secrétaire perpétuel de l'Académie royale de Médecine. *Paris*, 1824, 2 vol. in-8. ; imprimé sur papier fin satiné. 14 f.

Dans cet ouvrage l'auteur a recherché, non point quelle était la nature du principe qui anime les corps vivans, mais bien de quelle manière agit ce principe pour produire la vie avec toutes ses conséquences. Locke, Condillac, et leurs disciples, ont prouvé que toutes nos idées sont le produit des sensations. Cabanis a montré comment les sensations produisent les idées; il a dévoilé les rapports qui existent entre l'organisation physique de l'homme et ses facultés intellectuelles et morales.

Cet écrit est un des plus beaux morceaux de haute philosophie que nous ayons.

RAPPORTS et CONSULTATIONS de médecine-légale, par RISTEL-HUEBER. *Paris* 1812, in-8. br. 2 f. 50 c.

RECHERCHES et EXPÉRIENCES médicales et chimiques sur le

diabète sucré, lues à l'Institut national , dans la séance du 14
fructidor, et suivantes de l'an X., par NICOLAS , associé de
l'Institut national, professeur de chimie aux écoles centrales du
Calvados :
Et Victor GUEUDEVILLE, docteur en médecine à Caen , br. in-8.
1 f. 25.

RECHERCHES sur les différentes maladies qu'on appelle FIÈVRE
JAUNE , par J. A. ROCHOUX , agrégé à la Faculté de médecine , médecin-adjoint au 5ᵉ dispensaire , etc. , etc. *Paris*, 1828.
1 fort vol. in-8°. 8 f.

RECHERCHES sur la FIÈVRE JAUNE, et preuves de sa non-con-
tagion dans les Antilles, par ROCHOUX. *Paris* , 1822, in-8.
6 f.

Pour pouvoir se former une idée exacte de l'ouvrage de M. le
docteur Rochoux sur la fièvre jaune, les lecteurs doivent satisfaire
complètement leur curiosité en lisant le rapport de MM. Duméril
et Guersent fait à l'Académie royale de médecine.
La maladie dont il est traité dans cet ouvrage n'étant pas encore
suffisamment éclairée , nous pouvons , en nous étayant de l'opinion de MM. les rapporteurs, avouer à juste titre que M. Rochoux
est un des Médecins qui ont le plus approché du but. Les faits
nombreux et bien observés qu'il contient, contribueront en second lieu à mieux faire connaître l'une des épidémies désignées
aux Antilles, sous le nom de fièvre jaune.

RECHERCHES sur les HYDROPISIES , par BACHER. In 8.° br.
6 f.

RECHERCHES , discussions et propositions d'anatomie, de physiologie , de pathologie , etc. , sur la langue , le cœur et l'anatomie des régions, etc., par GERDY. *Paris* , 1823, in-4.° ng.
3 f. 50c.

Offrir aux médecins, aux savans, aux philosophes, des remarques pleines d'intérêt sur des points extrêmement variés, qui attestent les connaissances multipliées de l'auteur ; renfermer dans le
cadre étroit d'une dissertation, un mémoire sur l'alphabet des
différentes nations, considérées sous les rapports physiologiques
et philosophiques ; un tableau complet de toutes les connaissances
humaines, rangées d'après une base nouvelle de classification ; une
description exacte de la structure du cœur, et de la langue de
l'homme et des animaux : une esquisse de l'anatomie des régions ;
une nouvelle exposition de la circulation du sang ; un système de
nosologie fondé sur des vues nouvelles : tel est le but qui se trouve
rempli dans cet ouvrage.

RECHERCHES anatomico-pathologiques sur l'ENCÉPHALE et ses
dépendances, etc., par F. LALLEMANT, professeur de clinique chirurgicale à la Faculté de méd. de Montpellier, chi-

rurgien en chef de l'hôpital civil et militaire de la même ville, etc. , etc.

Le nom de ce profond observateur se trouve déjà tellement illustré par ses recherches, qu'on ne saurait faire un pas dans les affections de l'encéphale sans l'invoquer.

Lettres 1.e, 2e, 3e 4e, 5e, 6e, 7e et 8e. 24 f.
Chaque lettre séparément. 3 f. 25 c.
La 9e est sous presse.

RECHERCHES anatomiques sur le siége et les causes des maladies, par MORGAGNI : précédées d'une Notice sur la vie et les ouvrages de l'auteur, par TISSOT ; trad. du latin sur les édit. de Padoue et d'Yverdun par DESORMEAUX , professeur à la Faculté de méd. de Paris , membre de l'acad. r. y. de médecine, etc. et J.-P. DESTOUET , dcct. de la Faculté de méd. à Paris , *Paris*, 1821 à 1824. 10 vol. in-8°. 60 f.

Quoique cet ouvrage soit terminé, il est offert en souscription aux personnes qui désirent se le procurer ; elles auront la facilité de prendre un ou deux volumes par mois. La moitié du deuxième volume contient les tables de tout l'ouvrage.

Plus que jamais on est convaincu aujourd'hui que l'anatomie pathologique est non-seulement une science très-importante, mais encore d'une indispensable nécessité pour parvenir à la connaissance exacte des maladies. L'ouvrage que nous annonçons ici est bien, sans contredit, le plus remarquable et le plus instructif, tant sous le rapport des nombreuses observations qu'il contient, qu'à cause de la sagacité du jugement de l'auteur , de son immense érudition, et des grandes difficultés vaincues. Peut-on former une bibliothèque de médecine, sans y mettre Morgagni ?

MM. Desormeaux et Destouet ont rendu par conséquent un très-grand service à la science en le traduisant en français. C'était le seul moyen d'en rendre la lecture et plus générale et plus profitable , car le style quelquefois diffus de Morgagni ajoute encore à l'espèce de fatigue qu'il y a toujours à lire un livre écrit en latin , et en rend l'intelligence très-difficile.

RECHERCHES sur une maladie encore peu connue , qui a reçu le nom de ramollissement du cerveau , par ROSTAN, professeur de médecine clinique à la Faculté de médecine de Paris. *Paris*, 1823. 2.e édit. in-8. br. 7 f.

RECHERCHES physiolog. sur la VIE et la MORT ; par BICHAT, 5.e édition, augmentée de notes par M. Magendie, membre de l'Institut et de l'Académie royale de Médecine. *Paris*, 1830, in-8. br. 6 f. 50 c.

M. Le docteur Magendie a rendu un grand service à la science en donnant pour la seconde fois une nouvelle édition de l'ouvrage de Bichat. Aujourd'hui, qu'il est devenu classique et que sa réputation ne peut plus croître, il était utile de le mettre à la portée des étudians pour les mettre en garde contre les écueils dans lesquels l'imagination de l'auteur l'a entraîné, et qui sont d'autant plus à craindre que, pour convaincre, Bichat a déployé tous les prestiges de son style animé.

Tel a été le but des notes jointes à cette édition, que l'on a cherché en outre à mettre au niveau des connaissances actuelles.

RECHERCHES sur l'APOPLEXIE par ROCHOUX. 2ᵉ édit. revue, corrigée et considérablement augmentée. *Paris*, 1833.   7 fr.

RECHERCHES sur la nature des FIÈVRES à périodes, par F.-E. FODERÉ, professeur à la Faculté de Strasbourg. 1 vol. in-8.
3 f.

RECUEIL de Médecine vétérinaire publié par M. Girard, professeur à l'Ecole royale vétérinaire, etc., Royer-Collard, professeur à la Faculté de médecine de Paris, etc., Vatel, A. Yvart, professeurs à l'Ecole royale d'Alfort ; Grognier, Rainard et Moiroud, professeurs à l'Ecole royale vétérinaire de Lyon. 1ʳᵉ, 2ᵉ, 3ᵉ, 4ᵉ, 5ᵉ, 6ᵉ, 7ᵉ, 8ᵉ, 9ᵉ et 10ᵉ années.   80 f.

Toutes les années se vendent séparément, chacune.   13 f.

RÈGLES GÉNÉRALES sur la LIGATURE des ARTÈRES, par TAXIL. *Paris*, 1822, in-4., fig. br   2 f.

RÉTRÉCISSEMENS (Des) de l'URÈTRE ; par M. LISFRANC, chirurgien en chef de l'hospice de la Pitié, agrégé à la Faculté de méd., membre de l'Acad. roy. de méd. de Paris. *Paris*, 1824. 1 vol. in-8. fig. br.   3 f. 50 c.

Les rétrécissemens de l'urètre, par le docteur Lisfranc, forment un ouvrage si pratique, si dégagé de vaines théories, et en même temps si concis, qu'il est peu de praticiens auxquels il n'ait fourni des vues nouvelles.

S.

SECOURS à donner aux personnes empoisonnées ou asphyxiées, par M. ORFILA, prof. et doyen à la Faculté de médecine, professeur de médecine légale à l'ancienne Faculté, président de Jurys médicinaux, médecin par quartier du Roi, membre de l'Académie roy. de médecine, etc. 4ᵉ édit. corrig. et aug. *Paris*, 1830, in-12 br.   3 f. 50 c.

L'ouvrage de M. le professeur Portal relatif à ce sujet, ne pouvait plus servir de guide pour le traitement des personnes empoisonnées ou asphyxiées. Il appartenait à M. Orfila de le reproduire en le mettant au niveau des connaissances actuelles d'après les progrès de la chimie moderne. Le plus heureux succès en a couronné l'entreprise, et nous ne saurions trop en recommander l'usage à tous les médecins, chirurgiens, pharmaciens et autres personnes qui se trouvent appelées par leurs fonctions administratives à secourir les malades.

SOLITUDE (La) considérée relativement à l'esprit et au cœur ,
par ZIMMERMANN , conseiller aulique et médecin de Sa
Maj. Britannique. Ouvrage trad. de l'allem. par MERCIER.
3.ᵉ édition. *Paris*, 1817, 2 vol. in-12 br.   5 f.

Cet ouvrage a été analysé de son temps avec les plus grands
éloges : en l'annonçant de nouveau c'est rappeler au nouveau sou-
venir des lecteurs le nom d'un médecin illustre qui par l'élégance
de son style , la solidité de ses pensées jointe à la pureté de ses in-
tentions, a fait passer des momens bien salutaires à ceux qui ont eu
occasion de le méditer.

SULL'ERNIE , adizione seconda. par SCARPA. *Pavia* , 1819, gr.
in-f.°   60 f.

SYLLOGE opusculorum selectorum, par BRERA. *Ticini*, 1797.
10 vol. in 8. (très-rare).

SYSTÈME physiq. et moral de la **FEMME** , par ROUSSEL , suiv.
du système physique et moral de l'homme , et d'un fragment
sur la sensibilité, etc., par ALIBERT. 6.ᵉ édit. *Paris*, 1820, in-8.
fig. br.   7 f.

Rien ne prouve mieux tout l'intérêt de cet ouvrage que la rapidité avec laquelle ses nombreuses éditions se sont épuisées.

En effet, ce sujet, déjà si attrayant par lui-même, a été traité
par le docteur Roussel avec toute la finesse d'esprit , toute la pénétration et toute la sensibilité qu'il exigeait : et si les goûts, les passions , les mœurs et les habitudes de la femme y sont tracés avec
une grâce infinie, la peinture physique et morale de l'homme ne
laisse non plus rien à désirer sous le double rapport de la profondeur des pensées et de l'élégance du style. Qui ne lira avec le plus
grand intérêt l'éloge de l'auteur, par le professeur Alibert son
élève et son ami , qui, saisissant les traits caractéristiques de Roussel, nous en a donné le vrai portrait moral.

T.

TABLE chronologique et alphabétique des thèses in-8° soutenues
à l'École de Médecine de Paris, dirigée par P. SUE professeur
bibliothécaire de l'Ecole. in-8° prix 2 f.

TABLE analytique et raisonnée du Traité des Maladies chirurgicales de M. le baron Boyer. *Paris*, 1828. in 8° br.   3 f. 50 c.

Les personnes qui possèdent l'excellent ouvrage de M. le baron
Boyer s'empresseront de se procurer cette Table qui en est le complément nécessaire.

TABULÆ nevrologicæ , par SCARPA. gr. in-fol., fig.   120 f.

TABLEAU analytique de la FLORE PARISIENNE, par BAUTIER,
d'après la méthode adoptée dans la Flore française de MM. de
LAMARCK et DE CANDOLLE, etc. 2.ᵐᵉ édition , corrigée et
augmentée. *Paris* , 1832. In-18 br.   4 f.

TRAITÉ des EXHUMATIONS JURIDIQUES, et considérations sur les changemens physiques que les cadavres éprouvent en pourrissant dans la terre, dans l'eau, dans les fosses d'aisance et dans le fumier, par M. ORFILA, professeur et doyen de la Faculté de Médecine de Paris, professeur de médecine légale à l'ancienne Faculté, Président de Jurys médicinaux, Médecin ordinaire de sa Majesté, membre de l'Académie royale de médecine, etc. O. LESUEUR, D.-M., agrégé à la Faculté de médecine de Paris, etc. 2 volumes in-8° orné de 5 planches, dont 4 coloriées. Paris, 1831. 10 f. 50 c.

TRAITÉ ÉLÉMENTAIRE de matière médicale vétérinaire, suivi d'un formulaire pharmaceutique raisonné etc. par M. MOIROUD, professeur de matière médicale à l'École royale vétérinaire d'Alfort etc. un fort volume in 8° Paris, 1831. 8 f.

TRAITÉ des FIÈVRES pernicieuses intermittentes, par ALIBERT, chevalier de plusieurs Ordres, professeur à la Faculté de médecine de Paris, médecin en chef à l'hôpital Saint-Louis, etc. 5.ᵉ édit. *Paris*, 1820, in-8. fig. br. 7 fr.

La découverte de l'efficacité du quinquina dans le traitement des fièvres pernicieuses intermittentes suffirait seule pour attester le pouvoir de la médecine, et lui assurer parmi les sciences exactes un rang qui lui a été trop souvent contesté.

C'est encore à M. Alibert qu'était réservée la gloire de répandre un grand jour sur cette matière. Son Traité, dont la 5.ᵉ édition donne la description de plusieurs variétés de fièvre pernicieuse non encore reconnues par les nosologistes, et qui contient un grand nombre de recherches nouvelles sur l'histoire physique du quinquina, est le seul guide dont le praticien puisse se servir dans des circonstances aussi difficiles, où la vie de ses malades dépend de la justesse de son diagnostic, et de sa promptitude dans l'administration des médicamens.

TRAITÉ des MALADIES CHIRURGICALES, et des opérations qui leur conviennent, par J. L. PETIT, membre de l'Acad. roy. des sciences de Paris, de la Société royale de Londres, ancien directeur de l'Académie royale de Chirurgie, censeur et professeur Royal des Ecoles, etc. 3 volumes in-8° orné de 90 planches. Prix 15 f.

TRAITÉ des Maladies des ARTÈRES et des VEINES; par HODGSON. Trad. de l'angl. et augmenté d'un grand nombre de notes par M. G. BRESCHET, D.-M. *Paris*, 1819, 2 vol. in-8. br. 13 f.

Cet ouvrage est du nombre de ceux que l'on rencontre dans toutes les bibliothèques, tant son importance a frappé les médecins et les chirurgiens qui ont voué une éternelle reconnaissance à l'auteur, dont le zèle infatigable pour l'humanité et la science ne s'est jamais démenti.

Celui qui se trouve annoncé ici a été traduit de l'anglais par M. le professeur Breschet, et mérite d'être lu et d'être médité. Ce chirurgien distingué ne s'est pas contenté de faire une simple tra-

duction, il y a ajouté des notes et un long article sur l'inflammation des veines. Enfin, dans l'appendice, au lieu des observations
qu'avait mises M. Hodgson et qui se trouvent maintenant placées
dans les chapitres auxquels elles appartiennent naturellement,
M. Breschet l'a composé de plusieurs histoires d'opérations importantes pratiquées en Angleterre ou en Amérique, et dont la publication toute récente ne lui avait pas permis de les insérer dans le
corps de l'ouvrage

TRAITÉ RAISONNÉ du JAVART cartilagineux, par M. RE-
NAULT professeur à l'École Royale vétérinaire d'Alfort, etc. un volume in-8° fig. Paris, 1831.   3 f. 5o c.

TRAITÉ (nouveau) sur les HÉMORRHAGIES de L'UTÉRUS,
d'Édouard RIGBY et de Stewart DUNCAN, avec 124 observations tirées de la pratique des auteurs. Traduit de l'Anglais,
accompagné de notes, par Mme BOIVIN, auteur du mémorial de
l'art des accouchemens, ancienne élève, ex-surveillante en chef
de l'Hospice de la Maternité, gratifiée de la médaille du mérite
civil de Prusse. br. in-8°   6 f.

TRAITÉ sur les GASTRALGIES et les ENTÉRALGIES, ou Maladies
nerveuses de l'estomac et des intestins, par BARRAS, docteur
en médecine de la Faculté de Paris, médecin des prisons. 1 vol.
in-8°. Paris, 1829, 3e édit. revue, corrigée et considérablement
augmentée.   7 f. 5o c.

TRAITÉ de la SANGSUE MÉDICALE, par VITET.. Paris, 1809
in-8.°   6 f.

TRAITÉ d'anatomie descriptive, par M. CRUVEILHIER, professeur d'anatomie à la Faculté de médecine de Paris, etc. Paris,
1834. 3 vol. in-8.   20 fr.

TRAITÉ des CONVULSIONS chez les enfans et sur les moyens d'y
remédier, par BRACHET, médecin de l'Hôtel-Dieu de Lyon,
membre correspondant de la société de médecine et de la société
d'émulation, etc. Paris, 1824. In-8:   6 f.

TRAITÉ de Médecine légale et d'Hygiène publique etc., par F.-E.
FODERÉ, prof. à la Faculté de Strasbourg. 6 vol. in-8.   42 f.

TRAITÉ de la GRAVELLE, du calcul vésical et des autres maladies qui se rattachent à un dérangement des fonctions des organes
urinaires, par W. PROUT; traduit de l'ang. par MORGUES.
Paris, 1822, in-8. br.   5 f.

TRAITÉ de l'AGE du CHEVAL ; par GIRARD, directeur de l'É-
cole royale vétérinaire d'Alfort. 1 vol. in-8. orné de deux planches représentant l'âge du cheval depuis sa naissance jusqu'à 22
ans. 3e édition publiée avec de grands changemens et aug-

mentéc de l'âge de bœuf depuis sa naissance jusqu'à l'âge de
17 à 18 ans. De l'âge du mouton depuis sa naissance jusqu'à
l'âge de 10 ans. *Paris*, 1828.   2 f. 5o c·

TRAITÉ des FIEVRES, par GRIMAUD. *Montpellier*, 3 vol. in-8.
      8 f.

TRAITÉ de la MALADIE MUQUEUSE, par ROEDERER et WA-
GLER, mis au jour par WRISBERG ; trad. du latin par LE-
PRIEUR. *Paris*, 1806, in-8. br.   5 f.

TRAITÉ des ARTICULATIONS du CHEVAL; par F.-J.-J. RIGOT,
chef des travaux anatomiques à l'école roy. vétérinaire d'Alfort.
Paris, 1827, in-8.   2 f. 5oc.

TRAITÉ élémentaire de diagnostic, de pronostic, d'indications
thérapeutiques, ou Cours de Médecine clinique, par ROS-
TAN, professeur de la médecine clinique à la Faculté de médecine de Paris, 3 vol. in-8. 2ᵉ édit. revue, corrigée et augmentée. *Paris*, 1830.   23 f.

TRAITÉ de L'ART DES ACCOUCHEMENS, des maladies des
femmes en couches et des enfans nouveau-nés, par M. DUBOIS,
professeur à la Faculté de médecine de Paris ; médecin en chef
de l'hospice de la Maternité, etc. , 4 vol. in-8° qui paraîtront
dans l'ordre suivant : 1° les accouchemens, 2 vol. avec fig.
2° Les maladies des femmes, un vol ; 3° et les maladies des
enfans un volume.

TRAITÉ d'ODONTOLOGIE, comprenant l'anatomie et la physiologie des dents, la description de leurs maladies et des opérations qu'elles réclament, etc., par OUDET. 1 fort vol. in-8.°
fig. (*Sous presse*).

TRAITÉ sur la nature et le traitement de la GOUTTE et du RHU-
MATISME, par SCUDAMORE. Traduit de l'Anglais sur la
dernière édition, augmenté d'un long mémoire sur l'emploi
des bains de vapeurs dans les maladies goutteuses et rhumatismales, avec des planches représentant tous les apparcils de l'Hôpital St.-Louis, etc. *Paris*. 1823, 2 vol. in-8.   12 f.

« La médecine, a dit Sydenham, ne fera des progrès qu'en
recueillant l'histoire ou la description exacte et complète de toutes
les maladies, en basant dessus une méthode fixe du traitement »
C'est en suivant ce précepte que Ch. Scudamore est parvenu à nous
donner un Traité complet sur la nature et le traitement de la
goutte et du rhumatisme, renfermant des considérations générales
sur l'état morbide des organes digestifs, des remarques sur le régime et des observations pratiques sur la gravelle. M. le docteur
Goupil l'a augmenté d'une addition contenant les principes de la
nouvelle doctrine médicale de M. le professeur Broussais sur la

goutte. Tels sont les détails instructifs et utiles que contient l'ouvrage que nous annonçons et qui occupe le premier rang parmi les ouvrages en ce genre.

TRAITÉ théorique et pratiq. de l'HYDROCÉPHALE AIGUË, où Fièvre cérébrale des enfans, par BRICHÊTEAU, D.-M. ; suivi d'une collection choisie d'observations, et de la traduct. de l'Essai de Robert Whytt, sur cette maladie, etc. 1 vol. in-8. *Paris*, 1829.   4 f. 50 c.

TRAITÉ de CHIMIE appliquée aux arts ; par M. DUMAS, de l'Acadér ie royale des Sciences, de l'Institut de France, professeur de chimie à la Faculté des Sciences, de l'Académie de Paris, répétiteur à l'école polyt chnique, professeur fondateur à l'école centrale des arts et manufactures, etc. etc., etc. Cet ouvrage formera 6 vol. in-8 de 700 à 800 pages. Il sera accompagné d'un atlas de planches in-4. gravées en taille douce, chacun au nombre de 14 à 16.

Les tomes I, II, III, IV et V sont en vente ; le VI⁰ est sous presse et paraitra le 1.er avril prochain. Prix de chaque volume et de son atlas,   12 fr. 50 c.

On souscrit pour cet ouvrage.

BOYER (le baron), professeur à la Faculté de médecine de Paris, chirurgien en chef de l'hôpital de la Charité, etc., etc. Traité complet d'Anatomie descriptive de toutes les parties du corps humain ; 4ᵉ édition. *Paris*, 1815. 4 vol. in-8⁰.   22 f.

BOYER (le baron) Traité des maladies chirurgicales et des opérations qui leur conviennent ; 4ᵉ édition. *Paris*, 1831. 11 vol. in-8⁰.   60 fr.

Les tomes 5, 6, 7, 8, 9, 10 et 11 de la 3ᵉ édition se vendent séparément 5 fr. 50 c. chacun.

V.

VAN SWIETEN. Commentaria in HERMANNI BOERHAAVE Aphorismos, de cognoscendis et curandis Morbis. Editio tertia. *Parisiensis*, 1769, 5 vol. in-4⁰, br.   25 f.

VOCABULAIRE MÉDICAL, etc., par HANIN ; suivi d'un Diction. biographique des médecins célèbres. *Paris*, 1811, in-8. br.   6 f.

Trouver tant de choses en aussi peu de pages est, pour le moment qui court, une espèce de nouveauté. Sans doute les dictionnaires ne nous manquent pas ; mais tous ne sont point également clairs, également précis. D'ailleurs, leur prix, qui est toujours en raison directe de leur prolixité, est souvent beaucoup trop élevé pour que tout le monde puisse ou veuille se les procurer.

Celui-ci réunit au premier degré la clarté et la précision, qualités qui font le principal mérite des ouvrages de ce genre ; on y trouve, à côté des définitions exactes et rigoureuses de tous les termes employés en médecine, le nom de tous les médecins qui ont illustré leur art, et l'indication des principaux ouvrages qu'ils ont publiés ; le cadre en est infiniment commode, et le bon marché le met à la portée de tous les lecteurs.

JOURNAUX DE MÉDECINE

ET DES SCIENCES ACCESSOIRES (1834).

Le prix, pour l'étranger, est le double du port indiqué pour les départemens.

*Abonnement pour un an, à partir de janvier ;
12 cahiers par an.*

ARCHIVES GÉNÉRALES DE MÉDECINE ;

JOURNAL COMPLÉMENTAIRE DES SCIENCES MÉDICALES.

Journal publié par une Société de Médecins, composée de Membres de l'Académie royale de Médecine, de Professeurs, de Médecins et de Chirurgiens des Hôpitaux civils et militaires, etc.

Lors de la publication des ARCHIVES GÉNÉRALES DE MÉDECINE, les Éditeurs se sont abstenus de placer en tête de leur Journal une liste de noms plus ou moins célèbres ; ils n'auraient fait que reproduire celle que l'on voit, composée des mêmes noms, sur la couverture de chaque Journal de médecine. Ils avaient en vue de publier un Recueil purement scientifique ouvert à tous les travaux utiles, à tous les faits intéres. s, à toutes les opinions raisonnables, indépendant de toute espèce d'influence étrangère à l'intérêt de la science ; ils voulaient, d'ailleurs, que les médecins jugeassent cette entreprise d'après ses propres résultats : tels furent les motifs qui engagèrent les Rédacteurs des Archives à faire paraître ce Journal sans indiquer les personnes qui devaient y insérer leurs travaux. Mais aujourd'hui nous pouvons les faire si ce moyen doit inspirer plus de confiance aux lecteurs.

Les Auteurs qui jusqu'ici ont fourni des travaux aux ARCHIVES, ou se sont engagés à en fournir, sont MM. : ADELON, profess. à la Fac. de Méd. ; ANDRAL fils, prof. à la Fac. ; BABINET, prof. de phys. : BÉCLARD, prof. à la Fac. ; BLACHE, D. M. : BIETT, méd. de l'hôpital Saint-Louis : BILLARD, D. M. : BLANDIN, chir. du Bureau cent. des hôpit. : BOUILLAUD, D.-M. : BOUSQUET, memb. de l'Acad. :

Breschet, chir. ordinaire de l'Hôtel-Dieu : Bricheteau, memb. de l'Acad. : Chomel, prof. à la Fac. ; J. Cloquet, chir. de l'hôp. St.-Louis : H. Cloquet, memb. de l'Ac. : Coster, D.-M. : Coutanceau, méd. du Val-de-Grâce : Cruveilhier, professeur à la Fac. : Cullerier, chir. de l'hôp. des Vénér. : Dance, agrégé à la Fac., Defermon, D.-M. : Desmoulins, D.-M. : Desormeaux, prof. à la Fac. : Dezeimeris : P. Dubois, chir. de la Maison de Santé : Dudan : D.-M. de la Fac. de Wurtzbourg : Dumeril, memb. de l'Inst. ; Dupuytren, chirurg. en chef de l'Hôtel-Dieu ; Edwards, D.-M. : Esquirol, méd. en chef de la maison d'Aliénés de Charenton : Ferrus, méd. de Bicêtre : Flourens, D.-M. : Fodera, D.-M. Fouquier, prof. à la Fac. : Genest, D. M., chef de clin. à l'Hôtel-Dieu : Geoffroy-Saint-Hilaire, membre de l'Institut : Georget, memb. de l'Acad. : Gerdy, chirurg. de la Pitié : Goupil, D.-M. attaché a l'hôp. milit. de Strasbourg : Guersert, méd. de l'hôp. des Enfans : de Humboldt, membre de l'Institut : Husson, méd. de l'Hôtel-Dieu. Itard, méd. de l'Institution des sourds-muets : Julia Fontenelle, prof. de chimie : Laennec, prof. a la Fac. : Lagneau : memb. de l'Acad. : Lallemand, prof. à la Faculté de Montpellier : Landré-Beauvais, Doyen de la Fac. : Lebidois, D.-M., Lisfranc, chirurg. en chef de l'hôpital de la Pitié : Londe, memb. de l'Acad. : Louis, memb. de l'Acad. : Marc, membre de l'Acad. : Marjolin, prof. à la Fac. : Martini, D.-M. : Mesière, D.-M. : Mirault, D.-M. : Murat, chirurg. en chef de Bicêtre : Ollivier, memb. de l'Acad. : Orfila, prof. à la Fac. ; Oudet, D.-M. Dentiste, memb. de l'Acad. : Pinel, membre de l'Institut : Pinel fils, D.-M. : Baige-Delorme, D.-M. : Ratier, D.-M. : Rayer, méd. de l'hôp. Saint-Antoine : Richard, prof. de botanique : Richerand, prof. à la Fac. : Richond, D.-M., aide-major à l'hôpital milit. de Strasbourg : Roche, memb. de l'Acad. : Rochoux, memb. de l'Ac. : Rullier, méd. de la Charité : Rostan, méd. de la Salpétrière : Roux, prof. à la Fac. : Sanson, chir. en second de l'Hôtel-Dieu : Scoutetten, D.-M. attaché à l'hôpit. milit. de Metz : Ségalas, memb. de l'Acad. : Serres, chef des travaux anatomiques des hôpitaux civils de Paris : Trousseau, agrégé à la Faculté : Lavassewr, D.-M. : Velpeau, agrégé à la Faculte, chir. du Bureau central des hôpitaux, etc. etc.

Nous donnerons une idée de l'importance et de l'utilité des Archives, en rapportant ici le titre de quelques-uns des Mémoires contenus dans les deux derniers volumes : Empoisonnement par la noix vomique ; par MM. Orfila, Barruel, Ollivier. — Recherches cliniques propres à démontrer que la perte de la parole tient à une lésion des lobules antérieurs du cerveau ; par M. Bouillaud. = Considérations sur quelques anomalies de la vision ; par M. Pravaz — Examen médical des procès criminels des nommés Leger, Lecouffe, Papavoine, etc., par M. Georget. — Méth. ectrotique de la variole, par M. Serres. — Mémoire sur la thridace ou extrait de laitue ; par M. François. — Mémoire sur quelques fonctions involontaires des appareils de la locomotion, de la préhension et de la voix ; par M. Itard. — Sur l'emploi des caustiques comme moyen d'arrêter l'éruption varioleuse ; par M. Velpeau. Observation sur l'extirpation des ovaires ; par Lizars. —

Observations sur l'induration générale de la substance du cerveau, considérée comme un des effets de l'encéphalite; par M. Bouillaud. — Sur un étranglement interne congénital de l'intestin grêle et du gros intestin; par M. Gendron. — De la courbure de la colonne vertébrale; par M. Lachaise. — De l'emploi du galvanisme en médecine; par MM. Bally et Meyranx. — Observations sur le cancer; par J.-A. Puel. — Observations sur la rage; par le docteur Marochetti. — Observations de deux maladies qui ont offert tous les caractères de la fièvre jaune; par M. Rennes. — Observations sur les fièvres intermittentes; par M. Brachet. — Observations de rupture de l'utérus; par MM. Moulin et Guibert. — Mémoire sur un empoisonnement par le sublimé corrosif; par M. Devergie. — De l'épilepsie considérée dans ses rapports avec l'aliénation mentale. — Observations sur la transfusion pratiquée avec succès dans deux cas d'hémorrhagie utérine.

Outre ces Mémoires, le journal contient un grand nombre de travaux de Médecine étrangère, et un exposé très-exact et très-complet des travaux et séances de l'Académie royale de Médecine.

Les ARCHIVES GÉNÉRALES DE MÉDECINE paraissent régulièrement le 1ᵉʳ du mois.

Le prix de l'abonnement est fixé à 26 fr. pour Paris ; à 31 fr., franc de port, pour les départemens, et à 36 fr. pour les pays où le port est double. (*Ce Journal a commencé en* 1823).

JOURNAL DE CHIMIE MÉDICALE, de Pharmacie et de Toxicologie rédigé par MM. A. Chevallier, Dumas, Fée, A. L. A., Guibourt, Julia Fontenelle, Lassaigne (J.-L.) Laugier, Orfila, Payen (A.), Pelletan (Gab.) Richard (Ach.), Robinet (N.) Ségalas D'Etcheparc, Sérullas, membre de l'Institut, etc.

Ce Journal ayant subi des améliorations, et une augmentation de matières à compter de 1830, son prix a été fixé, depuis cette époque, à 14 fr. pour Paris ; à 16 fr. 50 c. pour la province; et à 19 fr. pour l'étranger.

(*Commencé en* 1825).

RECUEIL DE MÉDECINE VÉTÉRINAIRE-PRATIQUE publié par MM. Girard, ancien directeur de l'École royale vétérinaire d'Alfort, Vatel, ancien professeur, Yvart, directeur actuel de la même école ; Grognier, Rainard, professeurs à l'École vétérinaire de Lyon ; Renault, professeur à l'école d'Alfort, et Moiroud, professeur et directeur de l'école royale vétérinaire de Toulouse, (*commencé en* 1824). Pour Paris, 13 fr — les départemens, 14 fr. 50 c.

Imprimerie de Mᴵᴳᴺᴱᴿᴱᵀ, rue du Dragon, nᵒ 20.